Rita Lüder

Grundkurs Pflanzenbestimmung

W0245451

Frucht (s. S. 32-34)

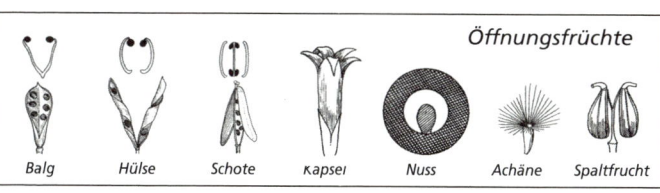

Öffnungsfrüchte

Balg | Hülse | Schote | Kapsel | Nuss | Achäne | Spaltfrucht

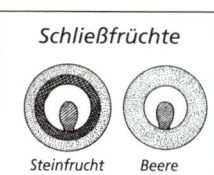

Schließfrüchte

Steinfrucht | Beere

Sammelfrüchte

Sammelnussfrüchte | Apfel | Sammelsteinfrucht

Erklärung der Piktogramme

15	~ Größenangabe in cm
☉	einjährige Pflanze
☉	zweijährige Pflanze
♃	ausdauernde Pflanze
♄	Strauch
Ⓖ	geschützte Pflanze[1]
	einhäusig
	zweihäusig
	charakteristischer Geruch
	eingewandert, nicht heimisch[2]
	Färbepflanze
	verwendbar zur Körperpflege
	alternatives Heilkraut[3]
	Heilkraut (Schulmedizin)
	uneingeschränkt essbar[4]
	eingeschränkt essbar[5]
☠	giftig
☠	stark giftig

[1]Da Pflanzen in jedem Bundesland unterschiedlich gefährdet sind, werden mit diesem Piktogramm nur die bundesweit unter Schutz gestellten Arten erfasst (s.S. 5-6).

[2]So wie der Wegerich (s.S. 108) von den Indianern als „Fußstapfen des weißen Mannes" bezeichnet wurde, werden nicht ursprünglich in Mitteleuropa heimische Arten mit einem Fußabdruck gekennzeichnet.

[3]Pflanzen, die entweder in der Volksmedizin oder der Homöopathie verwendet werden.

[4]Als essbar wird eine Pflanze auch dann bezeichnet, wenn nur Teile von ihr verwendet werden können (z.B. die Blüten). Die Verwechslungsmöglichkeit mit ähnlichen giftigen Arten und der Schutzstatus ist hierbei nicht berücksichtigt, da diese Pflanzen auch im Garten gezogen werden können.

[5]Eingeschränkt essbar, sind Pflanzen, die entweder nur in geringer Menge oder nach bestimmter Vorbehandlung (z.B. Erhitzen) genießbar sind. Es kann sich hierbei also durchaus auch um Giftpflanzen handeln, die in entsprechender Dosierung außerdem auch heilend wirken können (s.S. 2).

Grundsätzlich sind diese Angaben nur als Hinweise gedacht, die Verantwortung diese Pflanzen auszuprobieren, bleibt jedem einzelnen selbst überlassen. Quellenangaben und weiterführende Informationen befinden sich im Literaturverzeichnis.

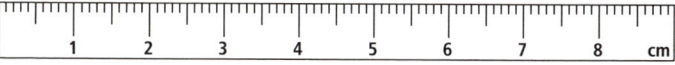

Rita Lüder

Grundkurs
Pflanzenbestimmung

Eine Praxisanleitung
für Anfänger und Fortgeschrittene

2., durchgesehene und korrigierte Auflage

Quelle & Meyer Verlag, Wiebelsheim

Dr. Rita Lüder
An den Teichen 5
31535 Neustadt
www.kreativpinsel.de

*Die in diesem Werk aufgeführten Bestimmungswege wurden in ihrer
Abfolge völlig neu erstellt und sorgfältig geprüft. Sollten Sie dennoch
Fehler entdecken, so teilen Sie diese bitte Verlag oder Autorin mit.*

Bildnachweis:
BAUMANN, H.: S. 83 Kleiner Baldrian, S. 116 und 226 Lupe Wasserfeder, S.
116 und 145 Efeublättriger Hahnenfuß, S. 117 und 146 Flutender Hahnenfuß,
S. 117 Haarblättriger Wasser-Hahnenfuß, S. 117 und 146 Gewöhnlicher
Wasser-Hahnenfuß, S. 118 Froschbiß, S. 144 Brennender Hahnenfuß, S. 155
Ackerfrauenmantel, S. 110 Lupe Fieberklee, S. 214 Wilde Sumpfkresse, S. 286
Nickender Zweizahn, kleines Bild
HERRMANN, D.: S. 44, Kalkreicher Standort
MÜCKE, M.: S. 37 Podsol
QUELLE & MEYER, ARCHIV S. 38, Brennessel (Nährstoffzeiger),
SPECHT, U.: S. 227 Blüte Siebenstern
STELZER, R.: S. 23, Pollenkörner Lein, S. 14 Querschnitt Wurzel
Alle anderen Bilder: LÜDER, R. und LÜDER, F.
Farbzeichnungen: LÜDER, R.

Bibliografische Information Der Deutschen Bibliothek
Die Deutsche Bibliothek verzeichnet diese Publikation in der Deutschen
Nationalbibliografie; detaillierte bibliografische Angaben sind im Internet
über http://dnd.ddb.de abrufbar.

2. durchgesehene und korrigierte Auflage 2005
© 2004, 2005 by Quelle & Meyer Verlag GmbH & Co., Wiebelsheim

Satz/DTP: Rita Lüder und Quelle & Meyer Verlag
Umschlagfotos: Rita Lüder
Druck und Verarbeitung: Freiburger Graphische Betriebe, Freiburg
Printed in Germany/Imprimé en Allemagne

ISBN: 3-494-01401-9

Otto Schmeil (1860–1943), dem Begründer des Standardwerkes **Flora von Deutschland**, war es wichtig, den ursächlichen Zusammenhang zwischen Bau und Lebensweise der Naturkörper zu betrachten und nicht „wie einen leblosen Gegenstand" zu behandeln. Dieser Grundkurs ist seinem Andenken gewidmet, und was könnte besser am Anfang dieses Buches stehen, als ihn selber zu Wort kommen zu lassen?

„Der Glaube gewisser Kreise, die Naturwissenschaften führten zum Materialismus und Unglauben, ist ein Aberglaube. Wie können sie, die in die Werke des Schöpfers einführen, vom Schöpfer abführen! Wie können sie Materialismus erzeugen, wenn sie uns immer wieder erkennen lassen, wie wenig wir von den letzten Ursachen der Dinge wissen und immer wieder hinweisen auf den Urquell alles Lebens!"

(aus: SCHENK, 2000).

Danksagung

Dieses Buch zu schreiben hat mich sehr bereichert, sowohl durch die Erlebnisse in der Natur als auch die Arbeiten „drum herum". Diesen Spaß und das Gelingen verdanke ich den vielen lieben Menschen die mich dabei begleitet haben. Das sind ganz voran meine Eltern, denen ich meine Liebe zu Natur verdanke, die mir aber auch bei der Erstellung des Buches immer wieder mit Anregungen und Kritik zur Seite gestanden haben. Ein großer Dank gilt genauso meinem naturbegeisterten Mann Frank, der mich bei der technischen Umsetzung unterstützt und eine unermessliche Geduld gezeigt hat, wenn ich während unserer Urlaube und Ausflüge eine Pflanze nach der anderen im Bild festgehalten habe. Viele Ideen zu diesem Buch verdanke ich meinen netten Kursteilnehmern, Bekannten und Freunden, von denen auch einige mit dem Ausprobieren des Schlüssels und beim Korrekturlesen geholfen haben.

Besonders danken möchte ich dem Verlag Quelle & Meyer. Durch die Offenheit und Unterstützung, die ich dort von allen Mitarbeitern des Hauses bis hin zur Geschäftsleitung erfahren habe, wurde mir die Arbeit sehr angenehm gemacht. Insbesondere gilt dies für meinen Lektor, Herrn Stephan Angermayer, der durch zahlreiche gute Einfälle und Verbesserungsvorschläge sehr zum Gelingen beigetragen hat. Ohne die kompetente, geduldige und inspirierende Unterweisung von Herrn Rolf Heisler und Herrn Jörg Renfordt in das für mich neue Gebiet der Buchgestaltung hätte das Buch in dieser Form nicht entstehen können.

Mein am tiefsten empfundener Dank gilt unserem Schöpfer, dessen Ausdruck die Natur ist – mit all ihren unzähligen kleinen und großen Wundern, von denen wir alle ein Teil sind und die uns jeden Tag neu bereichern.

Neustadt, im September 2004   Rita Lüder

Inhaltsverzeichnis

Inhaltsverzeichnis

1. Vorwort

Kennen Sie das Gefühl, mitten in einem Sternenmeer aus Busch-windröschen zu stehen? Sie spüren die ersten warmen Sonnen-strahlen auf der Haut, riechen den Duft der erwachenden Natur und hören das Gezwitscher der Singvögel?

Solch einen Wald gibt es direkt hinter unserem Haus. Die Buschwindröschen bedecken im Frühjahr den ganzen Waldboden. Ich habe diesen Wald schon als Kind geliebt. Wer dieses beglückende Erlebnis einmal hatte, wird es vermutlich nie wieder vergessen. Für mich ist es jedes Jahr wieder etwas Besonderes, und ich habe dann das Gefühl, direkt mit der „Unendlichkeit der Schöpfung" verbunden zu sein.

Als Kind habe ich die Blumen bestaunt und meine Eltern gefragt: „Haben Buschwindröschen immer sechs Blütenblätter?" So etwas fragen nur Kinder. Erwachsene nehmen die Dinge, die sie umgeben, als selbstverständlich wahr, oder sie nehmen sich nicht die Zeit, sie zu entdecken. Mit diesem Buch möchte ich zweierlei erreichen: Ich möchte Ihnen das Bestimmen der Pflanzen erleichtern und Ihnen gleichzeitig die „Wunder" der Pflanzenwelt näher bringen.

Buschwindröschen haben fast immer sechs Blütenblätter. Erst dadurch sind sie für uns bestimmbar und lassen sich in ein System einordnen. Das „fast immer" ist dabei etwas, was die Bestimmung spannender macht. Beim vierblättrigen Kleeblatt freuen wir uns über die glückbringende Abweichung von den „normalen" drei Blättern. Bei der Bestimmung eines Buschwindröschens können sieben oder acht Blütenblätter Probleme bereiten. Ich werde später im Buch darauf eingehen.

Erst durch die Systematik wird die faszinierende Vielfalt an Formen und Farben überschaubar. Dieses System macht es für Sie mit jeder neuen Bestimmung einfacher, eine neue Art kennenzulernen. Wenn Sie sich erst einmal einen gewissen „Grundstock" aufgebaut haben, erkennen Sie auf Anhieb die Pflanzenfamilie oder sogar die Gattung und haben immer mehr Spaß an der Bestimmung.

Mein zweites Anliegen passt sehr zu dem ersten und kostet kein bisschen zusätzliche Zeit: Vergessen Sie bei der Bestimmung das Staunen nicht! Jede Pflanze und jede einzelne Blüte ist ein Wunder an Schönheit und Vollkommenheit und passt genau in den immerwährenden Kreislauf unserer Erde. Es wäre schade, wenn Sie es dabei beließen, nur die Staubbeutel zu zählen, ohne daran zu denken, was hinter diesem „Merkmal" steckt: Sie sind die Keimzelle für viele neue Pflanzen und Nahrung für unsere Insekten. Die Blüten liefern wunderschöne Wildblumensträuße, Wildkräutersalate, eine Blütenbowle oder einfach nur ein Dufterlebnis.

Einfacher als unsere Vorfahren können wir unsere moderne Technik dazu einsetzen, uns der Natur behutsam zu nähern und sie schonend zu nutzen. Mit der Bestimmung einer Pflanze ist der erste Schritt getan. Wenn der Name bekannt ist, haben Sie viele Möglichkeiten, etwas über ihre Verwendung zu erfahren. An einigen Beispielen möchte ich später die vielfältigen Verwendungsmöglichkeiten beschreiben. Mehr würde den Umfang dieses Buches sprengen. Sie werden überrascht sein, wie viele Pflanzen unserer heimischen Flora für die Küche, Kosmetik oder zum Färben genutzt werden können. Jede Pflanze hat ihre eigene Geschichte.

Darüber hinaus behalten Sie den Namen und die Merkmale sehr viel leichter, wenn Sie die Pflanze nicht nur bestimmt, sondern auch „erlebt" haben. Häufig gibt es alte Legenden oder interessante Begebenheiten, und viele Pflanzen können Sie auch kulinarisch entdecken: Wenn Sie den Gundermann erfolgreich bestimmt haben, nehmen Sie vom nächsten Ausflug in die Natur ein paar Blätter mit nach Hause und probieren diese im Wildkräutersalat. Dabei verbindet sich mit dem Bild und den Merkmalen der typische Geruch und ein unvergesslicher Geschmack. Vielleicht kennen Sie auch eine spannende Geschichte oder einen „Spruch", der den Gundermann unverwechselbar macht.

*Der **Gundermann (Glechoma hederacea)** hat viele Namen. „Gundelrebe" verdankt er seiner Wuchsform. „Gund" ist eine alte Bezeichnung für Eiter, und entsprechend wurde er äußerlich bei schlecht heilenden Wunden eingesetzt. Er galt auch lange Zeit als Heilmittel bei Magen-Darm-Erkrankungen.*

Er ist reich an ätherischen Ölen sowie an Gerb- und Bitterstoffen. Sie können ihn als gesundes Küchenkraut verwenden, das besonders in „schweren" Speisen die Fettverdauung fördert und zudem aromatisch und würzig schmeckt.

Den alten Germanen war der Gundermann heilig. Als Schutz vor bösen Geistern wurde ein Sträußchen ans Haus gehängt oder beim Bauen mit eingearbeitet.

Für die meisten Giftpflanzen gilt immer noch der Ausspruch des PARACELSUS (1493-1541): *„Alle Dinge sind Gift und nichts ist ohne Gift. Allein die Dosis macht, dass ein Ding kein Gift ist."* So haben die Inhaltsstoffe der meisten Giftpflanzen in der richtigen Dosis heilende Wirkung. Der Fingerhut beispielsweise ist eine der giftigsten heimischen Pflanzen und gleichzeitig sehr wertvoll für die Behandlung von Herzbeschwerden.

Übrigens: Das Buschwindröschen haben unsere Vorfahren als Pfeilgift eingesetzt. Es wurde aber auch bei schmerzenden Gelenken auf die Haut aufgetragen. Diese Anwendung kann nicht mehr empfohlen werden, da die Gefahr einer Überdosierung zu hoch ist und es zu starken Hautreizungen kommen kann.

Ich wünsche Ihnen also viel Spaß beim Bestimmen, Staunen und Verwenden der Pflanzen.

2. *Zu diesem Buch*

Dieser Grundkurs soll Ihnen die Pflanzenbestimmung auf einfache und praktische Art ermöglichen. Er schließt eine Lücke in der bisherigen Literatur zur Pflanzenbestimmung. Die meisten farbigen „Bestimmungsbücher" ermöglichen kein sicheres Bestimmen.

Die vorliegende Pflanze wird mit den Bildern im Buch verglichen und der Pflanze zugeordnet, deren Abbildung sie am ähnlichsten ist. Diese Form der Bestimmung führt häufig zu Fehlern und ist meist unbefriedigend. Außerdem ermöglicht sie kein Kennenlernen von gemeinsamen Familienmerkmalen. Die vorhandenen, guten wissenschaftlichen Bestimmungsbücher sind jedoch oft nicht ausreichend bebildert und enthalten zahlreiche schwer verständliche Abkürzungen und Fachbegriffe. Im vorliegenden Buch sind möglichst viele Details und Fachbegriffe an der Stelle erklärt und abgebildet, an der die Frage nach dem entsprechenden Merkmal auftaucht. Dadurch soll der Umgang mit dem wissenschaftlichen Schlüssel gleichzeitig Spaß am Bestimmen wecken.

Der hier eingearbeitete Bestimmungsschlüssel basiert auf dem SCHMEIL-FITSCHEN, Flora von Deutschland, 92. Auflage 2003, da dieses Buch in den meisten naturkundlichen Ausbildungsberufen als Standardwerk für die Pflanzenbestimmung verwendet wird. Dieses Bestimmungsbuch enthält mit über 3000 Arten alle heimischen und eingewanderten Pflanzen unserer Flora.

Im vorliegenden Grundkurs liegt der Schwerpunkt nicht im Umfang der Flora, sondern beim Einstieg in die systematische Bestimmung. Da dies am besten durch Ausprobieren geht, können Sie mit den enthaltenen Bestimmungsteilen die 550 am weitesten verbreiteten Pflanzenarten bestimmen. Seltene Arten werden hier vernachlässigt. Diese können Sie dann, wenn Sie mit diesem Schlüssel geübt sind, sehr gut mit dem SCHMEIL-FITSCHEN bestimmen, da die beiden Bücher im Sprachgebrauch und in der Handhabung aufeinander abgestimmt sind. Sie können beide Bücher auch sehr gut parallel verwenden.

Wenn Sie die Bestimmung zunächst mit Ihnen bekannten Arten üben, können Sie vorab im Register nachschlagen, ob „Ihre" Pflanze im Schlüssel enthalten und somit danach bestimmbar ist. Bestimmen Sie an einem Allerweltsstandort, ist die Wahrscheinlichkeit, eine häufig vorkommende Pflanze vorzufinden, größer als auf den sogenannten Sonderstandorten – wie beispielsweise Magerrasen, Moore und Feuchtwiesen.

*Alte Kultstätten – wie hier beispielsweise das **Gräberfeld bei Grebbestad** in Schweden – sind oft Lebensraum für seltene Pflanzen und Tiere, da hier keine intensive Nutzung stattfindet.*

*Auch **Bergregionen** stellen durch die extremen Klimabedingungen Sonderstandorte dar. Die hier lebenden Pflanzen sind in diesem Grundkurs größtenteils nicht enthalten.*

Außerdem ist die Gefahr, eine seltene bzw. geschützte Pflanze zu erwischen, dann sehr viel geringer. Bäume und Sträucher sind in diesem Grundkurs nicht berücksichtigt, er befasst sich überwiegend mit Pflanzen, die landläufig als Blumen bezeichnet werden und als eines der charakteristischen Merkmale eine Blüte haben, die zur Unterscheidung dienen kann. Daneben finden Sie auch einige Farne und Gräser. Für Bäume und Sträucher gibt es in Kürze einen eigenen „Grundkurs Gehölzbestimmung", der neben den Blütenmerkmalen der Gehölze auch speziell auf die Bestimmung anhand von Knospen, Rinde und Blättern eingeht.

Wenn Sie sich auf das faszinierende Gebiet der Pflanzenbestimmung einlassen, eröffnet Ihnen eine gute Lupe mit mindestens 10facher Vergrößerung ganz neue Einblicke. Ideal ist natürlich ein Stereomikroskop (Binokular). Besonders für Korbblütler und Gräser sind auch Präpariernadeln und eine feine, aber nicht zu elastische Pinzette hilfreich.

Das Johanniskraut ist die einzige heimische Gattung aus der Familie der Johanniskrautgewächse. Um das **Echte Johanniskraut** ranken sich viele Mythen und Legenden.

Das **Wiesenschaumkraut** gehört zur Familie der Kreuzblütler. Diese Familie ist an ihrem 4zähligen Blütenaufbau mit vier langen und zwei kurzen Staubblättern leicht zu erkennen.

Pflanzen mit ähnlichem Aufbau werden in mehrere systematische Einheiten, z.B. in Familien und Gattungen, zusammengefasst (siehe Kapitel 4). Durch das Erkennen dieses Aufbaus wird das Erkennen der Pflanze wesentlich einfacher. Sie können bei der Bestimmung direkt einige Stufen überspringen. Das ist wie das Einrichten eines Schubladensystems. Wenn Sie erst einmal wissen, in welcher Schublade sie suchen müssen, brauchen Sie nicht mehr den ganzen Schrank zu durchstöbern. Bei einigen Familien gelingt dies sehr leicht, bei anderen ist es etwas schwieriger. Um Ihnen das Wiedererkennen der gemeinsamen Merkmale zu erleichtern, werden die wichtigsten heimischen Familien beschrieben. Die Verteilung der Gattungen und Arten innerhalb der einzelnen Familien ist sehr unterschiedlich. Manche Familien sind sehr gattungs- und artenreich. Andere, wie beispielsweise die Johanniskrautgewächse, enthalten nur eine heimische Gattung. Die Angabe der ungefähren Gattungs- und Artenzahlen gibt Ihnen eine Vorstellung vom Umfang der Pflanzenfamilie.

Nach der erfolgreichen Bestimmung gibt es viele Möglichkeiten, sich weiter mit der nun bekannten Pflanze zu beschäftigen. Viel Spaß macht das Pressen der Pflanzenteile und die Anlage eines Herbariums. Dadurch bekommen Sie Vergleichsmaterial für weitere Bestimmungen, besonders zum Vergleich der Familienmerkmale. Wenn die Bestimmung zu schwierig war und die Artbeschreibungen für eine eindeutige Zuordnung nicht ausreichen, können Sie den Herbarbeleg einem Experten zur Nachbestimmung vorlegen. Die Beschäftigung mit der Natur sollte ihrem Erhalt dienen. Eine Sammlung möglichst seltener Arten ist daher mit diesem Ziel nicht zu vereinbaren. Für diesen Zweck sind Fotos gut geeignet.

3. Ein Wort zum Naturschutz

Es wird kaum jemanden geben, dessen Herz durch den Anblick von blühenden Wiesen, urwüchsigen Wäldern und sprudelnden Bächen nicht höher schlägt. In diesen Lebensräumen finden wir eine Fülle verschiedener Pflanzen und Tiere, wir hören das Zwitschern der Vögel, das Summen der Insekten und atmen die reine Luft. Diese Oasen der Besinnung und der Zufriedenheit zu schützen und auszuweiten ist der Wunsch vieler naturverbundener Menschen.

Es wird Zeit, die Spannungen zwischen den „Naturschützern" und den „Naturnutzern" abzubauen und einen Konsens zu finden, damit der Naturschutzgedanke eine Selbstverständlichkeit wird und es viele solcher Orte gibt. Der Fortbestand einer intakten Natur auf der Erde ist unser aller Anliegen, denn die meisten von uns sind gleichzeitig sowohl „Schützer" als auch „Nutzer". Dies wird am Thema Landwirtschaft und durch das Zitat von PELT et al. (2000) besonders deutlich: *„Der Bauer ist so lange der beste Hüter des Lebens und der Landschaft, wie man ihn nicht dazu zwingt, ständig mehr zu erzeugen, ganz gleich was und auf welche Art und Weise."* Das Bewusstsein jedes Einzelnen von uns bestimmt, wie unsere Umwelt in Zukunft aussehen wird.

Seltene Arten sind als Spezialisten oft Anzeiger, sogenannte Indikatoren, für besondere Lebensräume. Meist stehen sie unter Naturschutz und sollten geschont werden. Dies sollte uns aber nicht aus der Verantwortung entlassen, auch bei den nicht geschützten Arten zu schauen, ob sie an dem Fundort vielleicht das letzte Exemplar und damit auch schützenswert sind. Gerade beim Bestimmen ist es sinnvoll, sich eine schonende Technik anzueignen, bei der nur einzelne Blüten, Blätter oder Seitentriebe entnommen werden. Bei den unbekannten Pflanzen ist es unmöglich zu entscheiden, ob eine Pflanze geschützt ist oder nicht, selbst wenn sie gerade massenhaft vorkommt. Sinnvoll ist es daher, sich möglichst viele geschützte Pflanzen einzuprägen.

*Der **Frühjahrs-Enzian (Gentiana verna)** steht ebenfalls unter Naturschutz, ebenso wie alle anderen Vertreter aus der Familie der Enziangewächse.*

*Orchideen, wie das **Männliche Knabenkraut (Orchis mascula)**, sind grundsätzlich alle geschützt.*

*Dort, wo der **Märzenbecher (Leucojum vernum)** wie hier am Schweineberg (Niedersachsen) natürlich vorkommt, ist er geschützt.*

Zum Glück sind viele der früher und heute verwendeten Heil- und Küchenkräuter Allerweltsarten. Natürlich ist auch hier darauf zu achten, den Bestand nicht unnötig zu strapazieren. Wenn Sie beim Bärlauch (Allium ursinum) beispielsweise nur jeweils ein Blatt pro Pflanze entnehmen, kann die Zwiebel im Boden genug Nährstoffe für das kommende Jahr speichern und erneut austreiben. Werden alle Blätter abgeschnitten, verkümmert die Pflanze. In einigen Bundesländern steht der Bärlauch unter Naturschutz. Dies hat jedoch weitestgehend mit der Vernichtung seines Lebensraumes, der feuchten und nährstoffreichen Laubwälder, zu tun.

Neben den gesetzlich geschützten Arten gibt es außerdem für bedrohte Arten eine sogenannte „Rote Liste". Hier wird für jedes Bundesgebiet in verschiedenen Gefährdungskategorien angegeben, wie stark bedroht eine bestimmte Pflanzenart ist.

Wollen Sie nur bestimmte Pflanzenteile verwenden, lassen Sie die Pflanze am Standort. Das Sammeln einzelner Blätter oder Blüten – zum Beispiel von Gundermann oder Taubnessel – hat Vorteile gegenüber dem Abrupfen der gesamten Pflanze. Die Pflanze wird kaum geschädigt, und Sie brauchen die Blätter zu Hause nur noch zu waschen und nicht mehr mühsam vom Stängel zu zupfen und zu sortieren – das macht zudem draußen in der Natur viel mehr Spaß als in der Küche.

*Der **Bärlauch (Allium ursinum)** ist ein altes Heil- und Küchenkraut mit ähnlichen Eigenschaften wie Knoblauch.*

Er wächst in krautreichen Laubwäldern auf sickerfeuchten, nährstoffreichen und tiefgründigen Böden. In einigen Bundesländern (besonders im nördlichen Tiefland) ist er unter Naturschutz gestellt, in anderen sind die Bestände so groß, dass er in der Natur gesammelt und auf Märkten verkauft werden kann.

4. Die systematische Namensgebung

Hinter der Erstellung einer Systematik verbirgt sich der Wunsch des Menschen, eine gewisse Übersichtlichkeit durch die Zuordnung nach Ähnlichkeiten zu erreichen.

Der griechische Philosoph und Naturforscher ARISTOTELES (384 – 322 v. Chr.) hatte damit begonnen, Pflanzen nach ihrer Lebensweise und ihrem Aussehen einzuteilen. In diesem sogenannten „künstlichen System" gab es beispielsweise die Gruppen der Bäume, der Land- und der Wasserpflanzen. Später wurden weitere Kategorien, wie der landwirtschaftliche oder medizinische Nutzen, zur Einteilung herangezogen.

Lange Zeit wurden die Pflanzen durch diese sogenannten Phrasen beschrieben, bevor der schwedische Naturforscher CARL von LINNÉ (1707 – 1778) die bis heute gültige Namensgebung einführte. Eine Phrase beschrieb eine Pflanzenart durch fünf bis zehn Merkmale. Die Türkenbund-Lilie beispielsweise hieß: Lílium, flóribus refléxis, latifólium, was so viel besagte wie „breitblättrige Lilie mit zurückgekrümmten Blüten". Durch die Entdeckung immer neuer Arten auf den Forschungsreisen der Botaniker wurden die Namen mit nun manchmal auch noch mehr als 10 Begriffen immer unübersichtlicher. LINNÉ machte dieser Unübersichtlichkeit mit seinem 1753 veröffentlichten „Spécies plantárum" ein Ende. Er benutzte darin die bis heute gültige, aus zwei Teilen bestehende Namensgebung (binäre Nomenklatur). Die Grundlage waren für ihn die römischen und griechischen Pflanzenbücher, daher haben die meisten wissenschaftlichen Namen einen griechischen oder lateinischen Ursprung.

Seit dem 17. und 18. Jahrhundert werden die Pflanzen zudem nach ihrer Verwandtschaft zueinander in Gruppen eingeteilt, die auf dem Bau der Blüten und Früchte basiert. Aus diesem natürlichen System hat sich eine Folge verschiedener Rangstufen ergeben, die bis heute Bestand hat.

Gefleckte und Weiße Taubnessel (Lamium maculatum und album)

In dieser binären Nomenklatur wird jede Pflanze durch zwei Wörter beschrieben: Das erste bezeichnet die Gattung und das darauf folgende, klein geschriebene, die Art. So ist beispielsweise die Weiße Taubnessel zu ihrem Namen Lamium album gekommen. Lamium ist von dem griechischen „lamion" (= Schlund oder Rachen) abgeleitet und beschreibt die Blütenform, „album" bezieht sich auf die Blütenfarbe weiß. Die Gefleckte Taubnessel heißt entsprechend ihrer Zugehörigkeit zur selben Gattung Lamium maculatum (maculatum = gefleckt).

Im wissenschaftlichen Namen ist die systematische Kategorie zu erkennen, denn die Endung kennzeichnet die jeweilige Rangstufe. Zudem ist die Gattungszugehörigkeit durch die wissenschaftliche Namensgebung eindeutig festgelegt und in der ganzen Welt identisch. Die deutschen Namen sind dagegen regional sehr unterschiedlich, und oft gibt es für eine Art sehr viele deutsche Namen. Fragen Sie einmal Ihre Bekannten, was für sie eine „Butterblume" ist, und Sie werden überrascht sein, wie viele verschiedene Pflanzen sich hinter diesem Namen verbergen können! Die wissenschaftlichen Namen Taraxacum officinale (Löwenzahn), Ranunculus repens (Kriechender Hahnenfuß), Ranunculus ficaria (Scharbockskraut) oder Caltha palustris (Sumpfdotterblume) sind dagegen eindeutig. Sie verraten oft etwas über die Eigenschaften der Pflanze. Taraxacum kommt von dem arabischen Namen für „bitteres Kraut". Der Artname officinalis heißt so viel wie „arzneilich" und wurde ausschließlich für Pflanzen vergeben, denen eine Heilwirkung zugesprochen wurde. Die Gattung Ranunculus besiedelt häufig feuchte Standorte und wurde deshalb nach dem lateinischen Namen für Frosch „rana" benannt. Repens heißt „kriechend" und bezieht sich auf die Eigenschaft, Ausläufer zu bilden. Ficaria beschreibt die Blattform und heißt so viel wie „feigenähnlich". Palustris bedeutet „sumpfbewohnend" und beschreibt den Lebensraum der Sumpfdotterblume.

Löwenzahn
(Taraxacum officinale)

Scharbockskraut
(Ranunculus ficaria)

Sumpfdotterblume
(Caltha palustris)

Kriechender Hahnenfuß
(Ranunculus repens)

Die „offiziellen" deutschen Namen Scharbockskraut und Kriechender Hahnenfuß lassen dagegen nicht erkennen, dass beide Arten zu einer Gattung gehören. Noch weniger eindeutig lassen ihre lokalen Namen diese Verwandschaft vermuten: So wird das Scharbockskraut neben Butterblume auch Fettbläder, Sternli, Goldblümchen, Mausöhrche, Pfennigkraut, Bettlerkraut, Osterblume, Zigeunersalat oder Rapunzchen genannt.

Es lohnt sich also nicht nur für die weltweite Verständigung unter Botanikern die wissenschaftlichen Namen zu lernen. Am Anfang erscheint es oft sehr mühsam und schwierig, doch mit jeder gelernten Art wird es einfacher. Sie bauen sich sozusagen eine Art „Schubkastensystem" auf, in das die neuen Arten einsortiert werden können. In der Darstellung auf der folgenden Seite wird dies am Beispiel von Taubnessel und Beinbrech veranschaulicht.

Die Art (Lamium album – Weiße Taubnessel) steht an der Basis der Betrachtung. Alle Arten mit mehreren gemeinsamen Merkmalen werden zu der nächst höheren Einheit, der Gattung (Lamium – Taubnessel), zusammengefasst. Mehrere Gattungen können nun wieder gemeinsame Merkmale aufweisen und zu einer Familie (Lamiaceae – Lippenblütler) vereinigt werden. Mehrere Familien werden zu Ordnungen (Lamiales – Lippenblütlerartige) zusammengefasst. Die nächst höhere Einheit ist die Klasse (Dikotyledonae – Zweikeimblättrige) und die Unterabteilung (Angiospermae – Bedecktsamige). Die Abteilung (Spermatophyta – Blütenpflanze) schließlich gehört in das Reich der Gefäßpflanzen.

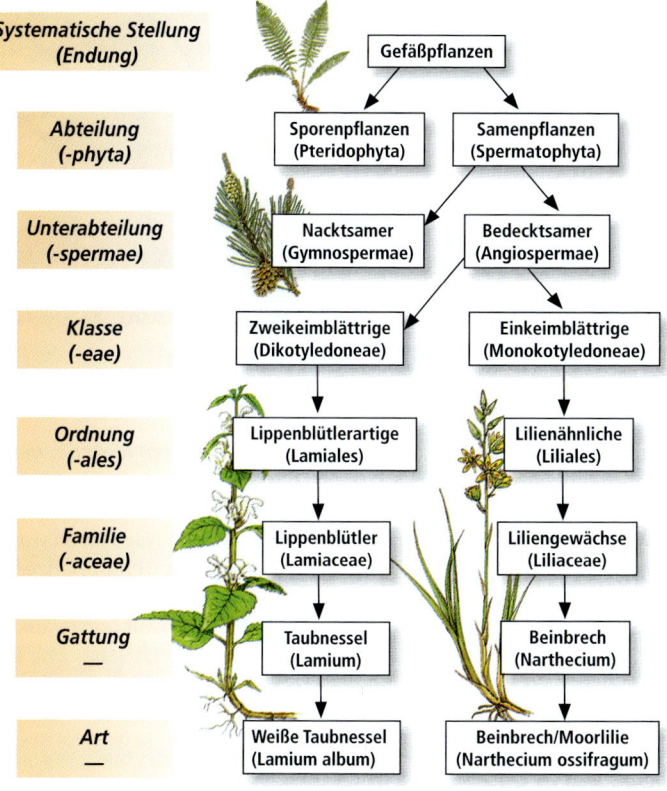

Systematische Stellung (Endung)	Gefäßpflanzen
Abteilung (-phyta)	Sporenpflanzen (Pteridophyta) — Samenpflanzen (Spermatophyta)
Unterabteilung (-spermae)	Nacktsamer (Gymnospermae) — Bedecktsamer (Angiospermae)
Klasse (-eae)	Zweikeimblättrige (Dikotyledoneae) — Einkeimblättrige (Monokotyledoneae)
Ordnung (-ales)	Lippenblütlerartige (Lamiales) — Lilienähnliche (Liliales)
Familie (-aceae)	Lippenblütler (Lamiaceae) — Liliengewächse (Liliaceae)
Gattung —	Taubnessel (Lamium) — Beinbrech (Narthecium)
Art —	Weiße Taubnessel (Lamium album) — Beinbrech/Moorlilie (Narthecium ossifragum)

Manche Arten sind sehr formenreich und können darüber hinaus in weitere Unterarten (subspecies), Varietäten (varietas) und Formen (forma) unterteilt werden. Von einer Sammelart (einer Kollektivart bzw. Artengruppe oder einem Aggregat) spricht man, wenn der außerordentliche Formenreichtum der ähnlichen Kleinarten nur sehr schwer auseinander zu halten ist. Dies kann mit dem Zusatz „agg." (Abkürzung für Aggregat) hinter dem Artnamen kenntlich gemacht werden. So wird beispielsweise die Sammelart Löwenzahn (Taraxacum officinale agg.) oder Brombeere (Rubus fruticosus agg.) in unzählige Kleinarten (Unterarten) unterteilt. In diesem Grundkurs wird die Bestimmung bis zur Art bzw. Sammelart durchgeführt. So wird zum Beispiel der Löwenzahn (Taraxacum officinale) nicht weiter in einzelne Kleinarten aufgespalten. Ebenso werden Hybride, d.h. Kreuzungen zwischen zwei verschiedenen Arten, nicht berücksichtigt. Allerdings werden Gattungen, die besonders zu Bastardisierung neigen, bei den Familienbeschreibungen erwähnt. Beim Bestimmen können sie einem das Leben wirklich schwer machen. Bastarde vereinen meist Merkmale zweier Arten in sich, so dass Sie am Ende eines Bestimmungsganges keine eindeutige Zuordnung treffen können.

*Die Ähnlichkeit zwischen einem Baum und dem mensch-
lichen Körper ist faszinierend. Die Welt der Pflanzen ist
nach außen gerichtet und die des Menschen und der Tiere
nach innen, und beide ergänzen sich vollkommen: Die
Glieder einer Pflanze breiten sich vom Spross aus. Über
die Blätter nehmen sie das Kohlendioxid auf, aus dem
sie Zucker bilden. Dabei geben sie Sauerstoff ab. Unser
Körper hat keine Äste mehr, dafür aber Bronchien. Sie er-
strecken sich nicht nach außen, sondern ins Körperinnere,
in die Lunge. Dort nehmen sie den Sauerstoff auf, mit
dessen Hilfe sie den mit der Nahrung im Blut transpor-
tierten Zucker verwerten. Sie konsumieren die von den
Pflanzen gebildete Nahrung und geben Kohlendioxid ab
(JEAN-MARIE PELT 2000).*

5. *Der Grundbauplan einer höheren Pflanze*

*Pflanzen erzeugen ihre Nahrung aus der unbelebten Materie, den
anorganischen Bestandteilen selbst, d.h. sie sind autotroph. Dadurch unterscheiden sie sich grundlegend von „uns" Tieren und
werden in ein eigenes Reich der Pflanzen gestellt. Nach ihren wasserleitenden Bahnen, den Gefäßen, werden sie als Gefäßpflanzen
(Kormophyten) bezeichnet. Die Systematik der Pflanzen können
Sie sich wie die Evolutionsgeschichte der Pflanzenwelt vorstellen.*

Alles Leben ist aus dem Wasser entstanden, und die ersten Pflanzen, die das Wasser verlassen und das Land besiedelt haben, waren einfach gebaute Sporenpflanzen ohne Blüten. Es gibt auch heute noch Pflanzen ohne Blüten: Farne, Moose,
Algen und Flechten. Pilze haben kein „Blattgrün" und betreiben keine Fotosynthese,
sie bilden ein eigenes Reich der Pilze und werden im „Grundkurs Pilzbestimmung"
beschrieben.

Bei der Besiedelung des Landlebensraumes ist
die Abhängigkeit vom Wasser immer stärker zurückgedrängt worden. Bei den Wasserpflanzen
gelangen die männlichen Keimzellen über das
Wasser zu den weiblichen. Ähnlich ist das auch
heute noch bei den Sporenpflanzen, wie beispielsweise den Farnen. Sie bilden keine Blüten aus und überlassen ihre Sporen, die in den
Sporenbehältern, den Sporangien gebildet werden, dem Wind. Aus diesen Sporen wächst jedoch nicht direkt eine neue Farnpflanze, sondern zunächst ein Vorkeim (Prothallium). Auf
diesem Vorkeim finden die männlichen Keimzellen auf dem Wasserweg zu den weiblichen.
Außer, dass es zu diesem Zeitpunkt noch keine
Blüten gibt, ist der Grundbauplan mit Wurzeln,
Spross und Blättern den Blütenpflanzen schon
recht ähnlich.

**Tüpfelfarn
(Polypodium
vulgare)**

Der nächste Schritt in der Evolution war die endgültige Trennung vom Wasser vor ca. 370 Millionen Jahren, die mit der Entwicklung der Blütenpflanzen zusammenhängt. Dabei wurden Behältnisse zum Schutz der Sporen geschaffen. Die ursprünglichere Form sind die Nacktsamer mit ungeschützten Samenanlagen, die meisten von ihnen sind Nadelbäume. Bei ihnen werden die männlichen Sporen nun Pollen genannt, sie gelangen durch den Wind auf die Eizelle. Die weiblichen Geschlechtsorgane fallen auch nicht mehr auf die Erde, sondern bleiben an der Pflanze. Der Samen fällt aber immer noch an den absolut ungünstigsten Ort: direkt unter den Baum.

*Die **Douglasie (Pseudotsuga menziesii)** ist ein nacktsamiger Nadelbaum.*

Nach wie vor gibt es beide Arten der Befruchtung. Der Blühzeitpunkt hängt bei vielen Arten mit der Bestäubung zusammen. Viele windblütige Arten, wie beispielsweise die Birken, blühen vor dem Laubaustrieb, da die Blätter bei der Verbreitung der Pollen unnötige „Hindernisse" auf dem Weg zur weiblichen Blüte darstellen.

Die Entwicklung von Blüten geht einher mit der Evolution der Insekten. Die Neuerung der Blütenpflanzen ist, dass sie Tiere zu den „Instrumenten" ihrer Befruchtung machen.

Bis zum Auftauchen der Blütenpflanzen war die Beförderung durch den Wind die Regel. Die Entwicklung der Bedecktsamer hat sich parallel mit der Evolution der Insekten vollzogen, und die meisten von ihnen sind insektenblütig. Die Pollen und auch die Samen werden nun nicht mehr ausschließlich dem Wind anvertraut.

*Aus dem Fruchtknoten der **Tollkirsche** (Atropa bella-donna) wird zur Reifezeit eine stark giftige Beere. Die Samen liegen geschützt im Fruchtfleisch eingebettet.*

Mit der Zeit wird die Eizelle immer besser geschützt. Seit etwa 130 Millionen Jahren wird die Samenanlage nun von einer schützenden Hülle, dem Fruchtknoten umgeben – daher der Name Bedecktsamer. Die Pollenkörner bilden einen Schlauch, in dem der Samenfaden bis zur Eizelle befördert wird. Nach der Befruchtung entwickeln sich aus der befruchteten Eizelle Samen und aus dem Fruchtknoten Früchte. Diese Methode ist für die Samenverbreitung erheblich effektiver. Die Tiere verbreiten die Früchte mit Absicht oder zufällig: Klettfrüchte haften an ihrem Fell, Nüsse werden als Wintervorrat deponiert und nicht wieder gefunden und Beeren als Nahrung verspeist. Viele Samen passieren den Darm der Vögel unbeschadet, und einige brauchen die Darmpassage sogar für eine erfolgreiche Keimung.

Die Entwicklung von Samen bedeutete die Möglichkeit, *„die Geburt bis zu einem günstigen Zeitpunkt aufschieben zu können – stellen Sie sich eine Schwangere vor, die am Ende des zweiten Monats die Entscheidung trifft, die Entwicklung des Fötus anzuhalten, um sie einige Jahre später wieder fortzusetzen, wenn es ihr besser paßt...“* (PELT et al. 2000). Während die Tierwelt ihre Umgebung ändert, wartet die Pflanzenwelt am selben Standort auf bessere Bedingungen. Wir kennen diese Phänomene z.B. aus der Wüste.

Jeder Same enthält ein Nährgewebe, eine Samenschale und den Keimling (Embryo). Die Blätter des Keimlings werden als Keimblätter bezeichnet. Die Einteilung der Bedecktsamer in Ein- und Zweikeimblättrige wird anhand der Anzahl der Keimblätter vorgenommen, obwohl es auch hier Ausnahmen gibt. Bei den Zweikeimblättrigen sind zwei Keimblätter vorhanden und bei den Einkeimblättrigen nur eines, das als Scheide die Keimpflanze umhüllt und schützt. Bei der Keimung kann man dies gut erkennen.

Einkeimblättrig: Getreide

Zweikeimblättrig: Buche

Zur Blütezeit ist dieses Merkmal für die Bestimmung nicht mehr sichtbar. Daher ist es wichtig, anhand der vorhandenen Merkmale eine Unterscheidung zu treffen. In den meisten Fällen ist die Blattnervatur hilfreich. Doch auch hier gibt es Ausnahmen, so dass es leider nicht nur ein Merkmal gibt, das für alle Vertreter der entsprechenden Gruppe zutrifft. Meist entscheidet die Summe der zutreffenden Merkmale, in welche Gruppe die zu bestimmende Pflanze gehört. Dabei wird das eine oder das andere Charakteristikum im Vordergrund stehen. Wenn Sie sich anhand der in der folgenden Übersicht zusammengestellten Merkmale orientieren, wird Ihnen die Einordnung mit etwas Übung leicht gelingen.

Einkeimblättrige (Monokotyledonae)	Zweikeimblättrige (Dikotyledonae)
Ein Keimblatt	*Zwei gegenständige Keimblätter*
Blüten meist 3 bzw. 6zählig, häufig keine Untergliederung in Kelch und Kronblätter (Perigon).	*Blüten oft 4- oder 5zählig und meist deutlich in Kelch und Krone gegliedert.*
Blätter in der Regel parallelnervig, fast immer ungestielt und mit Blattscheide (Gräser). Blattspreite immer einfach und ganzrandig.	*Blätter netznervig mit (meist) kräftigem Mittelnerv, meist gestielt und nur selten mit Blattscheide. Blattspreite häufig geteilt und am Rand gesägt oder gezähnt. Blätter gestielt oder ungestielt.*
Stängel nie viereckig; Leitbündel im Sprossquerschnitt zerstreut angeordnet. Wurzelsystem ohne Hauptwurzel; Zwiebeln oder Rhizome als Speicherorgan.	*Stängel variabel; Leitbündel im Sprossquerschnitt meist ringförmig angeordnet. Wurzelsystem sehr variabel.*

13

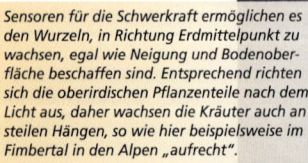

Sensoren für die Schwerkraft ermöglichen es den Wurzeln, in Richtung Erdmittelpunkt zu wachsen, egal wie Neigung und Bodenoberfläche beschaffen sind. Entsprechend richten sich die oberirdischen Pflanzenteile nach dem Licht aus, daher wachsen die Kräuter auch an steilen Hängen, so wie hier beispielsweise im Fimbertal in den Alpen „aufrecht".

5.1 Die unterirdischen Organe

Die Wurzel dient einer Landpflanze zur Verankerung im Boden und zur Wasser- und Nährstoffaufnahme. Das Wasser und die darin gelösten Nährstoffe werden durch ein System von Leitungsbahnen über den gesamten Spross bis zu den Laubblättern transportiert. Dort verdunstet das Wasser an der Blattoberfläche. Dadurch wird eine Saugspannung aufgebaut, die sich bis zu den Wurzeln fortsetzt und dafür sorgt, dass neues Wasser nachgesogen wird.

In einem zweiten Leitungssystem werden die in den Blättern gebildeten organischen Verbindungen zu den Wurzeln transportiert, damit auch diese wachsen können. Bei einigen Arten werden hier zusätzlich Nährstoffe gespeichert.

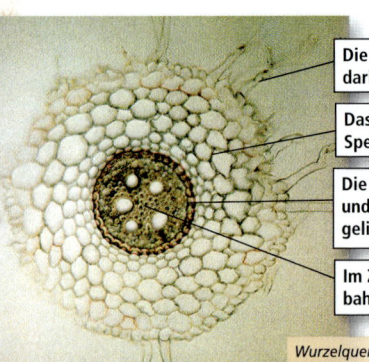

Die Wurzelhaare nehmen das Wasser mit den darin gelösten Nährstoffen auf.

Das Rindengewebe dient vielen Pflanzen als Speichergewebe.

Die Endodermis umschließt den Zentralzylinder und kontrolliert, welche und wie viele der angelieferten Substanzen weitergeleitet werden.

Im Zentralzylinder befinden sich die Leitungsbahnen für den Stofftransport.

*Wurzelquerschnitt der **Mäuse-Gerste (Hordeum murinum)**, 400fach vergrößert und mit Phloroglycin angefärbt.*

| Wurzelwerk der Einkeimblättrigen ohne Haupt- und Nebenwurzeln. | Zweikeimblättrige: Hauptwurzel mit abzweigenden Nebenwurzeln. | Möhre: Keim-stängel und Wurzelteile als Speicherorgan. | Radieschen: Der Keimstängel übernimmt die Speicherfunktion. |

Das Wurzelwerk kann verschieden gestaltet sein. Bei den Einkeimblättrigen wird die bei der Keimung ausgebildete Hauptwurzel durch ein Büschel von ebenbürtigen, kleineren Wurzeln ersetzt. Dadurch ist keine Hauptwurzel zu erkennen. Speicherwurzeln gibt es nicht, bei den mehrjährigen Einkeimblättrigen werden die Reservestoffe in Zwiebeln oder unterirdischen Sprossabschnitten (Rhizomen) gespeichert.

Bei den Zweikeimblättrigen setzt sich das Wurzelwerk aus einer **Hauptwurzel** mit mehreren kleineren **Nebenwurzeln** zusammen. Die Hauptwurzel kann als Speicherorgan verdickt sein und wird dann als **Rübe** bezeichnet. Bei einer Möhre wird auch der Keimstängel (das Hypokotyl) mit einbezogen, und beim Radieschen ist ausschließlich dieser Abschnitt zwischen der Wurzel und dem ersten Keimblatt als Speicherorgan ausgebildet. Von **Wurzelknollen** spricht man, wenn die Wurzeln knollenförmig anschwellen, aber keine Seitenwurzeln mehr erzeugen. Bei der **Pfahlwurzel** des Löwenzahns z.B. dient die fleischig verdickte Hauptwurzel als Speicherorgan. Sie bildet nur wenige Seitenwurzeln aus. In Notzeiten hat man geröstete Wurzelstücke als Kaffeeersatz aufgebrüht. Im Gegensatz zur beblätterten Sprossachse ist die Wurzel stets ungegliedert und bildet nie Blätter oder Knospen, sondern nur Grob- und Feinwurzeln. An dieser Blattlosigkeit kann man echte Wurzeln sehr gut von wurzelähnlichen, unterirdischen Sprossen, Ausläufern oder Rhizomen unterscheiden.

*An den Knospen (Augen) einer **Kartoffel (Solanum tuberosum)** werden keine Seitenwurzeln, sondern grüne Seitensprosse gebildet. Daran kann man erkennen, dass Kartoffeln keine Wurzel-, sondern unterirdische Sprossteile sind.*

Da das Wurzelsystem im Boden verborgen ist und das Ausgraben die Vernichtung der Pflanze bedeutet, wird es für die Bestimmung nur dann herangezogen, wenn die oberirdisch sichtbaren Merkmale nicht ausreichen.

5.2 *Die Sprossachse*

Die Sprossachse wächst in der Regel senkrecht dem Licht entgegen. Sie dient der Leitung des Wassers und der darin gelösten Nährstoffe sowie der Leitung der in den Blättern aufgebauten Substanzen.

Tragblätter

Sie ist meist in Knoten (Nodien) und die dazwischen liegenden Stängelglieder (Internodien) unterteilt. Die Blätter werden an den Knoten gebildet, und in ihren Achseln entspringen oft Seitenäste. Die Laubblätter werden dann als Tragblätter bezeichnet.

Das Verzweigungsmuster ist ein wichtiges Bestimmungsmerkmal, es kann sowohl wechsel- als auch gegen- oder quirlständig sein (siehe folgendes Kapitel). Da auch wechselständige Blätter zufällig einmal fast oder ganz gegenüber angeordnet sind, ist es für die Bestimmung wichtig, ob sich die Blätter wirklich an allen Verzweigungspunkten gegenüber stehen, wenn nach diesem Merkmal gefragt wird.

Lebensdauer

Die als **Kräuter** bezeichneten Pflanzen blühen und fruchten nur ein einziges Mal in ihrem Lebenszyklus. Sie werden auch als **Therophyten** bezeichnet. Sie sind einjährig oder anuell (☉), wenn dies innerhalb eines Jahres geschieht. Sommeranuelle leben nur einen Sommer, während Winteranuelle im Herbst keimen und im folgenden Jahr zur Blüte gelangen. Sie haben keine Speicherorgane, da sie kein zweites Mal austreiben. Ihr Wurzelsystem ist schwach entwickelt und ihr Stängel niemals verholzt. Erkennen können Sie diese Merkmale in der Praxis am besten daran, dass sie sich leicht aus dem Boden ziehen lassen.

Zweijährige sind nicht immer einfach als solche zu erkennen, sie sind in der heimischen Flora jedoch auch nicht sehr häufig. Sie werden auch **Bienne** genannt und gelangen erst im zweiten Jahr zur Blüte und Samenreife. Im ersten Jahr bilden sie meist eine Blattrosette mit einer Pfahlwurzel aus. Die dort gespeicherten Nährstoffe ermöglichen der Pflanze, im zweiten Jahr einen umfangreichen Blütenstand zu bilden.

Bei den **Mehrjährigen** tritt die Blütenbildung erst nach mehreren Jahren ein. **Perennierende**, **ausdauernde** Pflanzen verlagern vor dem Winter die Nährstoffe aus den Blättern in unterirdische Speicher (Knollen, Rüben, Zwiebeln oder Rhizome). Mit Hilfe dieser Überdauerungsorgane können sie jedes Jahr wieder neu austreiben. An der Stängelbasis befinden sich meist abgestorbene Pflanzenteile des Vorjahres.

Definitionsgemäß ist eine krautige Sprossachse ein **Stängel** (links). Bei den Einjährigen stirbt er im Herbst ab.
Von einem **Halm** spricht man bei den hohlen und durch Querscheidewände deutlich gegliederten Gräsern (rechts).

Der Stängel von z.B. Gänseblümchen, Wegerich und Löwenzahn besteht nur aus einem Stängelglied (Internodium) und wird als **Schaft** bezeichnet. Die **grundständigen Blätter** liegen dicht gedrängt als **Rosette** dem Boden auf.

Ein **Stamm** ist die über viele Jahre weiterwachsende und verholzende Sprossachse der Bäume und Sträucher.

Sprossteile können sich auch als Nährstoffspeicher ganz oder teilweise im Erdboden befinden. Dies ist bei den **Zwiebeln** mit fleischig verdickten Grundblättern der Fall. Im Gegensatz zu den Knollen (die echte Wurzeln sind), gehen von ihnen keine Nebenwurzeln ab.

Ähnlich dient die Sprossachse bei den **Rhizomen** als unterirdisches Speicherorgan. Rhizome erneuern sich praktisch ständig. Sie wachsen meist horizontal an der Spitze ständig weiter und sterben am anderen Ende langsam ab. Laubblätter entwickeln sich nur an den über die Erde tretenden Trieben. Die Bewurzelung ist sprossbürtig, das bedeutet, dass die Wurzeln direkt aus der Sprossachse entspringen.

Die beiden Komplementärfarben Rot und Grün gehen in der Natur auf dieselbe Grundstruktur zurück: bis auf das eingebaute Metall sind der rote Farbstoff im Blut und der grüne – wie z. B. in diesem bereiften Brombeerblatt – völlig identisch. Magnesium färbt das Chlorophyll grün, und Eisen ist für die rote Farbe des Hämoglobins verantwortlich.

5.3 Das Blatt

Die Blätter sind die „Nahrungsproduzenten" der Pflanze. Durch den grünen Farbstoff, das Chlorophyll, ist die Pflanze in der Lage, aus dem Kohlendioxid der Luft und dem Wasser des Bodens die Grundsubstanzen für alle weiteren Stoffwechselprodukte herzustellen. Die dafür benötigte Energie liefert das Sonnenlicht (Fotosynthese). Bei diesem Umbau wird Sauerstoff freigesetzt, den Mensch und Tier zum Leben brauchen.

Ein Teil der hergestellten Verbindungen wird als Vorrat und zum Wachsen über die Leitungsbahnen aus den Blättern in die Stängel und Wurzeln transportiert. Der Gasaustausch, das heißt die Aufnahme von Kohlendioxid und die Abgabe von Sauerstoff, erfolgt über die Spaltöffnungen. Das sind winzige, schlitzartige Poren auf der Blattoberfläche. Sie lassen Luft in das Blatt hinein und Wasserdampf heraus. Da sie je nach Feuchtigkeitszustand geöffnet und geschlossen werden, regulieren sie die Verdunstung. Wenn die Spaltöffnungen bei Trockenheit geschlossen werden, nimmt automatisch auch der Stoffumsatz ab.

Der genaue Blattaufbau verrät einiges über den Standort, an den eine Pflanze besonders gut angepasst ist. So haben die Blätter von Pflanzen trockener Standorte zusätzlich eine dicke Kutikula, einen wachsartigen Überzug, der den Gasaustausch vermindert, um dadurch nicht zusätzlich über die gesamte Blattoberfläche unnötig Wasser abzugeben (siehe S. 35).

Eine besondere Anpassung an den Tagesgang der Sonne zeigen die Kompasspflanzen, wie hier beispielsweise der **Kompass-Lattich (Lactuca serriola).** Sie richten ihre Blätter so nach dem Licht aus, dass sie die Sonne morgens und abends möglichst effektiv nutzen und zur Zeit der stärksten Einstrahlung nur eine geringe Angriffsfläche bieten. So schützen sie sich mittags vor zu starker Sonneneinstrahlung.

Die **Nervatur** in den Blättern verläuft bei den Einkeimblättrigen meist parallel, und bei den Zweikeimblättrigen ist sie netzartig miteinander verbunden. Ausnahmen hiervon sind der Gefleckte Aronstab, das Hasenohr, Enzian, die Einbeere und die Wegerich-Arten (siehe Seite 66).

Innerhalb einer Art sind die Blätter sehr charakteristisch und stellen daher ein gutes Bestimmungsmerkmal dar. Im Bestimmungsschlüssel spielen vor allem die Stellung und die Form der Blätter eine große Rolle.

Blattstellung

Als Blattstellung wird die Anordnung der Blätter am Stängel oder Halm bezeichnet. Für die Lippenblütler beispielsweise ist charakteristisch, dass die Blätter **gegenständig** angeordnet sind. Sie sind dekussiert oder kreuz-gegenständig, was bedeutet, dass sich die Blattpaare jeweils in ihrer Ausrichtung am Stängel abwechseln. Dagegen sind z.B. bei den Raublattgewächsen die Blätter stets **wechselständig**, das heißt an jedem Knoten entspringt nur ein Blatt, das in der Ausrichtung von dem vorherigen abweicht. Es gibt aber auch Pflanzenfamilien, wie beispielsweise die Rachenblütler, in denen verschiedene Blattstellungen vorkommen.

Bei einem **Blattquirl** stehen an jedem Knoten drei oder mehr Blätter, wie zum Beispiel bei dem Tannwedel (Hippuris vulgaris). Als Scheinquirl werden quirlige Blattstellungen bezeichnet, bei denen die Nebenblätter (Auswüchse am Blattgrund, siehe folgende Seite) so aussehen wie die übrigen Blätter und dadurch einen Quirl vortäuschen (unten rechts). Dies ist typisch für die Rötegewächse. Für die Bestimmung ist dieser Unterschied unerheblich, da hier nach den optisch wahrnehmbaren Kriterien entschieden wird.

Kreuz-gegenständige Beblätterung:
Goldnessel (Galeobdolon luteum)

Wechselständige Beblätterung:
Breitblättrige Stendelwurz (Epipactis helleborine)

Scheinquirl:
Waldmeister (Galium odoratum)

Für die Bestimmung ist die richtige Bezeichnung für die Abschnitte eines Laubblattes zu beachten: es gliedert sich in Blattgrund, Blattstiel und Blattspreite.

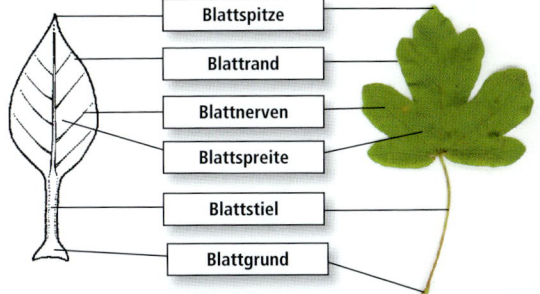

Blattspitze

Blattrand

Blattnerven

Blattspreite

Blattstiel

Blattgrund

Am **Blattgrund** der Zweikeimblättrigen können Nebenblätter stehen. Sie werden auch als Stipeln bezeichnet. Für einige Pflanzenfamilien sind sie typisch (z.B. Rosengewächse, Schmetterlingsblütler), und ihre Form kann für die Artbestimmung hilfreich sein.

Der **Blattgrund** kann röhrig geschlossen und stark verdickt sein, wie bei den Lauchgewächsen, oder er kann wie bei den Doldenblütlern als lange, offene Scheide ausgebildet sein (rechts). Bei den Gräsern dient er als Stützorgan für den dünnen Halm (links).

| sitzend | Stängel umfassend | geöhrt | verwachsen | herablaufend |

Der **Blattstiel** kann fehlen, das Blatt wird dann als ungestielt oder sitzend bezeichnet. Ein sitzendes Blatt kann zusätzlich Stängel umfassend, geöhrt, verwachsen oder herablaufend sein.

*Bei der **Zitter-Pappel (Populus tremula)** wird durch die winkelige Ansatzstelle des Blattstieles am Ast beim kleinsten Windhauch eine Blattbewegung verursacht. Dadurch wird mehr Wasser verdunstet, so dass entsprechend mehr Wasser mit den darin gelösten Nährstoffen aufgenommen werden kann.*

Nicht bei allen Pflanzen ist ein „Sinn und Zweck" hinter ihrer Form zu erkennen. Alles, was sich im Laufe der Evolution nicht als hinderlich herausgestellt hat, bereichert den unermesslichen Formen- und Farbreichtum der Natur und birgt auch heute noch viele Geheimnisse.

Rhachis

einfach | unpaarig gefiedert | paarig gefiedert

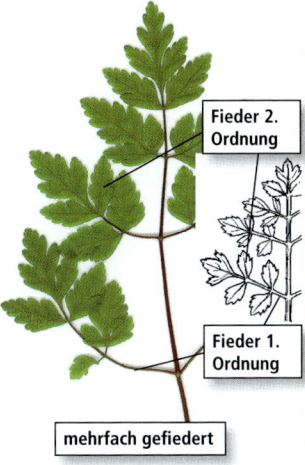

Fieder 2. Ordnung

Fieder 1. Ordnung

mehrfach gefiedert

Die **Blattspreite** kann sehr vielgestaltig sein. Es gibt **einfache** und **zusammengesetzte** Blätter. Einfache Blätter sind nie bis auf den Mittelnerv geteilt. Bei zusammengesetzten Blättern ist die Blattspreite in bis auf den Mittelnerv gehende Einzelblättchen geteilt. Sie werden auch als **Fiedern** oder Fiederblättchen bezeichnet. Meist sitzen sie paarweise an dem zentralen „Stiel", der dem Mittelnerv eines einfachen Blattes entspricht und als Blattspindel oder **Rhachis** bezeichnet wird.

Ein Blatt mit mehreren Fiederpaaren und einer Endfieder heißt **unpaarig gefiedert**. Dem gegenüber stehen die **paarig gefiederten** Blätter, bei denen die Endfieder nur als kurze Stachelspitze zwischen dem obersten Fiederpaar steht. Wenn die Fiedern selbst wieder gefiedert sind, spricht man von **mehrfach gefiederten** Blättern. Vor allem bei den Farngewächsen und den Doldenblütlern sind mehrere Ordnungen von Fiedern vorhanden.

Blattrand

Bei der Form ist auch der Blattrand entscheidend. Die wichtigsten Merkmale des Blattrandes gibt die folgende Übersicht:

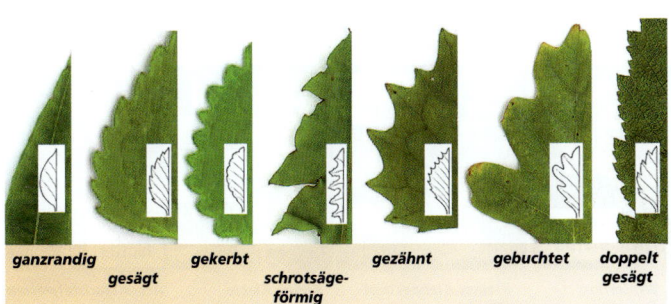

ganzrandig | gesägt | gekerbt | schrotsäge-förmig | gezähnt | gebuchtet | doppelt gesägt

Blattformen

Eine Übersicht über einige Blattformen gibt die folgende Abbildung. Die **leier-förmigen**, **fiederteiligen** und **fiederspaltigen** Blätter stehen zwischen den gefiederten und ungeteilten Blättern. Der Mittelnerv wird bei ihnen oft auch als **Rhachis** bezeichnet. Bei den **fingerförmigen** Blättern zweigen die Fiedern, ähnlich wie die Finger einer Hand von einem zentralen Punkt ab. Die Fingerkräuter sind so zu ihrem Namen gekommen.

Rhachis

| leierförmig (fiederteilig) | kammförmig | handförmig (fingerförmig) | gelappt |

| pfeilförmig | spatelförmig | spießförmig | herzförmig | elliptisch-eiförmig |

Befinden sich in der Nähe des Blütenstandes Laubblätter, die in Form und Gestalt von den übrigen Laubblättern abweichen, werden sie als **Hochblätter** bezeichnet. Sie können – wie beispielsweise beim Winterling – an der Bildung der Blütenhülle beteiligt sein. Befinden sich diese Hochblätter in der Region des Blütenstandes, werden sie als Deck- oder **Tragblätter** bezeichnet. Dann stehen in ihren Achseln die einzelnen Blüten. Bei den Korbblütlern bilden die Hochblätter den Hüllkelch aus, und bei den Wachtelweizenarten dienen sie der Anlockung von Insekten.

Tragblätter

Hüllkelch

Hochblätter

Tragblätter

Winterling (Eranthis hyemalis) **Kleiner Klappertopf** (Rhinathus minor) **Kleine Klette** (Arctium minus) **Acker-Wachtelweizen** (Melamyrum arvense)

„Bei allen Formen in der Natur stoßen wir immer wieder auf die gleichen Grundstrukturen. Die Proportionen des goldenen Schnittes kommen immer wieder in organische Wachstumsmustern vor. ... Es ist die Harmonie, die uns optisch in der Natur in jedem Blatt und in jeder Blüte begegnet und uns akustisch in der Musik entzückt. Die harmoniebildende Kraft des Goldenen Schnittes rührt von seiner einzigartigen Fähigkeit her, verschiedene Teile so zu einem Ganzen zu verbinden, dass jeder Teil seine Identität behält und zugleich in einem größeren Ganzen aufgeht." (GYÖRGY DOCZI 1996)

5.4 Die Blüte

Die Bestäubung findet über Tiere (meistens Insekten, aber auch Vögel und in den Tropen sogar Fledermäuse), den Wind oder seltener auch über das Wasser statt. Die ursprüngliche Form ist die Windblütigkeit. Windblütige Pflanzen brauchen keinen auffälligen Schauapparat und haben meist unscheinbare, grünliche Blüten. Diese Form der Befruchtung kommt nicht nur bei den nacktsamigen Nadelgehölzen vor, sondern wird auch von bedecktsamigen Pflanzen – wie beispielsweise den Gräsern und vielen Bäumen und Sträuchern (Pappel, Hasel usw.) – umgesetzt.

Hierbei ist für die erfolgreiche Bestäubung eine riesige Pollenmenge notwendig. Die Pollenkörner werden wegen ihrer Winzigkeit auch Blütenstaub genannt. Windblütige Pflanzen sind häufig eingeschlechtlich, d.h. eine Blüte enthält nur Staubblätter oder Fruchtknoten.

Für die optimale Verbreitung der Pollenkörner werden sie mit Luftsäcken versehen, oder sie sind sehr klein und leicht. Die entsprechenden weiblichen „Auffangbehälter" (Narben) der windblütigen Arten sind entsprechend federig, um möglichst viele Pollen auffangen zu können. Der Blütenstaub der verschiedenen Pflanzen ist in der Größe und Oberflächenbeschaffenheit ganz unterschiedlich. Die Dauerhaftigkeit der Pollenwandung macht es möglich, das Klima und die Vegetation vergangener Zeiten zu rekonstruieren. Besonders in Mooren findet man Pollenkörner, deren Wandung viele Zehntausende von Jahren überdauert hat.

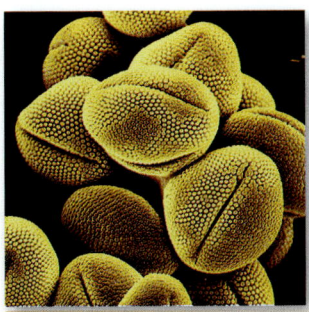

Elektronenmikroskopisches Foto von Pollenkörnern des Leins (Linum).

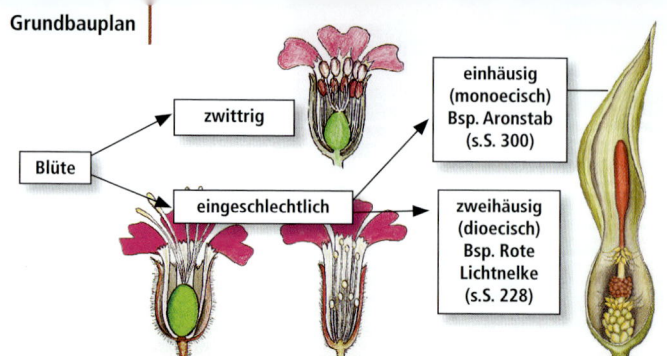

Bei einer **zwittrigen** Pflanze befinden sich die männlichen und weiblichen Blütenanteile in einer Blüte vereint. Demgegenüber gibt es Pflanzen, deren Blüten nach Geschlecht getrennt sind. Bei diesen sog. **eingeschlechtlichen** Pflanzen unterscheidet man wiederum die **einhäusigen** (monoecischen), bei denen männliche und weibliche Blüten an einer Pflanze zu finden sind, von den **zweihäusigen** (dioecischen), bei denen es männliche und weibliche Pflanzen gibt. Beim Aronstab befinden sich die männlichen Blüten oberhalb der weiblichen, der gesamte Blütenstand inklucive Hochblatt dient als Kesselfalle für Insekten.

Eine „vollständige" Blüte ist zwittrig. Die **Staubblätter** sind die männlichen Blütenanteile (das Androeceum). Sie liefern den Pollen oder „Blütenstaub". Die weiblichen Blütenanteile (das Gynoeceum) dienen der Pollenaufnahme. **Fruchtknoten** mit **Griffel** und **Narbe** zusammen werden als **Stempel** bezeichnet.

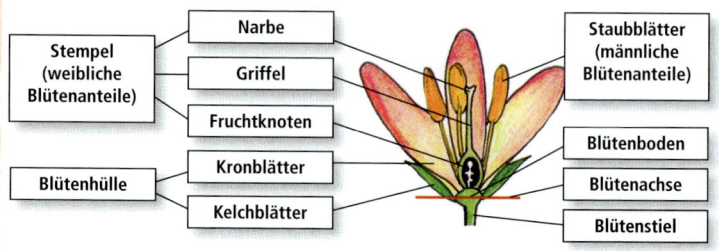

In dem Fruchtknoten reifen die Samen heran. Meist wird er aus mehreren, miteinander verwachsenen **Fruchtblättern** gebildet. Da die Narben meist getrennt bleiben, verrät die Zahl der Narben die Anzahl der Fruchtblätter. Für die Bestimmung ist sehr wichtig zu entscheiden, ob ein Fruchtknoten **ober-** oder **unterständig** ist. Dies bedeutet, dass sich der Fruchtknoten ober- oder unterhalb der Ansatzstelle der Blütenblätter (dem Blütenboden) befindet. Bei der Beschreibung der Blütenformeln ab Seite 29 wird dies detailliert erklärt.

Da die Organe der Blüte entwicklungsgeschichtlich umgewandelte Blätter sind, haben sie die Namen Kelch-, Kron-, Staub- und Fruchtblätter bekommen. Der **Kelch** ist meist grün und dient der Pflanze als Knospenschutz. Die **Blütenkronblätter** werden in verschiedenen Bestimmungsbüchern auch als Blütenblätter, Kronblätter, Blumenblätter oder Blütenkrone bezeichnet. Da die Kelchblätter immer an der Blütenachse angewachsen sind und oft mehr oder weniger in diese übergehen, ist es zuweilen schwierig zu erkennen, ob sie miteinander verwachsen sind oder nicht. Bei der Bestimmung wird daher die Verwachsung der Kelchblätter nur selten als Merkmal benutzt, die der Kronblätter hingegen ist sehr wichtig. Bei ihnen ist dies auch sehr viel einfacher zu erkennen: Wenn Sie ein Kronblatt einzeln aus der Blütenkrone zupfen können, ohne die benachbarten zu verletzen, spricht man von freien Kronblättern. Als **Perigon** wird eine Blüte bezeichnet, bei der die Kelch- und Kronblätter gleichgestaltet sind. Beispiele hierfür sind Herbstzeitlose, Tulpe, Krokus und Buschwindröschen.

Perigon der Herbstzeitlosen (Colchicum autumnale)   *Verwachsene Blütenkrone der Glockenblumen (Campanula)*   *Freie Blütenkronblätter der Storchschnabelgewächse (Geranium)*

Einzelblüten treten häufig zu **Blütenständen**, den sogenannten **Infloreszenzen**, zusammen. Die Dolden- und Korbblütler lassen sich schon allein durch ihren charakteristischen Blütenstand erkennen. Da sich aus den Blüten die Früchte entwickeln, entspricht die Form des Blütenstandes auch der des Fruchtstandes. Die häufigsten Blütenstände werden im Folgenden kurz vorgestellt.

*Eine **Ähre** hat unverzweigte, sitzende Blüten.*   *Eine **Traube** hat unverzweigte, gestielte Blüten.*   *Ein **Kolben** hat eine verdickte Ährenachse..*

*Eine **Rispe** sind mehrfach verzweigte Trauben.*   *Bei einer **Dolde** entspringen alle Blüten einem Punkt.*   *Zusammengesetzte Dolde*

Ein **Thyrsus** hat Teilblütenstände mit einer durchgehenden Hauptachse. Bei den Lippenblütlern sind sie häufig stark gestaucht.

Bei einem **Wickel** setzt sich der Blütenstand nur an einem Seitenast fort.

Bei einem **Dichasium** schließt die Hauptachse mit einer Endblüte ab und der Blütenstand wird an den beiden seitlichen Ästen fortgesetzt.

Eine **Spirre** ist eine Rispe mit verlängerten Seitenästen.

Bei **Scheindolden** entspringen die Blütenäste verschiedenen Punkten.

Bei **Körbchen** oder **Köpfchen** befinden sich mehrere Blüten in einem gemeinsamen Blütenstand.

Bestäubende Tiere sind bei uns vor allem Insekten, in den Tropen auch Vögel und Fledermäuse. Im Laufe der Evolution hat es eine bemerkenswerte Coevolution von Pflanzen und Tieren gegeben, und die Verführungskünste der durch Tiere bestäubten Blüten sind außergewöhnlich. Die Blüte lockt durch ihren Duft, ihre Farbe und ihre Form wie ein Reklameschild. Nektar und Pollenkörner dienen den „Bestäubern" im Ausgleich dafür als Nahrung. In Brasilien gibt es beispielsweise eine Orchideenart (Catasetum), mit dessen intensiven mentholhaltigen Duftstoffen bestimmte Insekten ihr Territorium markieren. Selbst wir Menschen parfümieren uns mit dem Duft der Pflanzen, um selbst verführerischer zu sein.

„Motor" für eine solche Evolution ist also der beidseitige Vorteil, und man erkennt oft schon an der Form vieler Blüten, welche Bestäuber sie anlocken. Tagfalterblumen haben lange und enge Kronröhren, Bienenblumen gute Landeplätze und Hummelblumen ein verstecktes Nektarangebot. Diese **blütenökologische Einteilung** richtet sich also danach, wie gut die Nahrung für die Insekten zugänglich ist. Sie deckt sich nicht mit der systematischen Botanik und den Familienmerkmalen: Bei den flach ausgebreiteten „**Scheibenblumen**" sind Nektar und Pollen ohne Schwierigkeiten für viele Insekten zugänglich. Sie werden von Bienen, Hummeln, Käfern, Fliegen und Schmetterlingen bestäubt. Bei den „**Trichter-**" und „**Glockenblumen**" müssen die Insekten bis zum Grunde des Trichters vordringen. Die Form der beiden Blütentypen ist ähnlich, nur mit dem Unterschied, dass die Trichterblumen nach oben und die Glockenblumen nach unten gerichtet sind.

Scheibenblume   *Trichterblume*   *Glockenblume*

Schmetterlinge mit langen, schlanken Rüsseln sind die Bestäuber der „**Stielteller-blumen**" wie z.B. Primel und Vergissmeinnicht, bei der ein scheibenförmiger Blü-tenteil auf einem röhrenförmigen Stiel sitzt. Sie ernähren sich nur von Nektar und können Pollen nicht verwerten. Sie transportieren ihn sozusagen als „unfreiwilligen Ballast" bei ihrer Suche nach Nektar. Die Bestäuber der „**Lippenblumen**" landen auf der Unterlippe und dringen mit Rüssel, Kopf oder dem ganzen Körper in die Blü-tenröhre vor. In diese Gruppe gehören nicht nur die Lippenblütler, sondern unter an-derem auch das Springkraut, Eisenhut und einige Orchideen. „**Schmetterlingsblu-men**" werden besonders von Bienen und Hummeln besucht. Sie verdanken ihren Namen nicht den bestäubenden Insekten, sondern der Pflanzenfamilie, bei denen sie besonders häufig vorkommen: den Schmetterlingsblütlern. Sie besitzen oft raffi-nierte Vorrichtungen für die Pollenübertragung. Eine besondere Kategorie sind die „**Insektenfallenblumen**", wie beispielsweise Frauenschuh und Aronstab.

Stieltellerblume   *Lippenblume*   *Insektenfalle*   *Schmetterlingsblume*

Egal ob über den Wind oder Insekten: Bei der Bestäubung wird immer das männ-liche Genmaterial, die Pollenkörner, auf die weiblichen Blütenteile, den Stempel, übertragen. Bei den meisten Arten verhindern spezielle Mechanismen oder unter-schiedliche Reifezeitpunkte von weiblichen und männlichen Blütenelementen die **Selbstbefruchtung** – dadurch wird das genetische Material der Elternpflanzen neu kombiniert und Inzucht vermieden. Darum berühren sich die Staubbeutel und die Narbe einer Blüte normalerweise nicht. Da nur die vitalen und dem Standort ange-passten Pflanzen zur Blütenbildung gelangen, ist dadurch eine Anpassung an wech-selnde Lebensbedingungen möglich. Ohne Blüten könnten sich die Pflanzen nur durch Sprossteilung vermehren, und es würde kein Austausch von Genmaterial statt-finden. Eine „Reaktion" auf wechselnde Umweltbedingungen wäre nicht möglich.

Das **Sumpf-Herzblatt (Parnassia palustris)** hat neben den 5 fruchtbaren Staubblättern 5 umgebildete, unfruchtbare Staubblätter, die unten duftenden Nektar und oben zum Anlocken der Insekten zuckerfreie Wassertröpfchen abgeben. Die Zeichnung der Blütenblätter (Strichsaftmale) weist den Bestäubern den Weg zum Nektar.

Die **Schwarze Königskerze (Verbascum nigrum)** täuscht durch die Behaarung der Staubfäden ein besonders großes Pollenangebot vor. Es wird auch vermutet, dass die Haare einigen Insekten als Nahrung dienen. Der echte Blütenstaub ist orange.

Sterile Staubbeutel (**Staminodien**) dienen zum Anlocken der Insekten. Sie täuschen ein riesiges Pollenangebot oder Nektartropfen vor. Manchmal dienen sie als Nahrung, und manchmal sondern sie nur Nektar für die Verköstigung der Insekten ab. Da hier kein Erbmaterial aufgebaut wird, erfordert es für die Pflanze weniger Energieaufwand als für die Produktion von Pollenkörnern.

Frühlings-Adonisröschen (Adonis vernalis):

Besonders in den kalten Klimabereichen haben viele Blüten eine ähnliche Form wie ein Parabolspiegel, sie bündeln das Licht zum Zentrum hin. Die hier messbare Temperaturerhöhung nutzen Tiere, die sich auf der Narbe niederlassen und aufwärmen, bevor sie weiterfliegen – und Blütenstaub weitertragen. Die Schüsseln folgen, ähnlich wie die jungen Sonnenblumen, dem Sonnenstand und können so den gesamten Sonnentag nutzen (WESTERKAMP 1999).

Die Stellung des Fruchtknotens

Wichtig für die Bestimmung ist die Entscheidung, ob ein Fruchtknoten ober-, mittel- oder unterständig ist. Bei einem **oberständigen Fruchtknoten** befinden sich die Staubblätter und der Fruchtknoten oberhalb des Blütenbodens. Eine gedachte waagerechte Achse in Höhe der Ansatzstelle von Kelch- und Blütenblättern (sog. „**Blütenachse**") kann dies verdeutlichen. Sie veranschaulicht gleichzeitig die symbolische Darstellung in der **Blütenformel** (siehe unten): Bei einem oberständigen Fruchtknoten wird die Zahl der Fruchtblätter unterstrichen, wie beispielsweise beim Gelbstern: F ($\underline{3}$).

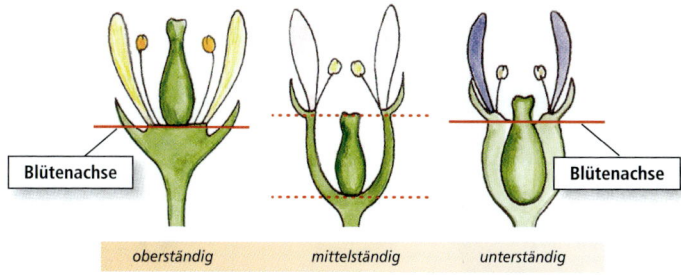

oberständig   mittelständig   unterständig

Ein **unterständiger Fruchtknoten** kommt dann vor, wenn der Blütenboden becher- oder krugförmig vertieft ist, so dass der Fruchtknoten unterhalb der Ansatzstelle der Blütenkrone liegt. Er wird überstrichen dargestellt: F ($\overline{3}$). Ein Beispiel hierfür ist die Glockenblume.

Selten kommen auch **mittelständige Fruchtknoten** vor (Beispiel Kirsche). Hier ist der Fruchtknoten nicht mit der becherförmigen Blütenachse verwachsen, sondern von einem Becher umgeben. Die gedachte Blütenachse in Höhe der Ansatzstelle der Blütenkrone befindet sich einerseits oberhalb des Fruchtknotens; betrachtet man andererseits den Becher als Verwachsungsprodukt von Kelch-, Blüten- und Staubblättern, befindet er sich unterhalb des Fruchtknotens. In der Blütenformel wird diese Situation mit einem Ober- und Unterstrich gekennzeichnet: F $\overline{\underline{1}}$.

Blütendiagramme und Blütenformeln

Für das Verständnis der einzelnen Blütenteile und als Merkhilfe können Blütendiagramme und Blütenformeln hilfreich sein. Bei der Beschreibung der Pflanzenfamilien wird der jeweils charakteristische Blütenaufbau anhand dieser beiden Darstellungsmöglichkeiten erklärt. Hier dient als Beispiel die Gattung Glockenblume (Campanula) auf der nachfolgenden Seite.

Ein **Blütendiagramm** ist die Darstellung einer Blüte als Schema. Dabei werden die einzelnen Elemente als Aufsicht auf eine Ebene reduziert. Der äußere Kreis symbolisiert die äußere Hülle, die grünen Kelchblätter. Da sie in diesem Fall im unteren Teil miteinander verwachsen sind, werden sie als durchgehender Kreis dargestellt. Die Anzahl der Zipfel verdeutlicht, dass sie im oberen Teil in fünf Kelchblätter aufgeteilt sind.

29

Allgemein erkennt man die Verwachsenblättrigkeit von Blütenelementen immer wenn man versucht, ein einzelnes Element, z.B. ein Blütenkronblatt, isoliert von der Blüte abzulösen. Erhalten Sie ein einzelnes Blütenblatt, ohne die benachbarten zu verletzen, sind die Kronblätter „frei", gelingt dies nicht, sind sie „verwachsen". Dies gilt für alle Blütenelemente wie Staubblätter, Fruchtblätter und Kelchblätter. Schwierig ist die Entscheidung oft bei den Kelchblättern, da sie im unteren Teil in den Blütenboden übergehen und dann oft schwer zu entscheiden ist, ob sie verwachsen oder nur an den Blütenboden angewachsen sind. Bei der Bestimmung wird auf dieses Merkmal meist keine Bedeutung gelegt, wenn die Entscheidung schwer zu treffen ist.

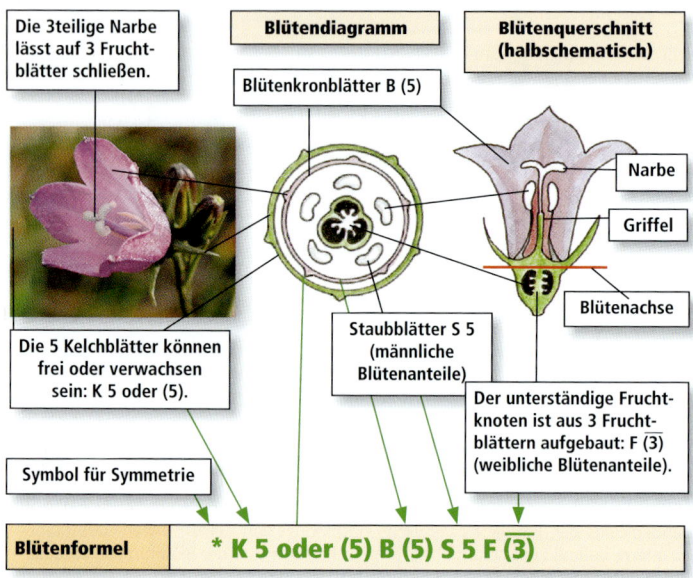

Die 3teilige Narbe lässt auf 3 Fruchtblätter schließen.

Blütendiagramm

Blütenquerschnitt (halbschematisch)

Blütenkronblätter B (5)

Narbe

Griffel

Blütenachse

Die 5 Kelchblätter können frei oder verwachsen sein: K 5 oder (5).

Staubblätter S 5 (männliche Blütenanteile)

Der unterständige Fruchtknoten ist aus 3 Fruchtblättern aufgebaut: F (3) (weibliche Blütenanteile).

Symbol für Symmetrie

Blütenformel | *** K 5 oder (5) B (5) S 5 F (3̄)**

* Kelchblätter (5) Blütenkronblätter (5) Staubblätter 5 Fruchtblätter (3̄)

Die Verwachsenblättrigkeit ist bei den Blütenkronblättern dieser Glockenblume deutlicher. Die Darstellung ist wieder ein durchgehender Kreis mit fünf angedeuteten Zipfeln. Von außen nach innen betrachtet, folgen auf die Blütenkronblätter die Staubblätter (5). Im Zentrum befindet sich der Fruchtknoten mit Griffel und Narbe. Viele Pflanzen bilden Früchte aus, die sich aus mehreren miteinander verwachsenen Fruchtblättern zusammensetzen, beispielsweise bilden alle Glockenblumen eine Kapsel. An der Anzahl der Narbenstrahlen, die sich auf dem Griffel bzw. dem Fruchtknoten befinden, kann man meist die Anzahl der Fruchtblätter ablesen. Die 3teilige Narbe dieser Glockenblume bedeutet also, dass sich der Fruchtknoten aus drei Fruchtblättern zusammensetzt. Da diese eine gemeinsame Kapsel bilden, müssen die Fruchtblätter miteinander verwachsen sein. Die weißen Elemente innerhalb des Fruchtknotens sind die Samenanlagen. Sind die Fruchtblätter nicht miteinander verwachsen, bilden sie Einzelfrüchte, die sich bei der Fruchtreife getrennt vom Blütenboden lösen. Ein Beispiel hierfür sind die Hahnenfußgewächse.

Mathematisch-strukturell lässt sich dieser Blütenaufbau in der **Blütenformel** darstellen. Sie beschreibt die Ausbildung der einzelnen Blütenorgane in Form von Buchstaben und Zahlen. Sie beginnt mit der Form der Blüte insgesamt. Bei der Glockenblume handelt es sich beispielsweise um eine **radiärsymmetrische**, radiäre oder strahlende Blüte. Diese Ausdrücke sind identisch und beschreiben, dass sich die Blüte in mindestens zwei Richtungen in spiegelbildlich identische Hälften zerteilen lässt. Dies wird symbolisch mit einem Stern dargestellt: *

Lässt sich die Blüte nur in einer Richtung in spiegelbildlich identische Hälften teilen, spricht man von **zygomorphen** Blüten. Ein Beispiel hierfür sind die Lippen- und Schmetterlingsblütler mit ihrem charakteristischen, nur in einer Ebene spiegelbaren Blütenaufbau. Symbolisch kennzeichnet man zygomorphe Blüten mit einem Pfeil: ↓

Nach der Darstellung der Blütenform (Symmetrie) folgt die Angabe der einzelnen Elemente von außen nach innen. Zuerst wird der Kelch, die meist grüne, äußere Hülle mit einem „K" notiert. Hinter die Abkürzung wird die Zahl der Kelchblätter geschrieben. Bei der Glockenblume sind es 5. Die Verwachsenblättrigkeit von Blütenelementen wird in einer Blütenformel kenntlich gemacht, indem die betreffenden Teile in Klammern ( ) gesetzt werden.

Zygomorphe Blüte des **Bunten Hohlzahns (Galeopsis speciosa)**

Bei der Glockenblume sind die Kelchblätter im unteren Teil miteinander verbunden (verwachsen) und werden folgendermaßen dargestellt: K (5). Die Blütenblätter werden durch ein „B" abgekürzt. Die fünf blau-violetten Blütenblätter der Glockenblume sind verwachsen und werden deshalb ebenfalls in Klammern gesetzt: B (5). Nun folgen die fünf Staubblätter mit einem „S": S 5. Der Fruchtknoten wird durch ein „F" abgekürzt. Die an der 3teiligen Narbe erkennbaren drei Fruchtblätter sind miteinander verwachsen: F (3). Der Fruchtknoten der Glockenblume befindet sich unterhalb der Blütenkrone (Kelch- und Blütenblätter) in einer becherförmigen Vertiefung des Blütenbodens, ist also unterständig. Damit ist die Blütenformel komplett: * K(5) B (5) S 5 F (3).

Leberblümchen

Sind, wie hier beim Leberblümchen (Hepatica nobilis), so viele Staubblätter und Fruchtknoten vorhanden, dass einem die Lust am Zählen vergeht, wird als Symbol das Zeichen für „unendlich", eine liegende acht (∞) verwendet.

Ist die Blütenhülle – so wie beim Wald-Gelbstern (Gagea lutea) – aus einheitlichen, meist bunten Blütenblättern aufgebaut, wird sie als **Perigon** bezeichnet. Eine äußere Hülle, der grüne Kelch, fehlt. In der Blütenformel wird das Perigon mit einem P gekennzeichnet. Die Blütenblätter sind in zwei Kreisen angeordnet, einem inneren und einem äußeren. Deshalb wird nicht einfach P 6, sondern P 3+3 (3 innere und 3 äußere) geschrieben. Das gleiche gilt für die Staubblätter. Dies ist in der Blüte ohne technische Hilfsmittel kaum zu erkennen. Für die Bestimmung spielen diese „Feinheiten" keine Rolle. Hier genügt es zu wissen, dass die Blüte ein Perigon ist, das sich aus sechs Blütenblättern zusammensetzt und sechs Staubbeutel enthält.

Wald-Gelbstern *** P 3+3 S 3+3 F (3)**

*Tiere können auch zum Samentransport genutzt werden, ohne dass sie davon selber profitieren. Viele Früchte besitzen, so wie beispielsweise die **Wilde Möhre (Daucus carota)**, Stacheln und Borsten, die im Fell der Tiere haften bleiben. Auch Sie können diese Funktion übernehmen – besonders an den Socken bleiben die Früchte von Hexenkraut, Trespen und Zweizahn sehr hartnäckig haften. Und als Kind haben Sie vielleicht auch mit Kletten und Klebkraut experimentiert!*

5.5   Die Frucht

Als Frucht wird die Blüte im Zustand der Samenreife bezeichnet. Voraussetzung für das Heranreifen der Frucht ist die erfolgreiche Bestäubung. Dazu muss Blütenstaub (Pollenkörner) auf die Narbe des Fruchtknotens gelangen. Aus den Pollenkörnern wächst ein Schlauch heraus, durch den die männliche Samenzelle in die weibliche Samenanlage zur Eizelle gelangt und sie befruchtet. Dadurch können die Samen im Innern des Fruchtknotens heranreifen. Die übrigen Blütenanteile haben ihre Funktion verloren und sind zur Reifezeit bereits abgefallen. Die Blütenachse kann auf vielfältige Weise mit an der Fruchtbildung beteiligt werden.

Eine Pflanze kann sich umso erfolgreicher vermehren, je weiter ihre Samen von der Mutterpflanze entfernt zur Keimung gelangen. So „einfallsreich" die Strategien hierzu sind, so vielfältig sind die Fruchtformen. Allein diese Anpassungen könnten ein ganzes Buch füllen. An dieser Stelle kann daher nur ein grober Überblick gegeben werden. Die für eine bestimmte Pflanzenfamilie charakteristische Frucht wird in dem entsprechenden Kapitel ebenfalls erklärt.

Die sogenannten **Öffnungsfrüchte** (Spring- und Streufrüchte) öffnen sich zur Reifezeit und entlassen ihre Samen aus dem nun trocken gewordenen Fruchtknoten.

Balg: ein Fruchtblatt, an der Bauchnaht geöffnet.

Hülsen: ein Fruchtblatt, an Bauch- und Rückennaht geöffnet.

Schote: 2 Fruchtblätter mit Scheidewand

Kapsel: viele Fruchtblätter, unterschiedliche Öffnungsmechanismen.

Ob es sich dabei um einen **Balg**, eine **Hülse**, **Schote** oder **Kapsel** handelt, richtet sich danach, aus wie vielen Fruchtblättern der Fruchtknoten aufgebaut ist und nach der Art und Weise, wie er sich öffnet.

*Das **Kleinblütige Springkraut (Impatiens parviflora)** bildet Kapselfrüchte. Der Zellsaftdruck ist so hoch, dass die Früchte zur Reifezeit bei Berührung an den vorgebildeten Nähten blitzschnell aufreißen und sich dabei einrollen. Die Samen werden dadurch bis über 3 m weit fortgeschleudert.*

Einige Pflanzen haben spezielle Schleudermechanismen entwickelt. Durch eine hohen Zellinnendruck (Turgor) stehen die Kapselfrüchte der Balsaminengewächse unter einer solchen Spannung, dass sie bei der kleinsten Berührung aufplatzen und die Samen meterweit fortschleudern. Die bei uns heimische Gattung hat daher den bezeichnenden Namen Springkraut (Impatiens) bekommen.

Bleiben die Samen bei ihrer Verbreitung in den Fruchtknoten eingeschlossen, spricht man von **Schließfrüchten**. Trockene Schließfrüchte sind Nüsse. Bei ihnen ist die Fruchthülle, das Perikarp, zu einem harten und dickwandigen Gehäuse geworden.

__Nüsse__ haben eine harte Fruchthülle.

Die __Achänen__ der Korbblütler sind Sonderformen der Nüsse, bei denen Frucht- und Samenschale fest verbunden sind.

Die __Spaltfrüchte__ der Doldengewächse sind ebenfalls Nüsse, die zur Reifezeit in 2 Teile zerfallen.

*Die Früchte der Gräser sind ebenfalls Nüsse mit einer sehr dünnen Samenschale. Zur Reifezeit verwächst sie mit der dünnwandigen Fruchthülle, dem Perikarp. Die Früchte werden als **Karyopsen** bezeichnet.*

Der Begriff „Samen" wird oft irreführend auf die ganze Frucht angewendet, besonders dann, wenn der Samen, wie z.B. bei den Gräsern, Gänsefußgewächsen, Dolden- oder Korbblütlern, in eine trockene Fruchthülle fest eingeschlossen ist. Morphologisch sind dies alles sogenannte Nussfrüchte.

Bei den Früchten, die wir als Obst bezeichnen, wird der Fruchtknoten fleischig und dient den Tieren als Nahrung. Einige dieser **fleischigen Schließfrüchte** gehören zu den **Beeren** und **Steinfrüchten**, andere zu den **Sammelfrüchten**. Die Anpassung an die Verbreitung durch Vögel kann so weit gehen, dass die Samen ohne die Darmpassage nicht zur Keimung gelangen.

Steinfrüchte, wie beispielsweise Schlehen (Prunus spinosa), haben eine fleischige Fruchthülle, die sich in einen fleischigen und einen harten Teil differenziert.

Bei den Steinfrüchten der Walnuss (Juglans regia) ist der äußere Steinkern nicht fleischig-saftig, sondern ledrig-faserig.

Bei den Beeren wie der Heidelbeere (Vaccinium myrtillus) wird die gesamte Fruchthülle (das Perikarp) in allen Teilen fleischig-saftig.

Sammelfrüchte werden auch als **Scheinfrüchte** bezeichnet, weil jeder einzelne Fruchtknoten ein Früchtchen für sich bildet und alle zusammen die Gestalt einer Einzelfrucht annehmen. Bei den Pflanzen mit unterständigem Fruchtknoten ist auch der Blütenboden an der Fruchtbildung beteiligt, wie beispielsweise bei Hagebutte, Apfel und Birne.

Die Sammelnussfrüchte der Hagebutten haben einen becherförmig vertieften Blütenboden, deren Nüsse von der Blütenachse umgeben sind.

Äpfelfrüchte haben eine becherförmig vertiefte Blütenachse, bei der Fruchtblätter und Blütenachse verwachsen sind.

Die Sammelsteinfrüchte der Brombeere sitzen auf der kegelförmigen Blütenachse und lösen sich insgesamt ab.

Bei der Sammelnussfrucht der Erdbeere sitzen die kleinen Nüsschen auf dem fleischigen Blütenboden.

*Viele Sumpfpflanzen verbreiten ihre Früchte oder Samen über den Wasserweg. Durch eingeschlossene Hohlräume wird die Schwimmfähigkeit lange erhalten. So sind die Samen der **Sumpf-Schwertlilie (Iris pseudacorus)** beispielsweise ein Jahr schwimmfähig.*

6. *Zeigerpflanzen*

Der Boden ist als der belebte Teil der Erdkruste die Grundlage für alles auf ihm wachsende Leben. Es ist der „Umschlagplatz" für alle Stoffwechselprodukte und bietet Lebensraum für die unzähligen Pilze, Bakterien, Tiere und Pflanzen, die diesen Stoffkreislauf in Gang halten.

Je nach Ausgangsgestein und unter Einfluss der verschiedensten Klimabedingungen haben sich im Laufe von Jahrhunderten bis zu Jahrtausenden ganz unterschiedliche Bodenarten und Bodentypen (siehe Erläuterung übernächste Seite) gebildet. Diese sind jeweils in ihren Eigenschaften hinsichtlich Nährstoff- und Wasserversorgung, aber auch im Ausgangsgestein und der physikalischen Struktur vergleichbar und weisen daher meist auch einen ähnlichen Pflanzenbewuchs auf.

In diesem Kapitel werden Pflanzen vorgestellt, die uns durch ihre Anwesenheit etwas über das Nährstoffangebot, die Wasserversorgung oder andere Bedingungen verraten, mit denen sie in ihrem Lebensraum zu kämpfen haben.

Einige Pflanzen kommen mit sehr unterschiedlichen Bedingungen zurecht. Es sind die meisten der „Allerweltsarten", die in diesem Buch vorgestellt werden. Im Gegensatz dazu gibt es einige, die nur unter ganz bestimmten Bedingungen gedeihen. Sie werden als „Leit- oder Zeigerpflanzen" oder „Indikatoren" bezeichnet, und man kann durch das Vorhandensein mehrerer Arten mit ähnlichen Zeigerwerten Rückschlüsse über den Lebensraum ziehen, insbesondere aber über den Boden, auf dem sie wachsen. Allein ihre Gestalt kann uns manchmal bereits Hinweise auf ihr Umfeld geben. Dabei haben ähnliche Bedingungen bei ganz unterschiedlichen Familien zu ähnlichen äußeren Merkmalen geführt (Konvergenz).

Pflanzen auf trockenen und stark besonnten Standorten haben beispielsweise oft kleine, derbe Blätter, während Arten aus derselben Familie in feuchten, schattigen Standorten dünnwandige, zarte und oft große Blätter ausbilden. Beide haben das Ziel, möglichst viel Wasser aufzunehmen, denn im Wasser befinden sich alle lebenswichtigen Nährstoffe. Während jedoch kleine Blätter mit harter oder wachsartiger Oberfläche ein Verdunsten des Wassers möglichst lange hinauszögern sollen, ist bei reichlichem Wassernachschub aus dem Boden das Verhindern der Verdunstung nicht wichtig. Hier können andere Funktionen des Blattes in den Vordergrund treten.

Aus den Nährstoffen bauen die Pflanzen mit Hilfe des Sonnenlichtes alle Substanzen auf, die sie für ihre Entwicklung benötigen. Wie lange sie für ihre Entwicklung brauchen, hängt wiederum sehr stark von der Temperatur ab. Sie beeinflusst die Geschwindigkeit aller chemischen Reaktionen, somit auch das Wachstum, was ja nichts anderes ist, als eine Reihe perfekt aufeinander abgestimmter chemischer Reaktionen, an deren Endziel die Samenproduktion steht.

Dazu kommt noch ein weiterer, wichtiger Faktor – die Konkurrenz. Grundsätzlich können erst einmal alle Pflanzen unter „optimalen" Bedingungen, d.h. bei ausreichender bis guter Wasser- und Nährstoffversorgung am besten gedeihen, wenn man ihnen die Konkurrenz vom Leibe hält. Ihr Lebensbereich verschiebt sich jedoch wegen der jeweils vorhandenen Konkurrenz dahin, wo sie sich am besten gegen ihre Mitstreiter behaupten können. Betrachten wir beispielsweise die Kiefer (Pinus sylvestris) mit ihrer ausgesprochen weiten ökologischen Spannweite von feuchten bis zu trockenen Standorten. Am besten wächst sie selbstverständlich bei guter Wasserversorgung und reichlich pflanzenverfügbarem Nährstoffangebot. Aber in Mitteleuropa finden wir sie nicht auf diesen optimalen Standorten. Dort hat sich vor allem die Buche (Fagus sylvatica) ausgebreitet. Sie ist sehr viel konkurrenzkräftiger und verdrängt die Kiefer in die Randbereiche, in denen sie selbst nicht mehr gedeihen kann. Das sind zum einen die sauren und feuchten Moorrandgebiete und zum anderen die nährstoffarmen und trockenen Sandböden.

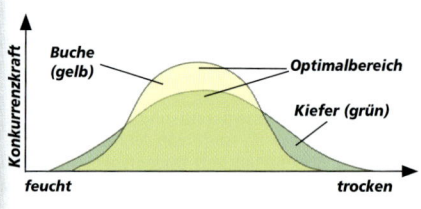

*Die **Kiefer** (grün) wird aus ihrem Optimalbereich von der Buche auf die trockenen und feuchten Randbereiche zurückgedrängt.*

Alle Pflanzen befinden sich zueinander in einem solchen Konkurrenzgefüge. Je nährstoffreicher ein Standort wird, desto bessere Wachstumschancen bietet er für eine besonders wuchsfreudige Art. Wenn diese dann so schnell und kräftig wächst, dass keiner anderen Art Licht und Raum zur Verfügung stehen, kommt es zu Einartbeständen. Der Wasserschwaden (Glyceria maxima) ist im feuchten und nährstoffreichen Bereich ein gutes Beispiel dafür.

Da an einem Standort die unterschiedlichsten Bedingungen zusammentreffen können, gibt es sehr viele verschiedene Möglichkeiten, aus welchen Arten sich die Pflanzendecke zusammensetzt. Außerdem gibt es kaum einen Ort, an dem der Mensch nicht mittelbar oder unmittelbar in dieses Artengefüge bzw. die Standortbedingungen eingreift oder eingegriffen hat. Die Pflanzensoziologie hat sich intensiv mit diesem Thema beschäftigt und für jeden Standort eine typische Pflanzengesellschaft beschrieben, in der einige Arten den oben erwähnten Zeigerwert besitzen. Im Rahmen dieses Buches werden einige typische und häufige dieser Zeigerpflanzen für die wichtigsten Standortfaktoren vorgestellt.

Bodenarten – Bodentypen – Bodenhorizonte:
Was ist das überhaupt?

Die Bodenkunde unterscheidet die **Bodenarten** durch den Anteil der unterschiedlichen Korngrößen und definiert dabei vom Ton (bis 0,002 mm) über den Schluff (0,002–0,063 mm), hin zum Sand (0,063 mm–2 mm) und schließlich zum Kies (ab 2 mm). Die Bodenart hat Einfluss auf die chemischen und physikalischen Eigenschaften des Bodens. Neben der Freisetzung von pflanzenverfügbaren Nährstoffen ist vor allem die Fähigkeit des Bodens wichtig, in seinen Poren Wasser zu speichern, das den Pflanzen dadurch längere Zeit zur Verfügung steht. Dazu dürfen die Poren nicht zu grob sein, denn dann versickert das Wasser ganz einfach. Sie dürfen aber auch nicht zu klein sein, denn in diesem Fall muss die Pflanze eine große Saugspannung aufwenden, um dieses Wasser aus dem Boden ziehen zu können.

Podsole entwickeln sich vor allem auf durchlässigen, sauren Böden bei relativ hohen Niederschlägen. Der dunkle B-Horizont entsteht durch die Verlagerung von organischen Verbindungen zusammen mit Eisen und Aluminium.

Der Boden selbst lässt sich nach einem ganz bestimmten Muster weiter einteilen. Gräbt man ein Loch mit einer senkrechten Wand, erkennt man an ihr oder weniger deutlich voneinander abgegrenzte, parallel verlaufende Schichten, die **Bodenhorizonte.** Jeweils unterschiedlich mächtig, lassen sich jedoch meist der humushaltige Oberboden von dem Unterboden und dieser wieder von dem Untergrund unterscheiden. Der Einfachheit halber werden diese Horizonte von oben nach unten mit A-, B- und C-Horizont bezeichnet.

Im Oberboden findet man ein Großteil des Wurzelwerkes der Pflanzen und die Masse der Bodenorganismen. Im Unterboden kann meist nur eine kleine Anzahl Bodenorganismen existieren. Da sich hier vor allem die physikalische Verwitterung des Gesteins abspielt, heißt der B-Horizont auch „Verwitterungshorizont". In der untersten Schicht, dem C-Horizont, befindet sich das geologische Ausgangsgestein; Wurzeln sind hier nur selten zu finden.

Zwischen und innerhalb dieser drei Hauptschichten gibt es eine Menge Abstufungen, die jeweils Auskunft über die Entstehung und die Eigenschaften des Bodens geben. Als **Bodentyp** bezeichnet man nun eine charakteristische Abfolge von verschiedenen Bodenhorizonten. Wichtige Bodentypen sind z.B. Schwarzerde, Braunerde, Parabraunerde, Podsol, Auenboden, Marsch und Moor.

6.1 Stickstoffzeiger (Nährstoffreicher Standort)

Für ihr Wachstum benötigen die Pflanzen verschiedene Bausteine in einem genau zueinander abgewogenen Verhältnis. Wenn einer dieser Nährstoffe knapp wird, begrenzt er das gesamte Wachstum. Bevor der Mensch seine Hände im Spiel hatte, waren diese limitierenden Faktoren meist Phosphor- und Stickstoffverbindungen.

Die Brennnessel beispielsweise beschränkte ihr Vorkommen auf die Auwälder mit ständiger Nährstoffzulieferung durch die Überschwemmungen. Vor allem durch den menschenverursachten Phosphat- und Nitrateintrag in die Umwelt (Düngung) konnten sich die an diese Bedingungen angepassten Pflanzen stark ausbreiten. Diese „Nährstoffzeiger" sind meist großwüchsige Arten, die sehr schnell und sehr viel Pflanzenmasse aufbauen und dadurch das Wachstum anderer Arten eindämmen. Im Schatten dieser Konkurrenz lässt es sich nur schwer wachsen und so werden diese Standorte mit zunehmendem Nährstoffreichtum immer artenärmer. Als gutes Beispiel kann hier eine überdüngte Wiese im Frühjahr dienen, auf der der Löwenzahn praktisch einen einzigen gelb blühenden Teppich bildet, der andere Arten einfach überwächst.

Weitere typische Nährstoffzeiger:

Wiesen-Kerbel (Anthriscus sylvestris)　　Kletten-Labkraut (Galium aparine)

Löwenzahn (Taraxacum officinale)　　　Giersch (Aegopodium podagraria)

Krauser Ampfer (Rumex crispus)　　　　Großer Schwaden (Glyceria maxima)

Gew. Beifuß (Artemisia vulgaris)　　　　Buckel-Wasserlinse (Lemna gibba)

Brennnesseln (Urtica dioica) *sind nicht nur für uns Menschen sondern auch für die Tiere eine leckere und gesunde Mahlzeit.*

Die **Weiße Taubnessel (Lamium album)** *ist auf Wiesen und an Wegrändern zu finden. Die Blüten sind eine essbare Dekoration für Salate.*

Die **Vogelmiere (Stellaria media)** *ist eine altes Küchen- und Heilkraut. Sie wächst auf Wiesen, an Wegrändern und Äckern.*

Der **Stumpfblättriger Ampfer (Rumex obtusifolius)** *zeigt vor allem auf Wiesen Nährstoffreichtum an.*

Die Blätter der **Knoblauchsrauke (Alliaria petiolata)** *eignen sich sehr gut für die Herstellung von Kräuterbutter.*

Die Stängel und Blätter des **Wiesen-Bärenklaus (Heracleum sphondylium)** *ergeben ein schmackhaftes Wildgemüse.*

Die **Gewöhnliche Kratzdistel (Cirsium vulgare)** *ist eine Nährpflanze für zahlreiche Schmetterlinge.*

6.2 Magerkeitszeiger (Stickstoffarmer Standort)

Mit Nährstoffextremen kommen nur sehr wenig Pflanzen zurecht. Dennoch wachsen auch an Standorten mit sehr wenig pflanzenverfügbaren Nährstoffen die verschiedensten Pflanzenarten.

Sie sind darauf spezialisiert, aus dem Boden, dem Wasser und auch aus der Luft das Optimum an Nährstoffen heraus zu filtern und zu verwerten. Ihre Stoffwechselproduktion ist dabei auf diese extremen Bedingungen eingestellt. Da unter diesen Grenzwertbedingungen keine Pflanze übermäßig gedeihen kann, findet sich gerade auf diesen Standorten eine große Artenzahl. Die extrem nährstoffarmen Gebiete sind bei uns allerdings alleine durch die Nährstoffeinträge aus der Luft verringert worden.

An Gewässerufern beispielsweise lässt sich jedoch ohne besondere Artenkenntnis an der Größe der Pflanzen auf den ersten Blick der Nährstoffreichtum des Gewässers ablesen. Niedrigwüchsige, typische Zeigerpflanzen für nähstoffarmes Wasser wie das Brachsenkraut (Isoetes lacustris), Strandling (Littorella uniflora) und Lobelie (Lobelia dortmanna) verleihen dem Uferbereich ein völlig anderes Gesicht als Schilf (Phragmites australis), Rohrkolben (Typha latifolia) und Großer Schwaden (Glyceria maxima).

*Der **Kleine Sauerampfer (Rumex acetosella)** ist gleichzeitig ein Säurezeiger.*

Weitere typische Magerkeitszeiger:

Wohlriechendes Ruchgras (Anthoxanthum odoratum)

Schaf-Schwingel (Festuca ovina)

Zittergras (Briza media)

Feld-Hainsimse (Luzula campestris)

Borstgras (Nardus stricta)

Gattung Augentrost (Euphrasia)

Gattung Ginster (Genista)

Hauhechel (Ononis spinosa)

Gew. Hornklee (Lotus corniculatus)

Skabiosen-Flockenblume (Centaurea scabiosa)

Sonnenröschen (Helianthemum nummularium)

Acker-Witwenblume (Knautia arvensis)

Kleiner Wiesenknopf (Sanguisorba minor)

Knöllchen-Steinbrech (Saxifraga granulata)

Tauben-Skabiose (Scabiosa columbaria)

Rundblättrige Glockenblume (Campanula rotundifolia)

Die **Silberdistel (Carlina acaulis)** ist ein Korbblütler der beweideten Magerrasen. Sie zeigt gleichzeitig basenreiche Böden an.

Das **Kleine Habichtskraut (Hieracium pilosella)** diente früher als Schnupftabak.

Das **Echte Labkraut (Galium verum)** wurde ähnlich wie Waldmeister verwendet. Es wächst meist auf kalkreichen Standorten.

An diesem **Acker-Schachtelhalm (Equisetum arvense)** ist der noch nicht mit Erdmaterial verkleidete Kokon des Feenlämpchens (eine Sackspinne) befestigt.

Die **Kartäuser-Nelke (Dianthus carthusianorum)** ist durch den Rückgang der extensiven Schafweide gefährdet.

Die **Margerite (Chrysanthemum leucanthemum)** kann als Salat und Gemüsepflanze verwendet werden. Die Wurzeln und Blätter werden gekocht verarbeitet.

6.3 Säurezeiger

Ob ein Boden sauer oder kalkhaltig ist, hängt vom Ausgangsgestein, der Vegetation auf ihm und in jüngster Zeit auch der Luftbelastung durch Schwefel- und Stickoxide (saurer Regen) ab. Der Säuregrad beeinflusst insbesondere die Verfügbarkeit der Nährstoffe und die Lebensbedingungen der Bodenorganismen.

Diese halten den Stoffkreislauf aufrecht und sind dafür verantwortlich, dass aus verrottendem Material wieder neues Leben entstehen kann. Wie aktiv dieser Prozess betrieben wird, zeigt sich beispielsweise daran, wie schnell die Laub- und Nadelstreu umgesetzt wird.

Der Säuregrad bezieht sich auf die Anzahl der aktiven Wasserstoffionen H^+ und wird in einer von 1-14 reichenden Skala im pH-Wert ausgedrückt. Er kennzeichnet saure (unter 6,5), neutrale (6,5 bis 7) und alkalische (über 7) Böden. Unter einem pH-Wert von 4,5 kommt es zur Freisetzung von Aluminium-Ionen, die giftig für die Pflanzen sind. Das gesamte Bodenleben wird eingeschränkt und die Umsetzung des Stoffkreislaufes gerät ins Stocken.

Besonders reine Nadelwälder tragen durch ihre saure Nadelstreu zusätzlich zur Versauerung des Standortes bei. Oft findet man in diesen Wäldern eine dicke Schicht nur schlecht zersetzter Nadelstreu und wegen der eingeschränkten Zersetzungstätigkeit der Bodenorganismen nur eine sehr ungünstige Humusform, den Rohhumus.

Ein besonders extremer Standort mit einem pH-Wert um 3 sind die Hochmoore. An solche extremen Bedingungen sind nur wenige Überlebenskünstler angepasst.

Sie können den Säuregrad (pH-Wert) auch mit Indikatorpapier aus der Apotheke messen. Dazu wird etwas Boden mit destilliertem Wasser verrührt. Der Farbumschlag des in diese Flüssigkeit getauchten Indikatorpapiers erlaubt eine grobe Schätzung des Säuregehaltes.

Weitere typische Säurezeiger:

Weiches Honiggras (Holcus mollis)

Kleiner Sauerampfer (Rumex acetosella)

Arnika (Arnica montana)

Schaf-Schwingel (Festuca ovina)

Acker-Hundskamille (Anthemis arvensis)

Der **Sauerampfer (Rumex acetosa)** ist ein erfrischend sauer schmeckendes Wildkraut.

Der **Feld-Spark (Spergula arvensis)** wächst vor allem auf Hackfruchtäckern.

Die **Geschlängelte Schmiele (Deschampsia flexuosa)** ist häufig rötlich überlaufen.

Die Früchte der **Heidelbeere (Vaccinium myrtillus)** wurden früher zum Färben benutzt.

Das würzige Aroma der **Bärwurz (Meum athamanticum)** passt sehr gut zu Wildkräutersalaten.

Heidekraut (Calluna vulgaris) ist traditionell ein Beruhigungs- und „Blutreinigungsmittel".

6.4 Kalkzeiger

*Kalk, bzw. die aus ihm entstehenden Kalziumverbindungen
sind ein wichtiger Nährstoff für die Pflanzen. Sie fördern in den
Pflanzenzellen die Widerstandskräfte gegen Umwelteinflüsse.
Wichtiger jedoch ist seine Funktion im Boden selbst.*

Durch die Eigenschaft als Antagonist zu den Wasserstoffionen übt er im Boden
eine Pufferfunktion aus. In kalkreichen Böden kann gegenüber den kalkärme-
ren eine erhöhte Tätigkeit der verschiedensten Bodenorganismen stattfinden, was
z.B. einen erhöhten Abbau von Rohhumus ermöglicht, der sich insbesondere unter Nadelholzbeständen bildet.

Weitere typische Kalkzeiger:

Sichelklee (Medicago falcata)

Kleiner Wiesenknopf (Sanguisorba minor)

Sommer-Adonisröschen (Adonis aestivalis)

Frauenschuh (Cypripedium calceolus)

Wimper-Perlgras (Melica ciliata)

Feld-Rittersporn (Consolida regalis)

Knack-Erdbeere (Fragaria viridis)

Türkenbund-Lilie (Lilium martagon)

*Der Kalkgehalt ist mit 10-20%iger Salzsäure messbar. Beim
Aufträufeln auf den Boden verrät starkes Aufschäumen
einen Calciumcarbonatgehalt von über 5 %. Wenn die
Tropfen wie Wasser verlaufen ist der Boden kalkarm oder
kalkfrei.*

Seidelbast (Daphne mezereum)

Stinkende Nieswurz (Helleborus foetidus)

Wiesen-Salbei (Salvia pratensis) *ist ähnlich dem Echten Salbei ein Würz- und Küchenkraut.*

Das **Männliche Knabenkraut (Orchis mascula)** *ist eine der heimischen Orchideen.*

Die **Gewöhnliche Küchenschelle (Pulsatilla vulgaris)** *ist ein giftiges Hahnenfußgewächs.*

Das **Gelbe Windröschen (Anemone ranunculoides)** *ist ein Frühjahrsblüher.*

6.5 Feuchtezeiger

Wasser ist für Pflanzen lebenswichtig. Die Pflanzen holen es zum größten Teil über die Wurzeln aus dem Boden. Dabei ist das Wurzelsystem vieler Pflanzen an eine bestimmte Wasserverfügbarkeit gewöhnt und ein Zuviel an Feuchtigkeit kann den Pflanzen ebenso schaden wie ein Mangel daran.

Auch die Art und Weise der Verfügbarkeit des Wassers spielt eine wichtige Rolle. In Auenwäldern beispielsweise kann der Wasserstand durch zeitweilige Überschwemmungen sehr unregelmäßig sein. Hier wie auch in Bachnähe ist das Wasser aber immer in Bewegung, es fließt, während das in Bruchwäldern, Mooren oder an sumpfigen Stellen recht nahe unter der Bodenoberfläche zu findende Wasser steht.

Bei einer hohen Luftfeuchtigkeit besteht für die Pflanzen eine Schwierigkeit darin, an die wassergesättigte Umgebung genug Feuchtigkeit abzugeben, um wieder Wasser mit den darin gelösten Nährstoffen aufnehmen zu können. Dazu kann die Sonneneinstrahlung ganz unterschiedlich sein. Einige, meist im Schatten wachsende Pflanzen haben daher dünne, große Blätter mit einer zarten Oberhaut und emporgehobenen Spaltöffnungen. Der geringste Windhauch erhöht die Verdunstung und die große Blattoberfläche nutzt das verminderte Lichtangebot. Diese Pflanzen haben nur wenig Stützgewebe und welken sehr schnell. Sumpfpflanzen haben ein intensives Durchlüftungsgewebe (Aerenchym) um den Gasaustausch von den oft im Wasser stehenden Wurzeln bis zu den Blättern aufrecht zu erhalten.

Arten wie beispielsweise die Binsen, die auch eine starke Sonneneinstrahlung vertragen, haben eine dicke Schutzschicht (Kutikula) auf den Blättern und viele Festigungselemente. So haben sich im Laufe der Evolution für die unterschiedlichsten Standorte ganz unterschiedliche Strategien als besonders erfolgreich erwiesen um beispielsweise auf wechselnde Wasserstände, Überschwemmungen oder Staunässe zu reagieren.

Weitere typische Feuchtezeiger:

Scharbockskraut (Ranunculus ficaria)	Rasen-Schmiele (Deschampsia cespitosa)
Arznei-Baldrian (Valeriana officinalis)	Schilf (Phragmites australis)
Wasser-Knöterich (Polygonum amphibium)	Rohrglanzgras (Typhoides arundinacea)
Bach-Quellkraut (Montia fontana)	Pfeifengras (Molinia caerulea)
Kriechender Hahnenfuß (Ranunculus repens)	Gattung Binse (Juncus)
Sumpf-Weidenröschen (Epilobium palustre)	Gattung Segge (Carex)
Echte Engelwurz (Angelica archangelica)	Gattung Sumpfkresse (Rorippa)
Wasserpfeffer (Polygonum hydropiper)	Gattung Pestwurz (Petasites)
Sumpf-Vergissmeinnicht (Myosotis palustris)	Gattung Milzkraut (Chrysosplenium)

**Schlangen-Knöterich
(Polygonum bistorta)**

Das **Zottige Weidenröschen
(Epilobium hirsutum)** ist ein
Nachtkerzengewächs, das meist
in Uferstaudenfluren wächst.

Das **Wiesen-Schaumkraut
(Cardamine pratensis)** kann als
Küchenkraut verwendet werden.

Das **Mädesüß (Filipendula
ulmaria)** wurde früher zum
Aromatisieren von Met benutzt.

Feuchtwiesen mit **Sumpfdotter-
blumen (Caltha palustris)** sind
selten geworden und besonders
in Norddeutschland unter Naturschutz gestellt.

Die **Kohl-Kratzdistel (Cirsium
oleraceum)** wurde ehemals
als Kochgemüse geschätzt. Die
Wurzel wurde gegen Rheuma
und Gicht eingesetzt.

47

6.6 Trockenzeiger

An vielen Stellen kämpfen Pflanzen nicht mit der Bewältigung von zu viel Wasser, sondern ihnen steht regelmäßig nur wenig Wasser zur Verfügung. Auf lockeren Sandböden z.B. versickert das Niederschlagswasser sehr schnell, so dass es die Pflanzen nicht aufnehmen können und es nicht in feineren Poren gespeichert wird. An anderen Standorten fällt einfach nicht genügend Niederschlag um dauerhaft eine feuchtigkeitsbedürftige Art am Leben halten zu können.

Durch Transpiration (Atmung) oder die notwendige Temperaturregulation durch Produktion von Verdunstungskälte (Transpiration) geht mehr Wasser verloren, als regelmäßig durch den Boden oder aus der Luft wieder aufgenommen werden kann. Daher versuchen solche Pflanzen vor allem, den Wasserverlust möglichst gering zu halten.

Ihr „Einfallsreichtum", sich gegen die starke Sonneneinstrahlung zu schützen und dabei nicht viel der kostbaren Feuchtigkeit abzugeben, ist beeindruckend: Sie reflektieren das Licht durch Schutzmechanismen wie beispielweise Haare, haben kleine Blätter bis hin zu Rollblättern oder versehen diese mit einer derben bzw. wachsartigen Außenhaut, vielen Festigungselementen und eingesenkten Spaltöffnungen. Oft besitzen sie darüber hinaus ein ausgesprochen gut entwickeltes Wurzelwerk, das den sporadischen Niederschlag sehr schnell und effektiv aufnehmen und speichern kann. Zudem kann in Trockenperioden durch die hohe Saugspannung in den Wurzelhaaren selbst dem fast ausgetrockneten Boden noch Wasser abgetrotzt werden. Wo es der Boden physikalisch erlaubt, versuchen größere Pflanzen teilweise Wurzeln bis zum nächsten wasserführenden Horizont auszubilden.

Eine perfekte Anpassung haben die Sukkulenten: Kakteen speichern das Wasser und passen ihre gesamte Größe „blasebalgartig" an den Wasservorrat an, der durch die geringe und derbe Oberfläche nur sehr langsam abgegeben wird.

Weitere typische Trockenzeiger:

Sommer-Adonisröschen (Adonis aestivalis)

Kleiner Wiesenknopf (Sanguisorba minor)

Zypressen-Wolfsmilch (Euphorbia cyparissias)

Wiesen-Salbei (Salvia pratensis)

Silberdistel (Carlina acaulis)

Kleines Habichtskraut (Hieracium pilosella)

Echtes Labkraut (Galium verum)

Skabiosen-Flockenblume (Centaurea scabiosa)

Sonnenröschen (Helianthemum nummularium)

Feld-Mannstreu (Eryngium campestre)

Wimper-Perlgras (Melica ciliata)

Aufrechte Trespe (Bromus erectus)

Blaugras (Sesleria varia)

Das **Echte Tausendgüldenkraut (Centaurium erythraea)** enthält zahlreiche Bitterstoffe und wird Verdauungsmitteln zugesetzt.

Das **Echte Johanniskraut (Hypericum perforatum)** ist traditionell eine Färbe- und Heilpflanze.

Der **Hasen-Klee (Trifolium arvense)** zeigt gleichzeitig saure Standorte an.

Alle Arten der Gattung stehen ebenso wie die **Heide-Nelke (Dianthus deltoides)** unter Naturschutz.

Der **Feld-Thymian (Thymus serphyllum)** duftet durch ätherische Öle aromatisch. Er wird als Badezusatz, Gewürz- und Heilpflanze geschätzt.

Die gesamte Gattung hat so wie der **Milde Mauerpfeffer (Sedum sexangulare)** fleischige Blätter.

6.7 Verdichtungszeiger Trittpflanzen (mechanische Belastung)

Der Mensch hat auf die Entwicklung der Vegetation schon lange großen Einfluss ausgeübt. Durch große mechanische Belastung (z.B. regelmäßiges Befahren mit schweren Maschinen) gerät der Boden zunehmend „unter Druck", er verdichtet sich und das Porensystem des Bodens, in dem Luft und Wasser pflanzenverfügbar gehalten werden, wird zerstört.

Darunter leiden alle Bodenorganismen, egal ob Pflanzen, Tiere oder Pilze. An anderen Stellen weist der Boden von sich aus bereits sehr dichte und für die Wurzeln vieler Pflanzen undurchdringliche Bodenhorizonte auf. Einige Pflanzen kommen mit diesen extremen Bedingungen jedoch besser zurecht als andere und entwickeln ein erstaunliches Wurzelwachstum. Wir finden sie z.B. an den Eingängen von Weiden, an Wegrändern oder zwischen Pflastersteinen.

Kriechender Hahnenfuß (Ranunculus repens)

Das **Gänseblümchen (Bellis perennis)** ist sehr regenerationskräftig nach der Mahd und gedeiht auch in gemähten Rasenflächen.

Der **Breit-Wegerich (Plantago major)** gehört zu einer Gattung, die insgesamt sehr trittunempfindlich ist.

Der **Huflattich (Tussilago farfara)** ist einer der ersten Frühjahrsboten.

Das **Gänse-Fingerkraut (Potentilla anserina)** ist ein altes Heil- und Küchenkraut.

Quecke (Agropyron repens)

Vogel-Knöterich (Polygonum aviculare)

51

6.8   Wasserpflanzen

Obwohl alles Leben aus dem Wasser entstanden ist, sind unsere Wasserpflanzen erst über den Umweg „Land" dorthin zurück gekehrt. Die Besiedelung dieses besonderen Lebensraumes ist nur etwa 1% der höheren Pflanzen gelungen. Sie erforderte einige spezielle Anpassungsmechanismen im Bauplan der Pflanzen, die in diesem Kapitel kurz beschrieben werden.

Das Leben im Wasser hat gegenüber dem Landlebensraum auch Vorteile. Die Temperaturschwankungen sind geringer und die Beanspruchung durch Wind und Wetter nehmen ab. Die ständig 4°C warme Tiefenzone der stehenden Gewässer ist ein Rückzugsort im Winter. Viele Wasserpflanzen bilden Winterknospen (Turionen), die im Winter auf den Gewässergrund absinken und im Frühjahr durch den Abbau der eingelagerten Nährstoffe und die dadurch verringerte Dichte wieder aufsteigen. Dies ermöglicht eine schnellere Jugendentwicklung und eine rasche Wiederbesiedlung des Standortes.

*Die **Krebsschere (Stratiotes aloides)** bildet nicht nur Winterknospen, sondern passt ihren Lebensrhythmus der Wassertiefe an. Die gesamte Pflanze sinkt im Winter in die temperierte Tiefenzone und treibt im Frühjahr wieder an die Oberfläche. Nach der Blüte sinkt sie langsam wieder auf den Gewässerboden.*

Das Festigungsgewebe wird im Vergleich zu den Landpflanzen reduziert und vom Rand in die Mitte verlagert. Die ideale Form, um mit so wenig Material wie möglich die größte Stabilität zu erreichen, ist auf dem Land ein hohles Rohr und wegen der im Wasser vorteilhaften Biege- und Zugfestigkeit ein zentraler Festigungsstrang.

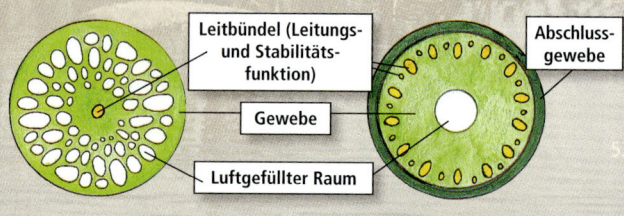

Leitbündel (Leitungs- und Stabilitätsfunktion)

Abschlussgewebe

Gewebe

Luftgefüllter Raum

Wasserpflanze　　　　*Landpflanze*

Das Wasser enthält alle lebenswichtigen Gase und Nährstoffe und umgibt ständig den gesamten Pflanzenkörper. Dadurch verlieren die wasserleitenden Bahnen und die Wurzel an Bedeutung. Wenn Wurzeln vorhanden sind, dienen sie nur zur Verankerung im Boden oder bei frei schwimmenden Pflanzen (Wasserlinsen) zur Lagestabilisierung. Bei wurzellosen Pflanzen übernehmen untergetauchte, oft blattgrünarme Sprosse diese Aufgabe. Um die Oberfläche und damit die Aufnahmemöglichkeit von im Wasser gelösten Nährstoffen zu vergrößern sind die Blätter stark zerschlitzt.

*Bei der frei an der Wasseroberfläche treibenden **Teichlinse (Spirodela polyrhiza)** dienen die Wurzeln zur Lagestabilisierung und Nährstoffaufnahme. Die Blattspreiten sind für eine günstigere Lichtbündelung leicht gewölbt.*

*Beim **Ährigen Tausendblatt (Myriophyllum spicatum)** sind die Blätter fein zerteilt und nehmen über die gesamte Oberfläche Nährstoffe auf. Die Wurzeln dienen der Verankerung im Boden.*

Da unter Wasser ein derbes Abschlussgewebe die Nährstoffaufnahme behindern würde, ist die äußere Zellschicht (Epidermis) dünner als bei Landpflanzen und nicht zusätzlich durch einen Wachsüberzug (Kutikula) geschützt. Eine dicke Schutzschicht haben nur noch die Schwimmblätter, die ständig dem Sonnenlicht ausgesetzt sind.

*Durch die Grenzflächenspannung entsteht auf der Wasseroberfläche ein eigener Lebensraum für verschiedene Tiere und Pflanzen wie die **Kleine Wasserlinse (Lemna minor)**.*

Die auf der Wasseroberfläche aufliegenden Schwimmblätter haben für den Auftrieb viele luftgefüllte Kammern im Blattgewebe. Die Schwimmblätter können sich so optimal den wechselnden Wasserständen anpassen. Dieses Durchlüftungsgewebe (Aerenchym) fördert gleichzeitig den Gaswechsel innerhalb der Pflanze und ist auch bei den Sumpfpflanzen wichtig.

*Mit bis zu 3 m hat die **Weiße Seerose (Nymphaea alba)** die längsten Blütenstängel aller heimischen Blütenpflanzen. Der Wurzelstock (Rhizom) wurde früher als Mehlersatz mit Getreide vermischt verbacken. Die Seerose ist jedoch in allen Teilen schwach giftig und wurde auch arzneilich und zum Schwarzfärben verwendet. Heute steht sie unter Naturschutz. Der Legende nach beherbergt sie die Wassernymphen, denen sie ihren lat. Namen verdankt.*

Für die optimale Ausnutzung des Lebensraumes bilden einige Wasserpflanzen sogar zwei verschiedene Blatttypen aus (Heterophyllie): Die Blätter unter Wasser sind für eine hohe Nährstoffaufnahme stark zerschlitzt und die Schwimmblätter auf der Wasseroberfläche nutzen das Sonnenlicht bestmöglich.

Landläufig werden viele Sumpfpflanzen mit länglichen Blättern als „Schilf" bezeichnet. Die folgende Gegenüberstellung gibt Merkmale an, die bei der Unterscheidung einiger dieser Arten im blütenlosen Zustand die Erkennung erleichtern.

*Das **Schilf (Phragmites australis)** ist an den Haaren am Blattansatz zu erkennen.*

*Das **Rohrglanzgras (Typhoides arundinacea)** hat ein langes Blatthäutchen.*

*Die Gattung **Schwaden (Glyceria)** hat gefaltete (sich „abgeplattet" anfühlende) Blätter.*

*Der **Kalmus (Acorus calamus)** duftet stark (Blatt zerreiben) und hat hellgrüne, gerippte Blattränder.*

***Schwertlilien (Gattung Iris)** haben schwertförmig reitende Blätter, d.h. eine sich sehr „platt" anfühlende Basis.*

*Die Gattung **Igelkolben (Sparganium)** hat mindestens an der Basis gekielte Blätter, die oberseits abgeflacht sind.*

*Die **Schwanenblume (Butomus umbellatus)** hat dreieckige, dunkelgrüne Blätter. Der Blütenstiel ist allerdings stielrund.*

*Die Gattung **Rohrkolben (Typha)** fühlt sich an der Basis rundlich an und hat blaugrüne, ungekielte Blätter.*

*Die Riemenblätter des **Einfachen Igelkolben (Sparganium emersum)** sind zur Basis hin gekielt und zweizeilig angeordnet. Ab einer bestimmten Strömung werden keine aufrechten Blütenstände ausgebildet.*

Die Pflanzen der Fließgewässer haben als Anpassung an das strömende Wasser lange, bandartige Blätter (Riemenblätter), die möglichst wenig Widerstand bieten um nicht abgerissen zu werden. Bei einigen Arten, die sowohl im strömenden als auch im stehenden Wasser wachsen können, werden je nach Strömungsgeschwindigkeit Riemenblätter oder aufrechte Triebe gebildet. Die Riemenblätter dieser Arten sehen sich sehr ähnlich, so dass die Bestimmung oft nicht ganz einfach ist. Als Merkmale für die Unterscheidung dienen dann die Blattnervatur bzw. die Form der Blattspitze und der Querschnitt der gesamten Pflanze an der Basis.

*Das **Pfeilkraut (Sagittaria sagittifolia)** bildet je nach Fließgeschwindigkeit Riemenblätter oder in geschützteren Buchten die typisch pfeilförmigen Blätter aus, denen es seinen Namen verdankt.*

Bestimmungs-
schlüssel

7. Der Umgang mit dem Bestimmungsschlüssel

Der Grundkurs Pflanzenbestimmung dient, neben der einfachen und schnellen Bestimmübung häufiger Pflanzen auch der Hinführung zum Arbeiten mit einem wissenschaftlichen Standardbestimmungswerk, dem SCHMEIL-FITSCHEN, Flora von Deutschland.

Anhand vieler anschaulicher Beispiele wird gezeigt, wie die Pflanzenbestimmung nach einem festen Muster und mit Hilfe von Bestimmungsschlüsseln durchzuführen ist. In diesem Grundkurs sind dafür die ca. 550 häufigsten Blütenpflanzen aufgeführt und erläutert. Darüber hinaus sind Aufbau, Bestimmungteile und Formulierungen beider Werke aufeinander abgestimmt, so dass ohne Probleme auch beide Bücher nebeneinander bzw. aufeinander aufbauend verwendet werden können.

Seltene Arten sind bewusst nicht in diesem Schlüssel zu finden, ebenso wurde die Möglichkeit, Pflanzen ohne ihre Blüte genau zu definieren, außer Acht gelassen. Diese können Sie dann jedoch mit dem SCHMEIL-FITSCHEN bestimmen, der mit über 3.000 Pflanzenarten praktisch das gesamte Artenspektrum Deutschlands und angrenzender Länder abdeckt.

Die inhaltliche Beschränkung und Vereinfachung des Grundkurses erfolgte insbesondere aus dem Grund, um nicht gleich zu Anfang der Bestimmungsübungen durch mögliche Ausnahmen die allgemein gültigen Merkmale aus den Augen zu verlieren. Mit wachsender Routine und mit Hilfe des SCHMEIL-FITSCHEN sind jedoch auch Sonderfälle bzw. Pflanzen nach anderen Merkmalen als ihrer Blüte bestimmbar.

*Optimal ist die Bestimmung vor Ort, da dann alle Details betrachtet werden können. Z.B. sind bei der **Rundblättrigen Glockenblume (Campanula rotundifolia)** die Grundblätter sehr wichtig. Wenn nur ein Blütenstängel mit den schmalen Blättern mit nach Hause genommen wurde, kann die Bestimmung sehr schwierig werden.*

Wichtig für jede erfolgreiche Bestimmung ist gutes und vollständiges Ausgangsmaterial. Das bedeutet, dass an der zu bestimmenden Pflanze alle wichtigen Merkmale wie Blätter, Stängel, Blüten und Früchte vorhanden sind. Die Wurzel wird nur in Ausnahmefällen zur Bestimmung herangezogen. Sind an einer Pflanze beispielsweise nur die Blüten exakt zu erkennen, versuchen Sie zusätzlich ein Exemplar mit gut entwickelten Blättern zu finden. Haben Sie beispielsweise nur die oberen Stängelabschnitte mitgenommen, lässt sich die Frage im Bestimmungsschlüssel „Grundblätter vorhanden oder fehlend?" nicht beantworten.

Möchten Sie die einzige im Gebiet sichtbare Pflanze bestimmen, beschränken Sie sich auf die Mitnahme einzelner Pflanzenteile (Einzelblüte und typische Stängelblätter). Den Standort und die Wuchsform können Sie mit einer Digitalkamera ideal festhalten, Skizzen und ein Notizblock tun es aber auch. Selbst wenn sich „Ihre" Pflanze als nicht geschützt herausstellt, wäre es schade, das letzte Exemplar dieses Lebensraumes vernichtet zu haben.

Zum Bestimmen sind die Pflanzen in Plastiktüten sehr gut aufgehoben. Mit Wasser besprenkelt oder in feuchte Küchentücher gehüllt halten sie sich im Kühlschrank sogar mehrere Tage. Für die Verwendung als Heil- oder Küchenkraut sollten Sie jedoch lieber einen Korb verwenden, da sich die Inhaltsstoffe besonders bei warmem Wetter im Gegensatz zu den rein „optischen" Kriterien schneller zersetzen.

Besonders bei den Doldengewächsen sind reife Früchte für die Bestimmung wichtig. Beim **Gewöhnlichen Klettenkerbel (Torilis japonica)** *dienen die hakeligen Stacheln der Früchte der Klettverbreitung (Name!).*

Am einfachsten ist die Bestimmung, wenn Exemplare in verschiedenen Reifestadien vorliegen. Eine Aussage über die Merkmale der Frucht ist zur Blütezeit nur bedingt möglich. Die Frucht kann sich in der Form, der Größe und auch der Behaarung stark von dem unreifen Fruchtknoten unterscheiden.

Hilfreich ist außerdem, eine möglichst „typische" Pflanze auszuwählen. Findet man nur ein einzelnes Exemplar, ist das natürlich nicht möglich. Wachsen an einer Stelle mehrere Pflanzen, können sie miteinander verglichen werden. Wählen Sie dann ein Exemplar für die Bestimmung, das der Mehrzahl der übrigen entspricht.

Aufbau des Bestimmungsschlüssels

Die Bestimmungsteile sind so aufgebaut, dass stets die Möglichkeit besteht, zwischen zwei Alternativen zu wählen. Am linken Seitenrand ist die erste durch eine Zahl und die zweite durch einen Pfeil (→) gekennzeichnet. Hat man sich nun für eine der beiden Möglichkeiten entschieden, so findet man eine farbige Sprungmarke (z.B. →2) oder einen Kapitel-/Seitenverweis. In der Regel gelangt man so zunächst zum *Bestimmungsteil* einer bestimmten Pflanzenfamilie mit den entsprechenden charakteristischen Merkmalen. Mit diesem Bestimmungsschlüssel für die entsprechende Familie kann dann die Gattung und schließlich die Art bestimmt werden. Wie im folgenden Beispiel ist hinter jeder möglichen Antwort vermerkt, an welchem Punkt oder in welchem Kapitel die Bestimmung fortgesetzt wird.

Beispiel

Es gibt immer zwei Möglichkeiten. Entscheiden Sie sich für eine der beiden, und lesen Sie dann bei dem Punkt mit der Nummer weiter, die hinter diesem Symbol (→) angegeben ist. Eine Pflanze mit roten Blüten wird in diesem Beispiel bei Punkt **2** weiter bestimmt. Hat sie außerdem keine gegenständigen Blätter, überspringen Sie mehrere Punkte und gelangen gleich zu Punkt **15**. In diesem Fall zeigt Ihnen die **(2)** in Klammern an, von welchem Punkt Sie gekommen sind. Dies kann helfen, wenn Sie rückwärts gehend herausbekommen möchten, wo ein Fehler vorliegen könnte.

Eine blaue Blüte beispielsweise führt zu der Familie der Lippenblütler. Dann wird die Bestimmung im angegebenen Kapitel auf der entsprechenden Seite fortgesetzt.

*Der **Rot-Klee (Trifolium pratense)** mit rötlichen Blüten und wechselständigen Blättern wird in diesem Beispiel über 2 zu 15 bestimmt.*

1. Blüten rot: →**2**

→ Blüten nicht rot: **Lippenblütler (Lamiaceae)** Kapitel- und Seitenverweis

2. Blätter gegenständig: →**3**

→ Blätter nicht gegenständig: →**15**

> *Zu diesen häufig vorkommenden Merkmalen befindet sich eine Übersicht in den Umschlaginnenseiten dieses Buches.*

3. ...   ...

15 (2). Blüten über 5 cm: →**16**

→ Blüten unter 5 cm; V-IX: **Rot-Klee (Trifolium pratense)**

> *Die hier abgebildeten Piktogramme werden ebenso auf den Umschlagseiten erklärt.*

15-40 ♃

Die kursiv gedruckten Textteile bieten Erläuterung bei „kniffeligen Merkmalen" oder interessante Informationen zu den entsprechenden Pflanzen. Am Ende gibt es immer Hinweise zu weiterführenden Kapiteln, bis Sie schließlich bei einer Art angekommen sind. Bei jeder Art befindet sich ein farbiger Balken, der in Symbolen Hinweise zu der entsprechenden Pflanze und ihrer Verwendung liefert. Da anders als im SCHMEIL-FITSCHEN nicht jede Familie in einem eigenen Kapitel bestimmt wird, können Sie bei jedem beliebigen Schritt mit einer Artbestimmung „ankommen".

Im Bestimmungsteil sind die Pflanzen nach Familien geordnet. Darüber hinaus sind in einigen umfangreichen Familien die Arten einer Gattung zusammengefasst. In diesem Fall erleichtert der fett gedruckte Gattungsname als Zwischenüberschrift die Übersichtlichkeit.

Es ist sehr hilfreich, sich vor der Bestimmung die einzelnen Blütenteile genau anzusehen. Durch die Anfertigung eines Blütendiagramms oder einer Blütenformel geht man sicher, auch wirklich alle Teile der Blüte untersucht zu haben. Außerdem bieten beide Arten der Darstellung den Vorteil, sich die für eine Pflanzenfamilie charakteristischen Merkmale besser einprägen zu können. Bei der Beschreibung der wichtigsten heimischen Pflanzenfamilien werden beide Darstellungen gezeigt. In Kapitel 5.4 ab Seite 29 werden Blütenformel und Diagramm erklärt.

7.1 Irrtümer und Fehlerquellen

*Sie sollten die Bestimmung von Pflanzen wie „Rätselraten" ange-
hen, mit viel Spaß und Begeisterung, aber auch mit dem Wissen
um die immer wieder auftretende Möglichkeit von Irrtümern. Er-
warten Sie bei der Bestimmung nicht, immer sofort und auf Anhieb bei der richtigen Pflanzenart zu landen. Ein falsch eingeschla-
gener Weg bedeutet nicht die „Unfähigkeit" des Benutzers oder
die Fehlerhaftigkeit des Schlüssels, sondern ist ein Zeichen für die
Mannigfaltigkeit und den Formenreichtum der Schöpfung. Der
Mensch versucht dieses Wunderwerk in einzelne Schubläden zu
sortieren. Kein Wunder, wenn dabei die eine oder andere Pflanze
in zwei verschiedenen Schubläden gleichzeitig oder auch einmal in
gar keine zu passen scheint.*

Das als Basis für diesen Grundkurs dienende Werk, SCHMEIL-FITSCHEN, Flora von
Deutschland, liegt mittlerweile in der 92. Auflage vor. Mit jeder Überarbeitung
wurde versucht, bekannte „Stolperstellen" aus dem Weg zu räumen. In einigen
Punkten ist das sehr gut gelungen, und bei vielen kniffeligen Stellen gelangen Sie
auf verschiedenen Wegen zum richtigen Ergebnis. Ursache hierfür ist natürlich auch,
dass die einzelnen Arten einer Familie ganz verschiedene Merkmale aufweisen. Beispielsweise muss der Weg zu den Hahnenfußgewächsen sowohl über weiße oder
gelbe, radiäre Blüten (Gattung Hahnenfuß) als auch über blaue, helmförmige Blüten
(Eisenhut) zu erreichen sein.

Der Bestimmungsschlüssel des SCHMEIL-FITSCHEN führt in jedem Fall zu einem
Bestimmungsteil für die entsprechende Familie. In diesem Grundkurs war dies nicht
möglich, da nur die wichtigsten heimischen Pflanzenfamilien mit eigenem Bestim-

*Sowohl der **Blaue Eisenhut (Aconitum napellus)** als auch der **Spreizende Hahnenfuß
(Ranunculus circinatus)** sind Hahnenfußgewächse. Bei der Bestimmung muß der Weg folglich
so angelegt sein, dass auch Pflanzen mit derart unterschiedlichen Merkmalen zur selben Familie
führen. Dies geht entweder über verschiedene Wege, die zum selben Ziel führen als auch durch
Merkmalsbeschreibungen, die viel Spielraum offen lassen.*

mungsteil und gleichzeitiger Beschreibung der Merkmale vorgestellt werden. Daher können Sie bereits innerhalb der ersten Bestimmungsschlüssel zur Artbestimmung sowie auch zu den einzelnen Gattungen oder Familien gelangen. Dann finden Sie einen Hinweis, wo sich das weiterführende Kapitel befindet. Bedenken Sie immer, dass dies ein „Übungsschlüssel" ist, der nicht das vollständige Spektrum der vorkommenden Arten abdecken kann. Um eine Vorstellung von der Fülle des heimischen Artenspektrums zu bekommen sind Angaben zur Anzahl der Gattungen und Arten innerhalb der entsprechenden Familie angegeben. Entsprechend höher ist auch das Artenspektrum der Gattungen und Familien, die nicht gesondert beschrieben werden.

Es gibt ein paar problematische Punkte, die häufig bei Bestimmungsgängen auftauchen und zu fehlerhaften Ergebnissen führen können. Diese werden auf den folgenden Seiten einzeln vorgestellt. In der Bestimmungspraxis werden Sie in einem solchen Fall schnell an einen Punkt kommen, an dem keine der angebotenen Alternativen zutrifft. In diesem Fall überprüfen Sie noch einmal Ihren bisherigen Bestimmungsweg.

7.1.1 Abweichende Anzahl von Blüten- oder Blattelementen

Die erste Ursache für Fehlbestimmungen ist eine abweichende Anzahl von Blattfiedern oder Blütenblättern. Das vierblättrige Kleeblatt kann Sie vermutlich nicht in die Irre leiten. Bei unbekannten Pflanzen fehlt jedoch das Gespür für die Abweichung. Daher sollten Sie am Standort immer prüfen, ob „Ihr" Exemplar mit den übrigen überein stimmt.

*Wenn Sie zwischen so vielen verschiedenen **Buschwindröschen (Anemone nemorosa)** die Wahl haben, sollten Sie sich nicht gerade zufällig für die Blüte mit sieben oder acht Blütenblättern entscheiden.*

Kriechender Hahnenfuß (Ranunculus repens):
Die erhöhte Anzahl von Blütenkronblättern und die gefüllten Blüten sind eine „Laune der Natur" die zufällig auftritt. Die Pflanzenzüchter haben sie sich seit langem zu Nutze gemacht und mit ihnen neue Sorten gezüchtet. Bei der Pflanzenbestimmung stellen sie eher ein Problem dar.

Von der Norm abweichende Anzahlen von Pflanzenteilen beschränken sich nicht nur auf die Blüten. Dort sind sie besonders auffällig und bei unserer Bestimmung irreführend, da diese sich hauptsächlich an den Blütenmerkmalen orientiert. Grundsätzlich können jedoch alle Pflanzenteile variabel sein, und es gibt Arten und Gattungen, die besonders „anfällig" dafür sind.

Der **Gewöhnliche Gilbweiderich (Lysimachia vulgaris)** *hat eine unglaubliche Variabilität in der Blattstellung, die von gegenständigen über 3zählige bis zu 4zähligen Scheinquirlen reicht. Es bedarf einiger Erfahrung dieses Primelgewächs im blütenlosen Zustand sicher zu erkennen.*

7.1.2 Gallbildungen

Die Gestalt einer Pflanze kann durch Einwirkung von Tieren und Pilzen eine ungewöhnliche Form annehmen. Ein bekanntes Beispiel sind die Gallen der Eichen und die „Hexenbesen" bei einer Reihe von Baumarten. Sie sind auf kleine Insekten bzw. eine Pilzinfektion zurückzuführen.

Für die meisten dieser seltsamen Pflanzenfortsätze, die auch an Kräutern gebildet werden, sind Gallwespen verantwortlich. Durch die Eiablage des Weibchens wird die Pflanze zu einer Gewebeschwellung angeregt. Darin finden die heranreifenden Larven Nahrung und Unterschlupf. Jede Galle ist unverwechselbar und in der Regel pflanzenspezifisch, daher für einen bestimmten Gallenbildner charakteristisch.

Wenn nur ein Blatt oder ein Teil eines Blattes umgestaltet ist, sind diese Gallen leicht zu erkennen und stellen für die Bestimmung kein Problem dar. Anders ist dies, wenn keine Blüte mehr ausgebildet wird und die ganze Pflanze eine abweichende Gestalt bekommt.

*Die **Eichengallen** enthalten eine so hohe Konzentration an Gerb- und Gallussäuren, dass sie früher in der Lederindustrie als Gerbstoffquelle und auch zur Herstellung von Tinte genutzt wurden.*

Ein Beispiel ist der Gamander-Ehrenpreis bei der oft viele Pflanzen eines Standortes von dieser Gallbildung betroffen sind.

*Bei der Gallbildung beim **Gamander-Ehrenpreis (Veronica chamaedrys)** sitzt dort eine Galle, wo normalerweise der Blütenstand gebildet wird. Diese Exemplare sind kaum bestimmbar.*

*Auch bei der Missbildung bei der **Zypressen-Wolfsmilch (Euphorbia cyparissias)** durch den **Erbsenrostpilz Uromyces pisi** wird kein Blütenstand gebildet. Die Blätter sind charakteristisch zusammengezogen.*

7.1.3 Verwechselung von Einzel- mit Fiederblättern

Gefiederte Blätter können für einen Seitenast mit ungeteilten Einzelblättern gehalten werden. Hierfür gibt es ein paar Erkennungsmerkmale. Zum einen enden Seitenäste nie mit einem Blatt am Ende.

Daher können Sie ein unpaarig gefiedertes Blatt nie mit einem Seitenast verwechseln. Paarig gefiederte Blätter erkennen Sie an der Ansatzstelle des Blattes. Bei allen Samenpflanzen entspringen die Blätter immer an den Achseln (Knoten). Bei gefiederten Blättern sind keine Knoten an den einzelnen Ansatzstellen der Fiederblättchen zu erkennen, bei Seitenzweigen dagegen schon. Zudem gibt es bei Seitenzweigen keine ungleich großen Fiederblättchen. Dies ist auch ein gutes Merkmal für das Erkennen von gefiederten Blättern. Allerdings dürfen hierbei wiederum Nebenblätter nicht mit Zwischenfiedern verwechselt werden. Hier ist das Unterscheidungsmerkmal wieder der Knoten an der Ansatzstelle.

Endfieder eines unpaarig gefiederten Blattes

Neben- blätter

Knoten

Neben- blätter

Zwischen- fiedern

Eine Endfieder am Ende verrät sofort, dass es sich um ein unpaarig gefiedertes Blatt handelt (links) und nicht um einen Sprossabschnitt. Nebenblätter eines Seitenastes (rechts) dürfen nicht mit Zwischenfiedern verwechselt werden.

7.1.4 Variabilität der Blätter

Die Grundblätter unterscheiden sich oft stark von den Stängelblättern. Wenn im Bestimmungsteil nach Merkmalen der Grundblätter, der Grundblattrosette oder der grundständigen Blätter gefragt wird, ist es daher sehr wichtig, auch wirklich die Blätter zu untersuchen, die direkt an der Basis des Stängels entspringen.

*Der **Rainkohl (Lapsana communis)** ist vegetativ an den leierförmigen Grundblättern mit 1-2 Paaren von buchtig gezähnten Lappen zu erkennen. Im Verlauf des Stängels findet eine Veränderung der Blätter bis hin zu linealen Blättchen im Bereich des Blütenstandes statt.*

*Am Beispiel der **Echten Nelkenwurz (Geum urbanum)** kann gezeigt werden, wie variabel die Blätter einer Art sein können. Hier ist es besonders wichtig, für die Bestimmung verschiedene „Muster" anzuschauen. Links sind drei Grundblätter abgebildet und rechts ein Stängelblatt. Zwischen diesen Formen gibt es fließende Übergänge.*

7.1.5 Haupt- oder Nebenblätter?

Ein wichtiges Erkennungsmerkmal für einige Familien wie beispielsweise die Schmetterlingsblütler (Fabaceae), Veilchengewächse (Violaceae) und Rosengewächse (Rosaceae), sind die Nebenblätter: kleine, blattartige Strukturen, dort, wo das Blatt am Stängel ansitzt.

Besonders bei der Unterscheidung der Rosengewächse (Rosaceae) von den Hahnenfußgewächsen (Ranunculaceae) sind die Nebenblätter eine gute Hilfe, da Hahnenfußgewächse keine Nebenblätter haben. Es gibt bei ihnen (bei der Gattung Wiesenraute - Thalictrum und bei den im Wasser lebenden Arten der Gattung Hahnenfuß) Öhrchen am Blattgrund, die auf den ersten Blick wie Nebenblätter aussehen. Es handelt sich dabei um Verbreiterungen des Blattansatzes. Sie gehen unmittelbar in den Blattstiel über und sind keine „echten" Nebenblätter. Manchmal gibt es auch beim Kriechenden Hahnenfuß an den Grundblättern der Ausläufer ähnliche Strukturen, die auch keine Nebenblätter sind. Die Unterscheidung ist rein optisch tatsächlich manchmal schwierig, und es kann hilfreich sein, sich vorher dieser eventuell auftretenden Problematik bewusst zu sein.

Mädesüß (Filipendula ulmaria) ist ein Rosengewächs mit echten Nebenblättern (links).

*Die Akeleiblättrige (Thalictrum aquilegiifolium, Mitte) und die **Gelbe Wiesenraute (Thalicum flavum**, rechts) sind Hahnenfußgewächse, die keine Nebenblätter, sondern eine verbreiterte Blattbasis besitzen.*

Bei den verholzten Rosengewächsen sind die Nebenblätter zudem oft vergänglich, d.h. sie sind zur Zeit des Knospenaustriebs vorhanden und fallen dann ab. Hier ist es hilfreich möglichst viele und die jüngsten Triebe zu betrachten. Bei der Bestimmung der krautigen Rosengewächse mit diesem Band ist das kein Problem.

Die seltenen Fälle, in denen z.B. Rosengewächse einmal wirklich keine Nebenblätter haben, werden Ihnen vermutlich nicht gleich anfangs in die Hände fallen. Mit dem SCHMEIL-FITSCHEN sind jedoch auch diese Sonderfälle bestimmbar.

7.1.6 Ein- und Zweikeimblättrige richtig zuordnen

Die Entscheidung ob eine unbekannte Pflanze ein- oder zweikeimblättrig ist, wird in der Praxis meist anhand der Blattnervatur entschieden (siehe Seite 13). Dieses Merkmal ist für die meisten Arten eine sichere Unterscheidungshilfe. Leider gibt es auch hier Ausnahmen, die kurz vorgestellt werden.

Aronstab (**Arum maculatum**, links) und **Einbeere (Paris quadrifolia,** rechts) sind trotz ihrer netzadrigen Blätter zwei Einkeimblättrige. Die Einbeere hat zudem 4zählige Blüten.

Die **Gattung Wegerich (Plantago)** könnte man auf den ersten Blick für einkeimblättrig halten, da die Queradern zwischen den Hauptnerven unscheinbar sind. Die häufigsten Vertreter sind der Breit- (Plantago major, links) und der Spitz-Wegerich (P. lanceolata, rechts).

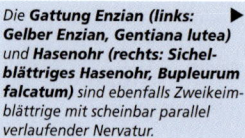
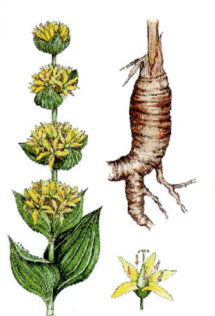

Die **Gattung Enzian (links:** ▶ **Gelber Enzian, Gentiana lutea)** und **Hasenohr (rechts: Sichelblättriges Hasenohr, Bupleurum falcatum)** sind ebenfalls Zweikeimblättrige mit scheinbar parallel verlaufender Nervatur.

7.1.7 Kniffeliges rund um die Korbblütler

Einen Korbblütler als solchen zu erkennen ist in der Regel kein Problem. Dennoch kann es sowohl vorkommen, einen solchen nicht zu erkennen, als auch Vertreter aus anderen Familien mit komplexen Blütenständen fälschlicherweise für einen Korbblütler zu halten.

▲ **Wasserdost (Eupatorium cannabinum)**

Gewöhnliche ▶ Schafgarbe (Achillea millefolium)

Bei manchen Korbblütlern wie beispielsweise der Schafgarbe oder dem Wasserdost sind nur wenige Blüten zu einem Köpfchen zusammengezogen. Ohne die Blüte genauer zu untersuchen, täuschen sie Einzelblüten vor. Wenn diese dann auch noch doldenähnlich aussehen, können sie tatsächlich auf den ersten Blick für Doldenblütler gehalten werden. Achten Sie daher bei Doldenblütlern immer darauf, dass auch wirklich ALLE Verzweigungen des Blütenstandes von einem Punkt abgehen.

Alpen-Mannstreu (Eryngium alpinum):

Die Gattung Mannstreu (Eryngium) werden Sie vermutlich nicht auf den ersten Blick als Doldengewächs identifizieren. Die einzelnen Doldenstrahlen sind so eng zusammengezogen, dass sie einem Körbchen gleichen. An der typischen 2teiligen Spaltfrucht gibt sich diese Pflanze als Doldenblütler zu erkennen. Die Früchte der Korbblütler sind kleine Nüsschen (Achänen).

Gelbe Skabiose (Scabiosa ochroleuca):

Die Kardengewächse haben auch kompakte Blütenköpfe aus vielen Einzelblüten. Sie haben aber keine verwachsenen Staubbeutel und an den Früchten einen charakteristischen, häutigen, radförmigen Außenkelch. Außerdem sind die gegenständigen Blätter der Kardengewächse bei den Korbblütlern insgesamt selten.

*Es gibt auch Glockenblumengewächse mit köpfchenförmigem Blütenstand, wie bei der Teufelskralle (links: **Dolomiten-Teufelskralle, Phyteuma sieberi**) und dem Sandglöckchen (rechts: **Berg-Sandglöckchen, Jasione montana**). Auch hier liegt der Unterschied im Detail: Die Früchte der Nelkenblüten sind lauter kleine Kapseln mit einzelnen Samen darin und die der Korbblütler kleine Nüsse (Achänen) mit einem zentralen Samen.*

Alpen-Grasnelke (Armeria alpina):

Die kugeligen Blütenstände der bei uns seltenen Grasnelken (Gattung Armeria) und Kugelblumen (Gattung Globularia) haben einen oberständigen Fruchtknoten.

Bastard-Klee (Trifolium hybridum):

Sogar bei den Schmetterlingsblütlern gibt es Blütenköpfe. Sie haben aber einen ganz anderen Blütenaufbau und mehr als 5 Staubbeutel.

7.1.8 Gräserbestimmung

Bei den Gräsern gibt es schon bei der Einteilung in die Haupt-gruppen oft Schwierigkeiten. Zur Blütezeit sind Rispengräser stets deutlich ausgebreitet.

Davor und danach können sie aber stark zusammengezogen sein und so nicht deutlich als solche erkannt werden. Versuchen Sie daher immer, einen Blüten-stand auszubreiten, bevor Sie sich für ein Ährenrispengras entscheiden.

Das **Rohrglanzgras (Typhoides arundinacea)** kann ein Ährenrispengras vortäuschen (kleines Bild).

Das **Wollige Honiggras (Holcus lanatus)** ist ein Rispengras mit vor der Blüte zusam-mengezogenem Blütenstand.

Aber auch das Gegenteil kommt vor. Ein Ährenrispengras wird bei oberflächlicher Betrachtung häufig für ein Ährengras gehalten.

Die **Quecke (Elymus repens)** ist ein Ährengras.

Ährenrispengräser wie das **Wohlriechende Ruchgras (Anthoxanthum odoratum)** könnte bei oberflächli-cher Betrachtung für ein Ährengras gehalten werden.

8. Bestimmungsschlüssel

Die Handhabung dieses Schlüssels wird in Kapitel 7 (ab Seite 56) erläutert. Sie können die Bestimmung immer mit dem Kapitel 8.1 beginnen und werden von dort aus zum Ergebnis (einer Pflanzenart) geführt, indem Sie den weiterführenden Hinweisen folgen. Mit etwas Übung können Sie einige Teile überspringen und mit einem der weiterführenden Schlüsselteile anfangen. Wenn Sie zum Beispiel schon zum Anfang wissen, dass Sie eine Einkeimblättrige bestimmen möchten, beginnen Sie gleich auf Seite 75 und überspringen den ersten Teil.

Wasserpflanzen können Sie in einem eigenen Kapitel ab Seite 111 bestimmen.

Ab Seite 128 werden die häufigsten Pflanzenfamilien vorgestellt. Hier folgt der Bestimmungsteil jeweils hinter der allgemeinen Beschreibung. Wenn Sie die Familie kennen, können Sie die Bestimmung wesentlich abkürzen und direkt dort beginnen.

Am Ende jeder Bestimmung gelangen Sie zu einer bestimmten Pflanzenart. Die Piktogramme in dem farbigen Balken hinter dem Bestimmungstext verraten etwas über die Lebensform, Eigenschaften und Verwendbarkeit der Pflanze.

2-5	~ Größenangabe in cm		eingewandert, nicht heimisch[2]
⊙	einjährige Pflanze		Färbepflanze
⊙⊙	zweijährige Pflanze		verwendbar zur Körperpflege
♃	ausdauernde Pflanze		alternatives Heilkraut[3]
♄	Strauch		Heilkraut (Schulmedizin)
Ⓖ	geschützte Pflanze[1]		uneingeschränkt essbar[4]
	einhäusig		eingeschränkt essbar[5]
	zweihäusig		giftig
	charakteristischer Geruch		stark giftig

[1-5]Erläuterungen zu den Piktogramme siehe Umschlaginnenseiten

8.1 Bestimmen der Hauptgruppen nach Blütenmerkmalen

1. Pflanze stets ohne Blüten und Samen, Vermehrung durch mikroskopisch kleine einzellige Sporen:

Sporen-, Farnpflanzen (Pteridophyta) Kapitel 9.1, →Seite 128

> *Sporen- und Farnpflanzen haben keine auffälligen Blüten – sie locken keine Insekten an. Sie bilden winzige Sporen, die in Sporenbehältern (Sori) zusammengefasst sind und vom Wind verbreitet werden.*

*Die Sporenpakete befinden sich beim **Gewöhnlichen Wurmfarn** auf der Unterseite der Wedel und sehen aus wie kleine Kügelchen.*

→ **Pflanze mit Blüten: →2**

2. Samen frei, nicht in einen Fruchtknoten eingeschlossen; Bäume und Sträucher mit nadelförmigen oder schuppenförmigen, meist immergrünen Blättern, Fruchtstände meist als Zapfen: **Nacktsamige Pflanzen (Gymnospermae)**

> *Nacktsamige Pflanzen sind meist Nadelgehölze. Auffällige Blüten fehlen, der Blütenstaub (Pollen) wird wie bei der Fichte (Bild rechts) in zapfenförmigen Blüten gebildet und dem Wind übergeben. Die Samen werden in den Zapfen gebildet und liegen frei zwischen den einzelnen Schuppen. Sie werden in diesem Band nicht näher behandelt (siehe Grundkurs Gehölzbestimmung).*

Fichte

→ **Samen in einen Fruchtknoten eingeschlossen: Bedecktsamige Pflanzen (Angiospermae) →3**

3. Pflanze zur Blütezeit ohne grüne Blätter; oder Blütenstängel nur mit bleichen, bräunlichen oder violetten Schuppenblättern:

Kapitel 8.2, →Seite 73

> *Der Huflattich ist z.B. ein Frühjahrsblüher, dessen Blütenstängel nur Schuppenblätter besitzt, die kaum Fotosynthese betreiben. Die Blätter erscheinen erst nach der Blütezeit, wenn die Früchte heranreifen. Möglich ist dies durch den unterirdischen Wurzelstock als Speicherorgan.*

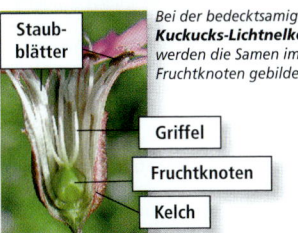

Staubblätter

*Bei der bedecktsamigen **Kuckucks-Lichtnelke** werden die Samen im Fruchtknoten gebildet.*

Griffel

Fruchtknoten

Kelch

*Aus jeder der über 300 Einzelblüten des **Huflattichs** entwickelt sich ein „Fallschirm" mit einer Frucht.*

→ **Pflanze zur Blütezeit mit voll entwickelten grünen Blättern: →4**

4. Blattspreite parallelnervig, einfach und ungeteilt, Spross mit zerstreut angeordneten Leitbündeln, Blütenorgane meist in dreizähligen Kreisen. Keimling nur mit einem Keimblatt: **Einkeimblättrige Pflanzen (Monocotyledoneae)** Kapitel 8.3, →Seite 75

Diese Einteilung orientiert sich an der Anzahl der Keimblätter - da nur voll ausgebildete Pflanzen bestimmt werden, ist dieses Merkmal bei der Bestimmung nicht mehr sichtbar. Die Blattnervatur ist jedoch ein sicheres Erkennungszeichen für die Unterscheidung: Alle grasartigen Pflanzen mit parallel verlaufenden Blattadern haben ein Keimblatt. Dazu gehören neben den Gräsern auch weitere Familien mit ähnlich länglichen Blättern wie z.B. der Bärlauch, ein Liliengewächs.

Schwieriger kann es bei Pflanzen mit ganzrandigen Blättern, wie beispielsweise der Buche, werden. Eine Quernervatur lässt sich dann daran erkennen, dass die Seitennerven vom durchgehenden Hauptnerv abzweigen. Bei Einkeimblättrigen entspringen alle Nerven am Knoten und verlaufen dann ohne Querverbindungen parallel zur Längsachse. Sind die Blätter geschlitzt, wie beispielsweise beim Gelben Windröschen, kann es sich niemals um eine Einkeimblättrige Pflanze handeln.

→ Blattspreite mit fiederig, fingerig, handförmig oder netzartig miteinander verbundenen Nerven. Blätter einfach, gefiedert oder gefingert. Keimling mit zwei Keimblättern: **Zweikeimblättrige Pflanzen (Dikotyledoneae)** Kapitel 8.4, →Seite 79

Bärlauch:

Die parallelnervigen Blätter dieser Einkeimblättrigen duften stark nach Knoblauch. Sie werden in der Küche und Heilkunde verwendet. Die Blüte setzt sich aus zwei Blütenkreisen mit je drei Kronblättern zusammen. Sie ist eine delikate, essbare Dekoration für Suppen und Salate.

Eine 3zählige Blüte ist typisch für Einkeimblättrige, meist sind die Kelch und Kronblätter gleichgestaltet (Perigon) und radiär-symmetrisch. Die Orchideen gehören trotz ihrer zygomorphen Blüten auch zu dieser Gruppe.

Buchenkeimling:

Die beiden Keimblätter haben eine ganz andere Form als die folgenden Laubblätter. In guten Jahren gibt es so viele, dass sie als „Kapern" eingelegt oder als Gemüse in Butter gebraten werden können.

Gelbes Windröschen:

Das zu der gleichen Gattung wie das Buschwindröschen gehörende Gelbe Windröschen hat ebenfalls einen Blattquirl kurz unterhalb der Blüte mit deutlicher Quernervatur.

8.2 Pflanzen zur Blütezeit ohne grüne Blätter (oder nur mit Schuppenblättern)

1. Stängel deutlich gegliedert und mit endständiger Sporenähre; grüne Seitenäste erscheinen erst nach dem Ausstreuen der Sporen: **Schachtelhalmgewächse (Equisetaceae)** **Kapitel 9.1.3, →Seite 134**

   Den Namen Schachtelhalm haben diese Sporenpflanzen bekommen, weil sich die einzelnen Stängelglieder nach dem Auseinandernehmen wieder ineinander „schachteln" lassen.

   Bei einigen Schachtelhalmen bilden sich die Seitenäste nach dem Ausstreuen der Sporen am selben „Stängel". Bei anderen, wie beispielsweise dem Acker-Schachtelhalm, werden ganz eigene „Sporenträger" gebildet, die im Frühjahr vor den grünen Trieben austreiben (Bild rechts).

Acker-Schachtelhalm

Durch den hohen Kieselsäure-Gehalt waren die grünen Triebe zum Putzen von Metallgeschirr beliebt, daher der Name „Zinnkraut".

In der Medizin hilft diese alte Heilpflanze gegen Nieren- und Blasenleiden. In der Kosmetik schätzt man sie wegen der kräftigenden Wirkung auf Nägel, Haare und Bindegewebe.

→ Stängel ungegliedert und ohne endständige Sporenähre: **→2**

2. Blütenköpfchen groß, gelb und endständig, Frühjahrsblüher; feuchte Äcker, Wegränder; III-IV: **Huflattich (Tussilago farfara)**

   10-30 ♃

Ein Tee aus den frischen oder getrockneten Trieben kann nach der Wäsche einfach als Festiger ins Haar gegeben oder selbstverständlich auch getrunken werden.

→ weiß bis rötlich-braune Blütenköpfchen klein und zu vielen in traubig-rispigem Blütenstand; Frühjahrsblüher: **Pestwurz (Petasites) →3**

Huflattich

Rezept für Hustensaft:

Blüten oder zerkleinerte Blätter mit Honig in ein Glas schichten und ca. 3 Wochen in dem Honig ausziehen lassen. Zum Entfernen der Pflanzenrückstände wird der Honig dann durch ein Sieb gegeben.

Den filzigen Belag auf den jungen Blättern (links) benutzte man früher als Zunder.

3. Blütenköpfchen rötlich; Blattrand regelmäßig scharf gezähnt, Blattunterseite später ± verkahlend; Bachufer, feuchte Waldränder; III-V: **Gewöhnliche Pestwurz (Petasites hybridus)**

15-100 ⚕

Die Schuppenblätter am Blütenstängel werden auch als Niederblätter bezeichnet. Sie haben meist keinen grünen Blattfarbstoff (Chlorophyll) und dienen häufig als Knospenschutz.

Die chlorophyllfreien Schmarotzerpflanzen und die unterirdischen Sprossachsen rhizombildender Pflanzen tragen ebenfalls Schuppenblätter.

→ Blütenköpfchen gelbweiß; Blattrand doppelt gezähnt mit stachelig spitzen Zähnen, Blattunterseite weißlich; feuchte Stellen, an denen das Grundwasser an die Oberfläche gelangt, Bäche, Bergwälder; III: **Weiße Pestwurz (Petasites albus)**

10-80 ⚕

Gewöhnliche Pestwurz

Wie bei vielen Korbblütlern entwickeln sich aus den „Kelchblättern" der Einzelblüten „Fallschirme" (der Pappus) um die Früchte durch den Wind zu verbreiten.

Weiße Pestwurz

Die Blätter der Pestwurz ähneln denen von Huflattich und Klette. Huflattich hat jedoch eine glattere Blattoberfläche und einen stärker gezähnten Blattrand und die Klette wächst meist rosettig aus dem Boden. Bei ihr wird nach den Grundblättern ein Stängel mit Blüten und Blättern entwickelt. Die Blätter der Pestwurz sind am größten und gut als Regenschutz zu verwenden. Alle drei Arten sind Korbblütler.

8.3 Einkeimblättrige Pflanzen (Monocotyledoneae)

1. Blüten in kugeligen oder walzenförmigen Köpfchen: **→11**

Schmalblättriger Rohrkolben

Rohr- und Igelkolben haben einen Blütenstand aus vielen eingeschlechtlichen Einzelblüten. Die weiblichen und männlichen Blüten stehen in getrennten Köpfchen. Die Staubbeutel sind zur Fruchtreife nicht mehr sichtbar.

Ästiger Igelkolben

→ Blüten keine kugeligen Köpfchen: **→2**

2. Blütenhülle klein, meist unter 5 mm: **→9**

Mit der Blütenhülle sind hier der Kelch und die Blütenkronblätter gemeint. Oft sind sie gleichgestaltet (Perigon). Eine kleine, unscheinbare Blütenhülle haben die grasartigen Pflanzen.

Schneeglöckchen

→ Blütenhülle über 5 mm groß und meist auffälliger gefärbt: **→3**

Gelbstern

3. Fruchtknoten oberständig: **Liliengewächse (Liliaceae) Kapitel 9.3.1, →Seite 304**

Im Gegensatz zum Schneeglöckchen sitzt der oberständige Fruchtknoten des Gelbsterns oberhalb der Ansatzstelle der Blütenblätter (vgl. S. 29).

Diese beiden radiären Blüten sind in mehr als zwei Symmetrie-Ebenen spiegelbar (siehe S. 30).

→ Fruchtknoten unterständig: **→4**

4. Blüten zygomorph (nur in einer Symmetrie-Ebene spiegelbar): **→5**

→ Blüten radiär (in mehr als 2 Symmetrie-Ebenen spiegelbar): **→6**

5. Fruchtknoten oft gedreht; nach unten weisendes Blütenblatt oft mit Sporn: **Orchideen (Orchidaceae) Kapitel 9.3.3, →Seite 313**

Sporn

→ Staubblätter 3; Fruchtknoten nicht gedreht; rote Blüten in einseitswendigen Trauben (Blüten alle zu einer Seite ausgerichtet): Gladiole (Gladiolus) siehe **Schwertliliengewächse (Iridaceae) Kapitel 9.3.2, →Seite 309**

6. Staubblätter 3: **Schwertliliengewächse (Iridaceae) Kapitel 9.3.2, →Seite 309**

→ Staubblätter 6: **Narzissengewächse (Amaryllidaceae) →7**

Das Gefleckte Knabenkraut ist eine Orchidee mit zygomorphen und gespornten Blüten. Der unterständige Fruchtknoten ist um 180° gedreht.

7. Gelbe Perigonblätter ausgebreitet, mit gelber, röhrenförmiger Nebenkrone; feuchte Wiesen, lichte Wälder; häufig angepflanzt und verwildert; viele Klein- und Unterarten; III–IV: **Osterglocke (Narcissus pseudonarcissus)**

15-40 ♃ ⓖ 🕱

Die **Osterglocke** ist durch verschiedene Alkaloide in allen Teilen giftig. Vom Weidevieh wird sie gemieden.

→ Perigon weiß: →**8**

> Bei einem Perigon sind die Blütenkronblätter gleich gestaltet, es wird nicht in Kelch- und Kronblätter unterschieden.

8. Äußere Perigonblätter fast doppelt so lang wie die inneren; Blätter blaugrün bereift; Laubwälder, Gebüsche, häufig aus Gärten verwildert; II–IV: **Schneeglöckchen (Galanthus nivalis)**

10-20 ♃ ⓖ 🕱

→ Perigonblätter fast gleichlang, an der Spitze gelb bis grünlich gefleckt; feuchte Laubwälder, Bergwiesen; II–IV: **Märzenbecher (Leucojum vernum)**

10-30 ♃ ⓖ 🕱

Märzenbecher

9 (2). Blütenhülle in Form von Spelzen, Borsten, Haaren oder fehlend: →**10**

→ Blütenhülle 6blättrig; Blüten in dichten Knäulen oder lockeren Spirren; 1 Fruchtknoten mit 3 Narben; Blätter flach und grasartig oder stielrund: **Binsengewächse (Juncaceae) Kapitel 9.4.1, →Seite 319**

> Binsen haben zwittrige Blüten, die ähnlich aufgebaut sind wie die der Liliengewächse, nur dass die Kronblätter unscheinbar grün-bräunlich sind.

Flatter-Binse
(Binsengewächs)

Schlank-Segge
(Sauergras)

10. Jede Blüte nur von einer Spelze umschlossen; markiger Stängel knotenlos und oft 3kantig: **Sauergräser (Cyperaceae) Kapitel 9.4.2, →Seite 325**

> Sauergräser haben meist eingeschlechtliche Blüten. Oft sind die weiblichen und männlichen Blüten in getrennten Ähren, wie bei der Schlank-Segge.

→ Typischer Blütenaufbau der Süßgräser mit Hüll-, Deck- und Vorspelzen; Ährchen bilden Ähren, Rispen oder Ährenrispen; Halm knotig gegliedert, ± rund und hohl: **Süßgräser (Poaceae) Kapitel 9.4.3, →Seite 333**

Roggen
(Süßgras)

11 (1). Eingeschlechtliche Blüten in kugeligen („igeligen") Köpfchen vereinigt; Sumpfpflanzen: **Igelkolbengewächse (Sparganiaceae)** →15

→ Blütenstand walzenförmig: →12

12. Kolben zweiteilig, oben männliche Blüten in endständiger Rispe und darunter die weiblichen Blüten als schwarzbrauner Kolben; **Sumpfpflanzen: Rohrkolben (Typha)** →16

→ Blütenkolben einzeln oder 3teilig, am Grund von einem flachen oder kesselförmigen Hochblatt umgeben oder scheinbar seitenständig: **Aronstabgewächse (Araceae)** →13

13. Kolben seitlich den lineal-schwertförmigen Blättern ansitzend; hellgrüne Blätter meist wellig verbogen; VI-VII: **Kalmus (Acorus calamus)**

60-120

Kalmus

Die ganze Pflanze duftet nach Ingwer. Als aromatisches Bittermittel eignet sie sich als Heilmittel und zum Aromatisieren für Liköre und Speisen.

Erkennen können Sie Kalmus ohne Blütenstand an seinem Geruch und den gewellten Blatträndern.

→ Blätter herz- oder pfeilförmig; Kolben von einem auffälligen Hochblatt (Spatha) umgeben: →14

14. Kolbenende nackt und von an der Basis her tütenförmig eingerolltem, grünlichen Hochblatt (Spatha) umgeben; Blüten eingeschlechtlich, oben männliche und unten weibliche Blüten, darüber geschlechtslose; Blätter mit schwarzen Flecken; rote, giftige Früchte; Laubwälder; IV-V: **Gefleckter Aronstab (Arum maculatum)**

15-40

Aronstab

Der Kolben produziert einen unangenehmen Geruch, der besonders Fliegen anlockt. Reusenhaare am „Eingang" des tütenförmig gerollten Hochblattes verhindern, dass sie aus der „Falle" entkommen können, bevor der Pollen übertragen und das Hochblatt verwelkt ist.

→ Kolben bis zur Spitze mit Blüten, Hochblatt (Spatha) wenig konkav und weiß; Frucht scharlachrot; Waldsümpfe, Bruchwälder, Teichränder; V-VII: **Drachenwurz / Schlangenkraut (Calla palustris)**

15-30

Drachenwurz

77

15 (11). Blütenstand ästig; Blätter 5-15 mm breit, aufrechte Blätter oder auf dem Wasser flutende Blätter (Riemenblätter) bis zur Spitze gekielt (dreikantig) und allmählich lang zugespitzt; Teiche, Seen, Röhrichte; VI-VIII: **Ästiger Igelkolben (Sparganium erectum)**

30-50 ⚁ 🏠

An den dreikantigen Blättern ist der Igelkolben im blütenlosen Zustand leicht von Rohrkolben, Schwanenblume, Iris oder breitblättrigen Gräsern zu unterscheiden.

In nicht zu schnell fließenden Gewässern passt sich der Igelkolben an das flutende Wasser an, indem er Riemenblätter ausbildet. An der Nervatur und der Form dieser dann bandartigen Blätter kann man die Art des Igelkolbens erkennen.

Ästiger Igelkolben:
Um Selbstbestäubung zu verhindern, blühen zuerst die weiblichen und dann die männlichen Blüten. Oben im Bild sind die Staubbeutel der männlichen Blüten zu sehen.

→ Blütenstand unverzweigt; Blätter 4-10 mm und über die gesamte Länge gleichmäßig breit, nur zum Ende hin zugespitzt, weniger scharf gekielt; Teiche, Seen, Sümpfe; VI-VII: **Einfacher Igelkolben (Sparganium emersum)**

20-60 ⚁ 🏠

16 (12). Obere männliche Blütenanteile den weiblichen unteren (reif dunkelbrauner Kolben) direkt aufsitzend; Blätter 10-20 mm breit; Verlandungszone stehender Gewässer; VI-VII: **Breitblättriger Rohrkolben (Typha latifolia)**

100-200 ⚁ 🏠

Breitblättriger Rohrkolben:
Zur Blütezeit der oberen männlichen Blüten fällt ein Teil des Blütenstaubes (Pollen) auf die unreifen weiblichen Blüten darunter.

Zur Reifezeit befinden sich an den Samen haarfeine Anhängsel, die vom Wind verweht werden. Früher hat man diese „Samenwolle" als Bettfedernersatz und zum Anfachen des Feuers als Zunder benutzt.

→ Obere männliche Blütenanteile von den unteren weiblichen (dunkelbrauner breiterer Kolben) deutlich abgesetzt; Blätter 5-8 mm breit; Röhrichtzone langsam fließender und stehender Gewässer; VI-VIII: **Schmalblättriger Rohrkolben (Typha angustifolia)**

100-200 ⚁ 🏠

Schmalblättriger Rohrkolben

8.4 Zweikeimblättrige Pflanzen (Dikotyledoneae)

1. Untergetaucht lebende oder mit Schwimmblättern versehene Wasserpflanzen: **Kapitel 8.5, →Seite 111**

→ Land- oder Sumpfpflanzen: **→2**

2. Blütenhülle fehlend oder einfach (Perigon, nur 1 Kreis von Blütenhüllblättern): **Kapitel 8.4.1, →Seite 80**

Wie hier beispielsweise bei der Sumpfdotterblume gibt es keine Unterscheidung in grüne Kelchblätter und bunte Blütenkronblätter. Die Blütenhülle ist vor der Blütenentfaltung grün und täuscht einen Kelch vor. Die gesamte Blütenhülle setzt sich aus gleichgestalteten Elementen (hier 5 gelben Kelchblättern) zusammen.

Sumpfdotterblume:

Die grünen Knospen können als Kapernersatz eingelegt werden. In einigen Regionen ist diese Sumpfpflanze jedoch selten geworden und unter Naturschutz gestellt.

→ Blütenhülle mit Kelch und Blütenkrone **→3**

An dieser Stelle ist es wichtig, sich die Knospen anzuschauen, wenn an der Blüte kein Kelch mehr vorhanden ist. Zum Beispiel bei den Mohngewächsen fällt der Kelch sehr früh ab, so dass er bei der Blütenentfaltung manchmal bereits fehlen kann.

3. Blütenkronblätter frei und bis zum Grund voneinander getrennt: **Kapitel 8.4.2, →Seite 89**

Schlafmohn:

Die Kelchblätter befinden sich noch auf den Blütenkronblättern. Aus dem weißen Milchsaft der unreifen Samenkapseln wird Opium hergestellt.

→ Blütenkronblätter miteinander verwachsen: **Kapitel 8.4.3, →Seite 100**

Zur Unterscheidung zwischen verwachsenen und freien Blütenblättern ist es hilfreich, ein Blütenblatt aus der Blüte zu zupfen. Wenn die Kronblätter am Grund zu einer kurzen Röhre verwachsen sind, löst sich beim Abzupfen die Blütenkrone in ihrer Gesamtheit ab, oder es bleiben zumindest Reste der benachbarten Blütenblätter haften. Ist dies nicht der Fall, sind die einzelnen Blütenblätter frei und nicht miteinander verwachsen.

Löst man die gesamte Blütenkrone des Boretschs wird deutlich, dass alle Kronblätter am Grund miteinander verwachsen sind. Von unten ist dies sehr gut zu sehen (kleines Bild).

Boretsch:

Beim Herauszupfen eines Blütenkronblattes bleibt ein Stück des benachbarten haften.

8.4.1 Zweikeimblättrige –
Blütenhülle einfach oder fehlend

1. Blätter quirl- oder gegenständig: →28

> Gegenständig sind die Blätter einer Pflanze nur dann, wenn sie sich an **jedem** Verzweigungspunkt gegenüber stehen. Auch wechselständig angeordnete Blätter können teilweise soweit genähert stehen, dass sie eine gegenständige Beblätterung vortäuschen.

→ Blätter wechsel- oder grundständig →2

> Um grundständige Blätter (Blattrosette) handelt es sich, wenn die Grundblätter einem gemeinsamen Punkt in Bodenhöhe entspringen. Einige Pflanzen haben neben der Grundrosette weitere Stängelblätter. Da diese dann wechselständig sind, geht die Bestimmung auch hier weiter.

2. Blattspreite schildförmig; Blüten klein und weiß in wenigblütigen, kopfig zusammengezogenen Dolden, Sumpf- und Torfböden, nasse Wiesen; VII-VIII: **Wassernabel (Hydrocotyle vulgaris) Kapitel 9.2.7 Doldenblütler (Apiaceae), →Seite 184**

→ Blätter nicht schildförmig: →3

3. Pflanze ohne Milchsaft: →7

→ Aus allen Pflanzenteilen bei Verletzung weißer oder gelb-oranger Milchsaft austretend: →4

4. Milchsaft gelb: **Mohngewächse (Papaveraceae) Kapitel 9.2.2, →Seite 150**

→ Milchsaft weiß oder farblos: →5

5. Viele zungenförmige Blüten in auffälligen, am Grund von grünen Hüllblättern umgebenen Köpfchen: **Korbblütler (Asteraceae) Kapitel 9.2.24, →Seite 284**

→ Blüten nicht in Köpfchen: →6

6. Blüten groß und einzeln, rot, rötlich-violett, weißlich oder gelb; Kelchblätter 2, zur Blütezeit abgefallen; Frucht eine Kapsel: **Mohngewächse (Papaveraceae) Kapitel 9.2.2, →Seite 150**

Waldmeister:
Blattquirle

Salbei:
Gegenständige Blätter

Nelkenwurz:
Wechselständige Beblätterung

Gänseblümchen:
Grundständige Blattrosette

*Der **Wassernabel** ist an seinen schildförmigen Blättern leicht zu erkennen.*

*Die **Wegwarte** ist ein Korbblütler bei der viele einzelne Zungenblüten in einem Blütenköpfchen einen Gesamtblütenstand bilden.*

→ Blüten klein und unauffällig, einge-schlechtlich, zahlreiche aus einem Staubblatt bestehende männliche Blüten und eine aus einem gestielten Fruchtknoten bestehende weibliche Blüte zu kleinen, von becherförmiger Hülle umgebenden Teilblütenständen zusammentretend, diese wiederum in komplexen Blütenständen (Di- oder Pleiochasien): **Wolfsmilchgewächse (Euphorbiaceae) Kapitel 9.2.8, →Seite 192**

Zypressen-Wolfsmilch

7 (3). Staubblätter bis zu 10 oder Blüten nur mit Fruchtknoten: **→10**

→ Staubblätter mehr als 10: **→8**

8. Staubblätter kürzer als die Blütenhüll-blätter; Blüten groß und auffällig, gelb, weiß, blau, violett oder selten braun, häufig mit Nektarblättern: **Hahnen-fußgewächse (Ranunculaceae) Kapitel 9.2.1, →Seite 140**

→ Staubblätter länger als die Blütenhüll-blätter; Blüten klein: **→9**

9. Blüten in lang gestielten, kugeligen bis eiförmigen Köpfchen, grünlich-rot; gefiederte Blätter mit Nebenblättern: **Wiesenknopf (Sanguisorba) Kapitel 9.2.3 Rosengewächse (Rosaceae), →Seite 155**

Wiesenknopf: Die gelblichen Staubbeutel sind deutlich länger als die grünen Blütenblätter und die roten Narben.

→ Blüten nicht in kugeligen oder eiförmi-gen Köpfchen; Blütenhüllblätter beim Aufblühen zuweilen abfallend; Blätter am Grund mit nebenblattartigen Bil-dungen: **Wiesenraute (Thalictrum) Kapitel 9.2.1 Hahnenfußgewächse (Ranunculaceae), →Seite 140**

10 (7). Blüten nicht gespornt: **→17**

→ Blüten mit längerem, spitzen oder kür-zerem, sackförmigen Sporn: **→11**

11. Blätter ungeteilt, zuweilen aber am Rand gesägt: **→13**

Akeleiblättrige Wiesenraute

→ Blätter gefiedert oder doppelt 3zählig; Blüten in Trauben; 2 früh abfal-lende Kelchblätter, 4 Blütenkronblätter, das obere gespornt; Frucht schoten-ähnliche Kapsel oder kugelige Nuss: **Erdrauchgewächse (Fumariaceae) →12**

Gewöhnlicher Erdrauch:

Die Blüten sind sackförmig gespornt.

12. Frucht schotenförmig und vielsamig; Blüte trüb violett oder weiß mit verlängertem Sporn; im Alter hohle Knolle; Laub- (vor allem Buchen-) Wälder; III-V: **Hohler Lerchensporn (Corydalis cava)**

10-35 ♃　　　🖐☠

→ Frucht einsamige, kugelige Nuss; purpurrote Blüten mit grünem Kiel und nur sackförmigen Sporn; Äcker, Schuttplätze; IV-X: **Gewöhnlicher Erdrauch (Fumaria officinalis)**

15-30 ☉　　　🐝🖐🖐☠

Lerchensporn:

Für Erdhummeln sind die Blüten zu eng, sie beißen ein Loch in den Sporn und gelangen so an den Nektar ohne die Blüte zu bestäuben.

13. Fruchtknoten unterständig; Blüten in reichblütigen Blütenständen: **Baldriangewächse (Valerianaceae) →16**

→ Fruchtknoten oberständig; Frucht bei Berührung aufspringende Kapsel; hinteres Kronblatt mit gekrümmtem Sporn; Kräuter mit saftigem, glasigdurchscheinenden Stängel: **Balsaminengewächse (Balsaminaceae) →14**

14. Blüten rot; Pflanze bis 3 m hoch; Bachufer, Auwälder, verwilderte Zierpflanze aus Asien (Himalaja); VII-IX: **Drüsiges Springkraut (Impatiens glandulifera)**

50-250 ☉ ♂　　　🍴

Feldsalat:

Dieses Baldriangewächs hat einen unterständigen Fruchtknoten. Es ist eine sehr schmackhafte Salatpflanze, die in großblättrigen Zuchtformen angebaut wird.

→ Blüten gelb: **→15**

15. Blüten groß und in 2-4blütigen, die Tragblätter nicht überragenden, ± hängenden Trauben, Blütenkronblätter goldgelb und innen rot punktiert; Blattspitzen abgerundet; feuchte Laubwälder; VII-IX: **Rührmichnichtan (Impatiens noli-tangere)**

30-100 ☉　　　🍴

Rührmichnichtan (links)

Kleinblütiges Springkraut (rechts)

→ Blüten klein und aufrecht, in 4-10blütigen Trauben, die meist über den Tragblättern stehen; Blütenkronblätter blassgelb; Blattspitzen zugespitzt; bestandsbildend in Laub- und Nadelwäldern und als Gartenkraut (aus O-Asien eingeschleppt und eingebürgert); IV-X: **Kleinblütiges Springkraut (Impatiens parviflora)**

30-60 ☉ ♂　　　🍴

Die beiden gelb blütenden Springkräuter sind an ihrem glasigen Stängel auch ohne Blüten leicht zu erkennen. Die Blattspitze verrät die Art (s. S. 92). Eine ähnliche Gestalt, aber mit kompaktem Stängel, im selben Lebensraum haben beispielsweise das Hexen- und das Bingelkraut.

16 (13). Stängel wiederholt gabelästig; Kelch ± deutlich 1-6zähnig; Früchte seitlich etwas zusammengedrückt; Grasplätze, Äcker; IV-V: **Gewöhnlicher Feldsalat/Rapunzel (Valerianella locusta)** Bild siehe S. 82

5-15 ☉

→ Stängel nicht gabelästig; untere Grundblätter ungeteilt, eiförmig und gestielt; mittlere und obere Stängelblätter gefiedert; mit beblätterten Ausläufern; Blüten in 3teiligen, schirmförmigen Trugdolden; männliche Blüten rötlich und weibliche weiß; Kelch zur Fruchtzeit als behaarte Strahlen; nasse Wiesen, Gräben; V-VI: **Kleiner Baldrian (Valeriana dioica)**

10-30 ♃ ⌂⌂

Kleiner Baldrian

17 (10). Viele Blüten zu einem Köpfchen vereinigt, das am Grund von größeren Hüllblättern umgeben ist und zuweilen eine Einzelblüte vortäuscht: →27

> *Viele Einzelblüten sind von einer gemeinsamen Blütenhülle umgeben und täuschen eine Einzelblüte vor. Bei der Färberkamille sind es weibliche Zungenblüten am Rand und 330 bis 500 zwittrige Röhrenblüten im Zentrum.*

→ Blüten anders angeordnet, wenn in Köpfchen, dann ohne Hüllblatt: →18

18. Wenigstens untere (basale) Stängelblätter gefiedert, gefingert, fiedspaltig oder gelappt: →23

> *Hier ist es wichtig, wirklich die untersten Blätter zu betrachten, denn in Richtung Blütenstand werden auch gefiederte Blätter oft ungeteilt (siehe S. 68).*

Färberkamille:

Aus den Blütenkörbchen dieser Färbepflanze wurde ein licht- und waschechter gelber Farbstoff gewonnen. Aus jeder weiblichen Blüte entwickelt sich ein Nussfrüchtchen ohne Pappus (siehe Lupe).

→ Alle Blätter ungeteilt mit höchstens gesägter, gezähnter oder gekerbter Spreite: →19

19. Blätter bzw. Blattstiel am Grund mit ± langer, röhriger, die Basis der Stängelglieder (Internodien) umgreifender Scheide (Ochrea); Stängelknoten oft deutlich hervortretend; Blüten in einfachen, walzenförmigen oder verzweigten Scheinähren oder Rispen: **Knöterichgewächse (Polygonaceae) Kapitel 9.2.17, →Seite 241**

Schlangen-Knöterich:

Dieser Knöterich wurde früher gegen Entzündungen und Durchfall eingesetzt. Die jungen Blätter gelten als leckeres Gemüse. In einigen Regionen ist diese Feuchtwiesenpflanze jedoch selten geworden und geschützt.

→ Blätter und Blattstiele am Grund ohne röhrig geschlossene Scheide: →**20**

20. Staubblätter 1-5: →**22**

→ Staubblätter 8; Blüten in gestauchten, flachen Trugdolden, von gelben Hochblättern umgeben; Blattspreite rundlich; an feuchten, schattigen Orten: **Milzkraut (Chrysosplenium): →21**

21 (20 und 31). Blätter gegenständig; Stängel 4kantig und kriechend, an der Basis behaart; Waldbäche, Quellfluren vorwiegend der montanen Region; V-VII: **Gegenblättriges Milzkraut (Chrysosplenium oppositifolium)**

5-15 ♃

Gegenblättriges Milzkraut

→ Blätter wechselständig; Stängel 3kantig und am Grund mit langen, dünnen Ausläufern; Blüten größer als beim Gegenständigen Milzkraut; Bachufer, Au- und Bergwälder; IV-VI: **Wechselblättriges Milzkraut (Chrysosplenium alternifolium)**

15-20 ♃

22 (20). Staubblätter 4; Blattspreite rundlich; am Grund tief herzförmig gelappt; grünliche Blüten klein und in endständigen, reich verzweigten Trugdolden: **Frauenmantel (Alchemilla) Kapitel 9.2.3 Rosengewächse (Rosaceae), →Seite 155**

Frauenmantel:

Dieses Tee- und Küchenkraut ist traditionell eine Heilpflanze gegen Frauenleiden (Name). Außerdem wurde es wegen des Gerbstoffgehaltes bei Magen-Darm-Beschwerden eingesetzt.

→ Staubblätter 5; Blüten klein und unscheinbar, in knäueligen Blütenständen; grünlich oder rötliche Blütenhülle sich nach der Blüte oft vergrößernd; Pflanze oft mehlig bestäubt: **Gänsefußgewächse (Chenopodiaceae) Kapitel 9.2.16, →Seite 238**

23 (18). Blüten in Trauben, Rispen, Dolden, Trugdolden oder ährenförmigen Knäulen: →**25**

→ Blüten in Köpfchen: →**24**

24. Pflanze 5-15 cm hoch; grünliche 5zählige Blüten (mit 3teiligem Kelch) in fast würfelförmigen Köpfchen; Blätter gegenständig; feuchte Standorte, lichte Wälder, Gebüsch; III-V: **Moschuskraut (Adoxa moschatellina)**

5-15 ♃

Moschuskraut:

Dieses zu den Moschuskrautgewächsen gehörende Kraut duftet welk nach Moschus und wurde deshalb früher in die Wäsche gelegt. Bestäubt wird es hauptsächlich von Fliegen.

→ Pflanze über 10 cm hoch; Blüten in lang gestielten, kugeligen bis eiförmigen Köpfchen, grünlich-rot; gefiederte Blätter mit Nebenblättern: **Wiesenknopf (Sanguisorba) Kapitel 9.2.3 Rosengewächse (Rosaceae), →Seite 155;** *Abb. siehe S. 155*

25. Blüten in einfachen oder zusammengesetzten Dolden; 5 Blütenhüllblätter und 5 Staubblätter; Frucht bei der Reife in 2 Teilfrüchte zerfallend: **Doldenblütler (Apiaceae) Kapitel 9.2.7, →Seite 184**

→ Blüten nicht in Dolden (zuweilen aber Trugdolden): **→26**

26. Blätter mit Nebenblättern; Staubblätter 4; Blattspreite rundlich; am Grund tief herzförmig gelappt; grünliche Blüten klein und in endständigen, reich verzweigten Trugdolden: **Frauenmantel (Alchemilla) Kapitel 9.2.3 Rosengewächse (Rosaceae), →Seite 155**

→ Blätter ohne Nebenblätter; Staubblätter 5; Pflanze oft mehlartig bestäubt: **Gänsefußgewächse (Chenopodiaceae) Kapitel 9.2.16, →Seite 238**

27 (17). Staubbeutel der 5 Staubblätter zu einer den Griffel umschließenden Röhre vereinigt; zahlreiche bis wenige Blüten befinden sich zusammen in einem von grünen Hüllblättern umgebenden Köpfchen; die Blüten sind alle gleich groß oder die randlichen Blüten sind zungenartig verlängert und täuschen eine Einzelblüte vor; der Kelch ist häufig als Haarkrone ausgebildet: **Korbblütler (Asteraceae) Kapitel 9.2.24, →Seite 284**

Der Löwenzahn ist ein Korbblütler mit bis zu 200 Zungenblüten je Körbchen. In jeder Einzelblüte wird eine Frucht gebildet. Der zum Pappus umgebildete Kelch befindet sich zur Fruchtreife auf einem „Schnabel" und wird vom Wind verbreitet.

→ Staubbeutel der 5 Staubblätter frei; Blütenkronblätter frei; Frucht ohne Haarkrone, bei der Reife in 2 Teilfrüchte zerfallend: **Doldenblütler (Apiaceae) Kapitel 9.2.7, →Seite 184**

Wiesen-Kerbel

Der Wiesenkerbel ist einer der vielen Doldenblütler mit fein zerteilten Blättern. An seinen Früchten ist er gut zu erkennen.

*Der mehlig bereifte Blattüberzug des **Weißen Gänsefußes** ist ein Salzausscheidungsmechanismus, der es den Gänsefußgewächsen ermöglicht auf salzhaltigen Böden zu wachsen.*

Löwenzahn

28 (1). Blätter quirlständig: →43

→ Blätter gegenständig: →29

29. Blüten in walzenförmigen Ähren, in den Achseln stacheliger Tragblätter, Stängel stachelig; Blätter sitzend und ungeteilt; Blütenkrone lila; Ufer, Auwälder, Wegränder; VII-VIII: **Wilde Karde (Dipsacus sylvestris/D. fullonum)**

70-200 ☺

*Der Fruchtstand der **Wilden Karde** wurde früher zum Aufrauen von Gewebe (=Kardieren) genutzt (Name).*

→ Blüten nicht in walzenförmigen Ähren: →30

30. Blätter gefiedert, gefingert oder 3zählig: →41

→ Blätter ungeteilt: →31

31. Blätter etwa so lang wie breit, nierenförmig; Blüten mit 8 Staubblättern in gestauchten, flachen Trugdolden, von gelben Hochblättern umgeben; an feuchten, schattigen Orten: **Milzkraut (Chrysosplenium):** →21

Milzkraut:

Die Samen liegen in den geöffneten Fruchtkapseln und werden durch Regentropfen herausgeschleudert. Abb. siehe auch S. 84

→ Blätter länger als breit und nicht rundlich-nierenförmig: →32

32. Blüten weiß, rötlich, bräunlich oder bläulich: →38

→ Blüten grün, grünlich-gelb oder grünlich-weiß, oft unscheinbar und eingeschlechtlich: →33

33. Pflanze mit Milchsaft: **Wolfsmilchgewächse (Euphorbiaceae) Kapitel 9.2.8, →Seite 192**

→ Pflanze ohne Milchsaft: →34

34. Blattspreite ganzrandig: →37

→ Blattspreite am Rand gesägt, gezähnt oder gekerbt: →35

35. Pflanze mit Brennhaaren; Pflanze 2häusig, 4 Blütenhüll- und 4 Staubblätter, Blüten in Trugdolden; Ruderalstellen, Wälder; VI-X: **Große Brennnessel (Urtica dioica)**

Der botanische Name kommt von lat. urere = brennen und lat. dioicus = zweihäusig. Er besagt, dass sich die weiblichen und die männlichen Blüten auf zwei getrennten Pflanzen befinden.

30-150 ♃ ⌂⌂

*Die **Große Brennnessel** ist eine wichtige Futterpflanze für zahlreiche Schmetterlinge wie beispielsweise Kleiner Fuchs, Tagpfauenauge (Bild) und Admiral.*

Die Samenstände der weiblichen Pflanzen sind mit etwas Salz und Pfeffer in Butter gebraten zu Fisch oder über Salzkartoffeln eine Delikatesse. Sie lassen sich auch in Brot einbacken oder über das Müsli streuen. Früher hat man damit die Hühner gefüttert, damit sie mehr Eier legen.

→ Pflanze ohne Brennhaare: →36

36. Gelbgrüne Blüten eingeschlechtlich, 2häusig, in achselständigen, verlängerten Scheinähren, in achselständigen Büscheln oder armblütigen Trauben: **Bingelkraut (Mercurialis) Kapitel 9.2.8 Wolfsmilchgewächse (Euphorbiaceae), →Seite 192**

→ Grünlich oder rötliche Blütenhülle sich nach der Blüte oft vergrößernd, fleischig oder hart werdend; Pflanze oft mehlig bestäubt: **Gänsefußgewächse (Chenopodiaceae) Kapitel 9.2.16, →Seite 238**

*Die Blätter des **Bingelkrautes** verfärben sich beim Eintrocknen metallisch-schwarz. Im Mittelalter war die Pflanze daher ein Bestandteil des „Steins der Weisen", mit dem versucht wurde Quecksilber in Silber und Gold zu verwandeln. Der wiss. Name Mercurialis kommt vom lat. Namen für Quecksilber: Mercurium.*

37 (34). Blüten einzeln, achselständig, deutlich gestielt; Kelch 4-6zählig; Staubblätter 4-10: **Nelkengewächse (Caryophyllaceae) Kapitel 9.2.15, →Seite 231**

Typischerweise haben die Nelkengewächse 5zählige Blüten. Nur in Ausnahmefällen tritt eine abweichende Anzahl auf.

→ Blüten zu mehreren in Knäulen zusammengedrängt oder gabelig verzweigt (dichasial); Pflanze oft mehlig bestäubt; Blätter nicht klein und lineal; grünlich oder rötliche Blütenhülle sich nach der Blüte oft vergrößernd, fleischig oder hart werdend: **Gänsefußgewächse (Chenopodiaceae) Kapitel 9.2.16, →Seite 238**

38 (32). Blätter schuppenförmig; Staubblätter 8; violett-rosa Blüten 4zählig, strohig, nickend und in dichtblütigen Blütenständen; Zwergstrauch: **Besenheide (Calluna) Kapitel 9.2.13 Heidekrautgewächse (Ericaceae), →Seite 221**

Vielsamiger Gänsefuß:

Der vierkantige Stängel ist häufig rot überlaufen. Die Blätter haben nicht die typische „Gänsefußform"; sondern sind ovaler.

→ Blätter nicht schuppenförmig; Staubblätter 3, Blüten in Rispen oder Trugdolden: **Baldriangewächse (Valerianaceae) →39**

39 (38 und 42). Stängel wiederholt gabelästig; Kelch ± deutlich 1-6zählig; Früchte seitlich etwas zusammengedrückt; Grasplätze, Äcker; IV-V: **Gewöhnlicher Feldsalat/Rapunzel (Valerianella locusta)** Abb. S. 82

5-15 ☉

Besenheide:

Dieses Heidekrautgewächs gilt traditionell als Beruhigungs- und Blutreinigungsmittel. Die englischen Kleinbauern nutzen es zusätzlich als Tee, als Honiglieferant, als Brennstoff, als Viehfutter, zum Dachdecken und zum Färben.

→ Stängel nicht gabelästig, Kelch zur Fruchtzeit als behaarte Strahlen: **Baldrian (Valeriana) →40**

40. Alle Blätter gefiedert; Pflanze meist kahl; weiß-rosa Blüten in rispigen Trugdolden; feuchte Laubwälder, Gebüsche, Hochstaudenfluren; VI-VIII: **Arznei-Baldrian (Valeriana officinalis)**

40-100 ⌂

→ Untere Grundblätter ungeteilt, eiförmig und gestielt; mittlere und obere Stängelblätter gefiedert; Stängel am Grund mit beblätterten Ausläufern; nasse Wiesen, Gräben; V-VI: **Kleiner Baldrian (Valeriana dioica)**; Abb. S. 83

10-30 ⌂

Arznei-Baldrian:

Der Legende nach, ritt die nordische Göttin Hertha mit einem Hirsch durch den Wald und zähmte die wilden Tiere mit einer Baldrian-Gerte.

41 (30). Endständige, grünliche, 5zählige Blüten (mit 3teiligem Kelch) in fast würfelförmigen Köpfchen; Blätter gegenständig; feuchte Laubwälder und Gebüsche; III-V: **Moschuskraut (Adoxa moschatellina)**; Abb. S. 84

5-15 ⌂

→ Blüten nicht in endständigen Köpfchen: **→42**

42. Staubblätter 3, Blüten in Rispen oder Trugdolden; Fruchtknoten unterständig, Frucht einsamiges Nüsschen: **Baldriangewächse (Valerianaceae) →40**

Gewöhnliche Küchenschelle:

Bei diesem Hahnenfußgewächs verlängern sich die Griffel zur Fruchtreife. Durch den dann ebenfalls verlängerten Stängel hat dieses Kraut auch den Namen „Hexenbesen" bekommen.

→ Staubblätter zahlreich; Fruchtknoten zahlreich und frei: **Hahnenfußgewächse (Ranunculaceae) Kapitel 9.2.1, →Seite 140**

43 (28). Stängel nur mit einem Blattquirl; Blätter gefiedert oder gefingert; Blüten über 1 cm im Durchmesser: **Hahnenfußgewächse (Ranunculaceae) Kapitel 9.2.1, →Seite 140**

Unter den Hahnenfußgewächsen gibt es Gattungen mit wechselständiger Beblätterung und mit einem Blattquirl kurz unterhalb der Blüte, so wie beispielsweise bei der Küchenschelle. Mehrere Blattquirle untereinander kommen nicht vor.

Waldmeister:

Für Waldmeister-Bowle sind die Blätter vor der Blüte am schmackhaftesten. Wichtig ist es, die Blätter anwelken zu lassen, bevor sie in den Wein gegeben werden.

→ Stängel mit mehreren Blattquirlen: **Rötegewächse (Rubiaceae) Kapitel 9.2.18, →Seite 246**

8.4.2 Zweikeimblättrige Pflanzen mit doppelter Blütenhülle – Blütenkronblätter bis zum Grund frei

1. Blüten regelmäßig (radiär-symmetrisch): **→17**

→ Blütenkrone zygomorph (mit nur einer Symmetrie-Ebene): **→2**

2. Blüten mit Sporn: **→11**

→ Blüten ohne Sporn: **→3**

3. Kelch 2-3blättrig oder 5blättrig mit 3 kleinen unscheinbaren und 2 blumenblattartigen Kelchblättern, Blütenkrone schmetterlingsförmig; vorderes Blütenkronblatt schiffchenartig: **→10**

> Die beiden Kelchblätter des Drüsigen Springkrautes befinden sich jeweils seitlich unterhalb des Blütenstieles.

*Das **Drüsige Springkraut** hat eine zygomorphe Blüte mit einem gekrümmten Sporn.*

→ Kelch 4-5blättrig, 5zähnig oder 4-8teilig: **→4**

> Bei der Platterbse ist der Kelch 5zähnig. Er umschließt die Kronblattröhre, dort wo die Kronblätter am Blütenstiel ansetzen.

4. Blüten schmetterlingsförmig; Staubblätter 10, entweder alle zu einer den Fruchtknoten umschließenden Röhre verwachsen oder 1 Staubblatt frei: **Schmetterlingsblütler (Fabaceae) Kapitel 9.2.4, →Seite 165**

> Die Breitblättrige Platterbse hat eine typische Schmetterlingsblüte mit Flügel, Fahne und Schiffchen. Nach dem Entfernen dieser rosa Kronblätter ist erkennbar, dass die 10 Staubbeutel zu einer Röhre verwachsen sind, die den Griffel umschließen. Die Narbe ist kopfig und ragt nach oben aus der Staubblattröhre heraus.

Breitblättrige Platterbse

→ Blüten nicht schmetterlingsförmig: **→5**

5. Staubblätter meist 8, Blütenkronblätter 4 (beim Hexenkraut nur 2) und Kelchblätter 4: **Nachtkerzengewächse (Onagraceae) Kapitel 9.2.5; →Seite 174**

> Die 8 Staubbeutel des Schmalblättrigen Weidenröschens umgeben die vierteilige Narbe.

Schmalblättriges Weidenröschen:
Diese hübschen Blüten sind eine eßbare Dekoration auf Torten, Salaten und Süßspeisen.

→ Staubblätter nicht 8: →6

6. Blüten über 2 cm, auffällig, in Trauben oder Rispen; Kelchblätter groß und blumenblattartig, das obere zu kapuzenförmigem Helm umgebildet; Blätter handförmig und 5-7spaltig: **Eisenhut (Aconitum) Kapitel 9.2.1 Hahnenfußgewächse (Ranunculaceae); →Seite 140**

Blauer Eisenhut:

Der Wurzelstock dieser stark giftigen Gebirgspflanze wurde früher arzneilich und als Pfeilgift verwendet.

→ Blüten kleiner, in Dolden, Ähren oder Trauben: →7

7. Blüten in einfachen oder zusammengesetzten Dolden, 5 Blütenblätter und 5 Staubblätter; häufig mit größeren Rand- und kleineren Mittelblüten; Fruchtknoten unterständig, Frucht bei der Reife in 2 Teilfrüchte zerfallend: **Doldenblütler (Apiaceae) Kapitel 9.2.7; →Seite 184**

> *Bei echten Dolden verzweigen sich die Döldchen und die Einzelblüten immer von einem Punkt aus, so wie hier beispielsweise beim Wasserschierling*

Wasserschierling

→ Blüten in Ähren oder Trauben: →8

8. 4 nicht zerschlitzte Blütenkronblätter; Staubblätter 6 (4 lange und 2 kurze); Frucht Schote und Schötchen: **Kreuzblütler (Brassicaceae) Kapitel 9.2.11; →Seite 207**

→ 4 oder 6 zerschlitzte Blütenkronblätter; Fruchtknoten oberständig; Staubblätter zahlreich; Blätter wechselständig mit kleinen, drüsenähnlichen Nebenblättern: **Resedagewächse (Resedaceae) →9**

Wiesenschaumkraut:

Eine typische Kreuzblüte mit vier langen und zwei kurzen Staubblättern. An dieser Anordnung sind alle Kreuzblütler zu erkennen, da es diese bei keiner anderen Pflanzenfamilie gibt.

9. Alle Blätter fiedspaltig; Blüten hellgelb; Wegraine, Steinbrüche, Schuttplätze; VII-VIII: **Gelber Wau/Resede (Reseda lutea)**

20-60 ☉ ☉☉   🖙 🕸

→ Alle Blätter ungeteilt; hellgelbe Blüten 4teilig; bis ins 19. Jh. angebaute Färbepflanze, aus früheren Kulturen verwildert und eingebürgert (Heimat: SO-Europa und W-Asien), Wegränder, Rohbodenpionier; VI-IX: **Färber-Wau (Reseda luteola)**

40-120 ☉☉   🖙 🍃 🕸

Resede

10 (3). Beide seitlichen Kelchblätter blumenblattartig und Flügel vortäuschend, die 3 übrigen klein und unscheinbar; Blüten blau; Fruchtknoten oberständig und eine Kapselfrucht bildend; Magerweiden, Bergwiesen, lichte Wälder; V-VIII: **Gewöhnliche Kreuzblume (Polygala vulgaris)**

5-20 ♃

Kreuzblume:

Das gefranste, vorne weißliche Kronblatt dient Bienen und Schmetterlingen als Anflugstange.

→ Kelchblätter nicht blumenblattartig, sondern grün oder trockenhäutig; Blüten schmetterlingsförmig; Staubblätter 10, entweder alle zur den Fruchtknoten umschließenden Röhre verwachsen oder 1 Staubblatt frei: **Schmetterlingsblütler (Fabaceae) Kapitel 9.2.4; →Seite 165**

Da die einzelnen Vertreter innerhalb einer Familie trotz der übereinstimmenden Familienmerkmale oft sehr unterschiedlich aussehen, gelangt man auf mehreren Wegen zu der selben Familie. Eine typische Schmetterlingsblüte ist bei Punkt 4 in diesem Teil abgebildet.

Großes Springkraut

11 (2). Kelchblätter 5, entweder alle grün oder alle blumenblattartig, zuweilen etwas ungleich groß: →**16**

→ Kelchblätter 2 oder 3: →**12**

12. Blätter einfach und ungeteilt; Kräuter mit saftigem, glasig-durchscheinenden Stängel; Frucht bei Berührung aufspringende, saftige Kapsel; hinteres Kronblatt mit gekrümtem Sporn: **Balsaminengewächse (Balsaminaceae) →14**

→ Blätter gefiedert oder doppelt 3zählig; Blüten in Trauben; 2 früh abfallende Kelchblätter, 4 Blütenkronblätter, das obere gespornt; Frucht schotenähnliche Kapsel oder kugelige Nuss: **Erdrauchgewächse (Fumariaceae) →13**

13. Frucht schotenförmig und vielsamig; Blüte trüb violett oder weiß mit verlängertem Sporn; im Alter hohle Knolle; Laub- (vor allem Buchen-) Wälder; III-V: **Hohler Lerchensporn (Corydalis cava)**

10-35 ♃

Die Balsaminengewächse haben einen glasig-durchscheinenden Stängel, der beim Zerdrücken viel Flüssigkeit abgibt. Die Springkräuter welken nach dem Abschneiden sehr schnell und mögen keine pralle Sonne.

In feuchtwarmen Nächten sinkt die Möglichkeit zur Transpiration einer Pflanze stark. Gleichzeitig nimmt sie aber über die Wurzeln weiterhin Wasser auf. Dadurch kommt es gewissermaßen zu einem Überdruck in der Pflanze. Um hierdurch keinen Schaden zu nehmen, scheiden manche Arten über die Blattspitzen Wassertröpfchen ab, die man für Tau halten könnte. Dieses Phänomen nennt man Guttation.

Hohler Lärchensporn

Extrakte aus der giftigen Knolle des Lärchensporns werden in Fertigpräparaten gegen Erregungszustände und Schlafstörungen eingesetzt.

91

→ Frucht einsamige, kugelige Nuss; purpurrote Blüten mit grünem Kiel und nur sackförmigen Sporn; Äcker, Schuttplätze; IV-X: **Gewöhnlicher Erdrauch (Fumaria officinalis)**
Abb. s. Seite 81

15-30 ☉

*Die reifen Kapseln der **Springkräuter** reißen bei Berührung blitzschnell auf (Explosionsfrüchte). Das Drüsige Springkraut erreicht Streuweiten von über 6 m und die beiden kleineren Arten um 3 m.*

14. Blüten rot; Pflanze bis 3 m hoch; Bachufer, Auwälder, verwilderte Zierpflanze aus Asien (Himalaja); VII-IX: **Drüsiges Springkraut (Impatiens glandulifera)**

50-250 ☉ ♂

→ Blüten gelb: **→15**

15. Blüten groß und in 2-4blütigen, die Tragblätter nicht überragenden, ± hängenden Trauben, Blütenkronblätter goldgelb und innen rot punktiert; Blattspitzen abgerundet; feuchte Laubwälder; VII-IX: **Rührmichnichtan/ Großes Springkraut (Impatiens noli-tangere)**

30-100 ☉

→ Blüten klein und aufrecht, in die Tragblätter meist überragenden 4-10blütigen Trauben, Blütenkronblätter blassgelb; Blattspitzen zugespitzt; bestandsbildend in Laub- und Nadelwäldern und als Gartenkraut (aus O-Asien eingeschleppt und eingebürgert); IV-X: **Kleinblütiges Springkraut (Impatiens parviflora)**

30-60 ☉ ♂

*Das Große und das Kleinblütige Springkraut kann man ohne Blüten an den unterschiedlichen Blattspitzen unterscheiden. Beim **Rührmichnichtan** (links) sind sie stärker abgerundet als beim spitz zulaufenden **Kleinblütigen Springkraut** (Mitte).*

*Das **Drüsige Springkraut** (rechts) hat ebenfalls spitz zulaufende Blätter, sie haben einen drüsigen Blattrand und Nektardrüsen am Blattgrund.*

16 (11). Alle Kelchblätter grün; Blätter mit gefransten oder gefiederten Nebenblättern: **Veilchengewächse (Violaceae)** Kapitel **9.2.10; →Seite 201**

Zu ihnen gehören nicht nur die violetten Arten, sondern beispielsweise auch das Acker-Stiefmütterchen mit weißlichen Blüten. Es ist ein altes Hausmittel gegen Hautleiden und Entzündungen.

→ Alle Kelchblätter blumenblattartig und blau, das obere lang gespornt: **Rittersporn (Consolida)** s. Kapitel **9.2.1 Hahnenfußgewächse (Ranunculaceae); →Seite 140**

Acker-Stiefmütterchen: Die Nebenblätter (rechts) sind ausgefranst und relativ groß.

17 (1). Staubblätter höchstens 10 (oder nur Fruchtknoten vorhanden): **→28**

→ Staubblätter 12 und mehr: **→18**

18. Kelchblätter 2, zur Blütezeit abgefallen; Blüten groß, gestielt und einzeln, rot, rötlich-violett, weißlich oder gelb; Frucht eine Kapsel: **Mohngewächse (Papaveraceae) Kapitel 9.2.2; →Seite 150**

→ Kelch 3- und mehrblättrig oder mehrzipfelig: **→19**

19. Blätter nicht dick, saftig und fleischig: **→23**

→ Blätter dick, saftig und fleischig; Fruchtknoten 4-20: **Dickblattgewächse (Crassulaceae) →20**

20 (19, 41 und 47). Blätter stielrund oder halbstielrund: **→21**

→ Blätter flach und breit; Stängel aufrecht, mit dicken, rübenförmigen Wurzeln; Blüten grünlich und gelb bis violett; Mauern, Felsen; trockene Wegränder; Feldraine; VI-IX: **Artengruppe Rote Fetthenne (Sedum telephium)**

30-80 ⹁   🍵 🗲

21. Blüten weiß oder blassviolett; Pflanze grasgrün; länglich-lanzettförmige Blätter beiderseits gewölbt und abstehend; Felsen, Mauern, steinige Hänge, oft gepflanzt und verwildert; VI-VII: **Weiße Fetthenne (Sedum album)**

8-20 ⹁   🗲

→ Blüten gelb: **→22**

22. Blätter lineal-walzenförmig, am Grund gespornt, ohne scharfen Geschmack; Blütenkronblätter zitronengelb; Felsen, Dämme, Föhrenwälder; VI-VIII: **Milder Mauerpfeffer (Sedum sexangulare)**

3-15 ⹁   🗲

→ Blätter eiförmig, am Grund kaum oder nicht gespornt; scharfer Geschmack; Blütenkronblätter goldgelb und fast waagerecht abstehend; trockene, sonnige Orte, Sandfelder, Felsfluren; VI-VIII: **Scharfer Mauerpfeffer (Sedum acre)**

3-15 ⹁   🍵 🌿

*Eines der beiden Kelchblätter des **Klatsch-Mohns** ist am Kronblatt geblieben. Normalerweise sind die Kelchblätter nach der Blütenentfaltung bereits abgefallen.*

*Die **Weiße Fetthenne** ist die Futterpflanze für die Raupen des seltenen Apollofalters.*

*Der **Milde** (links) und der **Scharfe Mauerpfeffer** (rechts) unterscheiden sich durch den Blattansatz. Noch einfacher ist die Unterscheidung durch Kauen eines Blattes - da die Blätter leicht giftig sind, müssen sie wieder ausgespuckt werden. Äußerlich wurde der Mauerpfeffer als kühlendes und schmerzlinderndes Mittel eingesetzt (lat. sedare = beruhigen).*

23 (19). Blätter quirl- oder gegenständig: →26

→ Blätter grund- oder wechselständig: →24

24. Die Staubfäden sind zu einer Röhre vereinigt und umgeben den Griffel; Kelch mit Außenkelch; vielblättriger Fruchtknoten bei der Reife in zahlreiche, einsamige Teilfrüchte zerfallend: **Malvengewächse (Malvaceae) Kapitel 9.2.12; →Seite 218**

Wilde Malve

→ Staubfäden frei, bis zum Grund getrennt: →25

25. Blätter mit Nebenblättern; Kelch dem Rand einer kegelförmig oder krugförmig vertieften Blütenachse ansitzend, daher im unteren Teil scheinbar verwachsen, häufig mit Außenkelch; Staubblätter zahlreich: **Rosengewächse (Rosaceae) Kapitel 9.2.3; →Seite 155**

Die Nebenblätter sind ein sicheres Unterscheidungsmerkmal zwischen den Rosen- und den Hahnenfußgewächsen. Beide haben häufig 5zählige Blüten und können sich auch sonst sehr ähnlich sein. Nebenblätter gibt es nur bei den Rosengewächsen, wie hier bei der Echten Nelkenwurz, einem traditionellen Heil- und Küchenkraut.

Echte Nelkenwurz mit großen Nebenblättern am Blattansatz.

→ Blätter ohne Nebenblätter; Blüten häufig mit blumenblattartigen Nektarblättern; Fruchtnoten meist 3 bis viele, frei; Nüsschen oder Balgfrucht: **Hahnenfußgewächse (Ranunculaceae) Kapitel 9.2.1; →Seite 140**

Den Eisenhutblättrigen Hahnenfuß könnte man auf den ersten Blick für ein Rosengewächs halten. Die fehlenden Nebenblätter weisen ihn im Zusammenhang mit den vielen freien Staub- und Fruchtblättern sowie der wechselständigen Beblätterung als Hahnenfußgewächs aus.

Eisenhutblättriger Hahnenfuß

26 (23). Blüten purpurn, in locker-zylindrischen Blütenständen, Kelch 4-12zähnig mit ebenso vielen Zwischenzähnen; Teich- und Bachufer, Flachmoore; VI-IX: **Blut-Weiderich (Lythrum salicaria)**

50-100 ♃

Blut-Weiderich: Traditionelles Mittel gegen Lebensmittelvergiftungen und Durchfall.

→ Blüten gelb oder weiß: **→27**

27. Kelchblätter 3, gleich groß; fettig glänzende Blütenkronblätter (Nektarblätter); Wurzeln meist keulig verdickt: **Scharbockskraut (Ranunculus ficaria)** s. **Kapitel 9.2.1 Hahnenfußgewächse (Ranunculaceae; → Seite 140**

   Die Staubbeutel sind gleichmäßig um die vielen freien Fruchtblätter verteilt. Die Blätter sind wechselständig.

Scharbockskraut

→ Kelchblätter 5, gleich groß, sie bleiben an der Frucht erhalten; Fruchtknoten oberständig und eine Kapsel bildend; Blütenkronblätter 5; Staubblätter zahlreich, in 3 oder 5 vor den Kronblättern stehenden Bündeln; Blätter gegenständig und sitzend, oft von Öldrüsen durchscheinend punktiert: **Johanniskrautgewächse (Hypericaceae) Kapitel 9.2.9; →Seite 197**

Echtes Johanniskraut

28 (17). Blätter ungeteilt, am Rand zuweilen aber gesägt, gezähnt oder gekerbt: **→33**

→ Blätter gefiedert, gefingert oder tief geteilt: **→29**

29. Blütenkrone 4zählig; Staubblätter 6 (4 lange und 2 kurze); Frucht Schote oder Schötchen: **Kreuzblütler (Brassicaceae) Kapitel 9.2.11; →Seite 207**

   Das Barbarakraut ist ein Kreuzblütler mit wechselständigen Blättern und gelben, 4zähligen Blüten. Früher wurde es in Bauerngärten gezogen. Die Blattrosette wurde als Gemüse oder Salat zum Barbaratag am 4. Dezember geerntet.

Barbarakraut

→ Blütenkrone 5blättrig: **→30**

30. Blätter nicht 3zählig: **→32**

→ Blätter 3zählig gefingert; Blüten weiß bis rosa oder gelb; 5 Kronblätter, Staubblätter 10, am Grund miteinander verbunden; Fruchtknoten oberständig und eine 5fächerige Kapselfrucht bildend: **Sauerkleegewächse (Oxalidaceae) →31**

   Trotz der dreizähligen Blätter ist der Sauerklee nicht mit dem Klee aus der Familie der Schmetterlingsblütler verwandt. Die Blüten und die Früchte sind grundverschieden.

Steifer Sauerklee

Die Schmetterlingsblütler haben Hülsenfrüchte und bei den Sauerkleegewächsen sind es Kapseln. In den Zellen diese Kapseln wird ein Druck aufgebaut, der über dem von Autoreifen liegt. Bei der kleinsten Berührung springen die reifen Früchte auf und verbreiten ihre Samen über 2 m weit.

31. Blüten weiß, purpurn geadert, einzeln; Blätter grundständig an kriechender Grundachse; feuchte, humöse Laub- und Nadelwälder; IV–V: **Wald-Sauerklee (Oxalis acetosella)**

5-15 ♃ 🐌🍴

→ Blüten gelb; Blätter verzweigt an aufrechtem Stängel; Gärten, Äcker, Ruderalstellen; VI–X: **Steifer Sauerklee (Oxalis fontana/O. stricta)**

10-40 ☉ 🍴

*Der **Wald-Sauerklee** ist die schattenverträglichste heimische Blütenpflanze. Er kommt mit 1/160 des Tageslichtes unbeschatteter Standorte aus. Bei starker Sonneneinstrahlung schränkt er die Verdunstung ein, indem er die Fiederblätter wie einen Sonnenschirm zusammenfaltet. Die Spaltöffnungen liegen sich dann auf den Blattunterseiten gegenüber und geben kaum Wasserdampf ab.*

32 (30). Viele kleine Blüten in Köpfchen oder Dolden, 5 Blütenhüllblätter und 5 Staubblätter; häufig mit größeren, zygomorphen (strahlenden) Rand- und kleineren, radiären Mittelblüten; Fruchtknoten unterständig, Frucht bei der Reife in 2 Teilfrüchte zerfallend: **Doldenblütler (Apiaceae) Kapitel 9.2.7; →Seite 184**

Der Nektar wird von den Doldenblütlern auf den Griffelpolstern gebildet und ist für viele verschiedene Insekten leicht zugänglich. Sie werden neben Bienen und Hummeln auch von verschiedenen Käfern und Fliegen bestäubt.

Wald-Engelwurz

→ Blüten weder in Köpfchen noch in Dolden; Frucht länglich geschnäbelt, in 5 einsamige Teilfrüchte zerfallend, Fruchtschnabel sich dabei aufwärts biegend; Blüten rot, rötlich, blauviolett, rotbraun bis schwarzviolett: **Storchschnabelgewächse (Geraniaceae) Kapitel 9.2.6; →Seite 178**

33 (28). Stängel bis zur Blütenregion mit Laubblättern, zuweilen nur mit einem Stängel umfassenden Blatt: →**35**

→ Blätter in grundständiger Rosette, Blütenstängel höchstens mit Schuppenblättern: →**34**

Stinkender Storchschnabel:

Ätherische Öle sind für den Geruch des Stinkenden Storchschnabels verantwortlich. Wegen seines Gerbstoffgehaltes wurde er früher gegen Durchfall und Blutungen eingesetzt. Paracelsus empfahl, jeden Tag zur Kräftigung getrocknetes Kraut auf Brot zu verzehren.

34. Blätter mit roten, ein klebriges Sekret absondernden Drüsen; weiße Blüten in Wickeln; Blätter kreisrund und
lang gestielt; Flach- und Hochmoore;
VI-VIII: **Rundblättriger Sonnentau
(Drosera rotundifolia)**

5-20 ⚄ Ⓖ   🍵🥄

→ Blätter ohne rote Drüsenhaare; Kelch
und Blütenkrone 4blättrig; Staubblätter 6 (4 lange und 2 kurze); Frucht
Schote oder Schötchen: **Kreuzblütler
(Brassicaceae)** Kapitel 9.2.11; →Sei-
te 207

Rundblättriger Sonnentau:

*Mit dem klebrigen Sekret auf den Blättern
werden Insekten angelockt, die dann haften
bleiben und verdaut werden. Die meisten
fleischfessenden Pflanzen wachsen auf nährstoffarmen Standorten und erschließen sich so
zusätzliche Nahrungsquellen.*

35 (33). Blätter gegen- oder quirlständig:
→41

→ Blätter wechselständig oder nur 1
Stängelblatt vorhanden: →36

36. Blüten in Köpfchen oder walzenförmigen Ähren; Blüten weiß bis gelblich
oder blau-violett: **Glockenblumengewächse (Campanulaceae)** Kapitel 9.2.23, ->Seite 275

> *Die Gattung Teufelskralle gehört zu
> den Glockenblumengewächsen. Bei
> ihnen sind viele Einzelblüten in Köpf-
> chen zusammengezogen.*

→ Blüten nicht in Köpfchen oder walzenförmigen Ähren: →37

Ährige Teufelskralle

37. Kelch 8-12zähnig; Blüten purpurn, in
locker-zylindrischen Blütenständen;
Teich-, See- und Bachufer, Flachmoore;
VI-IX: **Blut-Weiderich (Lythrum
salicaria)**

50-100 ⚄   🍵🥄▦

→ Kelch nicht 8-12zähnig; Blüten nicht in
zylindrischen Blütenständen: →38

38. Blütenkrone 5- und mehrblättrig; Blütenstängel mit mehreren Blättern;
Blätter dick, saftig und fleischig: **Dickblattgewächse (Crassulaceae)** →20

→ Blütenkrone 4blättrig: →39

Blut-Weiderich

39. Stängel fädig dünn und verholzt, zwischen Torfmoosen kriechend; Blütenkronblätter rot und zurückgeschlagen;
die Frucht ist eine rote Beere: **Moosbeere (Vaccinium oxycoccos)** siehe
Kapitel 9.2.13 Heidekrautgewächse
(Ericaceae); →Seite 221

*Die Blätter der **Moosbeere** sind hier in
Originalgröße abgebildet.*

→ Stängel meist aufrecht; Blütenkronblätter nicht zurückgeschlagen: →**40**

40. Fruchtknoten oberständig; Kelch und Blütenkrone 4blättrig; Staubblätter 6 (4 lange und 2 kurze); Frucht Schote oder Schötchen: **Kreuzblütler (Brassicaceae) Kapitel 9.2.11; →Seite 207**

→ Fruchtknoten unterständig; Staubblätter meist 8, Blütenkronblätter 4 (beim Hexenkraut 2), Kelchblätter 4: **Nachtkerzengewächse (Onagraceae) Kapitel 9.2.5; →Seite 174**

Gewöhnliche Nachtkerze

41 (35). Niedrige, kaum 10 cm hohe Polsterpflanze; Frucht sich mit Zähnen öffnende Kapsel; Blütenkrone häufig mit Nebenkrone: **Nelkengewächse (Caryophyllaceae) Kapitel 9.2.15; →Seite 231**

Das Niederliegende Mastkraut ist ein polsterbildendes Nelkengewächs. Untypisch sind seine 4 Kelch- und 4 Kronblätter, da die Nelkengewächse in der Regel 5zählige Blüten haben.

Niederliegendes Mastkraut

→ Pflanze über 10 cm hoch: →**42**

42. Blattspreite ganzrandig: →**45**

→ Blattspreite gezähnt: →**43**

43. Blütenkronblätter 2: **Hexenkraut (Circaea) s. Kapitel 9.2.5 Nachtkerzengewächse (Onagraceae); →Seite 174**

→ Blütenkronblätter 4-5: →**44**

44. Blätter dick, saftig und fleischig: **Dickblattgewächse (Crassulaceae) →20**

→ Blätter nicht dick, saftig und fleischig; Fruchtknoten unterständig: **Weidenröschen (Epilobium) s. Kapitel 9.2.5 Nachtkerzengewächse (Onagraceae); →Seite 174**

Berg-Weidenröschen:

Die unterständigen Fruchtknoten der Weidenröschen sind oft rötlich gefärbt. Die Samen werden durch den Wind verbreitet. Früher wurde die Samenwolle einiger Weidenröschen versponnen.

45 (42). Blüten gelb; Blüten einzeln achselständig oder zu traubigen, rispigen, Blütenständen vereinigt: **Gilbweiderich (Lysimachia) s. Kapitel 9.2.14 Primelgewächse (Primulaceae); →Seite 226**

Sowohl der Gewöhnliche als auch der Straußblütige Gilbweiderich sind Primelgewächse.

Gewöhnlicher Gilbweiderich

Straußblütiger Gilbweiderich

→ Blüten nicht gelb: →**46**

46. Blätter nicht zugespitzt, Blattspitzen abgerundet: →49

→ Blätter zugespitzt oder kurz bespitzt, häufig schmal lineal: →47

47. Staubblätter 10-12 (5-6 lange und 5-6 kurze), Kelch 8-12zähnig; Stängel aufrecht; Blüten purpurn, in locker-zylindrischen Blütenständen; Ufer und Flachmoore; VI-IX: **Blut-Weiderich (Lythrum salicaria),** Abb. S. 94

50-100 ♃   🖐✂🕸

→ Staubblätter 5 oder 10 oder nur Fruchtknoten vorhanden: →48

48. Staubblätter 5, ihre Filamente am Grund zu ± breiter Röhre verwachsen; Stängel niederliegend; Blütenkrone blau oder rot; Fruchtkapsel mit Deckel aufspringend: **Gauchheil (Anagallis) s. Kapitel 9.2.14 Primelgewächse (Primulaceae); →Seite 226**

→ Staubblätter 5 oder 10, ihre Filamente am Grund frei oder nur Fruchtknoten vorhanden; Frucht sich mit Zähnen öffnende Kapsel; Blütenkrone häufig mit Nebenkrone: **Nelkengewächse (Caryophyllaceae) Kapitel 9.2.15; →Seite 231**

Die Anzahl der Griffel kann bei den Nelkengewächsen von 2 bis zu 5 schwanken, daher sind die 5 oder 10 Staubblätter ein besseres Merkmal. Innerhalb der Familie werden dadurch die einzelnen Gattungen abgetrennt.

49 (46). Blätter auf der ganzen Fläche behaart; Blüten weiß; Pflanze lockere Rasen bildend: **Hornkraut (Cerastium) s. Kapitel 9.2.15 Nelkengewächse (Caryophyllaceae); →Seite 231**

→ Blätter kahl: →50

50. Stängel 4kantig, niederliegend; Blütenkrone blau oder rot; Fruchtkapsel mit Deckel aufspringend: **Gauchheil (Anagallis) s. Kapitel 9.2.14 Primelgewächse (Primulaceae); →Seite 226**

→ Stängel rundlich; Frucht sich mit Zähnen öffnende Kapsel; Blütenkrone häufig mit Nebenkrone: **Nelkengewächse (Caryophyllaceae) Kapitel 9.2.15; →Seite 231**

*Der **Acker-Gauchheil** hat zugespitzte, ganzrandige Blätter. Die Samen werden durch den Wind aus der sich in der Äquatorialebene öffnenden Frucht ausgeblasen. Früher versuchte man mit dieser Pflanze Geisteskrankheiten zu heilen, daher der Name (Gauch = Narr).*

*Das **Gewöhnliche Hornkraut** hat behaarte Blätter. Typisch für diese Gattung sind auch die fünf Griffel und die gespaltenen Kronblätter, die auf den ersten Blick die doppelte Anzahl von Blütenblättern vortäuschen können.*

Rote Lichtnelke

Die Blüten dieses Nelkengewächses sind typisch 5zählig. Die weiße Nebenkrone hebt sich sehr deutlich von der roten eigentlichen Blütenkrone ab. Die Fruchtkapsel enthält viele Samen.

8.4.3 Zweikeimblättrige Pflanzen mit doppelter Blütenhülle – Blütenkronblätter miteinander verwachsen

1. Stängel nicht windend oder rankend: **→3**

→ Stängel windend oder rankend: Windengewächse (Convolvulaceae) **→2**

2 (1 u. 50). Kelch von 2 großen, grünen Vorblättern umgeben; Blätter ± pfeilförmig; Blüten weiß; Zäune, Hecken; VI-IX: **Gewöhnliche Zaunwinde (Calystegia sepium)**

100-300 ♃   🖐 ☠

Die Acker- und die Zaunwinde sehen sich auf den ersten Blick sehr ähnlich, bei genauerer Betrachtung unterscheiden sie sich aber sowohl in der Blüten- als auch in der Blattform.

→ Kelch ohne Vorblätter, Blütenblätter weiß oder rosa und außen rötlich gestreift; Blätter spießförmig; Zäune, Äcker, Schuttplätze; V-X: **Acker-Winde (Convolvulus arvensis)**

20-80 ♃   🖐 ☠

3. Blüten radiär: **→23**

→ Blüten ± zygomorph: **→4**

4. Staubbeutel der 5 Staubblätter zu einer den Griffel umschließenden Röhre vereinigt; zahlreiche bis wenige Blüten befinden sich zusammen in einem von grünen Hüllblättern umgebenen Köpfchen; die Blüten sind alle gleich groß oder die randlichen Blüten sind zungenartig verlängert und täuschen eine Einzelblüte vor; der Kelch ist häufig als Haarkrone ausgebildet: **Korbblütler (Asteraceae) Kapitel 9.2.24; →Seite 284**

→ Staubblätter nicht 5 (wenn 5 Staubblätter vorhanden sind, sind diese nicht zu einer Röhre verwachsen und es handelt sich nicht um Korbblütler): **→5**

5. Blätter gegen- oder quirlständig: **→11**

→ Blätter wechsel- oder grundständig: **→6**

Zaun-Winde: *Der Kelch wird von zwei Vorblättern eingeschlossen.*

Acker-Winde *(rechts)*

Wiesen-Pippau:

Der Pippau ist ein Korbblütler mit vielen einzelnen zygomorphen Zungenblüten, die in einem gesamten Blütenstand, dem Körbchen oder Köpfchen stehen. Das gesamte Köpfchen wird von einer Hülle umgeben. Der Kelch jeder Einzelblüte ist zu einem Haarkranz (Pappus) umgebildet, der die Früchte durch den Wind verbreitet. Für die bestäubenden Bienen und Fliegen sieht der Blütenstand zweifarbig aus, da die inneren und äußeren Blüten das UV-Licht unterschiedlich stark reflektieren.

6. Blüten gespornt: **Rachenblütler (Scrophulariaceae)** Kapitel 9.2.21; →Seite 257

Das Zimbelkraut ist ein immergrüner Rachenblütler, der in Mauern und Felsspalten wächst. Die gelben Blütenmale der gespornten Unterlippe täuschen Staubbeutel vor und dienen zum Anlocken der Insekten. Da nur kräftige Bienen und Schwebfliegen die maskierten Blüten öffnen können, werden sie auch als Kraftblumen bezeichnet.

Zimbelkraut

→ Blüten nicht gespornt: →7

7. Staubblätter 10 (davon 9 zu einer Röhre verwachsen, die den Griffel umschließt); Blüten schmetterlingsförmig und in länglichen Köpfchen, Blätter 3zählig: **Klee (Trifolium)** s. **Kapitel 9.2.4 Schmetterlingsblütler (Fabaceae);** →Seite 165

Beim Wiesen-Klee befinden sich mehrere Einzelblüten in einem Blütenköpfchen. Die einzelnen Blüten sind mit Flügel, Fahne und Schiffchen ganz anders aufgebaut als die der Korbblütler und kurz gestielt.

Wiesen-Klee:
Die Blütenstände sind eine essbare Dekoration für Süßspeisen und Salate.

→ Staubblätter 2-8; Blüten nicht schmetterlingsförmig; Blätter ungeteilt oder gefiedert: →8

8. Fruchtknoten der älteren Blüten tief 4teilig, bei der Reife in 4 Teilfrüchte zerfallend (Klausenbildung); Blätter und Stängel (vegetative Teile) rau: **Raublattgewächse (Boraginaceae)** Kapitel 9.2.19; →Seite 250

Raublattgewächse sind mehr oder weniger stark behaart. Da aber auch Pflanzen aus anderen Familien behaart sein können, ist es wichtig, für eine sichere Zuordnung weitere Merkmale zu prüfen. Die Blätter sind immer wechselständig und der Fruchtknoten 4teilig.

Boretsch

Der Boretsch ist ein Küchenkraut aus dem westlichen Mittelmeerraum. Nach dem Entfernen der blauen Blütenkrone sind die vier Teilfrüchte des Fruchtknotens bereits zur Blütezeit sichtbar.

→ Fruchtknoten nicht tief 4teilig und nicht in 4 Teilfrüchte zerfallend: →9

9. Staubblätter 2 oder 4: →10

→ Staubblätter 5; Staubfäden alle oder nur 3 wollig oder fein behaart: **Königskerze (Verbascum)** s. Kapitel 9.2.21 **Rachenblütler (Scrophulariaceae);** →Seite 257

Mehlige Königskerze:

Alle 5 Staubfäden sind dicht weißwollig behaart.

101

10. Pflanze ohne grüne Blätter: **Kapitel 8.2; →Seite 73**

→ Pflanze mit grünen Blättern; Blütenkrone 2lippig und oft gespornt oder mit 4-5 ausgebreiteten ungleichen Zipfeln: **Rachenblütler (Scrophulariaceae) Kapitel 9.2.21; →Seite 257**

11 (5). Staubblätter 1 oder 3 (oder nur Fruchtknoten vorhanden); Kelch zur Fruchtzeit als fedrig behaarte Borsten: **Baldriangewächse (Valerianaceae) →18**

Roter Fingerhut

> *Die Baldriangewächse haben einen, zur Blütezeit nur undeutlich entwickelten Kelch, der erst zur Fruchtreife in schirmartige, behaarte Strahlen auswächst. Daher können sie sowohl hier als auch in Kapitel 8.4.1 bestimmt werden.*

Von diesem stark giftigen Rachenblütler können bereits 3-5 Laubblätter tödlich sein. In der Medizin wird er wegen der herzwirksamen Glycoside zur Steigerung der Pumpleistung des Herzens eingesetzt.
Die Flecken erhöhen als Staubbeutel-Attrappen die Attraktivität der Blüte für Insekten.

→ Staubblätter 2, 4 oder 5: **→12**

12. Fruchtknoten unterständig: **Kardengewächse (Dipsacaceae) →20**

> *Die Kardengewächse können auf den ersten Blick für Korbblütler gehalten werden, da viele Einzelblüten in einem Gesamtblütenstand stehen. Sie haben aber keine verwachsenen Staubbeutel und an den Früchten einen charakteristischen Außenkelch. Außerdem sind die gegenständigen Blätter der Kardengewächse bei den Korbblütlern insgesamt selten.*

Wald-Witwenblume (Kardengewächs)

→ Fruchtknoten oberständig: **→13**

13. Blüten klein und blasslila, 3-5 mm lang und in vielblütigen, rutenförmigen Ähren; Staubblätter 4 (2 längere und 2 kürzere), Frucht in 4 Teilfrüchte zerfallend (Klausenbildung); Ufer, Wegränder, Schutt; VII-VIII: **Eisenkraut (Verbena officinalis)**

30-100 ☉   ☞ ⬚

> *Die Abtrennung der Eisenkrautgewächse (Verbenaceae) und der Lippenblütler ist schwierig, da beide Familien Lippenblüten und einen 4teiligen Fruchtknoten (Klausenbildung) aufweisen und zudem in der Gestalt sehr ähnlich sind. Bei uns ist als einzige Art das Eisenkraut heimisch.*

Eisenkraut wurde früher während des Schmelzvorganges bei der Eisenverhüttung beigemischt, daher der Name. Man verwendete das Kraut auch als universelle Heilpflanze.

→ Blüten auffälliger und nicht in rutenförmigen Ähren: →**14**

14. Fruchtknoten bereits zur Blütezeit
deutlich 4teilig (Klausenbildung); Blüten meist deutlich 2lippig, oft mehrere in Scheinquirlen in den Achseln
laubiger Hochblätter; Stängel 4kantig:
Lippenblütler (Lamiaceae) Kapitel
9.2.22; →Seite 266

→ Fruchtknoten nicht 4teilig: →**15**

15. Staubblätter 2-4 (wenn 5, dann wollig
behaart); Kapselfrucht: **Rachenblütler
(Scrophulariaceae)** Kapitel 9.2.21;
→Seite 257

→ 5 kahle Staubblätter; Frucht bei Berührung aufspringende, saftige Kapsel;
hinteres Kronblatt mit gekrümmtem
Sporn; Kräuter mit saftigem, glasig-
durchscheinenden Stängel: **Balsaminengewächse (Balsaminaceae)**
→**16**

> Weitere Abbildungen zu den Spring-
> kräutern s. S. 89, 92 und 103.

16. Blüten rot; Pflanze bis 3 m hoch;
Bachufer, Auwälder, verwilderte Zierpflanze aus Asien (Himalaja); VII-IX:
**Drüsiges Springkraut (Impatiens
glandulifera)**

50-250 ☉ ♪   🍴

→ Blüten gelb: →**17**

17. Blüten groß und in 2-4blütigen, die
Tragblätter nicht überragenden, ±
hängenden Trauben, Blütenkronblätter goldgelb und innen rot punktiert;
Blattspitzen abgerundet; feuchte Laubwälder; VII-IX: **Rührmichnichtan/
Großes Springkraut (Impatiens
noli-tangere)**

30-100 ☉   🍴

→ Blüten klein und aufrecht, in die
Tragblätter meist überragenden 4-
10blütigen Trauben, Blütenkronblätter
blassgelb; Blattspitzen zugespitzt; bestandsbildend in Laub- und Nadelwäldern und als Gartenkraut (aus O-Asi-
en eingeschleppt und eingebürgert);
IV-X: **Kleinblütiges Springkraut
(Impatiens parviflora)**

30-60 ☉ ♪   🍴

Sumpf-Ziest

*Wenn Sie beim **Sumpf-Ziest** die violette
Blütenkrone aus dem Kelch zupfen, können Sie
bereits zur Blütezeit erkennen, dass der Fruchtknoten 4teilig ist. Diese Klausenbildung gibt es
auch noch bei den Raublättgewächsen. Da diese
aber niemals gegenständige Blätter und einen
4kantigen Stängel haben, ist die Unterscheidung dieser beiden Familien einfach.*

Gamander-Ehrenpreis (Rachenblütler)

Drüsiges Springkraut

18 (11 u. 35). Stängel wiederholt gabelästig; Kelch ± deutlich 1-6zähnig; Früchte seitlich etwas zusammengedrückt; Grasplätze, Äcker; IV-V: **Gewöhnlicher Feldsalat/Rapunzel (Valerianella locusta);** Abb. S. 82

5-15 ☉ 🕸

→ Stängel nicht gabelästig, Kelch zur Fruchtzeit zu behaarten Strahlen auswachsend: **Baldrian (Valeriana)** →**19**

Arznei-Baldrian:

Der Haarkranz (Pappus) ist hygroskopisch und fällt später von den Nussfrüchten ab. Sie werden dann durch das Wasser weiter verbreitet.

19. Alle Blätter gefiedert; Pflanze meist kahl; weiß-rosa Blüten in rispigen Trugdolden; feuchte Laubwälder, Gebüsche, Hochstaudenfluren; VI-VIII: **Arznei-Baldrian (Valeriana officinalis)**

40-100 ♃ 🍶🏺⚱

→ Untere Grundblätter ungeteilt, eiförmig und gestielt; mittlere und obere Stängelblätter gefiedert; Stängel am Grund mit beblätterten Ausläufern; Blüten in 3teiligen, schirmförmigen Trugdolden, ± 2häusig; männliche Blüten rötlich und weibliche weiß; nasse Wiesen, Gräben; V-VI: **Kleiner Baldrian (Valeriana dioica);** Abb. S. 83

10-30 ♃ 🏠🏠

Wilde Karde:

Die Achseln der gegenständigen Blätter stellen ein Wasserreservoir dar.

20 (12 u. 36). Blüten in walzenförmigen Ähren, in den Achseln stacheliger Tragblätter, Stängel stachelig; Blätter sitzend und ungeteilt; Ufer, Auwälder, Wegränder; VII-VIII: **Wilde Karde (Dipsacus sylvestris/D. fullonum)**

70-200 ☉

→ Blüten in verbreiterten Köpfchen, Randblüten oft strahlend (vergrößert); Stängel ohne Stacheln: →**21**

21. Köpfchenboden ohne Spreublätter (aber haarig); Kelch mit 8-10 gefiederten Borsten; obere Stängelblätter leierförmig bis fiederteilig; Blütenkrone blauviolett; Trockenwiesen, Wegränder, Äcker; V-IX: **Acker-Witwenblume (Knautia arvensis)**

30-80 ♃ 🕸

Acker-Witwenblume:

Bestäuber sind Bienenverwandte und Schmetterlinge. Um Selbstbestäubung zu vermeiden, reifen zuerst die Staubblätter und dann die Griffel.

→ Köpfchenboden mit Spreublättern (sterile Elemente zwischen den Einzelblüten s. S. 279): →**22**

22. Randblüten strahlend (vergrößert), Kelch mit 5 Borsten; Blütenkrone 5zipfelig; Blätter der nicht blühenden Triebe tief geteilt; Wiesen, Gebüsche, Triften; VII-X: **Tauben-Skabiose (Scabiosa columbaria)**

25-60 ♃ 🥣

Tauben-Skabiose

→ Randblüten nicht strahlend (vergrößert); Blütenkrone 4zipfelig; Außenkelch in 4 Zipfel auslaufend, Kelch mit 5 borstenförmigen Strahlen; Blätter ungeteilt; Wiesenmoore, Waldränder; VII-IX: **Gewöhnlicher Teufelsabbiss (Succisa pratensis)**

15-80 ♃ 🥣 🏵

Teufelsabbiss

23 (3). Beutel der Staubblätter zu einer Röhre, einem Kegel oder einem Kranz vereinigt (bei den Glockenblumen nur in noch geschlossenen Blüten sichtbar): →**51**

→ Beutel der Staubblätter frei: →**24**

> *Ein Staubblatt setzt sich aus dem Staubbeutel (Pollenbehälter) und dem Staubfaden („Stiel") zusammen. Bei einigen Nachtschattengewächsen und den Korbblütlern sind die Staubbeutel zu einer Röhre vereinigt. Bei den Malven sind nur die Staubfäden miteinander verwachsen und bilden eine Säule, aus denen die nicht verwachsenen Staubbeutel herausragen.*

Echter Eibisch: *Ein Malvengewächs mit einer Röhre aus verwachsenenen Staubfäden.*

24. Staubfäden wenigstens bis zur Mitte zur Röhre verwachsen; Kelch mit Außenkelch; Fruchtknoten bei der Reife in zahlreiche, einsamige Teilfrüchte zerfallend: **Malvengewächse (Malvaceae) Kapitel 9.2.12; →Seite 218**

→ Staubfäden getrennt oder nur am Grund verwachsen: →**25**

25. Blätter grund- oder wechselständig: →**37**

→ Blätter gegen- oder quirlständig: →**26**

26. Grünliche 5zählige Blüten (mit 3teiligem Kelch) in fast würfelförmigen Köpfchen; Blätter gegenständig; Pflanze welk schwach nach Moschus riechend; feuchte Wälder; III-V: **Moschuskraut (Adoxa moschatellina)**

5-15 ♃ 🥣🥣

*Das **Moschuskraut** kommt sowohl mit 4- als auch mit 5zähligen Blüten vor.*

→ Blüten nicht in würfelförmigen Köpfchen: →**27**

27. Staubblätter 1-4: →**35**

→ Staubblätter 5-10: →**28**

28. Fruchtknoten deutlich 4teilig, in 4 einsamige Nüsse zerfallend (Klausenbildung); Pflanze rauhaarig: **Raublattgewächse (Boraginaceae) Kapitel 9.2.19; →Seite 250**

→ Fruchtknoten nicht deutlich 4teilig: →**29**

29. Blattspreite kammförmig-gefiedert in etagenförmigen Quirlen; Wasserpflanze mit weiß-rosa Blüten in 3-6blütigen Quirlen über der Wasseroberfläche; häufig Landform bildend; Tümpel, Gräben; V-VII: **Wasserfeder (Hottonia palustris)** Abb. auch S. 116 und 226

15-50 ♃ ⓖ

→ Blattspreite ungeteilt, am Rand aber zuweilen gesägt oder gekerbt: →**30**

30. Blüten rot, rosa, rosa-violett, gelb oder blau: →**31**

→ Blüten weiß oder gelblich-weiß: **Nachtschattengewächse (Solanaceae) Kapitel 9.2.20; →Seite 254**

31. Stängel krautig, auch an der Basis: →**33**

→ Stängel holzig (zuweilen nur schwach an der Basis): →**32**

32. Hellblaue Blüten radförmig; Blütenblätter in der Knospe gedreht; Stängel nur in der Basis verholzt, z.T. niederliegend; Blätter immergrün; Gebüsche, Laubwälder, in Massenbeständen, oft angepflanzt und verwildert); III-VI: **Kleines Immergrün (Vinca minor)**

15-20 ♃   🥄

→ Blüten rot, rosa oder rosa-violett; Stängel insgesamt verholzt: **Heidekrautgewächse (Ericaceae) Kapitel 9.2.13; →Seite 221**

33 (31). Griffel mit 2spaltiger Narbe (auseinanderbiegen! Wenn die Narbe kopfig erscheint, dann ist sie intensiv blau); Staubblätter zwischen den Blütenkronzipfeln stehend: **Enziangewächse (Gentianaceae)** →**34**

Das **Sumpf-Vergissmeinnicht** ist ein Raublattgewächs.

Wasserfeder

Kleines Immergrün

Frühlings-Enzian

→ Griffel mit kopfiger Narbe; Staubblätter 5, vor den Blütenkronzipfeln stehend: **Primelgewächse (Primulaceae)** Kapitel 9.2.14; →Seite 226

34. Griffel scharf vom Fruchtknoten abgesetzt; Blütenkrone rosa; Kelch beim Aufblühen kürzer als die Blütenkronröhre; Blütenstand (Infloreszenz) ± trugdoldig; Wiesen, Waldlichtungen, Trockenhänge; VII-IX: **Echtes Tausendgüldenkraut (Centaurium erythraea)**

 10-50 ☉ Ⓖ

*Das **Pfennigkraut** ist ein Primelgewächs mit gegenständigen Blättern.*

→ Griffel nicht scharf vom Fruchtknoten abgesetzt; Blütenkrone meist glockig und intensiv blau (aber auch gelb oder violett); meist Alpenpflanzen: **Enzian (Gentiana)**

Alle Arten sind geschützt und werden in diesem Buch nicht näher behandelt.

35 (27). Blätter quirlständig; Blüten klein und meist in reichblütigen Blütenständen; Fruchtknoten unterständig; Frucht in 2 Teilfrüchte zerfallend: **Rötegewächse (Rubiaceae)** Kapitel 9.2.18; →Seite 246

*Das **Echte Tausendgüldenkraut** ist ein Enziangewächs mit 2spaltiger Narbe.*

→ Blätter gegenständig: →36

36. Blüten mit 1 oder 3 Staubblättern (oder nur Fruchtknoten); Fruchtknoten unterständig; Kelch zur Blütezeit undeutlich, später oft zu federig behaarten Strahlen auswachsend: **Baldriangewächse (Valerianaceae)** →18

→ 4 Staubblätter; Fruchtknoten unterständig, Kelch borstenförmig mit häutigem Außenkelch; Blüten in von Hüllblättern umgebenen Köpfchen oder walzenförmigen Ähren: **Kardengewächse (Dipsacaceae)** →20

*Das **Echte Labkraut** ist ein Rötegewächs mit 4zähligen Blüten und quirlig angeordneten Blättern. Das Kraut liefert einen licht- und waschechten, gelben Farbstoff. Früher wurde es auch zur Frischkäseherstellung und zum Aromatisieren von Speisen und Getränken verwendet (Waldmeisteraroma).*

37 (25). Stängel beblättert, Blätter wechselständig: →41

→ Blätter alle grundständig (höchstens am Blütenstängel oder unterhalb des Blütenstandes einige kleine Hochblätter): →39

38. Blütenkrone 4zipfelig; Staubblätter 4, weit aus der Blüte herausragend; Blüten in walzenförmigen oder kugeligen Ähren; Blatt bogennervig: **Wegerichgewächse (Plantaginaceae)** →39

*Die Blütenstände des **Spitz-Wegerichs** sind als „Kapernersatz" sehr lecker. Sie werden mit heißem Essig übergossen, nach einem Tag abgeseiht und in Öl eingelegt.*

→ Blütenkrone 5zipfelig: →**40**

39. Blätter breit-eiförmig, lang gestielt; Stiel etwa so lang wie die 3-7nervige Spreite; Ähre lineal-lanzettlich und so lang wie ihr Schaft; Wege, Schuttplätze; VI-X: **Großer Wegerich/Breit-Wegerich (Plantago major)**

5-40 ♃   🝙 ✋ 🏛

> *Die beiden Wegerich-Arten unterscheiden sich in der Form ihrer Blätter und der Länge ihrer Blütenstände. Der ausgepresste Saft beider Arten ist ein wirksames Mittel gegen Insektenstiche.*

Breit-Wegerich. *Die Indianer nannten beide Wegerich-Arten „die Fußstapfen des Weißen Mannes", da sie sich entlang der Wege verbreitet haben und dort besonders trittresistent und konkurrenzkräftig sind.*

→ Blätter lanzettlich; Ähre viel kürzer als ihr Schaft; Wiesen, Wegränder, Schuttplätze; V-IX: **Spitz-Wegerich (Plantago lanceolata)**

10-50 ♃   🝙 🥄 ✋ 🏛

40 (38). Blüten weiß, fransig zerschlitzt und ihre Zipfel oberseits bärtig behaart, Blätter 3zählig gefingert; Sumpfpflanze mit unterirdisch kriechender Sprossachse (Rhizom); Moore, Gräben, Sumpfwiesen; V-VI: **Fieberklee (Menyanthes trifoliata)** Abb. S. 110

15-30 ♃ ⓖ   🥄 ✋ 🏛

Hohe Schlüsselblume

→ Blüten nicht weiß und mit fransig zerschlitzten Zipfeln; Staubblätter meist 5 (Ausnahme 7 beim Siebenstern), Blätter häufig in grundständiger Rosette: **Primelgewächse (Primulaceae) Kapitel 9.2.14; →Seite 226**

41 (37). Blütenkrone 5zählig: →**44**

→ Blütenkrone 4zählig: →**42**

42. Staubblätter 2 oder 4; Blüten gestielt: **Rachenblütler (Scrophulariaceae) Kapitel 9.2.21; →Seite 257**

→ Staubblätter 8: →**43**

43. Blätter ledrig, oft wintergrün und/ oder nadelförmig; kleine, bis 80 cm hohe verholzte Zwergsträucher: **Heidekrautgewächse (Ericaceae) Kapitel 9.2.13; →Seite 221**

→ Pflanze krautig, Fruchtknoten unterständig: **Nachtkerzengewächse (Onagraceae) Kapitel 9.2.5, →Seite 174**

*Die **Glockenheide** ist ein Heidekrautgewächs mit quirlig angeordneten, nadelförmigen Blättern. Die Blüten sind 4zipfelig und glockig. Da es auch Heidekrautgewächse mit 5zähligen Blüten gibt, führt auch die Alternative (bei 41) zu den Heidekrautgewächsen.*

44 (41). Staubblätter 8-10; Blätter oft immergrün; bis 80 cm hohe verholzte Zwergsträucher: **Heidekrautgewächse (Ericaceae)** Kapitel 9.2.13; →Seite 221

→ Staubblätter 2-5 oder Blüten nur mit Fruchtknoten; Blätter krautig: →**45**

45. Fruchtknoten schon zur Blütezeit deutlich 4teilig, in 4 Teilfrüchte zerfallend (Klausenbildung): **Raublattgewächse (Boraginaceae)** Kapitel 9.2.19; →Seite 250

→ Fruchtknoten nicht 4teilig: →**46**

46. Staubfäden alle oder nur die oberen 3 dicht weiß- oder violettwollig behaart: **Königskerze (Verbascum)** s. Kapitel 9.2.21 Rachenblütler (Scrophulariaceae); →Seite 257

Schwarze Königskerze:

Die Königskerzen sind teilweise ebenso stark behaart wie die Raublattgewächse und haben ebenfalls wechselständige Blätter. Von den Raublattgewächsen können sie durch die Frucht unterschieden werden. Während die Raublattgewächse immer einen 4teiligen Fruchtknoten haben, bilden die Rachenblütler Kapselfrüchte aus, die nicht in 4 Teilfrüchte zerfallen.

→ Staubfäden nicht wollig: →**47**

47. Blattspreite gefiedert, fiedschnittig oder 3zählig: →**50**

→ Blattspreite nicht gefiedert und nicht 3zählig: →**48**

48. Zipfel der Blütenkrone anfangs zu den Griffel und die Staubblätter einschließender, krallenförmig gekrümmter Röhre verbunden, Blüten weiß, gelblich-weiß, blau oder dunkel-violett, in Ähren oder Köpfchen: **Teufelskralle (Phyteuma)** s. Kapitel 9.2.23 Glockenblumengewächse (Campanulaceae); →Seite 275

→ Zipfel der Blütenkrone anfangs nicht verbunden und Knospen nicht krallenförmig gekrümmt: →**49**

49. Fruchtknoten oberständig, Blütenkrone rot, grünlich-gelb, bräunlich, schmutzig-weiß oder blau: **Nachtschattengewächse (Solanaceae)** Kapitel 9.2.20; →Seite 254

Schwarze Teufelskralle

Die Tollkirsche ist beispielsweise ein Nachtschattengewächs mit nur an der Basis verwachsenen Staubfäden. Sie umgeben den oberständigen Fruchtknoten. Die Frucht ist eine stark giftige, schwarze Beere.

→ Fruchtknoten unterständig: **Glockenblumengewächse (Campanulaceae)** Kapitel 9.2.23; →Seite 275

Tollkirsche

50 (47). Blätter 3zählig gefingert; Blüten weiß, fransig zerschlitzt und ihre Zipfel oberseits bärtig behaart, Sumpfpflanze mit unterirdisch kriechender, wurzelähnlicher Sprossachse (Rhizom); Moore, Gräben, Sumpfwiesen; V-VI: **Fieberklee (Menyanthes trifoliata)**

15-30 ⚇ Ⓖ 　　　🥄🍽🍴

Fieberklee

Blattspreite kammförmig-gefiedert in etagenförmigen Quirlen; Wasserpflanze mit weiß-rosa Blüten in 3-6blütigen Quirlen, die sich über die Wasseroberfläche erheben; häufig Landform bildend; Tümpel, Gräben, Altwässer; V-VII: **Wasserfeder (Hottonia palustris)** Abb. S. 106 und 116

15-50 ⚇ Ⓖ

51 (23). Staubbeutel kegelförmig zusammenneigend; Blütenkrone radförmig; Beerenfrüchte: **Nachtschattengewächse (Solanaceae)** Kapitel 9.2.20; →Seite 254

→ Staubbeutel nicht kegelförmig zusammenneigend (an den geöffneten Blüten bei den Glockenblumengewächsen bereits geschrumpft): →**52**

Bei der **Tomate** (Nachtschattengewächs) sind die Staubbeutel zu einer kegelförmigen Röhre verwachsen. Die Frucht ist eine Beere.

52. Blütenkrone rad-, trichter- oder glockenförmig; Staubbeutel nur bei den jungen Blüten vereinigt, sich nach innen öffnend und den Pollen auf die Haare der Griffel entleerend: **Glockenblumengewächse (Campanulaceae)** Kapitel 9.2.23; →Seite 275

  Da die Staubbeutel bei den Glockenblumen nur in den jungen Blüten als verwachsen zu erkennen sind, führen beide Wege (verwachsen oder frei) zu dieser Familie.

→ Blüten sitzend, Staubbeutel zu einer Röhre verbunden; zahlreiche bis wenige Blüten befinden sich zusammen in einem von grünen Hüllblättern umgebenden Köpfchen; die Blüten sind alle gleich groß oder die randlichen Blüten sind zungenartig verlängert und täuschen eine Einzelblüte vor; der Kelch ist häufig als Haarkrone ausgebildet: **Korbblütler (Asteraceae)** Kapitel 9.2.24; →Seite 284

Bei der **Wiesen-Glockenblume** reifen erst die Staubbeutel heran (kleines Bild unten), bevor sich die Narbe entfaltet (kleines Bild oben). So wird Selbstbestäubung verhindert.

Die **Gewöhnliche Kratzdistel** ist ein Korbblütler mit Röhrenblüten, die zusammen in einem Köpfchen stehen. Durch den Pappus (die Kelchblätter) werden die Früchte bis zu 10 km weit verbreitet.

8.5 Wasserpflanzen

1. Pflanze auch zur Blütezeit völlig untergetaucht lebend; Wasserbestäubung: **→5**

→ Pflanze untergetaucht lebend oder Sumpfpflanze; wenigstens die Blüten werden über der Wasseroberfläche ausgebildet: **→2**

2. Pflanze nicht im Boden festgewurzelt, frei im Wasser treibend: **→10**

→ Pflanze im Boden festgewurzelt: **→3**

3. Pflanze ohne Schwimmblätter, nur die Blüten über die Wasseroberfläche erhebend: **→19**

→ Pflanze mit Schwimmblättern oder Sumpfpflanze: **→4**

4. Wasserpflanze mit Schwimmblättern: **→32**

→ Sumpfpflanze, Blätter und Stängel größtenteils über Wasser: **→41**

5 (1). Pflanze des Süßwassers: **→7**

→ Pflanze des Salz- oder Brackwassers: **Seegras (Zostera) →6**

6. Blätter 4–9 mm breit und bis 1 m lang, meist 5nervig; Blüten in Ähren mit flachgedrückter Achse; schlammige, sandige Meeresböden, oft große Unterwasserwiesen bildend; Küste und Mündungsgebiete der Flüsse, VI–X: **Gewöhnliches Seegras (Zostera marina)**

30–100 ♃

→ Blätter 1 mm breit und 1nervig; Nordsee und Ostsee bis Rügen; VI–VIII: **Zwerg-Seegras (Zostera nana)**

20–40 ♃

7 (5). Blätter 2zeilig, 1–10 cm lang und fadenförmig, mit großem, Stängel umfassenden Blatthäutchen; Stängel an den Knoten wurzelnd; Süßwasser und Mündungsgebiet der Flüsse; sehr variabel; V–IX: **Teichfaden (Zannichellia palustris)**

10–45 ♃

→ Blätter gegenständig oder in mehrzähligen Quirlen: **→8**

Die Frage, ob eine zur Zeit nicht blühende Wasserpflanze die Blüten über oder unter der Wasseroberfläche ausbildet, ist in der Praxis nicht leicht zu beantworten. Außer dem Teichfaden, dem Hornblatt und dem Wasserstern sowie dem im Salzwasser wachsenden Seegras blühen alle in diesem Schlüssel enthaltenen Arten über Wasser.

*Das **Gewöhnliche Seegras** hat bandförmige Blätter mit völlig geschlossener Scheide. Die Blätter entspringen einem im Schlammboden verankerten Wurzelstock (Rhizom) und bilden oft Massenbestände. Diese Seegraswiesen sind wichtige Laichplätze.*

Durch den zunehmenden Nährstoffeintrag wird das Wasser trüber, so dass die besiedelbaren Zonen für das Seegras abnehmen.

Die getrockneten Blätter wurden früher vielfach verwendet: In Venedig wurden Glaswaren damit verpackt, in den Niederlanden dienten sie als Polsterfüllung für „Seegrasmatratzen" und in Norddeutschland deckte man Dächer mit ihnen. In Baltimore wurden sogar in Pech getränkt Pflastersteine aus ihnen gepreßt. Frisch oder verascht nutzte man sie darüber hinaus als Dünger und aus der Asche gewann man Jod.

*Der **Teichfaden** ist nicht anspruchsvoll im Hinblick auf die Wasserqualität. Er kommt sowohl im Brackwasser als auch in relativ stark verschmutzten Gewässern vor.*

8. Blätter kleiner als 2 cm, gegenständig und ganzrandig,; Pflanze mit oder ohne Schwimmblattrosette; meist V-X: **Wasserstern (Callitriche)**

10-80 ☉ ⟨2⟩

Da die Artbestimmung schwierig ist und neben den Blüten auch reife Früchte vorhanden sein müssen, wird auf eine differenziertere Beschreibung verzichtet.

Wasserstern

→ Gabelteilige Blätter in Quirlen; Blüten unscheinbar, untergetaucht: **Hornblatt (Ceratophyllum)** →9

9. Blätter 1-2mal gabelspaltig, starr, mit 2-4 dicht stachelig gezähnten Zipfeln; langsam fließende und stehende Gewässer; VI-IX: **Raues Hornblatt (Ceratophyllum demersum)**

30-80 ⟨2⟩

Raues Hornblatt:

→ Blätter 3-4mal gabelspaltig, mit 6-13 haarfeinen, weichen, kaum stacheligen Zipfeln; langsam fließende und stehende Gewässer; VI-VII: **Zartes Hornblatt (Ceratophyllum submersum)**

30-80 ⟨2⟩

Die Blätter sind nur einfach oder maximal zweifach gabelteilig. Das Zarte Hornblatt ist, wie der Name schon vermuten lässt, insgesamt weicher, dafür aber stärker gabelteilig in Bezug auf die einelnen Blätter.

10 (2). Unter 2 cm große, frei schwimmende, nicht in Stängel und Blätter gegliederte Wasserpflanzen: **Wasserlinsengewächse (Lemnaceae)** →11

→ Deutlich größere, meist in Stängel und Blätter gegliederte Wasserpflanzen →14

11. Glieder untergetaucht, nur zur Blütezeit an die Oberfläche kommend, lanzettlich, gestielt und kreuzweise zusammenhängend; Gräben, Sümpfe, Teiche; VI: **Dreifurchige Wasserlinse (Lemna trisulca)**

1 ⟨2⟩

*Die **Dreifurchige Wasserlinse** sieht auf den ersten Blick nicht aus wie ein Wasserlinsengewächs, da sie untergetaucht im Wasser treibt.*

→ Glieder an der Wasseroberfläche schwimmend, fast rund und nicht gestielt: →12

12. Jedes Glied mit einem Büschel von Wurzeln; Glieder 3-10 mm groß, unterseits häufig rötlich; stehende Gewässer; V-VI: **Teichlinse (Spirodela polyrhiza)**

<1 ⟨2⟩

Teichlinse

→ Jedes Glied mit nur 1 Wurzel: **Wasserlinse (Lemna)** →5

13. Glieder unterseits stark bauchig aufgetrieben, 2-3 mm lang; stehende Gewässer; IV-VI: **Buckel-Wasserlinse (Lemna gibba)**

<1 ♃

→ Glieder beiderseits flach, 2-4 mm lang, länger als breit; nährstoffreiche Tümpel, Gräben, Weiher; V-VI: **Kleine Wasserlinse (Lemna minor)**

<1 ♃

*Die **Kleine Wasserlinse** ist ein gutes Enten- und Fischfutter. In Notzeiten wurde sie auch als Salat- sowie Suppen- und Gemüsebeigabe zubereitet und als Viehfutter verwendet.*

14 (10). Wasserblätter mit kleinen, tierfangenden Schläuchen; gelbe Blüten mit einem spornartigen Anhängsel auf langem Schaft: Unterlippe sattelförmig gebogen und ihre beiden Ränder nach unten umgeschlagen; Blütenkrone goldgelb; stehende Gewässer; VI-VIII: **Gewöhnlicher Wasserschlauch (Utricularia vulgaris)**

15-35 ♃

15 (14). Blätter nicht kammförmig gefiedert: →18

→ Alle Blätter quirlig und kammförmig gefiedert; kleine Blüten (rosa) in 3-5 cm langen, aus dem Wasser ragenden Ähren: **Tausendblatt (Myriophyllum):** →16

16. Blätter in 5-6zähligen Quirlen; Tragblätter der Blüten alle fiedspaltig oder kammförmig gefiedert und meist länger als die Blüten; stehende und langsam fließende, kalkarme Gewässer; VI-IX: **Quirlblättriges Tausendblatt (Myriophyllum verticillatum)**

10-30 ♃ 🌱

Gewöhnlicher Wasserschlauch:
Um die Nährstoffarmut des Gewässers auszugleichen werden mit einem ausgeklügelten Mechanismus in den Fangblasen Kleinstlebewesen verdaut. Vor der Eingangsklappe befinden sich Tasthaare, die bei Berührung das Öffnen auslösen. Mit dem Einstrom des Wassers in die unter Unterdruck stehende Blase wird das Tier gefangen genommen. Die sternförmigen Verdauungsdrüsen übernehmen das Aufschließen der Nahrung. Nach der Mahlzeit wird das Wasser nach außen transportiert und erneut ein Unterdruck erzeugt.

→ Blätter in 4zähligen Quirlen: →17

17. Sprossachse meist über 50 cm lang und ca. 2 mm breit; 13-35 Blattsegmente; Blüten rötlich, Blütenstand reichblütig und stets aufrecht, alle Blüten in Quirlen; stehende und langsam fließende Gewässer; VI-IX: **Ähriges Tausendblatt (Myriophyllum spicatum)**

30-200 ♃ 🌱

Ähriges Tausendblatt

→ Sprossachse meist unter 50 cm lang und ca. 1 mm breit; 6-18 Blattsegmente; Blüten gelb, Blütenstand wenigblütig, kurz und anfangs überhängend; kalkarme Seen und Tümpel; VII-IX: **Wechselblütiges Tausendblatt (Myriophyllum alterniflorum)**

10-50 ⌧ ⌧

Wechselblättriges Tausendblatt

18 (15). Blätter lang gestielt und schwimmend, kreisrund, am Grund tief herzförmig mit Nebenblättern; Pflanze mit Ausläufern; stehende und langsam fließende Gewässer; V-VIII: **Froschbiss (Hydrocharis morsusranae)**

15-30 ⌧ ⌧

→ Blätter sitzend, rosettenförmig, breitlineal und steif stachelig gezähnt, Pflanze mit Ausläufern; Blüten mit derber, bleibender Hochblatthülle (Spatha); stehende und langsam fließende Gewässer; V-VII: **Krebsschere (Stratiotes aloides)**

15-45 ⌧ ⌧ ⌧

19 (3). Blätter in grundständiger Rosette, schmal; Blüten bläulich-weiß in traubigem Blütenstand auf 10-40 cm hohem Stängel über der Wasseroberfläche; Ufer überschwemmter Seen; VII-VIII: **Wasser-Lobelie (Lobelia dortmanna)**

30-70 ⌧ ⌧

→ Blätter nicht in grundständiger Rosette: **→20**

20. Blätter nicht quirlig oder dicht wechselständig; Pflanze 1häusig oder zwittrig: **→22**

→ Blätter quirlig oder dicht wechselständig und bis 3 cm lang; Pflanze 2häusig: **Wasserpest (Elodea) →21**

21. Blätter mit ± parallelen Rändern und in sich nicht gedreht, 2-3 mm breit; meist nur vegetative Vermehrung; klare und kühle, nicht zu tiefe, stehende und langsam fließende Gewässer (Heimat N-Amerika); VII-VIII: **Kanadische Wasserpest (Elodea canadensis)**

30-60 ⌧ ⌧ ⌧

*Die **Krebsschere** befindet sich nur zur Blütezeit an der Wasseroberfläche. Die Samen sinken im Winter auf den Gewässerboden und steigen im Frühjahr wieder an die Oberfläche. Außerdem werden an Ausläufern Brutpflanzen gebildet (vegetative Vermehrung). Die Blattrosetten sind am Rand dornig bestachelt.*

Kanadische Wasserpest

→ Blätter in sich gedreht; 1-3 mm breit und zur Spitze hin verschmälert und zugespitzt; stehende Gewässer, (Heimat: N-Amerika); VII-IX: **Amerikanische Wasserpest (Elodea nuttallii)**

30-60 ♃ 🏠🔼 ♂

Beide Arten werden für Aquarien verwendet. Die Amerikanische Wasserpest hat sich in den letzten Jahren stark ausgebreitet.

22 (20). Blätter ohne deutliche Blattscheide; Blüten auffällig: →**27**

→ Blüten in 2-vielblütigen Ähren mit relativ unscheinbaren, kleinen Einzelblüten; Blätter mit deutlicher Blattscheide: **Laichkrautgewächse (Potamogetonaceae)** →**23**

23 (22 und 40). Blattspreiten alle schmallinear, Blätter bis 2,5 mm breit, allmählich zugespitzt; Blätter mit langer, offen und eingerollter Scheide, Stängel reich gabelästig verzweigt; Ähren locker-unterbrochen-quirlig; Gräben, Flüsse, Seen, Brackwasser; VI-VIII: **Kamm-Laichkraut (Potamogeton pectinatus)**

30-300 ♃

→ Blattspreiten über 3 mm breit, ± rundlich bis schmal-lanzettlich, aber nicht linear: →**24**

24. Stängel vierkantig bis abgeflacht; Blätter bis 12 mm breit, fein gesägt und stark wellig-kraus; stehende und langsam fließende Gewässer; V-IX: **Krauses Laichkraut (Potamogeton crispus)**

30-200 ♃

→ Stängel ± stielrund: →**25**

25. Wasserblätter sitzend oder sehr kurz (bis 1 cm) gestielt; Stiel oft geflügelt; Schwimmblätter oft fehlend: →**26**

→ Alle Blätter deutlich gestielt; Schwimmblätter vorhanden und eiförmig bis länglich; am Grund herzförmig; Wasserblätter zur Blütezeit oft fehlend; Seen, Teiche; V-VIII: **Schwimmendes Laichkraut (Potamogeton natans)**

60-50 ♃

*Die Blätter der **Amerikanischen Wasserpest** (links) sind länger, schmaler und stärker zugespitzt als die der Kanadischen Wasserpest (rechts). Außerdem sind sie in sich gedreht.*

Die Blüten der Wasserpest werden auf die Wasseroberfläche emporgehoben, in Europa gelangen sie jedoch nur selten zur Blüte und vermehren sich über Sproßteilung.

Die Kanadische Wasserpest ist ca. 1850 nach Deutschland gebracht worden und hat zunächst eine Massenentwicklung (Name!) erlebt; nach Wiederherstellung des „biologischen Gleichgewichtes" zu Beginn des 20. Jahrhunderts ist sie eher wieder im Rückgang. Teilweise wird sie inzwischen von der später eingebürgerten Amerikanischen Art verdrängt.

Krauses Laichkraut

Die Blätter können als gedünstetes Gemüse gegessen werden. Der Wurzelstock aller Laichkräuter kann als Kochgemüse zubereitet werden, einige Arten haben ein angenehm nussartiges Aroma. Geerntet wird er von September bis in den Winter hinein.

Schwimmendes Laichkraut

26. Blätter Stängel umfassend; Stängel ± verzweigt; Blätter herzförmig und am Rand entfernt gezähnelt und wellig; Blatthäutchen klein und hinfällig; fließende und stehende Gewässer; VI-VIII: **Durchwachsenes Laichkraut (Potamogeton perfoliatus)**

30-100 ♃   🗔

Glänzendes Laichkraut

→ Wasserblätter glänzend-grün, 8-20 cm lang und bis 5 cm breit; Schwimmblätter fehlen; Blatthäutchen bis 8 cm lang; Flüsse, Seen, Teiche; VI-VIII: **Glänzendes Laichkraut (Potamogeton lucens)**

60-300 ♃   🗔

27 (22). Blattspreite kammförmig gefiedert, flache Endrosette mit quirligen Blättern, Blätter am Stängel ± wechselständig; weiß bis blassrosa Blüten groß und in etagenförmigen, bis 30 cm aus dem Wasser ragenden Trauben; häufig Landform bildend; Tümpel, Gräben, Altwässer; V-VII: **Wasserfeder (Hottonia palustris)**

15-50 ♃ ©

Wasserfeder:

→ Blattspreite fein zerschlitzt; Blüten weiß; mit 5-12 blumenblattartigen Nektarblättern: **Hahnenfuß (Ranunculus)** →**28**

28 (27 und 36). Blätter verschieden gestaltet, Schwimmblätter nierenförmig und ganzflächig, Wasserblätter fein zerteilt, zuweilen nur letztere vorhanden: →**29**

Die Blüten dieses Primelgewächses haben ein gelbes Saftmal zum Anlocken der Insekten. Bestäuber sind vor allem Schwebfliegen und andere kurzrüsselige Zweiflügler.

→ Blätter gleich gestaltet, haarfeine Wasserblätter fehlen, Blätter nierenförmig, mit 3-5 seichten, halbkreisförmigen oder 3eckigen, ganzrandigen Lappen, die an der Basis am breitesten sind; Blattstiel am Grund mit 2 breiten, Stängel umfassenden Öhrchen; Nektarblätter nicht oder kaum länger als die Kelchblätter; Bäche, Gräben, Quellen; V-IX: **Efeublättriger Hahnenfuß (Ranunculus hederaceus)**

10-60 ☉♃   🗔

Efeublättriger Hahnenfuß

29. Wasserblätter länger als die Stängelglieder (Internodien), mit langen, fast parallelen, pfriemlichen Zipfeln; Schwimmblätter fehlen; Stängel flutend; Nektarblätter der weißen Blüten (über der Wasseroberfläche) bis 15 (20) mm lang; fließende Gewässer; VI-VIII: **Flutender Hahnenfuß (Ranunculus fluitans)**

50-600 ♃   🔲

Flutender Hahnenfuß

→ Wasserblätter kürzer als die Stängelglieder (Internodien), meist mit abspreizend-ausgebreiteten, nicht parallelen Zipfeln: **→30**

30. Wasserblätter auch nach dem Herausnehmen aus dem Wasser spreizend, nicht zusammenfallend; Blätter im Umriss kreisrund; Blattzipfel in einer Ebene; Schwimmblätter fehlen; stehende und langsam fließende Gewässer; V-IX: **Spreizender Hahnenfuß (Ranunculus circinatus)**

5-300 ☉♃   🔲

Spreizender Hahnenfuß

→ Wasserblätter außerhalb des Wassers zusammenfallend: **→31**

31. Blüten nur bis 15 mm im Durchmesser; formenreich, stehende oder langsam fließende Gewässer; V-VIII: **Artengruppe Haarblättriger Wasser-Hahnenfuß (Ranunculus trichophyllus)**

5-80 ☉♃

Haarblättriger Wasser-Hahnenfuß

→ Blüten über 20 mm im Durchmesser; gelappte Schwimmblätter und fein zerteilte Unterwasserblätter; stehende oder langsam fließende Gewässer; V-VIII: **Artengruppe Wasser-Hahnenfuß (Ranunculus aquatilis)**

10-200 ☉♃   🔲

32 (4). Wasserblätter 2-4fach fiedteilig und mit linearen Zipfeln, Luftblätter einfach fiedteilig; Blüten in meist 2-5blütigen Dolden (Doldengewächs), Hülle fehlend stehende und langsam fließende Gewässer; VI-VII: **Flutender Sellerie (Apium inundatum)**

10-60 ♃ ⓖ

→ Schwimmblätter nicht gefiedert: **→33**

Wasser-Hahnenfuß

117

33. Schwimmblätter kleiner als 10 cm: **→35**

→ Blätter sehr groß (10-20 cm breit) und lang gestielt, einer dicken, unterirdisch kriechenden, wurzelähnlichen Sprossachse (Rhizom) entspringend; Spreite am Grund tief herzförmig und der Wasseroberfläche aufliegend; Blüten einzeln und lang gestielt: **Seerosengewächse (Nymphaeaceae) →34**

34. Blütenhülle doppelt, 4 grüne Kelchblätter und ca. 20 weiße Kronblätter, Kelch und Kronblätter fast gleich lang; Seitennerven der Blätter gegen den Rand rechtwinkelig verzweigt und miteinander verbunden; stehende und langsam fließende Gewässer; VI-X: **Weiße Seerose (Nymphaea alba)**

50-250 ♃ Ⓖ

→ Blütenhülle einfach, 5 gelbe Kelchblätter und ca. 13 kleinere Nektarblätter, Blüten 4-5 cm im Durchmesser und intensiv riechend; Seitennerven der Blätter 3mal gabelig verzweigt und strahlig zum Blattrand laufend, nicht miteinander verbunden; stehende und langsam fließende Gewässer; IV-IX: **Gelbe Teichrose/Mummel (Nuphar lutea)**

50-250 ♃ Ⓖ

35 (33). Blätter lang gestielt und schwimmend, kreisrund, am Grund tief herzförmig mit Nebenblättern; Pflanze mit Ausläufern; Blüten 1häusig; Teiche und langsam fließende Gewässer; V-VIII: **Froschbiss (Hydrocharis morsus-ranae)**

15-30 ♃ 〔♀〕

→ Blüten zwittrig; Blätter am Grund nicht herzförmig und ohne Nebenblätter: **→36**

36. Blattspreiten der Schwimmblätter rundlich, handförmig gelappt bis geteilt; Blüten weiß: **Hahnenfuß (Ranunculus) →28**

→ Blattspreiten der Schwimmblätter länglich-oval oder rautenförmig in Rosetten: **→37**

*Die **Seerose** beherbergt der Legende nach die wasserbewohnenden Nymphen, denen sie ihren wissenschaftlichen Namen verdankt.*

Gelbe Teichrose

Froschbiß

37. Blätter rautenförmig und an der Spitze gezähnt, in schwimmenden Rosetten; Blattstiel bauchig aufgetrieben; weiße Blüten einzeln und blattachselständig, mit 4 bleibenden und verhärtenden Kelchblättern, zu Dornen auswachsend; nährstoffreiche, stehende Gewässer; VI-IX: **Wassernuss (Trapa natans)**

    60-300 ☉ Ⓖ

→ Blätter länglich-oval, nicht rautenförmig: **→38**

38. Schwimmblätter < 2 cm, gegenständig und ganzrandig; meist V-X: **Wasserstern (Callitriche)**

    10-80 ☉ ♃

    Da die Artbestimmung schwierig ist und neben den Blüten auch reife Früchte vorhanden sein müssen, wird auf eine differenziertere Beschreibung verzichtet.

*Der **Gewöhnliche Wasserstern** (Sammelart) endet in der Wasserform mit einer sternförmigen Blattrosette an der Wasseroberfläche (Name!). Er ist jedoch sowohl komplett untergetaucht als auch auf feuchtem Boden in einer Landform lebensfähig. Die vierteiligen Spaltfrüchte erobern durch Schwimm- und Klettverbreitung neue Lebensräume.*

→ Schwimmblätter über 5 cm lang: **→39**

39. Viele Einzelblüten in etagenförmigem Blütenstand (Infloreszenz); Blattstiel ohne Nebenblätter und Stängel umfassende Röhre am Grunde (Ochrea); Blattspreite zugespitzt, in den Stiel verschmälert; zuweilen mit bandförmig flutenden Blättern; Sümpfe, Teiche, Gräben; VI-IX: **Gewöhnlicher Froschlöffel (Alisma plantago-aquatica)**

    30-100 ♃

*Bei der Landform des **Wasser-Knöterichs** ist die behaarte Ochrea (rechts) besonders gut zu erkennen.*

→ Blüten in Ähren; Blätter mit röhrenförmiger Nebenblattscheide (Ochrea): **→40**

40. Blattspreite fiedernervig, Blätter eiförmig bis lanzettlich; rötliche Blüten in verlängerten Ähren über der Wasseroberfläche; flutende Wasser- und aufrechte Landform: Wasserform in stehenden oder langsam fließenden Gewässern, Landform an Ufern und auf feuchten Äckern; VI-IX: **Wasser-Knöterich (Polygonum amphibium)**

    60-300 ♃

→ Blattspreite parallelnervig: **Laichkrautgewächse (Potamogetonaceae) →23**

*An der fiedernervigen Blattnervatur ist der **Wasser-Knöterich** (links) gut von den verschiedenen Laichkraut-Arten mit Schwimmblättern zu unterscheiden. Alle Laichkräuter haben parallelnervige Blattadern, so wie hier beispielsweise das **Knöterich-Laichkraut** (rechts.)*

41 (4). Blütenpflanze: →43

→ Sporenpflanze: **Schachtelhalm (Equisetum)** →42

42. Blattscheide verdickt (sieht aus wie „aufgeblasen") mit 4-12 breit-weißhäutig berandeten Zähnen; Stängel deutlich gerippt und bis 4 mm dick, nasse Wiesen, Flachmoore, Ufer; V-VII: **Sumpf-Schachtelhalm (Equisetum palustre)**

10-50 ⚇   ☠

Sumpf-Schachtelhalm

→ Blattscheide unverdickt mit 10-30 sehr schmalhäutig-weiß berandeten und an den Spitzen schwarzen Zähnen; Stängel nur gerillt und bis 8 mm dick; Röhricht, Sümpfe; Ufer; V-VI: **Teich-Schachtelhalm (Equisetum fluviatile)**

50-150 ⚇   ☠

43 (41). Blätter in 6-12zähligen Quirlen, linear, ganzrandig; kleine, grünliche Blüten einzeln und blattachselständig; stehende und langsam fließende Gewässer; V-VIII: **Tannwedel (Hippuris vulgaris)**

10-50 ⚇   🍴

Teich-Schachtelhalm

→ Blätter gegen-, wechsel- oder grundständig, wenn quirlständig, dann mit deutlicher Blattspreite und weniger als 6zählig: →44

44. Blätter wechsel- oder grundständig: →47

→ Blätter gegen- oder quirlständig: →45

45. Blüten purpurn, in locker-zylindrischen Blütenständen; Teich-, See- und Bachufer, Flachmoore; VI-IX: **Blut-Weiderich (Lythrum salicaria)**

50-100 ⚇   🍵 ☕ 🌿

Tannwedel

→ Blüten nicht purpurn: →46

46. Blätter spatelförmig, ihre Stiele am Grunde verbreitert; Stängel glasig dünn und fast durchscheinend, stark verzweigt, niederliegend bis aufsteigend, aufrecht oder flutend; Blüten weiß, in 2-5blütigen Wickeln; Bäche, Gräben, feuchte Äcker; formenreich; VI-VIII: **Bach-Quellkraut (Montia fontana)**

5-30 ☉⚇   🌿

Blutweiderich

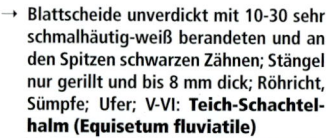

→ Blätter am Grund nicht scheidig verbreitert; Pflanze mit oder ohne Schwimmblattrosette; meist V-X: **Wasserstern (Callitriche)** Abb. S. 119

10-80 ☉ ⤴

47 **(44).** Blüten nicht in Kolben oder kugeligen Köpfchen: →53

→ Blüten in Kolben oder kugeligen Köpfchen: →48

48. Blüten in walzenförmigen Kolben: →50

→ Eingeschlechtliche Blüten in kugeligen („igeligen") Köpfchen vereinigt; Sumpfpflanzen: **Igelkolbengewächse (Sparganiaceae)** →49

49. Blütenstand ästig; Blätter 5-15 mm breit, aufrechte Blätter oder auf dem Wasser flutende Blätter (Riemenblätter) bis zur Spitze gekielt (dreikantig) und allmählich lang zugespitzt; Teiche, Seen, Röhrichte; VI-VIII: **Ästiger Igelkolben (Sparganium erectum)**

30-50 ⤴ 🏠

Ästiger Igelkolben

→ Blütenstand unverzweigt; Blätter 4-10 mm breit, Riemenblätter über die gesamte Länge gleichmäßig breit und nur zum Ende hin zugespitzt, weniger scharf gekielt; Teiche, Seen, Sümpfe; VI-VII: **Einfacher Igelkolben (Sparganium emersum)**

20-60 ⤴ 🏠

50 **(48).** Kolben zweiteilig, oben männliche Blüten in endständiger Rispe und darunter die weiblichen Blüten als schwarzbrauner Kolben; Sumpfpflanzen: **Rohrkolben (Typha)** →52

Einfacher Igelkolben

→ Blütenkolben einzeln, am Grund von einem flachen oder kesselförmigen Hochblatt umgeben oder scheinbar seitenständig: **Aronstabgewächse (Araceae)** →51

51. Kolben seitlich den lineal-schwertförmigen Blättern ansitzend; Blätter meist wellig verbogen und aromatisch riechend; VI-VII: **Kalmus (Acorus calamus)**

60-120 ⤴ Ⓖ 🍃 🗡 🏺🍃🌿🎋

Kalmus

→ Blätter herz- oder pfeilförmig; Kolben von einem auffälligen, weißen Hochblatt (Spatha) umgeben; Frucht scharlachrot; Waldsümpfe, Bruchwälder, Teichränder; V-VII: **Drachenwurz Schlangenkraut (Calla palustris)**

15-30 ♃ Ⓖ ☠

Drachenwurz

52 (50). Obere männliche Blütenanteile den weiblichen unteren (schwarzbrauner Kolben) direkt aufsitzend; Blätter 10-20 mm breit; Verlandungszone stehender Gewässer; VI-VII: **Breitblättriger Rohrkolben (Typha latifolia)**

100-200 ♃ 🏠 🎆

→ Obere männliche Blütenanteile von den weiblichen unteren (schwarzbrauner Kolben) deutlich abgesetzt; Blätter 5-8 mm breit; Röhrichtzone langsam fließender und stehender Gewässer; VI-VIII: **Schmalblättriger Rohrkolben (Typha angustifolia)**

100-200 ♃ 🏠 🎆

*Der **Breitblättrige** (links) und **Schmalblättrige Rohrkolben** (rechts) wurden früher als Zunder und Bettfedernersatz verwendet.*

53 (47). Zahlreiche rosa und dunkler geaderte Blüten in lang gestielten Scheindolden; Blütenstängel stielrund; Blätter bis 1 m lang; Verlandungszone stehender und fließender Gewässer; VI-VIII: **Schwanenblume (Butomus umbellatus)**

50-150 ♃ Ⓖ 🍵 🎆

→ Pflanze anders gestaltet: →54

54. Blätter 1-3 cm breit, schwertförmig reitend einer kriechenden, wurzelähnlichen Sprossachse (Rhizom) entspringend; Blüte gelb; Auwälder, Gräben, Sümpfe; V-VI: **Sumpf-Schwertlilie (Iris pseudacorus)**

50-100 ♃ 🍵 🍵 ☠

Schwanenblume:

Die Wurzel dieser alten Heilpflanze wurde früher als Kaffee- und Mehl-Ersatz verwendet. Heute ist sie selten geworden und geschützt.

Die Schwertlilie ist auch ohne Blüten an den Blättern gut zu erkennen: Sie sind zweizeilig angeordnet und sitzen „reitend" nebeneinander.

→ Blätter nicht schwertförmig reitend: →55

55. Viele Einzelblüten in quirlig etagenförmigem Blütenstand (Infloreszenz): **Froschlöffelgewächse (Alismataceae) →56**

*Die **Sumpf-Schwertlilie** ist in allen Teilen giftig. Früher wurde sie zum Gerben benutzt.*

→ Blütenstand anders: →57

56. Luftblätter gestielt und pfeilförmig; Wasserblätter linear (5-20 mm breit) und mit bogiger Quernervatur, Mittelnerv nicht betont, wenige, gleichmäßige Längsnerven; Blüten eingeschlechtlich und 1häusig; Staubblätter zahlreich; stehende und langsam fließende Gewässer; VI-VIII: **Echtes Pfeilkraut (Sagittaria sagittifolia)**

30-100 ♃

→ Blattspreite zugespitzt, in den Stiel verschmälert; zuweilen mit bandförmig flutenden Blättern; Sümpfe, Teiche, Gräben; VI-IX: **Gewöhnlicher Froschlöffel (Alisma plantago-aquatica)**

30-100 ♃

*Das **Pfeilkraut** hat von Riemenblättern bis zu pfeilförmigen Blättern eine große Variabilität, die durch den Standort geprägt wird.*

57 (55). Blütenstand keine Dolde: →64

Die Knollen enthalten bis zu 35 % Stärke und wurden früher zu Backwaren vermischt.

→ Blütenstand doldig, zuweilen köpfchenartig zusammengezogen (dann Blätter schildförmig): →58

58. Blattspreite schildförmig; Blüten klein und weiß in wenigblütigen, kopfig zusammengezogenen Dolden, Sumpf- und Torfböden, nasse Wiesen; VII-VIII: **Wassernabel (Hydrocotyle vulgaris)**

10-100 ♃

*Schildförmige Blätter des **Wassenabels***

→ Blätter nicht schildförmig: →59

59. Stängelbasis rhizomartig, hohl und aromatisch riechend, durch Querwände gekammert; Blattfiedern schmallanzettlich und scharf gesägt, bis 6 cm lang; Sumpf- und Uferpflanze der Verlandungszone; VII-IX: **Wasser-Schierling (Cicuta virosa)**

60-120 ♃

Der Wasser-Schierling ist ein Doldengewächs. Viele einzelne Blüten stehen in einer Doppeldolde zusammen. Das Hüllchen ist mehrblättrig und eine Hülle fehlt.

Die Knollen duften angenehm sellerieartig, sind aber stark giftig. 50 % der Vergiftungen verlaufen tödlich, da schon der Verzehr von weniger als einer Knolle tödlich sein kann.

Wasser-Schierling

→ Stängel ohne gekammertes Rhizom; keine schmal-lanzettlich und scharf gesägten Blätter: →**60**

60. Pflanze mit wenig weißem Milchsaft; Hülle und Hüllchen 3- bis mehrblättrig; Spaltfrucht am Rand geflügelt; Sumpfwiesen, Moore; VII-VIII: **Sumpf-Haarstrang (Peucedanum palustre)**

80-150 ☉ ♃ 🔀

*Der **Sumpf-Haarstrang** ist an den rundlichen Fiederblättern zu erkennen. Sie geben zudem beim Abzupfen einen weißen Milchsaft ab.*

→ Pflanze ohne weißen Milchsaft: →**61**

61. Stängel niederliegend kriechend oder flutend und im Schlamm wurzelnd; Wasserblätter 2-4fach fiedteilig und mit linearen Zipfeln, Luftblätter einfach fiedteilig; Blüten in meist 2-5blütigen Dolden, Hülle fehlend; stehende und langsam fließende Gewässer; VI-VII: **Flutender Sellerie (Apium inundatum)**

10-60 ♃ ©

Röhren-Wasserfenchel:

Die Früchte der Gattung Wasserfenchel wurden früher ähnlich wie Kümmel oder Fenchel gegen Blähungen verwendet (Name!). Für Pferde, Rinde und Schweine ist diese alte Heilpflanze jedoch giftig. Bei Menschen sind keine Vergiftungen bekannt.

→ Stängel aufrecht; Dolden vielstrahlig: →**62**

62. Luftblätter 2fach gefiedert; Hüllchen allseitswendig; Fruchtrippen nicht gewellt; Blatt- und Doldenstiele röhrighohl und oft bauchig, leicht zusammendrückbar; Stängel rund, röhrig und fein gerillt; Sümpfe, Gräben; V-VII: **Röhren-Wasserfenchel (Oenanthe fistulosa)**

30-60 ♃ 🔀

→ Blätter einfach gefiedert (beim Breitblättrigen Merk sind nur die Unterwasserblätter doppelt gefiedert): **Merk (Sium) →63**

63. Ohne Unterwasserblätter; Stängel fein gerillt; Fiedern ungleich grob gesägt; Gräben, Bäche, Quellen; VI-VIII: **Aufrechter Merk (Sium erectum)**

30-80 ♃ 🍃

*Der **Aufrechte Merk** verträgt langsam fließendes Wasser, während der Breitblättrige Merk am Ufer stehender Gewässer vorkommt. Die fein zerteilten Unterwasserblätter fehlen und die Fiederblätter sind charakteristisch angeordnet (kleines Bild).*

→ Stängel am Grund mit fein zerteilten Unterwasserblättern; Stehende Gewässer; VII-VIII: **Breitblättriger Merk (Sium latifolium)**

60-120 ♃ 🔀

Der Aufrechte Merk ist eine ehemalige Heilpflanze, heute wird sie als schwach giftig eingestuft und nicht mehr verwendet.

64 (57). Blätter 3zählig gefingert; Blüten weiß, fransig zerschlitzt und ihre Zipfel oberseits bärtig behaart, Sumpfpflanze mit unterirdisch kriechender, wurzelähnlicher Sprossachse (Rhizom); Moore, Gräben, Sumpfwiesen; V-VI: **Fieberklee (Menyanthes trifoliata)**

15-30 ♃ Ⓖ   🍵🌿🍴

Trotz der 3zähligen Blätter gehört der Fieberklee in eine eigene Familie und ist kein Schmetterlingsblütler.

→ Blätter nicht 3zählig: **→65**

65. Blüten gelb; Stängel unten hohl; goldgelbe Blüten 2-4 cm im Durchmesser; Ufer, Röhrichte; Sumpfwiesen; VI-VII: **Zungen-Hahnenfuß (Ranunculus lingua)**

50-150 ♃ Ⓖ

*Der **Fieberklee** wurde früher als fiebersenkendes Mittel eingesetzt (Name!). Diese Wirkung konnte jedoch nicht nachgewiesen werden.*

Durch die Bitterstoffe kann er als appetitanregendes Mittel ähnlich wie der Gelbe Enzian verwendet werden.

In Lappland wurden die Rhizome gemahlen dem Brotteig beigemischt.

→ Blüten klein und unscheinbar, nicht gelb: **→66**

66. Blattstellung nicht zweizeilig: **→74**

→ Stängel rund, hohl und mit Knoten (Achtung: beim Pfeifengras befinden sich alle Knoten im unteren Teil der Halme und wirken daher scheinbar knotenlos), Blattstellung zweizeilig, ausgebreite Blattspreite: **Süßgräser (Poaceae) →67**

Ligula

Die Blätter der Süßgräser zweigen immer abwechselnd nach rechts und links vom Halm ab. Diese Blattstellung wird als zweizeilig bezeichnet (links). Dabei entspringt ein neues Blatt einem Knoten (rechts). Bevor es in die meist rechtwinkelig abzweigende Blattspreite übergeht läuft es als Blattscheide am Halm entlang. An der Übergangsstelle von Blattscheide zu Blattspreite kann ein Blatthäutchen (Ligula) oder ein Haarkranz ausgebildet sein.

*Zweizeilige Blattstellung (links) und Knoten (rechts) am Halm der **Süßgräser**.*

67. Ährchen 2- bis mehrblütig: **→71**

Ein Ährchen ist ein Teil des Blütenstandes der Süßgräser (der Ähre). Es kann ein oder mehrere Blüten enthalten. Hier ist eine gute Lupe wichtig!

Weitere Erläuterungen zu den Süßgräsern finden Sie ab Seite 329.

→ Ährchen 1blütig: **→68**

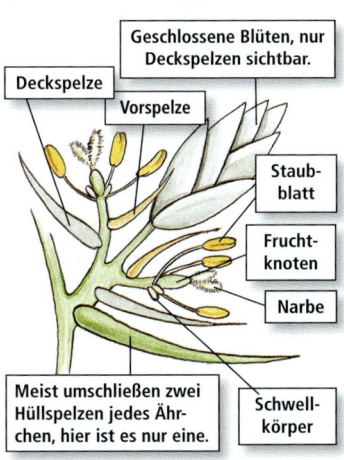

Geschlossene Blüten, nur Deckspelzen sichtbar.

Deckspelze

Vorspelze

Staubblatt

Fruchtknoten

Narbe

Meist umschließen zwei Hüllspelzen jedes Ährchen, hier ist es nur eine.

Schwellkörper

68. Halm knoten- und blattlos (aber zuweilen bis über die Mitte von Blattscheiden umgeben), Knoten an der Basis des Stängels gehäuft, knollig verdickt; an Stelle des Blatthäutchens (Ligula) Haare; Ährchen 2-5blütig; Blütenstand (Infloreszenz) 1-1,5 m hoch; oft bestandsbildend in „Pfeifengraswiesen" auf moorigen Böden (braucht aber Anschluss an den mineralischen Untergrund, daher „Störzeiger" degenerierter Moore); Moorwiesen, Heiden, Waldwiesen, kalkmeidend; VII-X: **Blaues Pfeifengras (Molinia caerulea)**

30-150 ⚄

*Das **Pfeifengras** ist wegen der knotenlosen Stängel zum Reinigen der Pfeifen genutzt worden (Name!). Es ist eine wertvolle Streu, aber schlechte Futterpflanze.*

→ Halm mit Knoten: **→69**

69. Ährchen am Grund der Deckspelzen mit längeren Haaren, Rispe reich verzweigt; Blatthäutchen (Ligula) der oberen Halmblätter 2-4 mm lang, Blätter hellgraun-grün (canescens = grau) bis grün und unterseits etwas glänzend, bis ca. 4 mm breit; Pflanze in lockeren Rasen mit unterirdisch kriechendem Wurzelstock und dünnen Ausläufern; Flachmoore, Ufer, Erlenbrüche; VII-VIII: **Sumpf-Reitgras (Calamagrostis canescens)**

60-120 ⚄

→ Ährchen am Grund der Deckspelzen ohne Haare: **→70**

70. Blätter borstlich gefaltet (wenigstens die grundständigen); Ligula länglich; Deckspelze mit geknieter Granne; verlandende Gewässer, Heidemoore, Sümpfe; VII-VIII: **Sumpf-Straußgras (Agrostis canina)**

20-60 ⚄

→ Schilfartiges Ufergras mit ausgebreiteten Blättern; Rispe oft rötlich überlaufen; 4 Hüllspelzen, Ährchen geknäult; Ligula bis 6 mm lang; Ufer, Gräben, nasse Wiesen; VI-VIII: **Rohrglanzgras (Typhoides arundinacea)**

80-250 ⚄

71. (67). Blatthäutchen (Ligula) nicht als Haarkranz: **→73**

→ Blatthäutchen als Haarkranz: **→72**

*Das **Rohr-Glanzgras** ist ein gutes und ergiebiges Futtergras. Seit etwa 1600 wird es als Zierpflanze kultiviert, beliebt ist es auch in der weißgestreiften var. picta.*

72. Halm mit Knoten; Blätter bis 3 cm breit; Pflanze bis 10 m lange Ausläufer treibend (an trockenen Standorten oberirdische „Legehalme", deren Neutriebe niedrig); Ufer von Flüssen und Seen; VII-IX: **Schilfrohr (Phragmites australis)**

100-400 ⳨

→ Knoten an der Basis des Stängels gehäuft; Ährchen 2-5blütig; oft bestandsbildend in „Pfeifengraswiesen" auf moorigen Böden; Moorwiesen, Heiden, Waldwiesen, kalkmeidend; VII-X: **Blaues Pfeifengras (Molinia caerulea)**

30-150 ⳨

> *Das Pfeifengras ist eine wertvolle Streu-, aber schlechte Futterpflanze. Hochwüchsige Sippen werden als Ziergräser für Gärten angeboten.*

73 (71). Rispe einseitswendig, d.h. alle Ährchen in eine Richtung geneigt; Staubbeutel violett; stehende und langsam fließende Gewässer; VI-VIII: **Manna-Schwaden (Glyceria fluitans)**

40-100 ⳨

→ Rispe allseitswendig; Verlandungszone von Gewässern; Nährstoffzeiger; VII-VIII: **Großer Schwaden (Glyceria maxima)**

90-200 ⳨

74 (66). Stängel ± rund und markig mit Durchlüftungsgewebe; spirriger Blütenstand: **Binse (Gattung Juncus)** s. Kapitel 9.4.1; →Seite 319

→ Stängel ± dreikantig; Blattstellung dreizeilig; Blüten klein und unscheinbar in den Achseln trockenhäutiger Tragblätter: **Sauergräser (Cyperaceae)** s. Kapitel 9.4.2; →Seite 325

> *Eine Beschreibung der Binsen und Sauergräser befindet sich in Kapitel 9.4. Da es sich bei diesen beiden Familien fast ausschließlich um Pflanzen der feuchten Standorte handelt, befindet sich der Bestimmungsteil komplett dort.*

*Das **Schilfrohr** ist eine weit verbreitete Verlandungspflanze der nährstoffreichen Gewässerufer.*

*Der **Manna-Schwaden** bildet auch auf der Wasseroberfläche flutende Schwimmblätter aus. Die süß schmeckenden Früchte wurden schon zur Steinzeit als Grütze gegessen.*

***Binsen** (links) haben meist runde Stängel mit einem gekammerten (kleines Bild) oder durchgehenden Durchlüftungsgewebe und einem spirrigen Blütenstand. **Sauergräser** (rechts) haben einen ± dreieckigen Stängel und einen speziellen Blütenaufbau.*

Pflanzen-
familien

*P6 S∞ F∞

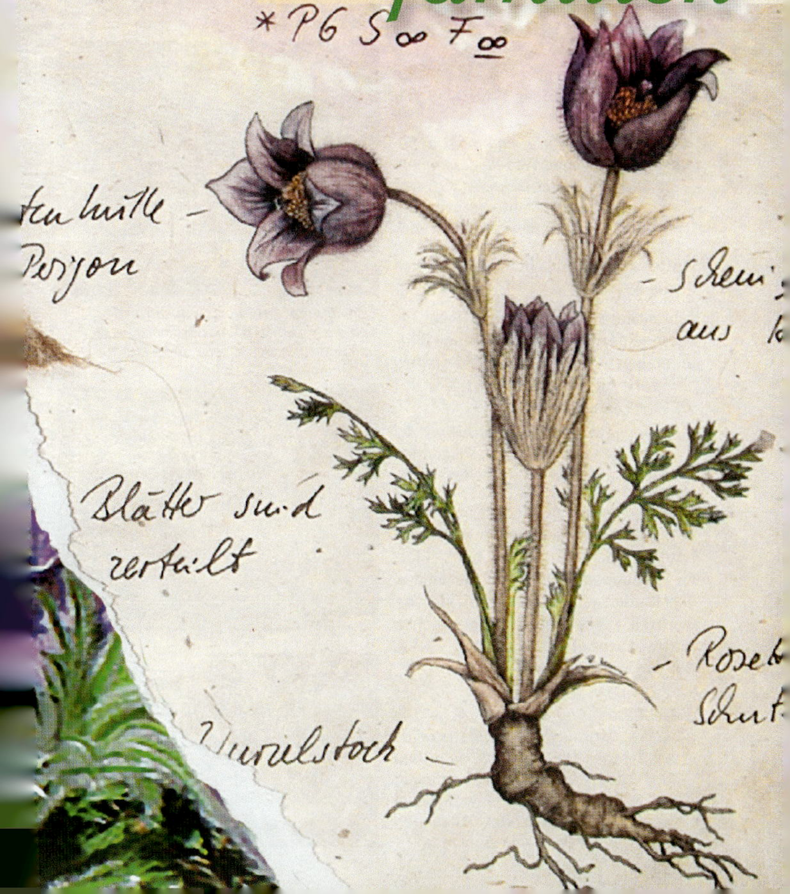

9. Vorstellung der wichtigsten Pflanzenfamilien

9.1 Sporenpflanzen

Alle Farnpflanzen im weiteren Sinne (Pteridophyten) verbreiten sich über Sporen, die in speziellen Sporenbehältern, den Sporangien, gebildet werden. Die einzelnen Klassen der Pteridophyten sind sehr unterschiedlich. Für die einheimische Flora von Bedeutung sind die Farne im engeren Sinne (Farnähnliche), die Schachtelhalme und die Bärlappe.

Bestimmungsteil

1. Blätter über 1 cm groß, blattartig: **Farne (Polypodiales) Kapitel 9.1.1, →Seite 129**

   Die Blätter der Farne sind meist gefiedert und stehen in Wedeln zusammen. Die Sporenbehälter befinden sich fast immer auf der Unterseite der Wedel in kompakten Sporenbehältern, den Sori.

→ Blätter kleiner oder hohl und deutlich gegliedert: **→2**

2. Zahlreiche, stets ungeteilte, lineal bis schuppenförmige, max. 1 cm lange Blätter stehen von der Sprossachse sparrig ab: **Bärlapp (Lycopodium) Kapitel 9.1.2, →Seite 132**

   Bärlappgewächse sind viel kleiner als Farne und Schachtelhalme, sie können eher mit Moosen verwechselt werden.

→ Stängel deutlich gegliedert und leicht in ± gleichlange, ineinander geschachtelte Glieder zerreißbar, hohl, Blätter schuppenförmig, zu gezähnter, den Knoten umgebender Scheide verwachsen, **Schachtelhalmgewächse (Equisetaceae) Kapitel 9.1.3, →Seite 133**

   Was bei den Schachtelhalmen aussieht wie Blätter, sind die Seitentriebe. Die Blätter umschließen als Blattscheide den Stängel. Die Schachtelhalme sind durch den hohen Kieselsäuregehalt sehr stabil. Früher hat man sie zum Putzen des Zinngeschirrs verwendet. Daher kommt der Name Zinnkraut.

*Beim **Rippenfarn (Blechnum spicant)** sind die fruchtbaren Wedel schmaler als die unfruchtbaren, der Schleier öffnet sich zur Mittelrippe hin.*

Keulen-Bärlapp (Lycopodium clavatum)

Seitentriebe

Blattscheide

Stängel

Acker-Schachtelhalm

9.1.1 Farnähnliche (Unterabteilung Filicopsida)

Die bei uns ca. 20 einheimischen Gattungen mit rund 50 Arten gehören zu verschiedenen Familien. Sie sind überwiegend in Wäldern verbreitet, einige besiedeln feuchte und schattige Felsen und Mauern.

Die Blätter werden als Wedel bezeichnet, sie sind meist einfach oder mehrfach gefiedert. Die Wedel entspringen büschelig oder einzeln einer unterirdisch kriechenden, wurzelähnlichen Sprossachse, dem Rhizom. Sowohl das Rhizom als auch der untere Teil des Wedelstiels können mit Spreuschuppen besetzt sein. Diese Spreuschuppen werden häufig zur Bestimmung herangezogen. Wenn Sie den Farn nicht im Gelände bestimmen, sollten Sie daher immer einen gesamten Wedel mit nach Hause nehmen.

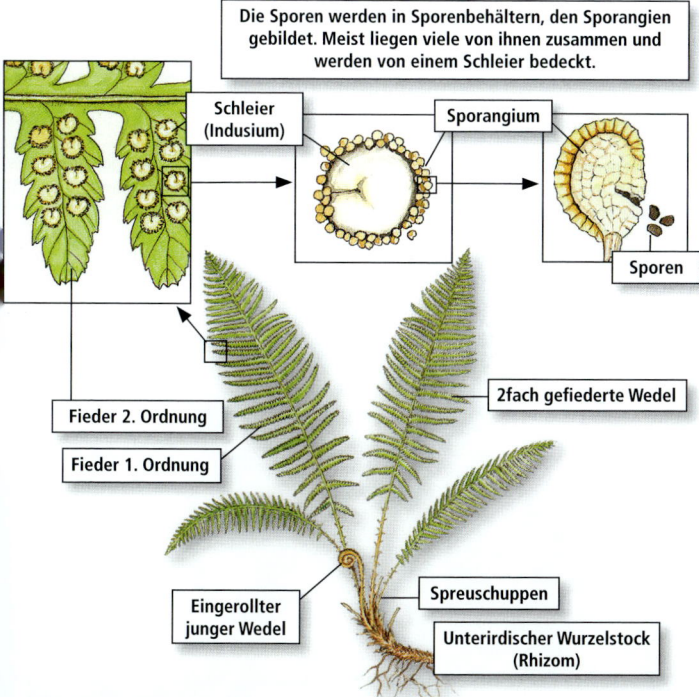

Die Sporen werden in Sporenbehältern, den Sporangien gebildet. Meist liegen viele von ihnen zusammen und werden von einem Schleier bedeckt.

Schleier (Indusium)

Sporangium

Sporen

2fach gefiederte Wedel

Fieder 2. Ordnung

Fieder 1. Ordnung

Eingerollter junger Wedel

Spreuschuppen

Unterirdischer Wurzelstock (Rhizom)

*Der **Gewöhnliche Wurmfarn (Dryopteris filix-mas)** wurde schon von den alten Griechen gegen Würmer genutzt, heute wird er wegen der Vergiftungsgefahr bei Überdosierung nicht mehr eingesetzt. In alten Mythen und Legenden spielten Farne eine große Rolle, und dem Wurmfarn wurde nachgesagt, dass die in der Johannisnacht gesammelten Sporen unsichtbar machen.*

Gewöhnlicher Dornfarn (Dryopteris carthusiana)

Die Sori des Tüpfelfarns (Polypodium vulgare) sind schleierlos.

Hirschzunge (Phyllitis scolopendrium)

Brauner Streifenfarn (Asplenium trichomanes)

Auf der Unterseite der Wedel befinden sich die **Sporenbehälter (Sporangien).** Sie sind bei den heimischen Farnen zu kompakten **Sporenpaketen (Sori)** zusammengefasst. Meist sind sie von einem **Schleier (Indusium)** bedeckt. Die Form des Schleiers und der Sporenpakete sind für die Bestimmung der Farne sehr wichtig. Mit ein bisschen Übung können Sie bereits an den Sori die Gattung eines Farns erkennen. Wedel ohne Sporenpakete kommen bei Farnen kaum vor, es kann allerdings sein, dass diese sehr früh im Jahr noch nicht ausgebildet sind.

Farne wurden früher zu Heilzwecken gesammelt. Darüber hinaus galten sie viele Jahrhunderte als magische Wunderpflanzen, und man versuchte sich der „Zauberkraft dieser beseelten Pflanzenwesen" zu bemächtigen. Unzählige Märchen, Lieder und Sagen erzählen von ihnen, und sie wurden in etliche Riten einbezogen. So sollten die sich gegenseitig übergestreuten Farnwedel und Sporenbehälter bzw. Sporen Liebe und Kinderreichtum bringen. Diese ersten „Konfetti" sind der Ursprung unserer Papierkonfetti (FISCHER-RIZZI 1995).

Farne haben die Menschen seit Urzeiten fasziniert, und einige Bräuche überdauerten in abgewandelter Form bis heute. Die beim Aufblasen abrollbare Papierschlange der Kinder entstand nach dem Vorbild eines zusammengerollten Farnwedels. Die dort verborgene Spirale galt als Glücks- und Heilsymbol.

Bestimmungsteil

1. Sporenbehälter (Sori) zu linienartigem Randsaum verbunden, vom umgebenden Blattrand bedeckt („falscher Schleier"), Wedel 2-4fach gefiedert; Stiele im Querschnitt mit adlerartigen Figuren; Wälder, Kahlschläge; VII-X: **Adlerfarn (Pteridium aquilinum)**

50-200 ♃   🕸 🍴 🐾

*Der **Adlerfarn** ist durch seine Größe und die mehrfach gefiederten Wedel unverwechselbar.*

> *Der Adlerfarn ist weltweit verbreitet und wird In einigen Regionen der Erde als Nahrungsmittel verwendet. In Asien und Neuseeland werden die jungen Triebe eingelegt und die Wurzeln gemahlen zu Brot verbacken. Für das Weidevieh, und bei zu hoher Dosis auch den Menschen, ist er giftig.*

→ Sporenbehälter (Sori) einzeln, vom Rand entfernt: **→2**

2. Sori und Schleier länglich oder hakenförmig; Wedel 1-2fach gefiedert; Wälder; VII-IX: **Wald-Frauenfarn (Athyrium filix-femina)**

30-100 ♃   🕸

*Die Wurmfarne mit mehrfach gefiederten Wedeln können Sie mit dem **Wald-Frauenfarn** verwechseln. Der Frauenfarn hat jedoch im Gegensatz zum Wurmfarn kein stacheliges Spitzchen an den Blattfiedern letzter Ordnung.*

→ Sori meist groß und in deutlich nierenförmigem Schleier: **Wurmfarn/Dornfarn (Dryopteris) →3**

3. Wedel 2fach gefiedert; Wedelstiel mit bleichen Schuppen besetzt, Wälder, Gebüsche, Mauern; VI-IX: **Gewöhnlicher Wurmfarn (Dryopteris filix-mas)**

30-120 ♃   ☠

→ Wedel 3-4fach gefiedert: **→4**

4. Wedelstiel mit blassen, einfarbigen Schuppen; Segmente der Fiederchen nahestehend, lang stachelspitzig gezähnelt; feuchte Wälder, Moore, Erlenbrüche; VI-IX: **Gewöhnlicher Dornfarn (Dryopteris carthusiana)**

15-60 ♃

*Der **Gewöhnliche Dornfarn** (oben) unterscheidet sich vom **Breitblättrigen** (unten) vor allem durch die helleren und oben gebogenen Spreuschuppen.*

→ Schuppen mit dunklem Mittelstreifen; Wedel bis in den Winter grün; schattige Laub- und Nadelwälder; VI-IX: **Breitblättriger Dornfarn (Dryopteris dilatata)**

20-100 ♃

9.1.2 Bärlappgewächse (Lycopodiaceae)

Die 10 einheimischen Bärlapp-Arten wachsen vor allem in boden-sauren Wäldern der höheren Lagen. Es sind ausdauernde Pflanzen mit meist reichlich verzweigten und dichtgedrängten, spiralig an-geordneten, winzigen Blättern. Heute sind die verschiedenen Bär-lapp-Arten selten geworden und stehen unter Naturschutz.

1. Blattspitze nicht haarförmig zuge-spitzt; Blätter abstehend, Kriechspross über 1 m lang und oberirdisch, wieder-holt gabelästig; aufrechte, fertile Äste bis 30 cm lang und ungeteilte Sporenähre kurz gestielt; Sporophylle gelb mit zurückgekrümmten Spitzen; Nadelwälder und torfige Stellen; VIII–IX: **Sprossender/Wald-Bärlapp (Lycopodium annotinum)**

10-300 ⚃ Ⓖ

Sprossender Bärlapp:

Die Sporen werden in Sporenbehältern gebildet. Sie wurden früher als Wundpuder und von den Apothekern zum Bepudern von Pillen verwendet.

→ Blätter mit langer, weißer Haarspitze; Sporangienähren zu 1-3 auf langem, lo-cker beblätterten Stiel; Heiden, Nadel-wälder, kalkmeidend; VII–VIII: **Keulen-Bärlapp (Lycopodium clavatum)**

5-30 ⚃ Ⓖ

Wegen des hohen Ölgehaltes waren sie früher als Blitzlichtpulver wichtig.

*Der **Tannenbärlapp (Huperzia sela-go)** vermehrt sich außer durch Sporen auch durch Brutsprosse (s. Lupe), die an der Spitze der Triebe wachsen und bei Berührung leicht abfallen und neu austreiben.*

9.1.3. Schachtelhalmgewächse (Equisetaceae)

Es gibt innerhalb der Familie der Schachtelhalmgewächse nur die Gattung Schachtelhalm (Equisetum) mit weltweit annähernd 40 Arten. In unseren Wäldern und Feuchtgebieten kommen etwa 10 Arten vor, von denen wiederum vier Arten vorgestellt werden.

Der Aufbau ist charakteristisch und die Zuordnung einfach: Die Blätter sind zu Schuppen reduziert. Sie stehen quirlständig an den Achsen und haben zu dem Namen Schachtelhalm geführt, weil sich die einzelnen Stängelabschnitte durch diese Blattscheiden voneinander trennen und wieder „ineinander schachteln" lassen.

*Der **Riesen-Schachtelhalm (Equisetum telmateia)** kann bis zu 2 m hoch werden und ist der größte heimische Schachtelhalm. Die Seitenachsen sind unverzweigt und die Blattscheide besteht aus sehr vielen schwarz bespitzten Schuppenblättern.*

Wie beim Acker-Schachtelhalm (unten) sind die sporentragenden Sprosse von den grünen Sprossen verschieden und werden zunächst im Frühjahr gebildet. Wenn sie vergehen erscheinen die grünen Triebe.

Die Anzahl und Gestalt der Schuppenblätter einer Blattscheide sind wichtige Merkmale für die Bestimmung. Was auf den ersten Blick aussieht wie lineale Blätter sind die Seitenachsen. Die Verzweigungsform ist ebenfalls ein Bestimmungsmerkmal.

*Die Sporen werden auf sogenannten Sporangienträgern gebildet. Bei einigen Arten, wie hier beispielsweise beim **Acker-Schachtelhalm (Equisetum arvense)**, erscheinen diese jahreszeitlich getrennt von den vegetativen Sprossen, die keine Sporen hervorbringen. Der Wachstumszyklus ist ähnlich wie bei Huflattich oder Pestwurz, die ihre Blüten vor dem Blattaustrieb bilden.*

Bestimmungsteil

1. Fertile (sporentragende Sporangien) und sterile Sprosse zur gleichen Zeit erscheinend und gleich (grün) gestaltet: →3

→ Fertile und sterile Sprosse verschieden gestaltet, fertile wenigstens anfangs weißlich oder gelblich-bräunlich: →2

2. Seitenäste 2mal quirlig verzweigt, erstes Glied der Seitenäste kürzer als die Blattscheide; Stängel 8-18rippig; fertile Sprosse sich nach der Sporenreife verzweigend und ergrünend; feuchte Wälder und Bergwiesen; IV-VI: **Wald-Schachtelhalm (Equisetum sylvaticum)**

15-50 ⚘

Der **Wald-Schachtelhalms** hat doppelt verzweigte Seitenachsen.

→ Seitenäste (4kantig) unverzweigt, erstes Glied der Seitenäste länger als die Blattscheide, Zähne der Blattscheiden maximal halb so lang wie die Scheidenröhre; fertile, gelblich-braune Sprosse schwach gefurcht mit 6-16 zugespitzten, schmutzigbraunen Zähnen; Äcker, Wegränder; III-IV: **Acker-Schachtelhalm/Zinnkraut (Equisetum arvense)**

15-50 ⚘ 🌿🍵🥗🌱🍴

Der frische Presssaft wirkt blutstillend.

Blattscheide | 1. Glied des Seitenastes

Die ersten Glieder der Seitenäste sind beim **Acker-Schachtelhalm** länger als die Blattscheide.

3. Blattscheide verdickt (sieht aus wie „aufgeblasen") mit 4-12 breit-weißhäutig berandeten Zähnen; Stängel deutlich gerippt und bis 4 mm dick, nasse Wiesen, Flachmoore, Ufer; V-VII: **Sumpf-Schachtelhalm (Equisetum palustre)**

10-50 ⚘ ☠

Für Tiere ist dieser Schachtelhalm stark giftig, beim Menschen sind allerdings keine Vergiftungen bekannt. Der Giftstoff bleibt im Heu erhalten.

→ Blattscheide unverdickt mit 10-30 sehr schmalhäutig-weiß berandeten und an den Spitzen schwarzen Zähnen; Stängel nur gerillt und bis 8 mm dick; Röhricht, Sümpfe; Ufer; V-VI: **Teich-Schachtelhalm (Equisetum fluviatile)**

50-150 ⚘ ☠

Sowohl der **Sumpf-** (großes Bild) als auch der **Teich-Schachtelhalm** (kleines Bild) haben kürzere erste Seitenäste als die Blattscheiden. Im Querschnitt ist der Sumpf-Schachtelhalm stärker gekammert (oben). Der Teich-Schachtelhalm ist röhrig hohl wie ein Strohhalm.

9.2 Blütenpflanzen (Spermatophyta)

Die Entwicklung der Blütenpflanzen hat vor ca. 370 Millionen Jahren begonnen. Bis dahin gab es ausschließlich Sporenpflanzen, und die Beförderung durch den Wind war die Regel. Die Entstehung der Bedecktsamer vor etwa 130 Millionen Jahren hat sich parallel mit der Evolution der Insekten vollzogen. Der Blütenstaub wird nun nicht mehr ausschließlich dem Wind anvertraut und der Samen ist von einer schützenden Hülle, dem Fruchtknoten, umgeben. Es gibt aber nach wie vor beide Strategien. Die Nacktsamer sind überwiegend Nadelgehölze. Unter den Bedecktsamern gibt es sowohl Ein- als auch Zweikeimblättrige.

Zweikeimblättrige (Dikotyledoneae)

Da die Keimblätter bei ausgewachsenen Pflanzen nicht mehr vorhanden sind, werden andere Merkmale zum Erkennen dieser Klasse herangezogen (siehe S. 13 und 66).

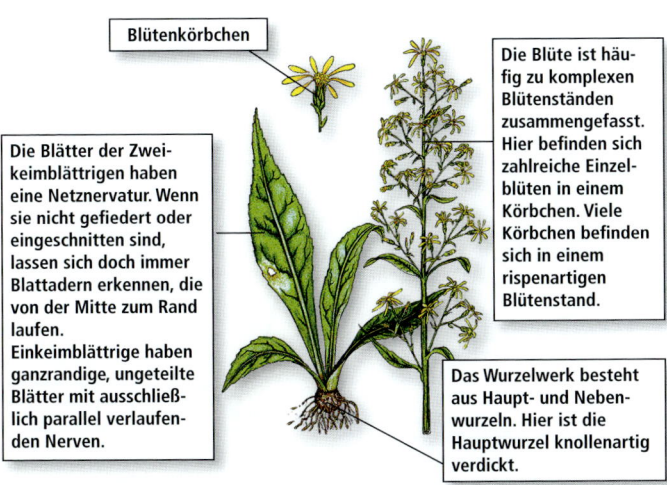

Blütenkörbchen

Die Blätter der Zweikeimblättrigen haben eine Netznervatur. Wenn sie nicht gefiedert oder eingeschnitten sind, lassen sich doch immer Blattadern erkennen, die von der Mitte zum Rand laufen.
Einkeimblättrige haben ganzrandige, ungeteilte Blätter mit ausschließlich parallel verlaufenden Nerven.

Die Blüte ist häufig zu komplexen Blütenständen zusammengefasst. Hier befinden sich zahlreiche Einzelblüten in einem Körbchen. Viele Körbchen befinden sich in einem rispenartigen Blütenstand.

Das Wurzelwerk besteht aus Haupt- und Nebenwurzeln. Hier ist die Hauptwurzel knollenartig verdickt.

*Die **Echte Goldrute (Solidago virgaurea)** wird heute in der Medizin gegen Blasen- und Nierenentzündungen eingesetzt. Schon die alten Germanen haben sie als Wundkraut verwendet, und Martin Luther soll zahlreiche Gebrechen mit ihr behandelt haben. Außerdem liefert das Kraut eine licht- und waschechte goldgelbe Farbe. Es ist ein Korbblütler (siehe Seite 277), der von der Ebene bis ins Hochgebirge auf mageren Böden vorkommt und ebenfalls in lichten Wäldern verbreitet ist.*

9.2.1 Hahnenfußgewächse (Ranunculaceae)

Weltweit gibt es etwa 60 Gattungen mit insgesamt nahezu 2.000 Arten, die hauptsächlich auf der Nordhalbkugel verbreitet sind. Einheimisch sind davon annähernd 20 Gattungen mit etwa 90 Arten. Viele von ihnen sind Gebirgspflanzen. Ein weiterer Verbreitungsschwerpunkt sind nasse Standorte, und einige Hahnenfußgewächse sind Wasserpflanzen. Die einjährigen Ackerwildkräuter wie beispielsweise Acker-Hahnenfuß, Mäuseschwänzchen, Feld-Rittersporn und Adonisröschen sind heute selten geworden.

Alle Hahnenfußgewächse sind Stauden oder Kräuter, die einzige Ausnahme ist die Waldrebe (Clematis). Eine weitere Besonderheit dieser einheimischen Liane ist, dass sie als einziges Hahnenfußgewächs gegenständige Blätter besitzt.

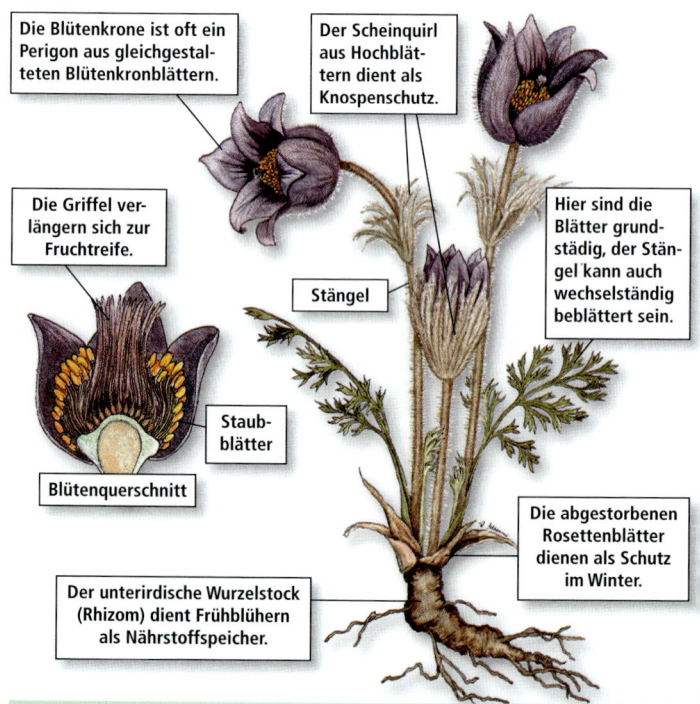

Die Blütenkrone ist oft ein Perigon aus gleichgestalteten Blütenkronblättern.

Der Scheinquirl aus Hochblättern dient als Knospenschutz.

Die Griffel verlängern sich zur Fruchtreife.

Hier sind die Blätter grundständig, der Stängel kann auch wechselständig beblättert sein.

Stängel

Staub-blätter

Blütenquerschnitt

Die abgestorbenen Rosettenblätter dienen als Schutz im Winter.

Der unterirdische Wurzelstock (Rhizom) dient Frühblühern als Nährstoffspeicher.

*Die stark giftige **Gewöhnliche Küchenschelle (Pulsatilla vulgaris)** wird medizinisch in der Homöopathie eingesetzt. Viele weitere Hahnenfußgewächse sind ebenfalls durch Proteanemonine frisch giftig. Getrocknet im Heu ist dieser Giftstoff nicht mehr wirksam.*

*Die **Gewöhnliche Waldrebe (Clematis vitalba)** ist als einziges einheimisches Hahnenfußgewächs eine Liane. Als weitere Besonderheit besitzt sie gegenständige Blätter. Zur Fruchtreife entwickeln sich aus den Griffeln Flugorgane. Die hygroskopischen Haare stehen bei Trockenheit ab. Sie dienen der Windverbreitung. Bei feuchtem Wetter haften die Früchte am Fell der Tiere.*

Die Waldrebe ist ebenso wie fast alle Hahnenfußgewächse durch Proteanemonine schwach giftig.

Grundsätzlich sind die Blätter der Hahnenfußgewächse wechselständig oder grundständig. Die Form der Blätter ist nicht einheitlich. Oft sind sie handförmig eingeschnitten oder zusammengesetzt, sie können aber auch ungeteilt sein. Außerdem haben sie keine Nebenblätter. Dies ist ein gutes Unterscheidungsmerkmal zu den Rosengewächsen, denn beide Familien haben wechselständige Blätter und oft einen sehr ähnlichen Blütenaufbau. Die Bestimmung läuft bei beiden Familien häufig lange parallel, da die wichtigsten Merkmale nahezu identisch sind. Im Gegensatz zu den Hahnenfußgewächsen haben die Rosengewächse jedoch stets Nebenblätter - daran können beide Familien sehr gut unterschieden werden.

Manchmal kann der Blattstiel der Hahnenfußgewächse eine scheidenartig verbreiterte Basis haben und Nebenblätter vortäuschen (Wiesenraute, Akelei, WasserHahnenfuß). Von den Nebenblättern der Rosengewächse sind sie vor allem dadurch zu unterscheiden, dass sie keine Zipfel oder abstehenden Blattteile haben.

Bach-Nelkenwurz (Geum urbanum): *ein Rosengewächs mit echten Nebenblättern am Blattgrund.*

Akeleiblättrige Wiesenraute (Thalictrum aquilegiifolium): *Die scheidenartig verbreiterte Blattbasis sieht Nebenblättern ähnlich.*

Scharfer Hahnenfuß (Ranunculus acris): *ohne Nebenblätter*

137

Die Form der Blüte ist sehr variabel und entsprechend unterschiedlich sind auch die Bestäuber. Die meisten Hahnenfußgewächse haben radiär-symmetische Scheibenblüten mit auffällig bunten Kronblättern. Sie bieten Pollen und Nektar für verschiedene Insekten an. Es kommen aber auch zygomorphe Blüten mit nur einer Symmetrie-Ebene vor. Diese zum Teil sogar gespornten oder helmförmigen Blüten werden entweder von Bestäubern mit langen Rüsseln, wie Schmetterlingen, besucht oder aber von Hummeln, die so kräftig sind, dass sie die helmförmige Oberlippe hochdrücken können, um an den Nektar zu gelangen.

*Das **Buschwindröschen (Anemone nemorosa)** ist ein Frühblüher krautreicher Wälder. Die Blüten werden nachts und bei kühler Witterung durch unterschiedlich starke Wachstumsbewegungen der Außen- und Innenseite der Kronblätter geschlossen.*

*Die ausgebreiteten Blüten des **Wolligen Hahnenfußes (Ranunculus lanuginosus)** bieten Pollen und Nektar für ganz unterschiedliche Insekten.*

*Der **Bunte Eisenhut (Aconitum variegatum)** wird von Hummeln bestäubt. Sie haben einen 2-4 mal längeren Rüssel als Bienen. Kurzrüsselige Arten rauben den Nektar ohne zu bestäuben indem sie von außen Löcher in die Blüte beißen.*

Die Blütenformel zeigt entsprechend, dass der Blütenaufbau sehr variabel ist.

Blütenformel	$* \text{ bis } \downarrow K\ 2 - \infty\ B\ 5 - \infty\ S\ \infty\ F\ \underline{1} - \infty$

Die einzigen in jeder Blüte gleichen Merkmale sind die große Zahl der Staubblätter (S ∞) und die Oberständigkeit des Fruchtknotens (F). Selbst der Fruchtknoten kann aus einem oder mehreren Fruchtblättern aufgebaut sein.

Wenn der Fruchtknoten aus mehreren Fruchtblättern besteht, sind diese stets frei, d.h. sie bilden keine gemeinsame Frucht sondern stehen einzeln nebeneinander, wobei jedes Fruchtblatt eine einzelne Frucht ausbildet. Erkennen kann man dies daran, dass beim Auseinandernehmen des reifen Fruchtstandes einzelne Früchte abfallen, die nicht untereinander verbunden sind. Es handelt sich hierbei um vielsamige Balg- oder einsamige Nussfrüchte.

*Balgfrüchte des **Feld-Rittersprorns (Consolida regalis)** mit mehreren Samen*

Ähnlich wie bei den Liliengewächsen (Beispiel Tulpe) kann die Blüte der Hahnenfußgewächse ein Perigon sein. Durch die queraderige Blattnervatur der Hahnenfußgewächse kann man beide Familien kaum verwechseln. Ebenso häufig sind die Blüten aber auch in Kelch und Blütenkrone gegliedert, wie z.B. bei der Gattung Hahnenfuß (Ranunculus), nach der die Familie benannt wurde:

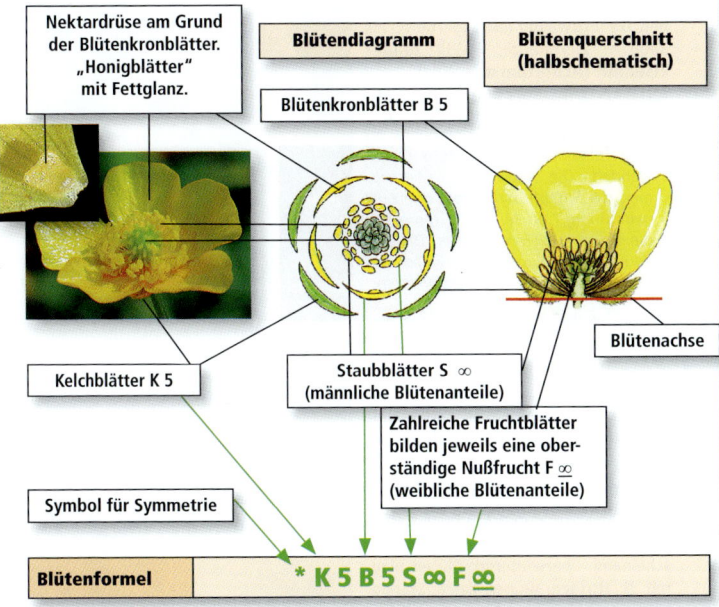

Nektardrüse am Grund der Blütenkronblätter. „Honigblätter" mit Fettglanz.

Blütendiagramm

Blütenquerschnitt (halbschematisch)

Blütenkronblätter B 5

Blütenachse

Kelchblätter K 5

Staubblätter S ∞ (männliche Blütenanteile)

Zahlreiche Fruchtblätter bilden jeweils eine oberständige Nußfrucht F ∞ (weibliche Blütenanteile)

Symbol für Symmetrie

Blütenformel | *** K 5 B 5 S ∞ F ∞**

* Kelchblätter 5 Blütenkronblätter 5 Staubblätter ∞ Fruchtblätter ∞

Die Blütenblätter der gelb blühenden Hahnenfußgewächse glänzen sehr stark. Dadurch lassen sie sich neben dem Fehlen der Nebenblätter sehr gut von den ebenfalls gelb blühenden Fingerkraut-Arten aus der Familie der Rosengewächse unterscheiden. Dieser Glanz wird durch umgebildete Staubblätter hervorgerufen, die Nektar absondern. Sie haben eine mehr oder weniger tütenförmige Gestalt und befinden sich am Grunde der Blütenblätter. Sie heißen Honig- oder Nektarblätter und dienen zum Anlocken der Insekten.

Sie können wie z.B. bei der Gattung Hahnenfuß (Ranunculus) blumenblattartig ausgebildet sein und sehr stark „eingefettet" glänzen. Sie besitzen eine Nektardrüse an der Basis der Blütenkronblätter, die dann als Honigblätter oder auch Nektarblätter bezeichnet werden. Sie können aber auch klein und unscheinbar zwischen den Staubblättern und den Kronblättern verborgen sein, wie z.B. bei der Trollblume.

*Der einzige Hahnenfuß, auf den diese Blütenformel nicht zutrifft ist das **Scharbockskraut (Ranunculus ficaria)** mit 8 Blütenkronblättern.*

Bestimmungsteil

1. Blüten mit 1 oder 5 Spornen: →**15**

→ Blüten nicht gespornt, zuweilen aber helmförmig: →**2**

2. Blüten helmförmig, blauviolett, in Trauben; Gebirgswälder und Lägerfluren bis 3000 m, Zierpflanze; VII-VIII: **Blauer Eisenhut (Aconitum napellus)**

50-150 ♃   ♣☠

> *Beim Eisenhut sind die Kronblätter zu nektarbildenden Honigblättern umgewandelt. Die Kelchblätter übernehmen die Schaufunktion, das obere ist helmförmig, die seitlichen verdecken die Staub- und Fruchtblätter. Die beiden unteren blauen Kelchblätter dienen als Landeplattform für Hummeln.*

Der **Blaue Eisenhut** ist stark giftig und wurde früher als Pfeilgift benutzt.

→ Blüten weder helmförmig noch gespornt: →**3**

3. Wasserpflanzen mit fein zerteilten, untergetauchten oder weniger zerteilten Schwimmblättern oder mit beiden Blattformen: **Hahnenfuß (Ranunculus)** →**15**

→ Landpflanze oder Sumpfpflanze: →**4**

4. Alle Blätter in grundständiger Rosette, dreilappig, erst nach der Blüte erscheinend, überwinternd; Blüten blau, mit 3blättrigem grünen Kelch; Stängel behaart; Laubwälder, Gebüsche; III-IV; : **Leberblümchen (Hepatica nobilis)**

5-15 ♃   ♣☠

Das **Leberblümchen** wurde früher nach der Signaturenlehre gegen Leberschädigung eingesetzt. Heute wird es nur noch in der Homöopathie verwendet.

→ Blütenstängel auch über dem Grund beblättert: →**5**

5. Dicht unter der Blüte oder davon entfernt am obersten Knoten 3 zuweilen miteinander verwachsene, quirlständige Stängelblätter, alle übrigen Blätter grundständig: →**12**

→ Blätter am Stängel verteilt: →**6**

6. Staubblätter länger als die zuweilen früh abfallenden und zur Blütezeit nicht mehr vorhandenen Blütenhüllblätter; Blätter am Grund mit oder ohne nebenblattartigen Bildungen: **Wiesenraute (Thalictrum):** →**7**

Winterling: Der Blattquirl befindet sich direkt unterhalb der Blüte.

→ **Staubblätter kürzer als die Blütenhüllblätter: →8**

7. Blüten hell lila oder weiß, in reichblütigen Trugdolden; Staubblätter unterhalb der Staubbeutel keulig verdickt; feuchte Moor- und Waldwiesen, Gebüsche besonders der montanen und subalpinen Region; V-VII: **Akeleiblättrige Wiesenraute (Thalictrum aquilegifolium)**

   40-120 ♃

→ Blüten gelblich-grünlich; Staubblätter nicht keulig verdickt; Blütenrispe zusammengezogen; Blätter 2-3fach gefiedert; feuchte Wiesen, Flussufer; VI-VIII: **Gelbe Wiesenraute (Thalictrum flavum)**

   40-100 ♃

Gelbe Wiesenraute:
Die Staubbeutel sind deutlich länger als die Blütenhülle. Als windblütige Art fehlen auffällige Lockmittel wie bunte Blütenkronblätter.

8. Blüten mit Nektarblättern, diese entweder klein oder blumenblattartig und dann am Grund Nektardrüse tragend: **→10**

   Die Nektardrüsen sind für die glänzende Oberfläche der gelben Blüten der Gattung Hahnenfuß (Ranunculus) verantwortlich. An ihrem Grund befindet sich der Nektar absondernde Drüse. Das gesamte Blütenblatt wird dann als Nektarblatt bezeichnet (kleines Bild).

   Beim Winterling beispielsweise, sind die Nektardrüsen kleiner als die Blütenblätter und stehen vor den Staubblättern.

*Nektardrüsen des **Winterlings** und der Gattung **Hahnenfuß** (kleines Bild).*

→ **Blüten ohne Nektarblätter: →9**

9. Dottergelbe Blütenhülle einfach (5 nicht in Kelch und Blütenkrone gegliederte Blütenhüllblätter); Blattspreite herz- bis nierenförmig; Sumpfwiesen, Gräben, feuchtes Gebüsch; III-VI: **Sumpfdotterblume (Caltha palustris)**

   15-40 ♃

→ Rote Blütenhülle doppelt; Blattspreite 2-3fach gefiedert; Äcker, trockene Kalkböden, in den letzten Jahren selten geworden; V-VII: **Sommer-Adonisröschen (Adonis aestivalis)**

   20-60 ☉

Sumpfdotterblume: Die Blütenblätter glänzen nicht so stark wie beispielsweise bei der Gattung Hahnenfuß, da sie keine Nektardrüsen tragen. Früher hat man sie zum Färben der Butter benutzt. Die Blätter sind jedoch giftig.

10 (8). Nektarblätter nicht blumenblattartig, kleiner als die Blütenhüllblätter: **→11**

→ Nektarblätter blumenblattartig, am Grund mit Nektardrüse (Lupe!): **Hahnenfuß (Ranunculus) →15**

11. Blütenhüllblätter gelb, 5-10 oder mehr, kugelig zusammenneigend; Blätter handförmig geteilt; moorige Wiesen besonders der montanen Region; V-VI: **Trollblume (Trollius europaeus)**

30-60 ⚘ Ⓖ ☠

Kriechender Hahnenfuß:

Bei der Gattung Hahnenfuß haben die Kronblätter Nektardrüsen am Grund. Sie glänzen daher sehr stark und werden als Nektarblätter bezeichnet.

Die Blüten der Trollblume öffnen sich nie ganz. Die bestäubenden Schwebfliegen dringen in die Blüte ein und ernähren sich von Pollen und Nektar. Nach der Paarung legt das Weibchen ein Ei pro Blüte ab. Da die sich entwickelnde Larve nur einen Bruchteil der heranwachsenden Samenanlagen frisst, gefährdet sie nicht die Fortpflanzung der Trollblume.

→ Blütenhüllblätter grün und unangenehm riechend; Blätter handförmig geteilt und nach oben allmählich in Hoch- und Blütenhüllblätter übergehend; Bergwälder und steinige Abhänge auf Kalk; III-IV: **Stinkende Nieswurz (Helleborus foetidus)**

30-80 ⚘ Ⓖ ☠

Trollblume

Nieswurz ist eine alte Heilpflanzen mit digitalisähnlichen Wirkstoffen. Im Mittelalter wurde es nahezu als Universalmittel eingesetzt. Der deutsche Name verrät die Nutzung als Niespulver.

12 (5). Hochblattquirl aus 3 handförmig geteilten Hochblättern kelchartig dicht unter der Blüte; gelbe Blüte mit 5-8 Blütenblättern, Nektarblätter gestielt und becherförmig; Grundblätter erst nach der Blüte erscheinend; zuweilen verwilderte Zierpflanze aus SO-Europa; II-III: **Winterling (Eranthis hyemalis)**

5-15 ⚘ ☠

Stinkende Nieswurz

→ Hochblattquirl während und nach der Blüte von dieser entfernt, blattartig oder fein zerschlitzt: **→13**

*Die Grundblätter des **Winterlings** erscheinen zur Zeit der Samenreife. Dann entwickelt sich aus jedem Fruchtblatt ein Balg, in dem mehrere Samen gebildet werden.*

13. Griffel schon zur Blütezeit über 2 mm lang und behaart; Blüten violett; Blätter 2-3fach gefiedert und wie der Stängel behaart; Trockenrasen auf Kalk; III-V: **Gewöhnliche Küchenschelle (Pulsatilla vulgaris)**

5-50 ♃ Ⓖ

*Die **Küchenschelle** ist stark giftig und kann über Kreislauf- und Atemlähmungen zum Tod führen. In der Homöopathie ist sie eine bedeutende Heilpflanze.*

→ Griffel auch zur Fruchtreife unter 2 mm; Blüten nicht violett: **Windröschen (Anemone)** →14

> *Das Busch-Windröschen und das Gelbe Windröschen unterscheiden sich vor allem durch die Blütenfarbe. Beide Frühjahrsblüher haben einen stark verdickten Wurzelstock (Rhizom) als Überdauerungs- und Speicherorgan. Dadurch können sie zeitig austreiben, wenn die Bäume noch unbelaubt sind und ausreichend Sonnenlicht auf den Waldboden gelangt.*

**Buschwindröschen ▶
▼ Gelbes Windröschen**

14. Blüte weiß bis rötlich-violett; Blattfiedern 2-3spaltig; Laubwälder und Gebüsche; III-IV: **Busch-Windröschen (Anemone nemorosa)**

10-25 ♃

→ 1-2 gelbe Blüten; Stängelblätter fingerförmig geteilt; Auwälder, Laubwälder vorwiegend auf Kalk und Lehm; III-IV: **Gelbes Windröschen (Anemone ranunculoides)**

10-20 ♃

15 (1). Blüten dunkelblau-violett mit 5 hakenförmig gebogenen Spornen; Laubwälder, Wiesen; V-VII: **Gewöhnliche Akelei (Aquilegia vulgaris)**

40-80 ♃ Ⓖ

Akelei

> *Die gespornten Nektarblätter der Akelei stehen zwischen den eigentlichen Blütenblättern und dienen gleichzeitig als Schauapparat.*

→ Blaue Blüten mit einem Sporn in wenigblütigen Trauben oder Rispen; Äcker, kalkliebend; V-VIII: **Feld-Rittersporn (Consolida regalis)**

20-50 ☉

> *Beim Feld-Rittersporn befindet sich der Nektar in einem langen Sporn. Die Insekten können ihn nicht erreichen, ohne die Blüte zu bestäuben.*

Feld-Rittersporn

143

Hahnenfuß (Ranunculus)

16 (3 und 10): Wasserpflanze: →24

→ Land- oder Sumpfpflanze: **→17**

17. Acht und mehr goldgelbe, blumenblatt-
artige Nektarblätter mit 3-5 Kelchblättern; Stängel niederliegend bis aufsteigend; Grundblätter herz-nierenförmig;
nach der Blüte in den Achseln der
Blätter Brutknöllchen; Wurzeln meist
keulig verdickt; krautreiche Auwälder,
feuchte Säume,; III-V: **Scharbockskraut
(Ranunculus ficaria)**

5-20 ♃   🍵 🍴

*Der Name **Scharbockskraut** kommt von
Skorbut. Früher hat man dieses Kraut vor der
Blüte gegen diesen Vitaminmangel verwendet.*

*Für eine Kräuterbutter werden die klein
gehackten Blätter mit etwas Salz in die Butter
gerührt. Das ist für viele Wildkräuter eine sehr
einfache Möglichkeit zu probieren, ob einem
das Aroma schmeckt.*

*Die meisten Hahnenfußgewächse sind jedoch
giftig! Das Weidevieh meidet sie. Getrocknet im
Heu sind sie unschädlich.*

→ Blütenkronblätter (= Nektarblätter)
und Kelchblätter je 5: **→18**

18. Blätter nicht lanzettlich, meist geteilt
(zumindest die grundständigen): **→20**

*Hier ist es sehr wichtig, wirklich Grund-
blätter, d.h. Blätter, die an der Basis der
Pflanze entspringen, zu betrachten.
Die Stängelblätter sind bei den verschiedenen Arten häufig sehr ähnlich,
da sie nach oben hin immer einfacher
werden und kurz unterhalb der Blüte
meist bei allen Arten lanzettlich sind.*

→ Alle Blätter ungeteilt und lanzettlich:
→19

19. Stängel 50-150 cm hoch und unten
hohl; goldgelbe Blüten 2-4 cm im
Durchmesser; Ufer, Röhrichte; Sumpfwiesen;   VI-VII: **Großer/Zungen-
Hahnenfuß (Ranunculus lingua)**

50-150 ♃ Ⓖ

Brennender Hahnenfuß

→ Stängel 10-50 cm hoch und nicht hohl;
Blüten 1,5 bis 3 cm im Durchmesser;
Kelchblätter zurückgeschlagen; san-
dige Ufer, Gräben, Flutrasen; VI-X:
**Brennender Hahnenfuß (Ranunculus
flammula)**

10-50 ♃

20. **(18):** Grundblätter rundlich, ungeteilt
aber mehrspaltig, Stängelblätter sitzend und fingerartig geteilt mit linealen Zipfeln; feuchte Laubwälder,
Wiesen; IV-VI: **Artengruppe Gold-
Hahnenfuß (Ranunculus auricomus)**

15-45 ♃   ☠

*Grundblatt vom **Gold-Hahnenfuß***

→ Alle Blätter fingerig geteilt oder wenigstens ± tief 3-5spaltig: →**21**

21. Stängel und Blätter abstehend rauhaarig; Grundblätter 5spaltig; Berg- und Auwälder; V-VII: **Wolliger Hahnenfuß (Ranunculus lanuginosus)**

30-70 ♃

→ Pflanze ± kahl: →**22**

22. Grundblätter handförmig 3-5teilig; unterirdische, wurzelähnliche Sprossachse (Rhizom) nicht kriechend; Wiesen, Gebüsch; V-X: **Scharfer Hahnenfuß (Ranunculus acris)**

30-100 ♃ ☠

*Der **Kriechende** und der **Scharfe Hahnenfuß** lassen sich am besten durch die Grundblätter unterscheiden. Sie sind bei beiden Arten recht variabel. Beim Kriechenden Hahnenfuß (unten) besitzen sie jedoch immer eine gestielte Endfieder, während die des Scharfen Hahnenfußes einem Punkt entspringen (oben).*

→ Grundblätter 3zählig geteilt mit gestielter Endfieder: →**23**

23. Kelch den Blütenblättern locker anliegend; Rhizom kriechend; Wiesen, feuchte Orte; V-X: **Kriechender Hahnenfuß (Ranunculus repens)**

15-40 ♃ ☠

→ Kelch zurückgeschlagen; Stängel aufrecht, am Grund knollig verdickt und ohne Ausläufer; Blüten blassgelb; Wege, Wiesen, magere Weiden; V-VIII: **Knolliger Hahnenfuß (Ranunculus bulbosus)**

15-35 ♃ ☠

24 (16). Blätter verschieden gestaltet, Schwimmblätter nierenförmig und ganzflächig, Wasserblätter fein zerteilt, zuweilen nur letztere vorhanden: →**25**

> *Wenn nur feine Wasserblätter vorhanden sind, geht es auch mit 25 weiter. Der Efeublättrige Hahnenfuß ist der einzige Wasser-Hahnenfuß ohne feine Unterwasserblätter.*

Knolliger Hahnenfuß

→ Blätter gleich gestaltet, haarfeine Wasserblätter fehlen, Blätter nierenförmig, mit 3-5 halbkreisförmigen oder 3eckigen, ganzrandigen Lappen; Blattstiel am Grund mit 2 breiten, den Stängel umfassenden Öhrchen; Nektarblätter nicht oder kaum länger als die Kelchblätter; Bäche, Gräben, Quellen; V-IX: **Efeublättriger Hahnenfuß (Ranunculus hederaceus)**

10-60 ☉♃

Efeublättriger Hahnenfuß

25. Wasserblätter länger als die Stängelglieder (Internodien), mit langen, fast parallelen, pfriemlichen Zipfeln; Schwimmblätter fehlen; Stängel flutend; Nektarblätter der weißen Blüten (über der Wasseroberfläche) bis 15 (20) mm lang; fließende Gewässer; VI-VIII: **Flutender Hahnenfuß (Ranunculus fluitans)**

50-600 ♃   🕮

Flutender Hahnenfuß

Der Flutende Hahnenfuß ist durch die langen bandartigen Riemenblätter an fließende Gewässer angepaßt. Dort dient er als Laichpflanze und ist als Sauerstoffproduzent wichtig.

→ Wasserblätter kürzer als die Stängelglieder (Internodien), meist mit abspreizend-ausgebreiteten, nicht parallelen Zipfeln: **→26**

26. Wasserblätter auch nach dem Herausnehmen aus dem Wasser spreizend, nicht zusammenfallend; Blätter im Umriss kreisrund; Blattzipfel in einer Ebene; Schwimmblätter fehlen; stehende und langsam fließende Gewässer; V-IX: **Spreizender Hahnenfuß (Ranunculus circinatus)**

5-300 ☉♃   🕮

*Die Unterwasserblätter des **Spreizenden Hahnenfußes** behalten ihre rundliche Form auch wenn sie aus dem Wasser genommen werden.*

Die weißen Blütenblätter haben gelbe Saftmale am Grunde der Blüte um die Attraktivität für Insekten zu erhöhen. Bestäubt werden sie von den verschiedensten Insekten.

→ Wasserblätter außerhalb des Wassers zusammenfallend; Blüten über 20 mm; stehende oder langsam fließende Gewässer; V-VIII: **Wasser-Hahnenfuß (Ranunculus aquatilis)**

10-200 ☉♃   🕮

Der Wasser-Hahnenfuß hat Schwimm- und haarförmig zerteilte Wasserblätter. Bei Versiegen des Wassers bildet er eine Landform mit kurzen Stängeln und dickeren Blättern aus, den Winter übersteht er so aber nicht. Die Früchte des Wasser-Hahnenfußes werden als Schwimmfrüchte oder durch Haftung am Gefieder der Wasservögel verbreitet.

Wasser-Hahnenfuß

9.2.2 Mohngewächse (Papaveraceae)

Weltweit gibt es 23 Gattungen mit 230 Arten. Einheimisch sind bei uns knapp 10 Arten aus 3 Gattungen.

Mohngewächse sind Kräuter oder Stauden. Die Blätter sind stets wechselständig und meist fiederig eingeschnitten oder zusammengesetzt.
Eine Besonderheit der Mohngewächse ist der Milchsaft. Es gibt allerdings auch noch Arten aus anderen Familien die Milchsaft führen (Wolfsmilchgewächse, einige Korbblütler, Ahorn, Sumpf-Haarstrang), so dass dies alleine nicht als sicheres Erkennungsmerkmal für die Mohngewächse ausreicht. In Verbindung mit der Blütenform kann man sie jedoch sicher erkennen.

Die Frucht ist bei Schöllkraut eine Schote und bei der Gattung Mohn eine Kapsel.

Ölkörper (Elaiosom)

Samen

4zählige Blüte

Stängel

Wechselständige Blätter

Milchsaft

Die Blätter sind fiederig eingeschnitten.

*Das **Schöllkraut (Chelidonium majus)** ist ein Mohngewächs mit gelb-orangem Milchsaft. Die Samen haben Anhängsel (Ölkörper) zur Ameisenverbreitung, daher wächst diese Heil- und Färbepflanze auch auf Mauern und hohlen Weiden.*

Die beiden Kelchblätter fallen manchmal sehr früh ab, sie sind dann nur noch an den Knospen zu erkennen. Eine 4zählige Blütenkrone besitzen auch die Nachtkerzen- und Rötegewächse sowie die Kreuzblütler. Keine dieser Familien besitzt Milchsaft. Von den Nachtkerzengewächsen kann man die Mohngewächse außerdem durch den oberständigen Fruchtknoten unterscheiden. Die Rötegewächse haben verwachsene Kronblätter und charakteristische „Blattquirle". Die Kreuzblütler besitzen immer 4 lange und 2 kürzere Staubbeutel.

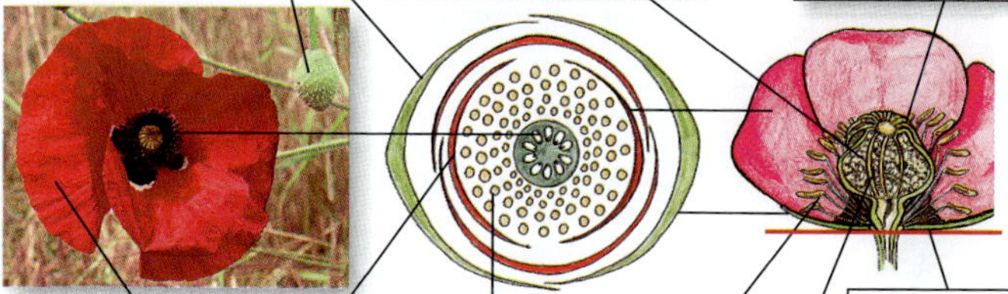

Die beiden Kelchblätter fallen oft früh ab: K 2.

Blütendiagramm

In jedem Fruchtblatt werden viele Samen gebildet.

Blütenquerschnitt (halbschematisch)

Narbenstrahlen

Blütenachse

Blütenkronblätter B 4

Kelchblätter

Staubblätter S ∞ (männliche Blütenanteile)

Die Anzahl der Narbenstrahlen entspricht der Anzahl der oberständigen, verwachsenen Fruchtblätter F (2) bis (∞). Hier sind es (10).

Symbol für Symmetrie

Blütenformel   ***K 2 B 4 S ∞ F (2) bis (∞)**

* Kelchblätter 2 Blütenkronblätter 4 Staubblätter ∞ Fruchtblätter (2) bis (∞)

Die Frucht der Mohngewächse ist beim Schöllkraut eine Schote und beim Mohn eine Kapsel. Beim Mohn entwickelt sich die Frucht aus einem keulen- oder kugelförmigen Fruchtknoten. An der Zahl der Narbenstrahlen können Sie erkennen, aus wie vielen Fruchtblättern er sich zusammensetzt, meist sind es zwischen 7 und 15. In jedem Fruchtblatt werden viele kleine Samen gebildet. Zur Reifezeit bilden sich unterhalb der Narbenscheibe kleine Löcher, aus denen die Samen herausfallen. Die Zahl der Löcher entspricht der Zahl der Fruchtblätter.

*Eine Kapselfrucht des **Schlafmohns (Papaver somniferum)** liefert etwa 2000 alkaloidfreie Samen. Sie wurden schon seit der jüngeren Steinzeit wegen des hohen Ölanteils in der Küche und für hochwertige Malerfarben genutzt.*

Die beiden Kelchblätter fallen wie hier beispielsweise beim **Schöllkraut (Chelidonium
majus)** manchmal sehr früh ab, sie sind dann
nur noch an den Knospen zu erkennen.

Die Schote enthält zahlreiche schwarzglänzende
Samen mit Ölkörpern zur Ameisenverbreitung.
Im Gegensatz zu den Samen des Mohns sind sie
jedoch für den Menschen giftig.

Bemerkenswert ist die Veränderung der
Blütenstellung von Knospe, Blüte und
Kapsel beim **Klatsch-Mohn (Papaver
rhoeas)** und einigen anderen Mohn-
Arten. Die Blütenknospe weist zunächst
nach unten, während sich die Blüte dann
aufrichtet, und auch die Mohnkapsel
bleibt nach oben gerichtet.

Bestimmungsteil

1. Milchsaft gelb-orange; Pflanze oft wollig behaart; Blätter unterseits blaugrün; Blüten gelb, zahlreiche Staubblätter; Frucht bis 5 cm lang; Samen schwarz mit weißem Anhängsel (Ölkörper zur Ameisenverbreitung, daher auf Mauern und hohlen Weiden); Ruderalstellen, Gebüsche; V-IX: **Schöllkraut (Chelidonium majus)**

30-70 ♃

Der gelborange Milchsaft des Schöllkrautes enthält zahlreiche Alkaloide und ist giftig. In der Schulmedizin wird er vor allem gegen Galle- und Magenbeschwerden eingesetzt. In der Volksmedizin verwendet man den frisch austretenden Milchsaft gegen Warzen.

Mit dem Schöllkraut lässt sich eine wunderschöne wasch- und lichtechte Gelbfärbung erreichen. Dazu wird die frische oder getrocknete Pflanze in Wasser ausgekocht und Wolle oder Seide in den Färbesud getaucht.

Schöllkraut

→ Milchsaft weiß: **Mohn (Papaver): →2**

2. Blätter wenig geteilt, Stängel umfassend, blaugrün bereift und kahl; Blüten weiß, rosa oder violett, am Grund mit dunklen Flecken; Heilpflanze; als Ölpflanze angebaut und stellenweise verwildert (Heimat westliches Mittelmeer); VI-VIII: **Schlaf-Mohn (Papaver somniferum)**

40-150 ☉

Aus dem Milchsaft der unreifen Samenkapseln des Schlafmohns wird Opium gewonnen, das Morphin enthält. Diese schon den alten Griechen bekannte Droge gilt noch heute als wirksames Mittel gegen starke Schmerzen. Sie wirkt euphorisch und einschläfernd (lat. somniferum = schlafbringend). Der Missbrauch als Rauschgift geht bis ins Mittelalter zurück. Das suchterzeugende Heroin wird halbsynthetisch aus dem Morphin gewonnen. Der Name „Papaver" leitet sich von der mittelalterlichen Sitte ab, Kleinkindern zur Beruhigung einen Absud von Mohnköpfen zu verabreichen (lat. Papa = Kinderbrei).

Schlaf-Mohn

→ **Blätter nicht den Stängel umfassend und stark zerteilt: →3**

3. **Kapsel borstig behaart, keulenförmig und mehrmals länger als breit; 4-6 Narbenstrahlen; Blätter anliegend borstig behaart; sandige Äcker; V-VII: Sand-Mohn (Papaver argemone)**

   15-30 ☉

→ **Kapsel kahl: →4**

4. **Stängel abstehend, lang borstig behaart; Kapsel verkehrt eiförmig mit abgerundetem Grund, 10 (8-14) Narbenstrahlen; formenreich; Äcker; V-VII: Klatsch-Mohn (Papaver rhoeas)**

   30-90 ☉

*Der **Klatschmohn** wurde zum Färben von Wein, Sirup und Tinte verwendet.*

Der Stempel dient den Insekten als Landeplatz.

> *Der Klatschmohn produziert nur Pollen und keinen Nektar. Dafür ist die Pollenproduktion der 164 Staubblätter um so intensiver: Eine Blüte erzeugt 2,5 Millionen Pollenkörner, diese Zahl wird nur von der Pfingstrose übertroffen. Die größte Pollenproduktion ist zwischen 6 und 8 Uhr morgens, danach kommen kaum noch Blütenbesucher.*

→ **Stängel anliegend behaart; Kapsel keulenförmig-walzlich, allmählich in den Stiel verschmälert, 4-9 Narbenstrahlen; sandige Äcker; V-VI: Saat-Mohn (Papaver dubium)**

   30-60 ☉

Saat-Mohn

Das reine Rot der Mohnblüten ist wegen der Rotblindheit der meisten Insekten in der heimischen Flora ausgesprochen selten. Die Blütenblätter reflektieren das UV-Licht und sind so für Insekten attraktiv. Diese UV-Saftmale sind für uns unsichtbar.

151

9.2.3 Rosengewächse (Rosaceae)

Die Rosengewächse besiedeln vorwiegend die gemäßigte Zone der nördlichen Erdhalbkugel. Weltweit gibt es etwa 100 Gattungen mit 3.100 Arten, einheimisch sind bei uns davon 25 Gattungen mit etwa 120 Sammelarten.

Sammelarten werden auch als Artengruppe oder Aggregat bezeichnet – und zwar deshalb, weil alleine die „Art" Brombeere (Rubus fruticosus agg.) in 300-400 Klein- bzw. Unterarten aufgeteilt werden kann. Ähnlich verhält es sich mit den ca. 70 Kleinarten der Gattung Frauenmantel (Alchemilla) die in 5-6 Artengruppen zusammengefasst werden.

Viele Rosengewächse sind Gehölze. Da diese im Grundkurs „Gehölzbestimmung" beschrieben sind, werden hier die Stauden und Kräuter vorgestellt. Sie besiedeln nahezu alle Lebensräume ohne besonderen Schwerpunkt.

Artengruppe Alpen-Frauenmantel (Alchemilla alpina agg.)

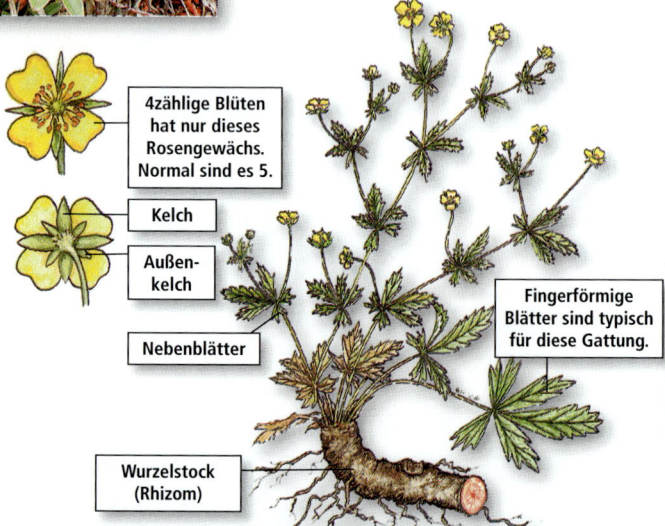

4zählige Blüten hat nur dieses Rosengewächs. Normal sind es 5.

Kelch

Außenkelch

Nebenblätter

Fingerförmige Blätter sind typisch für diese Gattung.

Wurzelstock (Rhizom)

*Der Wurzelstock der **Blutwurz (Potentilla erecta)** enthält einen roten Farbstoff und Gerbstoffe. Früher wurde das Rhizom zum Färben benutzt. In Magenmitteln wird Blutwurz auch heute noch verwendet. Der Gattungsname bezieht sich vermutlich auf diese Heilpflanze (lat. potentia = Kraft).*

Die wechselständigen Blätter der Rosengewächse sind sehr vielgestaltig, ihr gemeinsames Merkmal sind die Nebenblätter. Die Ähnlichkeit der Blüten von Rosen- und Hahnenfußgewächsen kann immer wieder zu Verwechslungen beider Familien führen, so dass die Nebenblätter ein wichtiges Unterscheidungsmerkmal sind. Darüber hinaus können auch die Blätter dieser beiden Familien sehr ähnlich sein. Sie sind bei beiden stets wechselständig und meist gefiedert oder gefingert. Bei der Bestimmung laufen beide Familien daher sehr weit parallel. Bei Bäumen und Sträuchern kann es sich nie um Hahnenfußgewächse handeln, da es unter ihnen keine Gehölzarten gibt.

Zur Charakterisierung dieser Familie reichen die Nebenblätter nicht aus, da sie auch bei anderen Familien wie z.B. den Schmetterlingsblütlern, vorkommen. Die Blüten der Schmetterlingsblütler haben jedoch einen typischen Blütenaufbau (s. S. 160). Die Blüten der Nelkengewächse können denen der Rosengewächse ähnlich sein. Durch deren gegenständige Beblätterung können sie jedoch unterschieden werden, da die Blätter der Rosengewächse in der Regel wechselständig sind.

Nebenblätter

Die Blüten sind stets radiär (nie gespornt oder zygomorph) und haben eine doppelte Blütenhülle mit Kelch und Blütenkrone. Der 5zählige Kelch kann einen Außenkelch besitzen, dann besteht er insgesamt aus 10 Kelchblättern, von denen die äußeren Kelchblätter meist kleiner sind als die inneren. Da die Hahnenfußgewächse nie einen Außenkelch haben, ist dies ein gutes Unterscheidungsmerkmal.

Blütendiagramm

Blütenquerschnitt (halbschematisch)

Fleischiger Blütenboden

Blütenkronblätter B 5

Einzelne Fruchtblätter

Nussfrüchte

Blütenachse

Auf dem Blütenboden sitzen zur Fruchtzeit die Nussfrüchte aus jeweils einem Fruchtblatt.

Der Außenkelch wird in der Formel nicht berücksichtigt: K 5.

Viele Arten haben mehr als die hier vorhandenen 20 Staubblätter: S ∞

Der Fruchtknoten ist bei der Erdbeere oberständig und aus zahlreichen Fruchtblättern aufgebaut: F ∞. Die weiblichen Blütenanteile sind sehr variabel: F 1-∞.

Symbol für Symmetrie

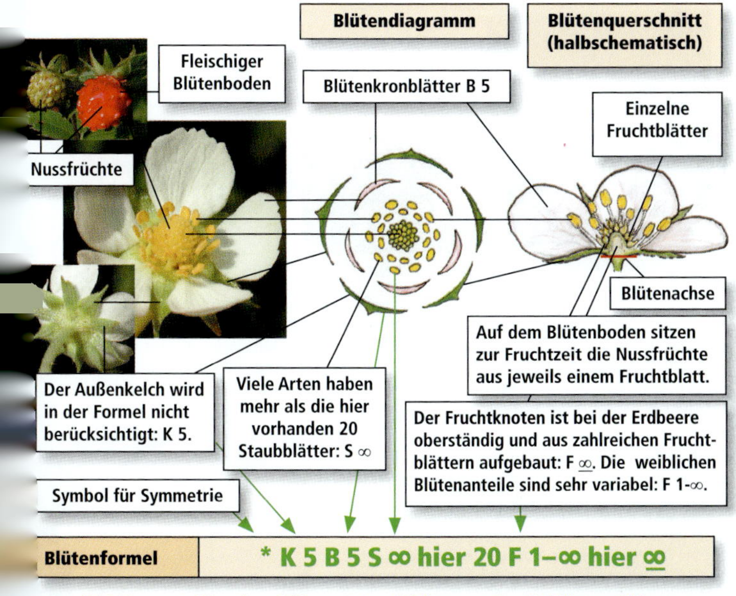

Blütenformel   ⃰ **K 5 B 5 S ∞ hier 20 F 1–∞ hier** <u>∞</u>

⃰ **Kelchblätter 5 Blütenkronblätter 5 Staubblätter ∞ Fruchtblätter 1 bis ∞**

Stockrose (Alcea rosea):
Einen Außenkelch besitzen sonst nur noch die Malvengewächse
(s. S. 215). Bei ihnen sind die Staubblätter zu einer Röhre
verwachsen und oft zusätzlich am Grunde mit den Blütenkron-
blättern verbunden. Bei den Rosengewächsen sind die Staubbeu-
tel nie säulenartig miteinander verwachsen sondern immer frei.

Die gelben, weißen oder roten Blütenkronblätter sind meist 5zählig. Eine Ausnahme hiervon ist das Aufrechte Fingerkraut. Wenn Sie erst einmal ein Auge für die Gattung Fingerkraut bekommen haben, ist dies ein sehr gutes Erkennungsmerkmal.

Die Staubbeutel sind meist zahlreich, oft sind es 20. Der Fruchtknoten zeigt eine große Vielfalt, er kann aus einem oder sehr vielen Fruchtblättern aufgebaut sein und weist von unter- bis oberständig alle Übergänge auf. Die einzelnen Fruchtblätter können frei oder miteinander verwachsen sein. Besteht der Fruchtknoten aus einem Fruchtblatt, sind die Früchte meist Steinfrüchte wie bei der Kirsche. Häufig ist die Blütenachse an der Fruchtbildung beteiligt. Bei der Erdbeere beispielsweise, sind die einzelnen Früchte Nüsschen, die der kegelförmigen und fleischig gewordenen Blütenachse aufsitzen. Es handelt sich bei dieser Frucht also keineswegs um eine Beere, wie es der deutsche Name verspricht, sondern um eine Sammelnussfrucht. Echte Beeren gibt es bei den Rosengewächsen nicht (s. S. 34).

Bach-Nelkenwurz:
Einzelfrüchte

Wald-Erdbeere:
Sammelnussfrucht

Echtes Mädesüß:
Balgfrüchte

Bei der Hagebutte dagegen, sitzen die einzelnen Nüsschen im Inneren der krugförmigen und fleischig gewordenen Blütenachse. Sehr viele unserer Obstsorten sind Rosengewächse: Apfel, Zwetschge, Hagebutte, Birne, Pflaume, Quitte, Kirsche und Erdbeere. Bei den Brom- und Himbeeren sind die Steinfrüchte zu Sammelfrüchten vereinigt und sitzen auf der aufgewölbten Blütenachse.

Die Blüten und Früchte der Rosengewächse sind Penta-
gramme. Sie standen Pate für den Fünfstern, das magi-
sche Zeichen des pythagoreischen Bundes. Dieser bestand
aus Männern und Frauen, die in äußerster Bescheidenheit
in Kommunen lebten und sich ganz der Heilpraxis widme-
ten. Der Fünfstern ist auf der ganzen Welt ein Symbol für
Gesundheit geworden und in den Nationalfahnen vieler
Länder zu finden (GYÖRGY DOCZI 1996).

Bestimmungsteil

1. Blüten in dichten, kugeligen oder walzlichen, grünlich bis rötlichen Köpfchen; Blätter gefiedert: **Wiesenknopf (Sanguisorba)** →**2**

→ Blütenstände anders: →**3**

2. Blütenköpfchen grünlich; Blattfiedern beidseitig mit 3-9 Zähnen, unterseits grün; männliche Blüten mit zahlreichen Staubblättern, weibliche mit 2 Griffeln; trockene Wiesen, Raine; V-VI: **Kleiner Wiesenknopf/Bibernelle (Sanguisorba minor)**

15-40 ♃ 🖐   🌿 🎴

> Der Name Bibernelle oder auch Pimpinelle wird auch für die Gattung Pimpinella (Doldengewächs, siehe S. 189) gebraucht, die ebenfalls als Küchenkraut verwendet wird. Beide haben Fiederblätter mit rundlichen Einzelfiedern, aber grundverschiedene Blütenstände.

Kleiner Wiesenknopf:
Viele einzelne Blüten stehen in einem köpfchenförmigen Blütenstand am Ende des Stängels. Die Griffel (rot) sind stark zerschlitzt. Um Selbstbestäubung zu verhindern reifen zunächst die weiblichen (oberes Bild) und dann die männlichen Blütenelemente (unteres Bild).

→ Blütenköpfchen dunkelrot; Blattfiedern beidseitig mit etwa 12 Zähnen, unterseits blaugrün; Staubblätter 4, Griffel 1; feuchte Wiesen; VI-IX: **Großer Wiesenknopf (Sanguisorba officinalis)**

30-90 ♃   🌿🥄🥬🎴

> Der wissenschaftliche Name verrät die ursprüngliche Verwendung: Sanguis bedeutet lat. „Blut" und sorbere „aufsaugen". Allgemein verrät der Artname officinalis, das es sich um ehemalige Heilpflanzen handelt. Diese wurde zur Stillung von Blutungen und gegen Entzündungen verwendet und als Gemüse gegessen.

*Der **Große Wiesenknopf** hat ein dunkleres Blütenköpfchen und feiner gezähnte Blätter.*

3. Blütenhülle doppelt, mit Kelch und ± auffälliger Blütenkrone; Kelch häufig mit Außenkelch: →**5**

→ Blütenhülle einfach, Blütenkrone fehlend; Kelch mit Außenkelch: →**4**

4. Blüten in achselständigen Knäulen; 1 Staubblatt; Blätter handförmig 3spaltig; Pflanze meist graugrün; sandige, lehmige Äcker; V-IX: **Ackerfrauenmantel (Aphanes arvensis)**

5-20 ☉   🎴

Ackerfrauenmantel

→ Blüten in kleinen, grünlichen, endständig geknäuelten Rispen, Staubblätter 4; Blätter gefaltet mit ringsum gezähnten Abschnitten, kahl bis zottig; Wiesen, Wälder und Gebüsche; V-IX: **Gewöhnlicher Frauenmantel (Alchemilla vulgaris)**

3-30 ♃   ⚬⚬⚬⚬⚬

Die Blätter ähneln einem Mantel der mittelalterlichen Mariendarstellungen und so wurde diese Pflanze nach der Signaturenlehre vor allem gegen Frauenleiden verwendet. Vor der französischen Revolution erhoffte man sich sogar, dadurch die Jungfräulichkeit zurück bekommen zu können.

Heute werden die Blätter vor allem gegen Magen-Darm-Verstimmungen eingesetzt und als Wildgemüse zubereitet.

*Die Guttationstropfen an den Blattspitzen des **Frauenmantels** haben die Menschen schon lange fasziniert und es ranken viele Legenden um den Frauenmantel. Der wiss. Name verrät, dass er in der Alchemie verwendet wurde.*

5 (3). Blüten mit Kelch und Außenkelch, deshalb 8-10 Kelchblätter: **→9**

→ Außenkelch fehlend (zuweilen aber Kranz mit Hakenstacheln): **→6**

6. Blüten gelb, in ährig-traubigen Blütenständen; Kelchbecher gefurcht, die Frucht fest umschließend, am Rand mit hakeligen Stacheln; Blätter unterbrochen gefiedert: **→7**

*Bei der **Echten Nelkenwurz** (links) sind die Außenkelchblätter kleiner als der „echte" Kelch. Sie können auch gleich gestaltet sein. Beim **Gewöhnlichen Odermennig** (rechts) besteht der Kelch aus einem Kranz hakeliger Stacheln.*

→ Blüten weiß oder gelblich-weiß, klein, in zahlreichen reichblütigen, doldenrispigen Blütenständen: **Mädesüß (Filipendula) →8**

7. Äußere Kelchborsten aufrecht-abstehend; Kelchbecher deutlich gefurcht; Stängel mit Drüsenhaaren, zusätzlich mit langen und kurzen nicht drüsigen Haaren; Wegränder, Magerweiden; VI-VIII: **Gewöhnlicher Odermennig (Agrimonia eupatoria)**

30-100 ♃   ⚬⚬⚬⚬⚬

▶ *Gewöhnlicher Odermennig* ▼

→ Äußere Kelchborsten nach hinten zurückgeschlagen; Kelchbecher nur seicht gefurcht oder ungefurcht; Stängel mit Drüsenhaaren, zusätzlich nur mit langen nicht drüsigen Haaren; Wegränder, Hecken; VI-VIII: **Wohlriechender Odermennig (Agrimonia procera)**

50-180 ♃   ⚬

8 (6). Stängel 100-150 cm lang, kantig; Blätter unterbrochen gefiedert mit 2-5 Paaren großer, eiförmiger, doppelt gesägter Fiedern, unterseits weißfilzig oder grün; Blüten stark duftend; Nasswiesen, Gräben; VI-VIII: **Echtes Mädesüß (Filipendula ulmaria)**

50-150 ♃ 🌿🌸🍵

→ Stängel 30-80 cm lang, dünn, stielrund oder schwach gerillt; Blätter unterbrochen gefiedert mit mehr als 20 Fieder-Paaren; Wurzeln knollig verdickt; trockene Hügel und lichtes Gebüsch, vorwiegend auf Kalk; V-VII: **Kleines Mädesüß (Filipendula vulgaris)**

30-60 ♃ 🌾

> An den vielen Fiederblättchen ist das Kleine Mädesüß gut vom Echten Mädesüß zu unterscheiden.

9 (5). Griffel sich zur Fruchtreife nicht verlängernd: →**11**

→ Griffel sich während der Fruchtreife verlängernd, fedrig behaart oder hakig gekrümmt: **Nelkenwurz (Geum) →10**

10. Blüten nickend; Blütenkronblätter außen rötlich; Kelch braunrot; Hochstaudenfluren, Au- und Bruchwälder; IV-V: **Bach-Nelkenwurz (Geum rivale)**

30-70 ♃ 🌾

→ Blüten gelb und aufrecht; Kelch zurückgeschlagen; feuchte Wälder, Wegränder; V-X: **Echte Nelkenwurz (Geum urbanum)**

30-120 ♃ 🌿🌸🍵

> Jede Blüte bildet viele freie Nüsschen, die durch den hakig gekrümmten Griffel als Klett- und Bohrfrucht verbreitet werden.
>
> Der Name verrät, dass die Wurzel dieser alten Heilpflanze Nelkenöl enthält. Sie wurde ähnlich verwendet, wie heute die ungeöffneten Blütenknospen des aus Indonesien stammenden Gewürznelkenbaumes (Syzygium aromaticum). In England dient der Wurzelstock (Rhizom) zum aromatisieren von Bier, Wein und Likör.

Das **Echte Mädesüß** heißt in einigen Regionen Vierzigerleikraut und ist eine der vielseitigsten Pflanzen. Außer von Schmetterlingen wird es von den verschiedensten Insekten bestäubt.

Zur Blütezeit sind die Griffel der **Bach-Nelkenwurz** etwa so lang wie die Blütenblätter (links). Zur Fruchtreife verlängern sie sich (rechts) und haften so an Fell oder Kleidung.

Bei der **Echten Nelkenwurz** sind die Grundblätter (links) viel stärker abgerundet als die Stängelblätter (rechts). Beide sind recht variabel. Die Grundrosette bleibt im Winter erhalten, sie war früher ein beliebter Vitaminspender.

11 (9). Blütenkrone gelb oder braunrötlich; Blätter mehrzählig gefiedert oder gefingert: **Fingerkraut (Potentilla)** →**14**

Ein 5zählig gefingertes Blatt hat beispielsweise das Silber-Fingerkraut. Bei gefiederten Blättern treffen sich die einzelnen Fiedern nicht alle im Zentrum des Blattes.

Bei den meisten Arten sind die Blätter mindestens 5zählig gefingert oder gefiedert. Es gibt jedoch Fingerkräuter mit 3zähligen Blättern, wie beispielsweise das Erdbeer-Fingerkraut.

→ Blütenkrone weiß und Blätter 3zählig gefingert oder gefiedert: →**12**

Bei 3zählig gefiederten Blättern ist die Endfieder gestielt, während sie bei gefingerten ohne Blattstiel dem selben Mittelpunkt entspringt.

12. Blütenkronblätter vorn ausgerandet, sich nicht berührend; Blütenboden stark behaart; Frucht nicht fleischig; krautreiche Laubwälder, Wegränder, buschige Hänge; IV-V: **Erdbeer-Fingerkraut (Potentilla sterilis)**

5-10 ♃

*An den ausgerandeten, von einander entfernt stehenden Blütenkronblättern ist das **Erdbeer-Fingerkraut** gut zu erkennen. Hier ist die Blüte noch nicht voll entfaltet und daher leicht zusammen neigend.*

Von der Wald-Erdbeere (unten) ist es auch durch die Früchte und Blätter zu unterscheiden.

→ Blütenkronblätter vorn abgerundet bis zugespitzt, sich meist berührend; Blütenboden kahl, zur Fruchtreife fleischig-saftig: **Erdbeere (Fragaria)** →**13**

13. Fruchtkelch waagerecht abstehend oder zurückgeschlagen; Blüten weiß; Kronblätter 5-6 mm lang; Blätter unterseits seidenhaarig, oberseits locker anliegend behaart; Ausläufer meist lang; Wälder und Gebüsche; V-VI: **Wald-Erdbeere (Fragaria vesca)**

5-20 ♃

*Bei der **Wald-Erdbeere** überlappen sich die Fiederblättchen (links), während sie beim **Erdbeer-Fingerkraut** nebeneinander liegen (rechts).*

Aus jedem Fruchtblatt entwickelt sich ein hartschaliges Nüsschen, das auf der fleischig gewordenen Blütenachse sitzt (Sammelfrucht). Die Verbreitung erfolgt durch Vögel und Schnecken.

→ Fruchtkelch zur Reifezeit der Sammelfrucht angedrückt; Blütenkrone gelblich-weiß; Kronblätter 6-10 mm lang; Ausläufer kurz oder fehlend; Sammelfrucht gelblich-weiß und nur an der Spitze rot, meist mit leichtem Knall abtrennbar; sonnige Hänge auf Kalk; V-VI: **Knack-Erdbeere (Fragaria viridis)**

5-15 ♃

*Ohne Früchte ist die Knack-Erdbeere von der **Wald-Erdbeere** (Bild) am einfachsten durch die Blattzähne zu unterscheiden.*

Bei der Wald-Erdbeere verläuft neben dem roten Fleck eine grüne Linie, die bei der Knack-Erdbeere fehlt.

14 (11). Blütenkrone braunrot; Grundachse kriechend; Blätter 5-7zählig gefiedert; Flach- und Hochmoore, Sümpfe, Ufer; VI-VII: **Blutauge/Sumpf-Fingerkraut (Potentilla palustris)**

30-100 ♃

Blutauge

→ Blüten gelb: **→15**

15. Blüten 4zählig; unterirdische, wurzelähnliche Sprossachse (Rhizom) unregelmäßig knollig, beim Anschneiden rötend; nasse bis trockene Wiesen, Heiden, Wälder; V-VIII: **Blutwurz Aufrechtes Fingerkraut (Potentilla erecta)**

10-30 ♃

Durch die für ein Rosengewächs untypische 4zählige Blüte, ist dieses Fingerkraut leicht von den anderen zu unterscheiden.

Diese alte Heilpflanze wird auch heute noch bei Magen-Darm-Problemen eingesetzt.

Blutwurz

→ Blüten 5zählig: **→16**

16. Grundblätter unterbrochen vielpaarig gefiedert und bis 20 cm lang, unterseits weiß-seidenhaarig; kriechender Stängel dünn und niederliegend; nährstoffreiche Weiden und Wegränder; V-VIII: **Gänse-Fingerkraut (Potentilla anserina)**

15-50 ♃

Die silbrig behaarte Blattunterseite wird bei starker Sonneneinstrahlung nach oben gekehrt. Dadurch wird das UV-Licht reflektiert und durch die Behaarung gleichzeitig die Verdunstung vermindert.

Dieses ehemalige Heilkraut wurde auch in Hautcremes und als Gemüse verwendet. Ihr Standort sind die nährstoffreichen Gänseweiden (Name!).

Gänse-Fingerkraut

→ Grundblätter gefingert; alle Stängel ausläuferartig, bis 1 m lang und niederliegend, an den Knoten wurzelnd; Gräben, Wiesen; Wegränder; VI-VIII: **Kriechendes Fingerkraut (Potentilla reptans)**

10-20 ♃

Kriechendes Fingerkraut

9.2.4 Schmetterlingsblütler (Fabaceae)

Schmetterlingsblütler sind über die ganze Erde verbreitet. Weltweit gibt es über 10.000 Arten in annähernd 440 Gattungen, davon einheimisch sind 30 Gattungen und 140 Arten. Die einheimischen Schmetterlingsblütler sind überwiegend Kräuter und Stauden. In den Tropen gibt es viele Lianen und Bäume mit auffällig gefärbten Blüten. In den Steppen und Wüsten sind es meist dornige Stauden und Zwergsträucher mit langen Pfahlwurzeln. Im Mittelmeergebiet gibt es eine Vielzahl von einjährigen Arten.

Die **Robinie (Robinia pseudacacia)** ist ein Pioniergehölz auf Rohböden. Die frittierten Blüten sind ausgesprochen lecker. Alle anderen Pflanzenteile sind jedoch stark giftig.

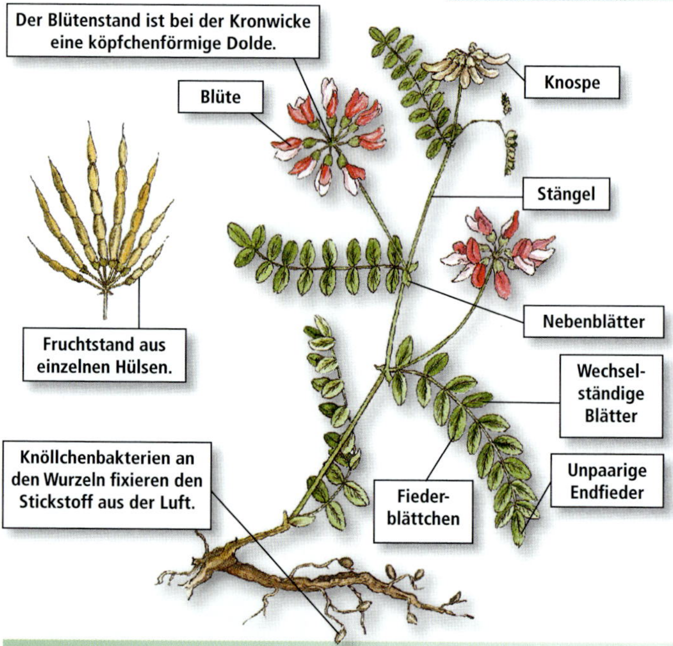

Der Blütenstand ist bei der Kronwicke eine köpfchenförmige Dolde.

Blüte

Knospe

Stängel

Nebenblätter

Wechselständige Blätter

Unpaarige Endfieder

Fiederblättchen

Knöllchenbakterien an den Wurzeln fixieren den Stickstoff aus der Luft.

Fruchtstand aus einzelnen Hülsen.

Die giftige **Kronwicke (Securigera varia)** wächst vor allem auf kalkreichen Böden in lichten Gebüschen, an Waldrändern und in Halbtrockenrasen. Die Einzelblüten stehen wie eine Krone in köpfchenförmigen Dolden. Die Hülsen sind perlschnurartig eingeschnürt.

Die Blätter der Schmetterlingsblütler sind stets wechselständig und besitzen Nebenblätter, die auch Stipeln genannt werden. Meist sind die Blätter zusammengesetzt, und oft sind ihre Endabschnitte zu Ranken umgebildet.

Der **Hornklee (Lotus)** hat große Nebenblätter. Er richtet seine Fiederblättchen während des Tages optimal zur Sonneneinstrahlung aus und klappt sie in der Nacht nach oben zusammen.

Der **Bastard-Klee (Trifolium hybridum)** hat Nebenblätter, die kleiner und anders gestaltet sind als die übrigen drei Fiederblättchen.

Bei der **Zottigen Wicke (Vicia hirsuta)** sind die Entfiedern zu Ranken umgebildet.

Die Anordnung der Blüten ist sehr vielfältig. Es sind stets offene Trauben. Da die Stängelglieder oft sehr stark gestaucht sind, sehen sie dann aus wie Köpfchen oder Dolden.

Die Blüte hat einen einheitlichen Blütenaufbau, der charakteristisch für alle Schmetterlingsblütler ist.

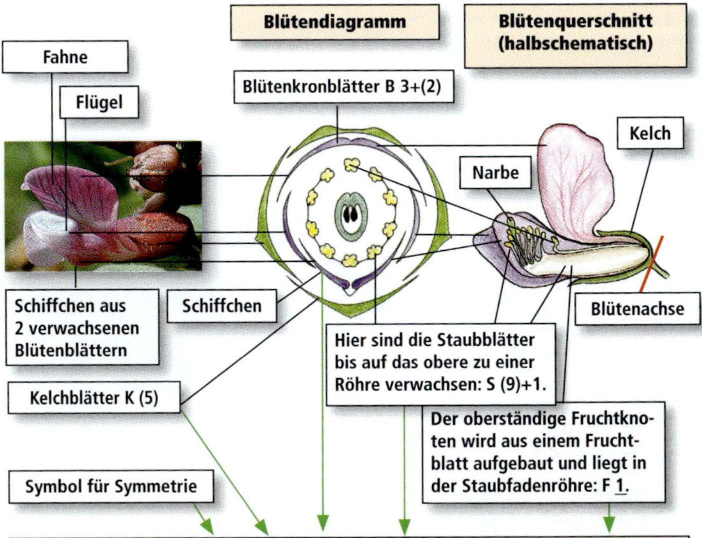

Blütendiagramm

Blütenquerschnitt (halbschematisch)

Fahne

Flügel

Blütenkronblätter B 3+(2)

Kelch

Narbe

Schiffchen aus 2 verwachsenen Blütenblättern

Schiffchen

Blütenachse

Kelchblätter K (5)

Hier sind die Staubblätter bis auf das obere zu einer Röhre verwachsen: S (9)+1.

Symbol für Symmetrie

Der oberständige Fruchtknoten wird aus einem Fruchtblatt aufgebaut und liegt in der Staubfadenröhre: F 1.

Blütenformel ↓ K (5) B 3+(2) S (10) oder (9)+1 F 1

↓ Kelchblätter (5) Blütenkronbl. 3+(2) Staubblätter (10) oder (9)+1 Fruchtblatt 1

Diese Schmetterlingsblüten zeichnen sich durch besonders „einfallsreiche" und oft hoch spezialisierte Bestäubungsmechanismen aus und sind nicht für jedes Insekt zugänglich.

*Bei der **Luzerne (Medicago sativa)** steht die Blüte unter einer hohen Spannung. Wenn ein Blütenbesucher den Rüssel in die Blüte einführt, schlägt die bis dahin im Innern verborgene zentrale Säule aus Staubblättern und Griffel heraus. Viele Bienenarten stören sich nicht daran, aber der Ledernen Honigbiene gefällt dieser „Kinnhaken" nicht. Ihr Rüssel ist lang genug um von der Seite her und ohne den Bestäubungsmechanismus auszulösen, an den Nektar zu gelangen. Hat sie diesen Mechanismus einmal gelernt, bestäubt sie nie wieder eine Luzerne.*

Der Kelch ist stets aus 5 miteinander verwachsenen Kelchblättern aufgebaut. Er spielt häufig bei der Bestimmung der Klee-Arten (Gattung Trifolium) eine Rolle. Dabei sind besonders die Zahl der Kelchnerven, die Länge und Form seiner Zähne sowie die Behaarung wichtige Unterscheidungsmerkmale.

Die Blütenkronblätter einer Schmetterlingsblüte setzen sich aus den Elementen **Fahne**, **Flügel** und **Schiffchen** zusammen, wobei das Schiffchen aus 2 miteinander verwachsenen Kronblättern besteht. Daher schreibt man in der Blütenformel 3+(2), für die 3 freien und die 2 miteinander verwachsenen Kronblätter. ROUSSEAU (2003) bezeichnet die Fahne als den *„Regenschirm, der die anderen vor Wind und Wetter schützt."* Die Flügel sind die *„Ohrenschoner"* und im Schiffchen verbirgt sich *„das Schatzkästchen, sicher vor allen Gewitterstürmen geschützt"*.

Die Staubfäden sind zu einer Röhre verwachsen, die den Fruchtknoten umschließt. Dabei können entweder alle 10 Staubfäden miteinander verwachsen sein, oder nur neun und ein Staubfaden ist frei und die Röhre daher nach oben offen. Dies

Breitblättrige Platterbse (Lathyrus latifolius):

Nach dem Entfernen der Blütenkronblätter werden der Fruchtknoten und die ihn umschließende Staubfädenröhre sichtbar.

kann man nur erkennen, wenn man die Blütenkronblätter entfernt und versucht, ob sich im oberen Teil auf der **Staubfadenröhre** ein Staubfaden zur Seite schieben lässt. Optisch ist das schwer zu beurteilen, da der freie Staubfaden auch wenn er nicht verwachsen ist, den anderen sehr dicht aufliegt. Probieren Sie darum mit dem Finger oder einer Pinzette, auf der Staubfadenröhre den oberen Staubfaden zur Seite zu schieben. Wenn alle Staubfäden verwachsen sind, ist dies auch nicht mit „Gewalt" möglich, ohne die gesamte Röhre zu zerstören.

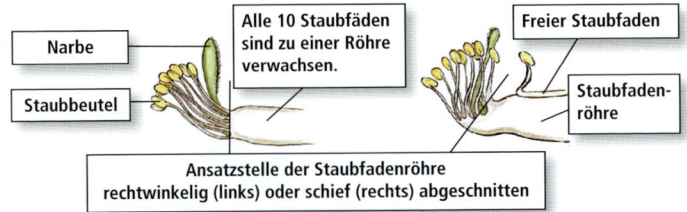

Narbe

Alle 10 Staubfäden sind zu einer Röhre verwachsen.

Freier Staubfaden

Staubbeutel

Staubfaden-röhre

Ansatzstelle der Staubfadenröhre rechtwinkelig (links) oder schief (rechts) abgeschnitten

Außerdem ist für die Bestimmung oft wichtig zu entscheiden, ob die Staubfadenröhre rechtwinklig oder schiefwinklig abgeschnitten ist.

Die Frucht der Schmetterlingsblütler ist eine Hülse. Ursprünglich wurde die gesamte Familie als Hülsenfrüchtler oder Leguminosen bezeichnet. Da diese Gruppe zwei weitere, bei uns nicht einheimische Familien umfasst, ist dieser Begriff botanisch für die Schmetterlingsblütler jedoch nicht zutreffend.

Vielblättrige Lupine (Lupinus polyphyllus)

Luzerne (Medicago sativa)

Scheiben-Schneckenklee (Medicago orbicularis) aus dem Mittelmeergebiet

*Das **Silberblatt (Lunaria annua)** ist ein Kreuzblütler mit einem Schötchen als Frucht. Sie wird im Gegensatz zu den Hülsen der Schmetterlingsblütler (Bilder oben) aus zwei Fruchtblättern gebildet und besitzt immer eine Mittelwand.*

Die Form der Hülse ist für die Bestimmung oft wichtig.

Die Hülse wird aus einem Fruchtblatt gebildet und ist oberständig. Dies ist gut daran zu erkennen, dass die Kelch- und Blütenkronblätter unterhalb der Hülse (der gedachten Blütenstandsachse) ansitzen. In jeder Hülse sitzen mehrere Samen. Die Hülse öffnet sich zur Reifezeit an Bauch- und Rückennaht (siehe S. 32). Sie unterscheidet sich von der Schote der Kreuzblütler durch die nur an einer Seite der Hülse angehefteten Samen. So befinden sich beispielsweise alle Erbsen immer auf einer Seite der Hülse, während bei den Kreuzblütlern an beiden Nähten der Schoten Samen gebildet werden.

Die Samen haben einen besonders hohen Fett- und Eiweißgehalt. Häufig sind es Nutzpflanzen mit hoher wirtschaftlicher Bedeutung wie Erbse, Bohne, Erdnuss, Soja und Klee, die als Gemüse oder Viehfutter verwendet werden.

Für den hohen Eiweißgehalt sind Knöllchenbakterien verantwortlich, die in Symbiose mit den Pflanzenwurzeln leben. Sie besitzen die Fähigkeit, den Stickstoff aus der Bodenluft zu fixieren, ihn in eine für die Pflanzen verfügbare Form umzuwandeln und an diese abzugeben oder im Boden zu binden. Sie erhalten von der Pflanze im Gegenzug Assimilate. Daher werden Schmetterlingsblütler wie Hornklee oder Lupine gerne für die Bepflanzung nährstoffarmer Böden verwendet, wo sie zur reinen Bodenverbesserung oder als Zwischenfrucht zur Gründüngung dienen.

Besenginster (Sarothamnus scoparius)

Dieser Zwergstrauch besiedelt Kahlschläge in wintermilden Lagen. Durch seine bodenverbessernden Eigenschaften (Wurzelknöllchen mit stickstoffliebenden Bakterien) wird er zur Böschungsbefestigung gepflanzt. Früher diente er zum Besenbinden und als Färbepflanze. In der Eifel wurde er sogar als Hopfenersatz zum Bierbrauen verwendet. Alle Pflanzenteile sind jedoch durch Alkaloide schwach giftig.

Achtung! Bei den Schmetterlingsblütlern zeigt sich einmal wieder, dass der deutsche Gattungsname irreführend sein kann. Nicht alles was „Klee" heißt gehört auch wirklich in die Gattung Klee (Trifolium). So gehört der Steinklee in die Gattung Melilotus, der Hopfenklee in die Gattung Medicago und der Hornklee in die Gattung Lotus.

*Der **Fieberklee (Menyanthes trifoliata)** ist nicht einmal ein Schmetterlingsblütler sondern gehört in eine eigene Familie, die Fieberkleegewächse.*

*Auch der **Sauerklee (Oxalis acetosella)** mit seinen radiärsymmetrischen Blüten gehört einer eigenen Familie an, den Sauerkleegewächsen.*

Bestimmungsteil

1. Blätter mehrzählig gefiedert, die oberen Fiedern zuweilen zu Ranken umgebildet: →13

→ Blätter 3zählig gefiedert oder 3- oder mehrzählig gefingert: →2

2. Blätter 3zählig gefiedert, d.h. Endfieder deutlich länger gestielt als die Seitenfiedern: →10

→ Blätter 3- oder mehrzählig gefingert, d.h. Endfieder nicht länger gestielt als die Seitenfiedern: →3

3. Blätter 3zählig gefingert: →4

→ Blätter 10-15zählig gefingert; Nebenblätter viel kürzer als der Blattstiel; intensiv blauer Blütenstand (Infloreszenz) verlängert und in etagenförmigen Quirlen; häufig als Wildfutter angepflanzt und verwildert (Heimat: Mittelmeergebiet); VI-IX: **Vielblättrige Lupine (Lupinus polyphyllus)** ☠

100-150 ♃ ♂   ☠

Vielblättrige Lupine:

Lupinen haben fingerförmige Blätter mit mehreren Einzelfiedern die handförmig angeordnet sind. Die meisten Lupinen können ihre Spreiten so ausrichten, dass sie senkrecht zur Einfallsrichtung des Lichtes stehen. Bei der tropischen Lupinus arizonicus hat man festgestellt, dass jede Fieder mit einem eigenen Gelenk (Pulvinus) individuell dem Sonnenstand folgen kann. Wenn die Sonneneinstrahlung zu stark ist, werden die Fiedern so ausgerichtet, dass sie in Kantenstellung angeordnet sind.

4. Nebenblätter viel kleiner als die Fiedern; Blüten in vielblütigen Köpfchen oder Ähren; Hülse nur wenig länger als der Kelch: **Klee (Trifolium)** →6

→ Nebenblätter den übrigen 3 Fiedern gleich gestaltet oder wenigstens ½ so groß wie diese; Hülse viel länger als der Kelch; Blüten in Dolden, gelb oder rötlich; Hülsen lineal und stielrund: **Hornklee (Lotus)** →5

5. Stängel kantig und markig; Dolde 3-8blütig; Schiffchenunterseite rechtwinkelig abgebogen; Wiesen, Magerrasen; V-IX: **Gewöhnlicher Hornklee (Lotus corniculatus)**

5-40 ♃   ✂ ☙

Gewöhnlicher Hornklee:

Die Bienen landen auf den seitlichen Blütenblättern (Flügeln). Ihr Gewicht drückt das Schiffchen herunter und setzt einen Bewegungsmechanismus in Gang, bei dem die verdickten Staubblätter durch die enge Öffnung des Schiffchens den Pollen herausdrücken und auf den Bauch der Biene bringen. Dieser Mechanismus wiederholt sich bei jeder neuen Landung einer Biene, bis der Pollen verbraucht ist und die Narbe heranreift. Wenn dann eine Biene auf der Blüte landet, wird die Narbe herausgedrückt und kann den Pollen aufnehmen.

Bei den meisten Blütenpflanzen wird der Austausch des genetischen Potentials von verschiedenen Pflanzen gefördert. Beim Hornklee verhindert die zeitlich versetzte Reifung von männlichen und weiblichen Blütenelementen eine Selbstbefruchtung. Zudem gibt es bei der Bestäubung einen besonderen Bewegungsmechanismus.

→ Stängel hohl (zumindest im unteren Teil); Dolde 5-12blütig; Schiffchenunterseite stumpfwinkelig abgebogen; nasse Wiesen, Gräben; VI-VII: **Sumpf-Hornklee (Lotus uliginosus)**

20-50 ♃   🗀

Sumpf-Hornklee:
Durch den hohlen Stängel wird der Gasaustausch bei hohem Wasserstand gefördert.

Während der Gewöhnliche Hornklee zur Bodenverbesserung häufig an trockene, sandige Böschungen gepflanzt wird, wächst der Sumpf-Hornklee an feuchten Standorten. Das wichtige Unterscheidungsmerkmal, der hohle Stängel, passt sehr gut zu den ökologischen Bedingungen.

6 (4 und 12). Blüten rot, weiß oder rosa: →**8**

→ Blüten gelb: →**7**

7. Fahne gefaltet; verblüht hellbraun; Blütenköpfchen 3-15(-25)blütig; Blätter bläulich-grün und kahl, ohne Spitzchen (vgl. Hopfenklee); Wiesen, Weiden; V-X: **Zwerg-Klee (Trifolium dubium)**

10-30 ☉ ☺   🗀

Zwerg-Klee

→ Fahne gefurcht; verblüht gelbbraun; Blütenköpfchen 20-30blütig; Magerwiesen, Wegraine; VI-IX: **Feld-Klee (Trifolium campestre)**

15-30 ☉ ☺   🗀

Neben der unterschiedlichen Form und Anzahl der Blüten, sind die Nebenblätter ein gutes Unterscheidungsmerkmal. Beim Feld-Klee sind sie behaart, während sie beim Zwerg-Klee kahl sind. Bei beiden Arten sind die Endfiedern jedoch deutlich gestielt, wodurch sie sich von einigen anderen Klee-Arten unterscheiden.

Feld-Klee

8. Weiße Blüten deutlich gestielt; Stängel kriechend und an den Knoten wurzelnd; Nebenblätter trockenhäutig; Fettwiesen und Weiden, Parkrasen, Wegränder, auch Kulturpflanze; V-IX: **Weiß-Klee (Trifolium repens)**

15-45 ♃   🖐🗀

Der Weißklee hat eine rhythmische Blattbewegung, die dem Tageslauf folgt um die Sonneneinstrahlung optimal auszunutzen.

Weiß-Klee *mit deutlich gestielten Einzelblüten.*

→ Nicht rein weiße Blüten sitzend oder sehr kurz gestielt: →**9**

9. Kelch so lang oder länger als die Kronröhre und behaart; gesamte Pflanze weichhaarig; Blüten rötlich; Heiden, Trockenwiesen; V-VII: **Hasen-Klee (Trifolium arvense)**

8-30 ☉

→ Kelch kürzer als die Kronröhre; Blüten hellpurpurn; Fettwiesen, Felder, lichte Wälder, auch als Kulturpflanze; V-IX: **Wiesen-Klee/Rot-Klee (Trifolium pratense)**

15-40 ⌘

Hasen-Klee

Der Rotklee ist eine der wichtigsten Futterpflanzen und erfordert eine Menge Saatgut. Da die zur Erzeugung notwendigen Bestäuber in der ausgeräumten, mitteleuropäischen Landschaft selten geworden sind, wird der Rotklee seit einiger Zeit in Neuseeland produziert. Dort gab es aber weder Rotklee noch die notwendigen Bestäuber mit den angepassten Saugrüsseln für die langen Blütenröhren. Die Siedler haben langrüsselige Hummeln aus ihrer Heimat eingeführt und heute gibt es sieben europäische Hummelarten in Neuseeland. Der großflächige Anbau von Rotklee ist nach wie vor problematisch, und so bestäuben auch heute noch europäische Hummeln europäischen Rotklee in Neuseeland, damit die Europäer wieder Rotklee ansäen können (nach WESTERKAMP 1999).

Wiesen-Klee

10 (2). Blüten in köpfchenförmigen Doldentrauben oder dichten Ähren: →**12**

→ Einzelblüten in langen, hängenden Trauben; Pflanze vor allem getrocknet nach Waldmeister (Cumarin) riechend: **Steinklee (Melilotus)** →**11**

11. Blüten weiß; Wegränder, Bahndämme, Ruderalstellen; V-VIII: **Weißer Steinklee (Melilotus albus)**

30-120 ☺

Echter (oben) und **Weißer Steinklee** (rechts):

→ Blüten gelb; Wegränder, Steinbrüche; V-IX: **Echter Steinklee (Melilotus officinalis)**

30-100 ☺

Vor allem der Echte Steinklee wurde schon lange vielseitig verwendet: Ein Blütenaufguss als Augen- und Gesichtswasser; die Blätter jung als Salat; das gesamte Kraut zum Aromatisieren von Süßspeisen, Käse und Likör; als Tabakersatz; in Duftkissen und zum Vertreiben von Motten in Wäschesäcken. Neben der Aromatherapie wird er auch heute noch als Heilpflanze besonders bei Venenerkrankungen eingesetzt.

12 (10). Hülse sichelförmig oder schneckenförmig eingerollt; Blüten gelb; Kalkmagerrasen, trockene Wiesen; V-IX: **Hopfenklee (Medicago lupulina)**

15-60 ☉ ⊙⊙   ▨

→ Hülse eiförmig, gerade oder schwach gebogen: **Klee (Trifolium)** →6

13 (1). Blätter mit Ranken: →16

→ Blätter ohne Ranken: →14

14. Blätter unpaarig gefiedert: →15

Bei unpaarig gefiederten Blättern endet das Blatt mit einer Fieder, so wie auch bei der Gattung Klee, nur dass hier lediglich ein Fiederpaar (ohne die Nebenblätter) vorhanden ist. Blätter mit Ranken sind also immer paarig, da das letzte Fiederpaar zu Ranken umgebildet ist.

Hopfenklee

→ Blätter paarig gefiedert, Endfieder verkümmert: →16

15. 8-12 Paare von Seitenfiedern; Halbtrockenrasen, Böschungen, Waldränder; V-IX: **Bunte Kronwicke (Securigera varia)**

30-60 ⌇   ☠

→ 4-7 Paare von Seitenfiedern; hellgelbe Blüten in vielblütigen, achselständigen Trauben; lichte Wälder, Kahlschläge; V-VI: **Bärenschote (Astragalus glycyphyllos)**

50-150 ⌇   ▨

Kronwicke

16 (13 und 14). Staubblattröhre schief abgeschnitten: **Wicke (Vicia)** →21

Hier wird nach der Ansatzstelle gefragt, an der die Staubblätter in die verwachsene Staubblattröhre übergehen. Um dies zu beurteilen, werden die Blütenkronblätter aus dem Kelch entfernt. Übrig bleibt die Staubblattröhre mit dem Fruchtknoten in der Mitte. Bei kleinen Blüten ist eine Lupe hilfreich.

Bärenschote

→ Staubblattröhre rechtwinkelig abgeschnitten (s. S. 163); Nebenblätter kleiner als die Fiedern; Stängel zuweilen geflügelt: **Platterbse (Lathyrus)** →17

Narbe

Ansatzstelle der Staubfadenröhre

Platterbse   *Wicke*

17. Blüten gelb; Blätter mit einem Fiederpaar; feuchte Wiesen, lichte Wälder;
VI-VII: **Wiesen-Platterbse (Lathyrus
pratensis)**

30-100 ♃

*Die Wiesen-Platterbse ist an ihren gel-
ben Blüten und dem einen Paar Blattfiedern leicht zu erkennen.*

→ Blüten nicht gelb: **→18**

18. Blattstiel in Ranke auslaufend: **→19**

→ Blattstiel in Stachelspitze auslaufend:
→20

19. Stängel kantig aber nicht geflügelt,
am Grund mit unterirdischen, Wurzelknollen tragenden Ausläufern; Blüten
karminrot und wohlriechend; Getreidefelder, Wegränder, Bahndämme;
VI-VII: **Knollen-Platterbse (Lathyrus
tuberosus)**

30-100 ♃

*Die Wiesen-Platterbse kann als „Kraftblume"
nur von kräftigen Großbienen und Hummeln
bestäubt werden. Die schwarzen Hülsenfrüchte
nehmen besonders intensiv Wärme auf.*

*Die Knollen-Platterbse wurde früher
wegen ihrer essbaren Wurzelknollen
angebaut. Aus den „Erdeicheln" wurde außerdem ein Speiseöl gewonnen,
das auch gegen Rheuma und Durchfall
eingesetzt wurde.*

→ Stängel geflügelt; Blüten blassrot mit
purpurroten Flügeln; lichte Wälder,
Gebüsch; VII-VIII: **Wald-Platterbse
(Lathyrus sylvestris)**

100-200 ♃

*Die Wald-Platterbse hat
einen geflügelten Blattstiel
und Stängel.*

*Die Blüten sind durch Drehung von
Griffel und Schiffchen asymmetrisch,
so dass nur „intelligente" Bestäuber an
den Nektar gelangen.*

20. Blätter meist 6 Paar Fiederblättchen, unterseits blaugrün; Blüten erst
purpurn und dann bläulich; trockene
Laubwälder; VI-VII: **Schwarzwerden-
de Platterbse (Lathyrus niger)**

30-80 ♃

→ Blätter mit 2-3 Paar Fiederblättchen;
Blüten erst purpurn, dann bläulich
und zuletzt blaugrün; Laubwälder;
IV-V: **Frühlings-Platterbse (Lathyrus
vernus)**

20-40 ♃

*Die Frühlings-Platterbse führt die Bestäu-
bung mit Hilfe eines Bürstenmechanismus
durch: Die Staubgefäße geben ihren Pollen im
Inneren des Schiffchens an die bürstenartigen
Haare des Griffels ab. Wenn eine Hummel auf
dem Schiffchen landet, schnellt der Griffel
heraus und bepudert das Insekt.*

Wicke (Vicia)

21 (16). Blüten in lang gestielten, 1-30blütigen Trauben: →**23**

→ Blüten zu 1-6 in kurz gestielten Trauben oder sitzend in den Blattachseln: →**22**

22. Kelchzähne ungleich lang; schmutzig-violette Blüten zu 3-5 kurz gestielt; Hülse reif schwarz glänzend; Fettwiesen, Weg- und Ackerränder; V-VI: **Zaun-Wicke (Vicia sepium)**

30-60 ♃

*Bei der **Zaun-Wicke** ist der untere Kelchzahn deutlich länger als die oberen. An der Unterseite der Nebenblätter befinden sich Nektarien, die von Ameisen aufgesucht werden. Die Farbe der Blüte ist in der Knospe am kräftigsten rotviolett, später wird sie blaßblau und zuletzt bräunlich.*

→ Kelchzähne gleich lang; bläulich oder purpurne Blüten zu 1-2 in den Blattachseln; formenreich; Äcker, Halbtrockenrasen, Ruderalstellen; V-VII: **Saat-Wicke (Vicia sativa)**

30-80 ☉

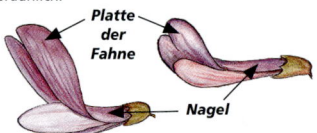

*Durch das Größenverhältnis der beiden Teile der Fahne unterscheiden sich die **Feinblättrige** (links) und die **Vogel-Wicke** (rechts und unten).*

23 (21). Blüten klein, höchstens 1 cm lang, Trauben 1-6blütig: →**25**

→ Blüten über 1 cm lang, Trauben 5- bis vielblütig: →**24**

24. Platte der Fahne etwa doppelt so lang wie der Nagel, die Flügel weit überragend, hellblau; Blätter mit 9-14 Paaren linealer, dicht anliegend behaarter Fiedern; lichte Wälder, Gebüsche; VI-VIII: **Feinblättrige Wicke (Vicia tenuifolia)**

30-150 ♃

→ Platte der Fahne so lang wie der Nagel, die Flügel wenig überragend; Blüten blauviolett; formenreich; Wiesen, Gebüsche; VI-VII: **Vogel-Wicke (Vicia cracca)**

30-120 ♃

Vogel-Wicke

25 (23). Hülsen 2samig und weichhaarig; bläulich-weiße Blütentrauben 3-5blütig; Äcker, Wegraine; V-IX: **Rauhaarige Wicke (Vicia hirsuta)**

15-60 ☉

→ Hülsen 4samig und ± kahl; blassviolette Blütentrauben 1-2blütig; Äcker, Magerrasen; V-VII: **Viersamige Wicke (Vicia tetrasperma)**

15-60 ☉

*Die **Rauhaarige** (links) und die **Viersamige Wicke** (rechts) haben beide ähnliche, kleine Blüten. An ihren Früchten sind sie leicht zu unterscheiden. Bei der Viersamigen Wicke befinden sich in jeder Hülse vier Samen, während die Hülse der Rauhaarigen Wicke meist nur zwei Samen enthält und stark behaart ist.*

9.2.5 Nachtkerzengewächse (Onagraceae)

Einheimisch sind bei uns etwa 30 Arten aus 4 Gattungen. Weltweit gibt es 18 Gattungen mit 650 Arten. Ihren Namen verdankt diese Familie den Arten, die, wie beispielsweise die Nachtkerze (Gattung Oenothera), ihre Blüten erst abends öffnen.

Nachtkerzengewächse sind Kräuter oder Stauden. Die stets ungeteilten Blätter können gegen- oder wechselständig sein.

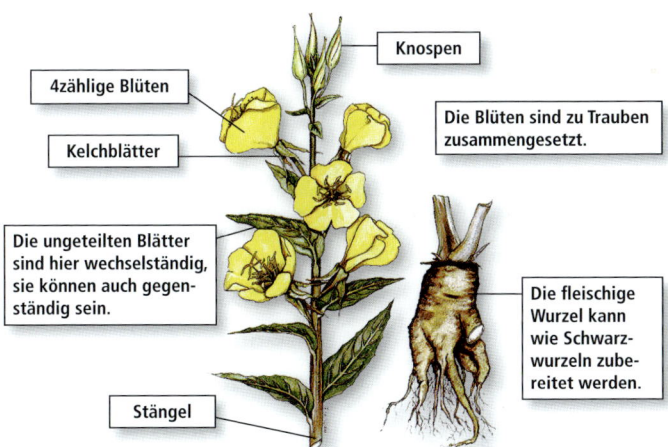

Knospen

4zählige Blüten

Die Blüten sind zu Trauben zusammengesetzt.

Kelchblätter

Die ungeteilten Blätter sind hier wechselständig, sie können auch gegenständig sein.

Die fleischige Wurzel kann wie Schwarzwurzeln zubereitet werden.

Stängel

*Die **Gewöhnliche Nachtkerze (Oenothera biennis)** produziert ab dem späten Nachmittag intensive Düfte, die von Nachtfaltern aus großer Entfernung wahrgenommen werden. Ihre Blütenblätter sind als essbare Dekoration nicht nur kandiert, sondern auch frisch sehr lecker. Im 19. Jahrhundert hat sie sich bei uns entlang des Bahnnetzes ausgebreitet. Schon die Indianer haben sie wegen ihrer Wurzeln als Gemüse geschätzt. Die aus den Samen gewonnene Gamma-Linolensäure wirkt positiv auf das Immun- und Hormonsystem und wird besonders bei Neurodermitis und Beschwerden während der Wechseljahre eingesetzt.*

Im Blütenstand sind mehrere Einzelblüten zu einer Traube zusammengesetzt. Der Aufbau der Einzelblüten ist relativ einheitlich und meist in allen Teilen 4zählig:

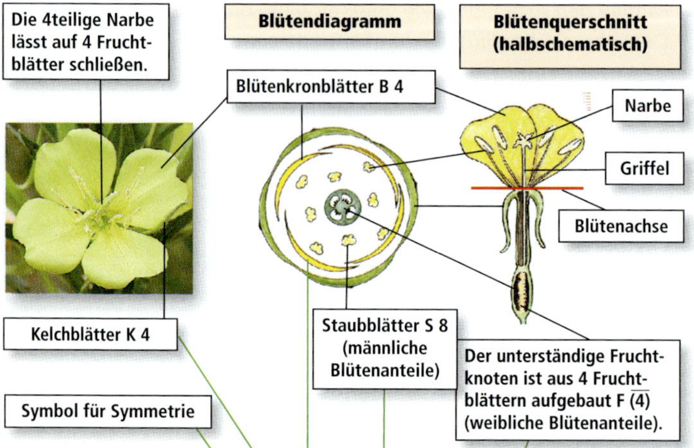

Die 4teilige Narbe lässt auf 4 Fruchtblätter schließen.

Blütendiagramm

Blütenquerschnitt (halbschematisch)

Blütenkronblätter B 4

Narbe

Griffel

Blütenachse

Kelchblätter K 4

Staubblätter S 8 (männliche Blütenanteile)

Der unterständige Fruchtknoten ist aus 4 Fruchtblättern aufgebaut F $\overline{(4)}$ (weibliche Blütenanteile).

Symbol für Symmetrie

Blütenformel

* K 4 B 4 S 2, 4 oder 8 F $\overline{(4)}$

* Kelchblätter 4 Blütenkronblätter 4 Staubblätter 2, 4 oder 8 Fruchtblätter $\overline{(4)}$

Die Blüten gehen zur Blütenachse hin oft in einen röhrenförmigen Blütenbecher über, der auch den unterständigen Fruchtknoten mit umschließen kann. Dabei sind oft neben den Blütenkronblättern auch die Kelchblätter lebhaft gefärbt.

*Beim **Schmalblättrigen Weidenröschen (Epilobium angustifolium)** wird die Attraktivität für die bestäubenden Insekten dadurch erhöht, dass neben den Blütenkronblättern auch der Kelch und die Frucht sowie manchmal auch der Blütenstängel purpurrot gefärbt sind. Da nur wenig Nektar angeboten wird, besucht eine Biene pro Minute 20-30 Blüten.*

Selbstbefruchtung wird verhindert, indem die Staubbeutel heranreifen, bevor die Narbe empfangsbereit ist. Wenn die Narbe die vier Narbenstrahlen entfaltet, sind die Staubblätter bereits verwelkt und der Blütenpollen abgegeben (vormännliche Blüten). Die Blüten blühen von unten nach oben auf. Da vor allem die Hummeln systematisch bei den unteren Blüten beginnen um sich dann nach oben vorzuarbeiten, befruchtet kein eigener Pollen die Narben.

Die Frucht ist eine vielsamige Kapsel oder wie beim Hexenkraut eine einsamige Nuss. Die Verbreitung der Samen erfolgt mit verschiedenen Mechanismen. Die windverbreiteten Samen des Weidenröschens haben einen Haarschopf, während das Hexenkraut auf den Früchten kleine hakelige Borsten trägt, mit denen es sich im Fell der Tiere „festhakeln" kann.

*Aufplatzende Fruchtkapsel eines **Berg-Weidenröschens (Epilobium montanum)** mit vielen Samen, die durch den Wind verbreitet werden.*

4zählige Blüten besitzen auch die Mohn- und Rötegewächse sowie die Kreuzblütler. Von den Mohngewächsen kann man sie sehr gut durch den oberständigen Fruchtknoten und das Fehlen von Milchsaft unterscheiden. Die Rötegewächse haben verwachsene Kronblätter und charakteristische „Blattquirle". Die Kreuzblütler besitzen zusätzlich 2 kürzere Staubbeutel (also insgesamt 6) und einen oberständigen Fruchtknoten.

Bestimmungsteil

1. Weiße Blüten 2zählig und ohne Tragblätter, Stängel spitzenwärts flaumhaarig; Blätter am Grund abgerundet und gezähnt; schattige, feuchte Wälder; VI-VIII: **Gewöhnliches Hexenkraut (Circaea lutetiana)**

20-70 ♃

→ Blüten 4zählig: **→2**

2. Blüten rosa, Samen mit Haarschopf: **Weidenröschen (Epilobium) →4**

→ Blüten gelb, Fruchtknoten ohne Haarschopf und schon zur Blütezeit über 1 cm: **Nachtkerze (Oenothera) →3**

3. Kronblätter 15-30 mm lang; Kelchzipfel aufrecht, sich berührend, Blütenstand aufrecht; Flussufer, Bahndämme, Ruderalstellen; aus N-Amerika eingeschleppt; VI-IX: **Gewöhnliche Nachtkerze (Oenothera biennis)**

50-200 ☺ ♂ 🥣 🍵 🧺

→ Kronblätter 8-15 mm lang; Kelchzipfel spreizend, Gipfel des Blütenstandes gebogen; Bahndämme, Sandfelder, Ruderalstellen; aus N-Amerika eingeschleppt; VI-IX: **Kleinblütige Nachtkerze (Oenothera parviflora)**

20-200 ☺ ♂ 🧺

4 (2). Blüten leicht unregelmäßig, purpurrot und flach ausgebreitet, in verlängerten Trauben; Blätter 1-2,5 cm breit und am Rand zurückgerollt; Kahlschläge; Heiden, Schuttplätze (Volksname „Trümmerblümchen"); VI-VIII: **Schmalblättriges Weidenröschen (Epilobium angustifolium)**

60-120 ♃ 🥣 🧺

→ Blüten völlig regelmäßig und trichterig: **→5**

5. Narbe kopfig oder keulig und ungeteilt: **→8**

→ Narbe mit 4 deutlich abstehenden Ästen: **→6**

> Das Schmalblättrige Weidenröschen (rechts) hat beispielsweise eine deutlich 4teilige Narbe.

*Das **Gewöhnliche Hexenkraut** hat eine für Nachtkerzengewächse untypische zweiteilige Blüte und nur eine Symmetrie-Ebene. Seinen Namen verdankt es vermutlich der unbemerkt an der Kleidung haftenden („angehexten") Früchte. Vielleicht auch dem Aberglauben, dass man sich, wenn man die Pflanze im Wald findet, verirrt habe.*

Gewöhnliche Nachtkerze

*Die Blüten des **Schmalblättrigen Weidenröschens** sind eine essbare Dekoration für Speisen. Zusammen mit den Blättern wurden sie als Tee genutzt („Teeblom"). Die Samenwolle wurde versponnen. Die Samen fliegen bis zu 10 km weit.*

6. Stängel kahl, Blätter kurz gestielt; rosa Kronblätter 3,5-5 mm; Laub- und Nadelwälder, Gärten und Parks; VI-IX: **Berg-Weidenröschen (Epilobium montanum)**

10-80 ♃

Berg-Weidenröschen *mit 4teiliger Narbe.*

→ Stängel abstehend behaart; Blätter sitzend: **→7**

7. Blütenkronblätter 1-2 cm lang; purpurrot; Blätter halb Stängel umfassend, etwas herablaufend; Gräben, Ufer, feuchte Wiesen; VII-VIII: **Zottiges Weidenröschen (Epilobium hirsutum)**

80-150 ♃

→ Blütenkronblätter 5-10 mm lang, hellrosa; Blätter nicht Stängel umfassend; Bachufer, Auwälder; VII-IX: **Kleinblütiges Weidenröschen (Epilobium parviflorum)**

30-80 ♃

8 (5). Stängel stielrund, zuweilen mit 2 Haarleisten; Blüten rosa bis hellviolett und 3-8 mm lang; Sumpf- und Moorwiesen, feuchte Waldstellen, kalkmeidend; VII-IX: **Sumpf-Weidenröschen (Epilobium palustre)**

10-50 ♃

→ Stängel ± kantig, mit 2-4 erhabenen Längsleisten: **→9**

*Das **Zottige Weidenröschen** ist durch die Behaarung und die auffälligen Blüten leicht kenntlich. So große Blüten besitzt sonst nur das Schmalblättrige Weidenröschen. Es ist in Uferstaudenfluren die häufigste Art aus der Gattung Weidenröschen.*

9. Blätter bis 1 cm lang gestielt, eiförmig-lanzettlich und am Rand und auf den Nerven behaart; Blüten klein, anfangs weißlich und später hellrosa; Bachufer, Gräben; VII-X: **Rosarotes Weidenröschen (Epilobium roseum)**

25-80 ♃

→ Blätter sitzend oder kurz gestielt; Blattspreite eiförmig und entfernt gezähnt, matt dunkelgrün, junge Blüten nickend; feuchte Wälder, Bäche, Moorwiesen; VI-IX: **Dunkelgrünes Weidenröschen (Epilobium obscurum)**

60-100 ♃

Sumpf-Weidenröschen *mit keuliger Narbe.*

Besonders unter den kleinblütigen Weidenröschen erschwert die Bastardbildung die Bestimmung! Es kann vorkommen, dass sowohl Merkmale einer Art als auch Merkmale einer anderen Art vorhanden sind. Eine Zuordnung ist dann sehr schwer zu treffen.

9.2.6 Storchschnabelgewächse (Geraniaceae)

Weltweit gibt es 14 Gattungen mit 730 Arten. Bei uns einheimisch sind nur die beiden Gattungen Reiher- (Erodium) und Storchschnabel (Geranium) mit zusammen knapp 20 Arten.

Alle Storchschnabelgewächse sind Kräuter oder Stauden. Die Blätter sind wechselständig mit Nebenblättern. Meist ist das Blatt handförmig eingeschnitten oder gefiedert. Wie bei vielen Pflanzen, ist es bei der Bestimmung wichtig, die Grundblätter zu betrachten, denn die Stängelblätter sind meist einfacher aufgebaut und stärker zerschlitzt. Die Grundblätter entspringen direkt an der Basis der Pflanze am Erdboden. Häufig ist auch die Behaarung des Stängels für die Bestimmung wichtig.

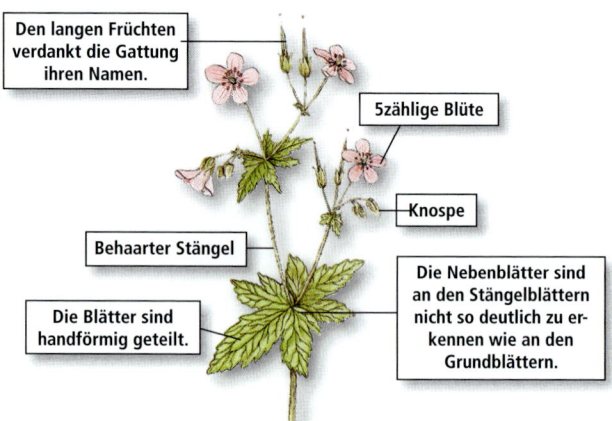

Den langen Früchten verdankt die Gattung ihren Namen.

5zählige Blüte

Knospe

Behaarter Stängel

Die Blätter sind handförmig geteilt.

Die Nebenblätter sind an den Stängelblättern nicht so deutlich zu erkennen wie an den Grundblättern.

*Der **Wald-Storchschnabel (Geranium sylvaticum)** wächst auf sickerfeuchten Bergwiesen und in Hochstaudenfluren. Er ist vor allem in höheren Lagen verbreitet.*

Wiesen-Storchschnabel (Geranium pratense)

Während die Grundblätter (links) 7 Blattlappen besitzen, sind die Stängelblätter 5lappig.

Blütenstiel und Stängel sind drüsig behaart.

Die Blüte ist 5zählig und einheitlich aufgebaut: Die Staubfäden können am Grunde verwachsen sein.

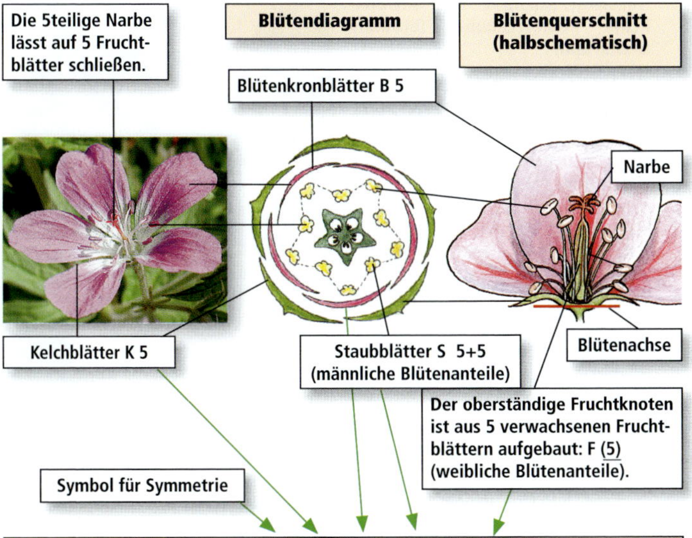

Die 5teilige Narbe lässt auf 5 Fruchtblätter schließen.

Blütendiagramm

Blütenquerschnitt (halbschematisch)

Blütenkronblätter B 5

Narbe

Kelchblätter K 5

Staubblätter S 5+5 (männliche Blütenanteile)

Blütenachse

Der oberständige Fruchtknoten ist aus 5 verwachsenen Fruchtblättern aufgebaut: F (5) (weibliche Blütenanteile).

Symbol für Symmetrie

Blütenformel

* K 5 B 5 S 5+5 F (5)

* Kelchblätter 5 Blütenkronblätter 5 Staubblätter 5+5 Fruchtblätter (5)

Die Frucht hat einen Schleudermechanismus zur Verbreitung der Samen. Jedes der 5 Fruchtblätter trägt im unteren Teil einen Samen. Zur Reifezeit werden die Teilfrüchte explosionsartig von der stehen bleibenden Mittelsäule abgeschleudert (Bild rechts). Beim Reiherschnabel (links) bleibt der Samen mit den Teilfrüchten (den grannenähnlichen Schnabelteilen) fest verwachsen und in ihn eingeschlossen. Er entwickelt sich zu einer Bohrfrucht, die den Samen in den Boden eindreht. Möglich ist dies durch die unterschiedliche Form der Granne bei Trockenheit und Nässe. Bei trockenem Wetter ist die Granne schraubig aufgerollt, während sie sich in feuchtem Zustand streckt. Das Herausdrehen aus dem Boden verhindern widerhakenartige, steife Borsten auf der Frucht. Dies können Sie sehr gut selber beobachten, wenn Sie die trockenen Samenanlagen anfeuchten!

*Früchte von **Reiherschnabel** (links) und **Storchschnabel** (rechts).*

177

Bestimmungsteil

1. Blätter gefiedert; Fruchtschnäbel sich spiralig einrollend; sandige Äcker, Weinberge, Sandrasen; IV-X: **Gewöhnlicher Reiherschnabel (Erodium cicutarium)**

   10-60 ☉ ☉☉   🐝 🏺

→ Blätter meist handförmig geteilt oder gefingert; Fruchtschnäbel sich aufwärts biegend: **Storchschnabel (Geranium)** →2

Reiherschnabel

   Der Stinkende Storchschnabel ist die einzige Art aus der Gattung Storchschnabel mit gefiederten Blättern. Vom Reiherschnabel unterscheidet er sich durch die Früchte und den Standort.

2. Blüten klein, bis 15 mm im Durchmesser: →5

→ Blüten 15-40 mm im Durchmesser: →3

3. Blattlappen tief geteilt und schmal; Blütenstiele (Inflorenszenzstiele) mit einer leuchtend rotvioletten Blüte; trockene, buschige Hänge; V-IX: **Blutroter Storchschnabel (Geranium sanguineum)**

   15-50 ♃   🐝

Blutroter Storchschnabel

→ Blattlappen breiter und bis zur Mitte grob und unregelmäßig gezähnt: →4

4. Stängel und Blütenstiele drüsenlos (aber mit rückwärts gerichteten Haaren), meist 2 hellpurpurne Blüten; feuchte Wiesen, Wälder; VI-IX: **Sumpf-Storchschnabel (Geranium palustre)**

   25-100 ♃

Sumpf-Storchschnabel

→ Stängel und Blütenstiel drüsig behaart; hell bis hell blaulila Blüten; Fettwiesen; VI-VIII: **Wiesen-Storchschnabel (Geranium pratense)**

   20-60 ♃   🏺

   Der Wiesen-Storchschnabel ist eine wichtige Nektar- und Pollenquelle für die Insekten im Sommer und Frühherbst.

Wiesen-Storchschnabel

5 (2). Blätter 5-9teilig gelappt, nicht gefiedert: →**6**

→ Blätter 3-5zählig gefiedert; Stängel oft
purpurrot überlaufen, mit verdickten
Knoten; intensiver, herber Geruch;
Wälder, Waldwege, Mauern, schattige
Felsen, Schotter; V-X: **Ruprechts-
kraut/Stinkender Storchschnabel
(Geranium robertianum)**

20-40 ☉ 🐌   ☕ 🐞

**Stinkender
Storchschnabel**

*Der Stinkende Storchschnabel ist eine
Schattenpflanze. Er hat verdickte Blatt-
gelenke, mit denen er seine Blätter
nach dem Licht ausrichten kann.*

*Der Heilige Ruprecht (Name!) soll den
Gebrauch dieses Krautes gelehrt haben. Man verwendete es gegen Melan-
cholie, Rheuma, Blutungen, Durchfall
und Zahnschmerzen. Auch Paracelsus,
ein Kräuterkundiger aus dem Mittelalter, empfahl zur Kräftigung das getrocknete Kraut (dann stinkt es nicht
mehr) auf Brot zu essen.*

Schlitzblättriger Storchschnabel

6. Blattspreite fast bis zum Grund geteilt,
mit fiedspaltigen Lappen; Stängel abstehend behaart; Äcker, Wegränder; V-X:
**Schlitzblättriger Storchschnabel
(Geranium dissectum)**

10-60 ☉

→ Blattspreite nur bis zur Mitte oder etwas tiefer eingeschnitten: →**7**

7. Stängel kurzhaarig und niederliegend;
Blütenkronblätter schwach ausgerandet; Wegränder, Ruderalstellen, Dorf-
plätze; V-X: **Kleiner Storchschnabel
(Geranium pusillum)**

15-30 ☉ ☺

**Kleiner
Storchschnabel**

*Von ausgerandeten Blütenkronblät-
tern spricht man, wenn sie eine Einkerbung in der Mitte besitzen, so wie hier
bei dem Kleinen und dem Weichen
Storchschnabel zu sehen ist.*

→ Stängel zottig-weichhaarig und
meist aufrecht; Blütenkronblätter tief
ausgerandet; trockene Heiden, Wegränder, Schutt; V-IX: **Weicher Storchschnabel (Geranium molle)**

10-30 ☉ ☺

**Weicher
Storchschnabel**

9.2.7 Doldenblütler (Apiaceae)

Die weltweit über 400 Gattungen und 3000 Arten sind vor allem außerhalb der Tropen verbreitet. Es sind überwiegend krautige Pflanzen und im Mittelmeergebiet vielfach Ackerwildkräuter. Die bei uns ca. 50 einheimischen Gattungen mit über 100 Arten haben ihren Verbreitungsschwerpunkt auf Wiesen und an Wegrändern sowohl im feuchten als auch im trockenen Bereich.

Viele Doldenblütler sind Nutzpflanzen wie z.B. Möhre, Dill, Sellerie, Fenchel, Kümmel, Petersilie und Anis. Es handelt sich um Stauden oder Kräuter mit aromatischem Geruch. Dieses Aroma wird durch ätherische Öle verursacht, bei den Gewürz- oder Heilpflanzen ist besonders viel davon vorhanden. Es gibt allerdings auch einige Giftpflanzen darunter, tödlich giftig sind beispielsweise der Wasser-Schierling und der Gefleckte Schierling. Mit dem „Schierlingsbecher" wurden im antiken Griechenland Todesurteile vollstreckt.

Die Blätter sind stets wechselständig und meist zusammengesetzt. Häufig ist die Blattscheide auffällig ausgebildet, Nebenblätter sind nicht vorhanden.

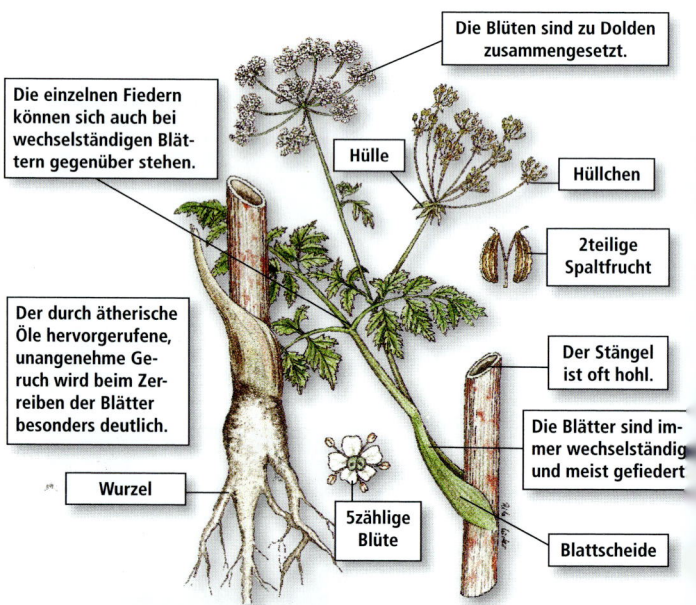

Die Blüten sind zu Dolden zusammengesetzt.

Die einzelnen Fiedern können sich auch bei wechselständigen Blättern gegenüber stehen.

Hülle

Hüllchen

2teilige Spaltfrucht

Der durch ätherische Öle hervorgerufene, unangenehme Geruch wird beim Zerreiben der Blätter besonders deutlich.

Der Stängel ist oft hohl.

Die Blätter sind immer wechselständig und meist gefiedert

Wurzel

5zählige Blüte

Blattscheide

*Das sehr stark giftige Alkaloid Coniin des **Gefleckten Schierlings (Conium maculatum)** lähmt das Atemzentrum bei vollem Bewußtsein. Wer Doldengewächse mit mehrfach gefiederten Blättern für Speisezwecken sammelt, sollte diese Pflanze kennen. Kenntlich ist sie vor allem am Geruch nach Mäuseurin und dem bläulich bereiften Stängel, der an der Basis oft gefleckt ist.*

Die Stängel sind meist hohl und haben auffällig verdickte Knoten. Die Blätter sehen auf den ersten Blick oft zum Verwechseln ähnlich aus, sind jedoch oft charakteristisch für die verschiedenen Arten. Mit etwas Übung lassen sich einige Doldenblütler auch anhand ihrer Blätter sicher erkennen. Diese Merkmale sind jedoch nur schwer verständlich in einem Bestimmungsschlüssel zu erklären. Machen Sie also Ihre eigenen Beobachtungen und sammeln Sie gepresste Exemplare zum Vergleich.

*Derart 3zählige Blätter besitzt nur der **Giersch (Aegopodium podagraria)**. Seine Bekanntschaft zu machen lohnt sich, denn seine zarten Blätter sind im Frühjahr roh oder gekocht eine ausgesprochene Delikatesse. Wer mit ihm im Garten vergeblich um die Vorherrschaft kämpft, kann sich so vielleicht ein wenig mit seiner Anwesenheit versöhnen. Sein wissenschaftlicher Name Aegopodium podagraria verrät, dass er früher gegen die Fußgicht (genannt Podagra) eingesetzt wurde.*

*Der **Wiesen-Kerbel (Anthriscus sylvestris)** hat einen auffällig gerkerbten Stängel. An den mehrfach gefiederten Blättern ist er nur schwer zu identifizieren und leicht mit anderen Doldenblütlern zu verwechseln.*

*Bei der **Wald-Engelwurz (Angelica sylvestris)** kann man sehr gut erkennen, dass die Blattscheide als Knospenschutz dient. Durch die großen und grob gefiederten Blätter ist er auch ohne Blüten kenntlich.*

Das Erkennen der Familie ist bei den Doldenblütlern durch die charakteristischen Blütenstände meist einfach, die Zuordnung zu den Gattungen und Arten ist dagegen schon schwieriger. Für die Bestimmung ist vor allem wichtig, dass reife Früchte vorliegen und die Begriffe Hülle und Hüllchen sowie Dolde und Döldchen richtig verwendet werden. Die Einzelblüten sind zu Döldchen und diese wiederum zu Dolden zusammengesetzt.

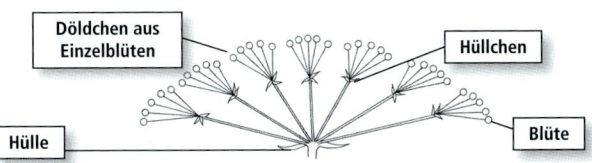

Schematische Darstellung einer zusammengesetzten Doppeldolde.

Döldchen aus Einzelblüten

Hüllchen

Hülle

Blüte

Eine „echte" **Dolde** zeichnet sich dadurch aus, dass alle Einzelblüten und **Döldchen** an einem Punkt entspringen. Entsprechend heißen die Tragblätter der Doldenstrahlen **Hülle** und die der Döldchenstrahlen **Hüllchen.** Hülle und Hüllchen können sehr unterschiedlich gestaltet sein und auch fehlen, daher stellen sie ein wichtiges Bestimmungsmerkmal dar. Bei einer einfachen Dolde stehen die Blüten nicht in Döldchen, sondern entspringen alle direkt dem einzigen Verzweigunspunkt und bilden „direkt" eine Dolde. Hier gibt es dann entsprechend auch kein Hüllchen.

Die Einzelblüten sind radiär und sehr einheitlich aufgebaut. Ihre Gestalt entspricht einer flachen Schüssel, an der Fliegen, Käfer und andere Insekten leicht an den Nektar gelangen können. Da der Aufbau bei allen Doldenblütlern mehr oder weniger gleich ist, spielt er für die Bestimmung der Gattungen und Arten innerhalb dieser Familie nur eine untergeordnete Rolle.

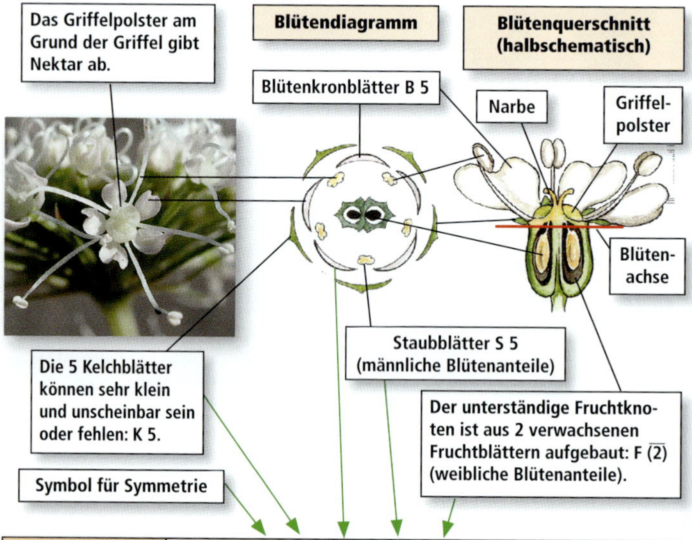

Das Griffelpolster am Grund der Griffel gibt Nektar ab.

Blütendiagramm

Blütenquerschnitt (halbschematisch)

Blütenkronblätter B 5

Narbe

Griffel-polster

Blüten-achse

Die 5 Kelchblätter können sehr klein und unscheinbar sein oder fehlen: K 5.

Staubblätter S 5 (männliche Blütenanteile)

Symbol für Symmetrie

Der unterständige Fruchtknoten ist aus 2 verwachsenen Fruchtblättern aufgebaut: F (2̄) (weibliche Blütenanteile).

Blütenformel

$$* \; K \, 5 \; B \, 5 \; S \, 5 \; F \, \overline{(2)}$$

* Kelchblätter 5 Blütenkronblätter 5 Staubblätter 5 Fruchtblätter (2̄)

Der Kelch ist meist unscheinbar und oft kaum sichtbar. Manchmal sind die nach außen gerichteten Kronblätter vergrößert. Dadurch sind die Einzelblüten etwas zygomorph, d.h. sie haben nur eine Symmetrie-Ebene. Auf dem Fruchtknoten sitzt am Grunde der Griffel das sogenannte Griffelpolster, hier wird der Nektar abgesondert.

Riesen-Bärenklau (Heracleum mantegazzianum) mit vergrößerten Randblüten.

Käfer schaden den Blüten oft mehr als sie diesen nutzen, da sie oft auch die Blütenblätter fressen, bis der „Weg zur Speisekammer" an den Nektar frei ist. Die **Blütenböcke** *sind eine Ausnahme und besuchen vor allem die Doldengewächse, oft zu beiderseitigem Vorteil. Sie sind, wie andere Bockkäfer auch, an ihren langen Fühlern und der schlanken Gestalt zu erkennen.*

Die Frucht ist typisch zweiteilig (**Spaltfrucht**). Die Samenschale und die Fruchtknotenwand der beiden Teile sind fest miteinander verwachsen. Zur Reifezeit lösen sie sich voneinander und bleiben an einem zwischen ihnen befindlichen **Fruchtträger** hängen. Wenn kein Fruchtträger ausgebildet wird, bleiben die beiden Hälften zusammen. Wenn die Frucht unterhalb der Blütenachse (Ansatzstelle der Blütenkronblätter) in einen mehr oder weniger langen Fortsatz ausgezogen ist, spricht man von einer **geschnäbelten Frucht**.

Wiesen-Kerbel (Anthriscus sylvestris)

Giersch (Aegopodium podagraria)

Wilde Möhre (Daucus carota)

Wiesen-Bärenklau (Heracleum sphondylium)

Einen doldigen Blütenstand gibt es nicht nur in dieser Pflanzenfamilie, sondern auch beim Efeu, einigen Primeln, Hartriegelgewächsen, Schmetterlingsblütlern und verschiedenen Lauch-Arten. Diese werden Sie aber vermutlich nicht für Doldenblütler halten, da ihr Blütenaufbau und die übrigen Merkmale nicht mit den Familienmerkmalen der Doldengewächse überein stimmen. Daher ist die Gefahr, Doldenblütler nicht als solche zu erkennen sehr viel größer, als die Verwechslung mit Vertretern aus anderen Pflanzenfamilien. Dies trifft besonders auf die „untypischen" Vertreter mit zusammengezogenem Blütenstand wie Wassernabel und Mannstreu zu.

Bestimmungsteil

1. Pflanze distelartig mit harten, stacheligen Blättern; Blüten in ± kugeligen Köpfchen, die am Grund von einer Hülle stacheliger Hochblätter umgeben sind; trockene Wiesen und Wegränder; VII-IX: **Feld-Mannstreu (Eryngium campestre)**

15-60 ♃

Feld-Mannstreu

→ Pflanze nicht distelartig: **→2**

2. Blätter gelappt, gefiedert oder handförmig (nur obere Stängelblätter zuweilen ungeteilt): **→4**

→ Alle Blätter ungeteilt: **→3**

3. Blätter schildförmig und am Rand gekerbt; kleine, weiße Blüten in Köpfchen; Sumpf- und Torfböden; VII-VIII: **Wassernabel (Hydrocotyle vulgaris)**

10-100 ♃

Wassernabel

→ Blätter sichelförmig, breit-länglich; formenreich; Trockenrasen, lichte Wälder; VII-IX: **Sichelblättriges Hasenohr (Bupleurum falcatum)**

20-100 ♃

4 (2). Blüten in zusammengesetzten, nicht köpfchenförmigen Döldchen: **→5**

→ Blüten in köpfchenförmigen Döldchen; Blätter handförmig 3-5teilig; Grundblätter wintergrün; schattige Laubwälder; V-VII: **Sanikel (Sanicula europaea)**

20-45 ♃

Sanikel

> „Sanare" heißt lateinisch „heilen" und entsprechend hat man den Sanikel früher als Allheilmittel betrachtet. Heute findet man ihn allenfalls in Teemischungen.

5. Blütenkrone gelb; Blätter einfach gefiedert mit 3-7 Paaren am Rand ungleich gekerbter Fiedern; Stängel ± kantig; Hüllchen fehlend oder 1-2blättrig; Wiesen, Trockenhänge, auch Kulturpflanze; VII-VIII: **Pastinak (Pastinaca sativa)**

30-100 ☉

*Die Früchte des **Pastinak** können als Gewürz verwendet werden. Die Wurzelrüben sind ein leckeres und nahrhaftes Gemüse.*

→ Blütenkrone reinweiß oder rötlich: **→6**

6. Frucht kahl: **→10**

→ Fruchtknoten und Frucht behaart, borstig oder stachelig: **→7**

7. Blätter einfach gefiedert oder fiedteilig; Stängel bis 10 cm im Durchmesser, meist purpurn gefleckt und undeutlich gefurcht; Straßenränder, Waldränder; VI-VIII: **Riesen-Bärenklau (Heracleum mantegazzianum)**

200-350 ☉ ⚥ ♂ ☠

Vorsicht! Der Riesen-Bärenklau enthält Furokumarine, die lichtempfindlich machen und Hautreizungen verursachen. Schützen Sie die Haut bei Berührung vor Sonneneinstrahlung. Eingeführt wurde dieses Doldengewächs als Zierpflanze aus dem Kaukasus, inzwischen verdrängt es zunehmend die heimische Vegetation.

→ Zumindest die Grundblätter 2-3fach gefiedert: **→8**

8. Blattstiel, Blätter und Stängel ± borstig behaart; Blattscheiden bauchig; Hüllchen mehrblättrig; Randblüten meist vergrößert; Wiesen, Wälder; VI-X: **Wiesen-Bärenklau (Heracleum sphondylium)**

50-150 ☉ ⚥   ✤ ☙ ♯

Der Wiesen-Bärenklau ist abgekocht eine leckere und gesunde Gemüsepflanze. Der griechische Held Herkules (=Herakles) soll die Heilwirkung als Durchfall- und Wurmmittel entdeckt haben (Name!).

→ Blattstiel und Stängel nicht borstig behaart, Blätter höchstens behaart, aber nicht borstig: **→9**

9. Hüllblätter fiedspaltig; Frucht stachelig; Dolden in der Mitte häufig mit schwarz-purpurner „Mohrenblüte" (der Name bezieht sich auf die Blütenfarbe); Wiesen, Wege, Steinbrüche; V-VII: **Wilde Möhre (Daucus carota)**

30-100 ☉   ✤ ☙ ♯

Die schon den Germanen bekannte Kulturpflanze wurde in Notzeiten zu Kaffee-Ersatz verarbeitet und gegen Würmer eingesetzt. Sie lieferte auch Essenzen für Parfüms und Liköre.

Riesen-Bärenklau

Wiesen-Bärenklau

*Die **Wilde Möhre** hat vor der Blüte und nach der Bestäubung bis zur Samenreife einen zusammengezogenen Blütenstand („Vogelnest"). Da die „Mohrenblüte" häufig fehlt, ist die fiedspaltige Hülle ein sehr gutes Erkennungsmerkmal.*

→ Hüllblätter ungeteilt; Frucht mit hakeligen Stacheln; Wälder, Gebüsche, Wegränder, Hecken; VI-VIII: **Gewöhnlicher Klettenkerbel (Torilis japonica)**

30-120 ☉ ☻

10 (6). Hülle fehlend oder 1-2blättrig: **→14**

→ Hülle 3- bis vielblättrig: **→11**

Gewöhnlicher Klettenkerbel:

11. Blätter einfach gefiedert (beim Breitblättrigen Merk sind nur die Unterwasserblätter doppelt gefiedert): **Merk (Sium) →12**

Der Klettenkerbel hat eine mehrblättrige Hülle (links), aber kein Hüllchen (rechts).

Wichtig ist, das Hüllchen an der Basis der Einzelblüten nicht mit der Hülle am Grund der

→ Zumindest die Grundblätter 2-4fach gefiedert: **→13**

gesamten Dolde zu verwechseln.

12. Ohne Unterwasserblätter; Stängel fein gerillt; Fiedern ungleich grob gesägt; Gräben, Bäche, Quellen; VI-VIII: **Aufrechter Merk (Sium erectum)**

30-100 ♃

→ Stängel am Grund mit fein zerteilten Unterwasserblättern; stehende Gewässer; VII-VIII: **Breitblättriger Merk (Sium latifolium)**

60-120 ♃

Die Unterwasserblätter sind das wichtigste Unterscheidungsmerkmal zum Aufrechten Merk. Sie ermöglichen dem Breitblättrigen Merk eine erhöhte Nährstoffaufnahme durch Oberflächenvergrößerung.

Aufrechter Merk

13 (11). Frucht im Alter linsenförmig zusammengedrückt und am Rand geflügelt; Pflanze mit wenig weißlichem Milchsaft; Hülle und Hüllchen mehrblättrig; Sumpfwiesen, Moore; VII-VIII: **Sumpf-Haarstrang (Peucedanum palustre)**

80-150 ☻♃

*Der **Aufrechte Merk** hat eine mehrblättrige Hülle (oberes Bild) und ein mehrblättriges Hüllchen (unteres Bild).*

→ Frucht mit wellig gekerbten Rippen und ungeflügelt; Hüllchenblätter einseitswendig, nur an der äußeren Seite der Döldchen; Stängel kahl und bläulich bereift, an der Basis oft gefleckt; Pflanze übelriechend; tödlich giftig! Hecken, Wegränder; VI-IX: **Gefleckter Schierling (Conium maculatum)**

80-180 ☉ ☻ 🥄 ☠

*Der **Sumpf-Haarstrang** ist ohne Blütenstand an den stark zerschlitzten und etwas rundlichen Blättern und dem weißen Milchsaft zu erkennen.*

14 (10). Blätter 3zählig; Fiedern 1. Ordnung oft nur 2spaltig, einem Ziegenfuß ähnlich; unterirdische Ausläufer; ausgezeichnetes Küchenkraut; feuchte Gebüsche, Hecken, Flussufer; V-IX: **Giersch (Aegopodium podagraria)**

50-90 ⚇   ☞🕮

Giersch

→ Blätter einfach bis mehrfach gefiedert, jedoch nicht 3zählig: →**15**

15. Frucht linsenförmig, eiförmig oder kugelig; höchstens doppelt so lang wie breit: →**20**

Hülle und Hüllchen fehlen. Die Frucht ist ungeflügelt.
Die Blätter des Giersch sind dreizählig gefiedert. Die beiden seitlichen Fiedern 1. Ordnung sind sehr variabel. Manchmal sind sie ebenfalls dreizählig gefiedert, meist aber nur zweispaltig und mit dem Ansatz einer dritten Fieder.

→ Frucht reif 2-6mal so lang wie breit: →**16**

16. Stängel rinnig (Abb. S. 181); Hüllchen mehrblättrig, bewimpert; formenreich; Wiesen, Gebüsche; IV-VIII: **Wiesen-Kerbel (Anthriscus sylvestris)**

60-150 ☉   ☌🕮

*An den Früchten ist der **Wiesen-Kerbel** leicht zu erkennen.*

Das Hüllchen ist mehrblättrig, eine Hülle fehlt.

→ Stängel ± rund und nicht rinnig: →**17**

17. Stängel kahl; Pflanze mit Kümmelgeruch; Grundblätter doppelt bis 3fach gefiedert, unterste Fieder 2. Ordnung kreuzweise gestellt; Wurzeln rübenförmig; Gewürzpflanze, Wiesen, Wegränder; V-VII: **Echter Kümmel (Carum carvi)**

30-80 ☉ 🥄   ☞🍴🕮

→ Stängel im unteren Teil stark borstig behaart; Pflanze ohne Kümmelgeruch: **Kälberkropf (Chaerophyllum)** →**18**

18. Blütenkronblätter am Rand gewimpert (Lupe); Hüllchen bewimpert; Blätter 3-4fach fiedschnittig und am Rand ± zugespitzt; Stängel unter den Knoten nicht deutlich verdickt; feuchte Bergwälder; V-VIII: **Behaarter Kälberkropf (Chaerophyllum hirsutum)**

50-100 ⚇

→ Blütenkronblätter kahl: ->**19**

19. Hüllchen bewimpert; Blätter 2-3fach gefiedert mit stumpfen, eiförmigen Endabschnitten; Gebüsche, Waldränder; V-VII: **Taumel-Kälberkropf (Chaerophyllum temulum)**

30-100 ☉☉   ☠🕮

*Der **Taumel-Kälberkropf** hat ein mehrblättriges allseitswendiges Hüllchen. Er ist von der gesamten Gestalt her zierlicher als der Knollige Kälberkropf und hat rundlichere Blattspitzen. Der Stängel ist sehr ähnlich und auch borstig behaart.*

→ Hüllchen kahl; Stängel unter den Knoten verdickt; Pflanze unangenehm riechend; Flussufer, feuchte Wälder; VI-VIII: **Knolliger Kälberkropf (Chaerophyllum bulbosum)**

80-180

Der Stängel ist im oberen Teil bereift und kahl (kleines Bild links) und wird dann zur Basis hin immer stärker borstig behaart (kleines Bild rechts).

Die Knollen wurden früher als Kartoffelersatz gegessen.

20 (15). Hüllchen fehlend oder 1-2-blättrig: →**25**

→ Hüllchen 3-8blättrig: →**21**

21. Blattstiel, Blätter und Stängel borstig behaart; gefiederte Blätter mit groben Abschnitten; Blattscheiden bauchig aufgeblasen; Randblüten meist vergrößert; Wegränder; Wiesen; Wälder; VI-X: **Wiesen-Bärenklau (Heracleum sphondylium)**

50-150

→ Blattstiel, Blätter und Stängel nicht borstig behaart; Blätter doppelt bis 3fach gefiedert; Abschnitte aber feiner und nicht borstig behaart: →**22**

22. Kelch deutlich 5zähnig; Kelchzähne zuweilen ungleich groß; Blattfiedern schmal-lanzettlich und scharf gesägt, bis 6 cm lang; Stängelbasis rhizomartig, hohl und aromatisch riechend, durch Querwände gekammert; Sumpfpflanze der Verlandungszone; VII-IX: **Wasserschierling (Cicuta virosa)**

60-120

Der Geruch des Wasserschierlings ist sellerieartig angenehm und weist nicht auf die starke Giftigkeit hin. Bereits eine Knolle des Wasserschierlings kann für den Menschen tödlich sein. Früher wurde er in der Tiermedizin als anregendes Mittel verwendet.

→ Kelch undeutlich 5zähnig oder nur als Saum ausgebildet; Blattfiedern nicht sichelförmig-länglich: →**23**

Knolliger Kälberkropf:

Das meist aus drei Abschnitten bestehende Hüllchen ist einseitswendig.

Behaarte Blätter sind selten, daher ist der Wiesen-Bärenklau gut zu erkennen. Dadurch unterscheidet er sich auch von seinem „großen Bruder" dem Riesen-Bärenklau.

Wasserschierling

23. Hüllchenblätter 3, einseitswendig; Blätter besonders unterseits dunkelgrün glänzend; beim Zerreiben unangenehm riechend; Gebüsche, Äcker, Auwälder; VI-X: **Hundspetersilie (Aethusa cynapium)**

10-120 ☉ ⚘   🖐 ☠

Hundspetersilie

→ Hüllchenblätter allseitswendig: **Engelwurz (Angelica) →24**

24. Blattstiel oberwerts rinnig, Blattfieder am Rand rau und unterseits behaart; Doldenstiele flaumig behaart; feuchte Wiesen, Wegränder, Auwälder, Flachmoore; VII-IX: **Wilde Engelwurz (Angelica sylvestris)**

80-150 ♃   🖐 ▦

Wilde Engelwurz

→ Blattstiel rund und hohl; Blattfiedern unterseits kahl; Doldenstiele nur spitzenwärts behaart; Stängel würzig schmeckend und ganze Pflanze aromatisch duftend; Gewürzpflanze; feuchte Wiesen, Ufer; VII-VIII: **Echte Engelwurz (Angelica archangelica)**

120-250 ♃ ⚘   🖐 🥄 ▦

*Die **Wilde Engelwurz** hat im Gegensatz zur Echten Engelwurz einen glatten, oberseits rinnigen Blattstiel, der so wie der Stängel meist bereift ist. Der Blattstiel bei der Echten Engelwurz ist ebenfalls glatt, aber rund. Wichtig ist, dass Sie wirklich den Querschnitt von einem Blattstiel (die durchgehende Hauptachse) und nicht die Rhachis zwischen den einzelnen Fiedern, die seitlich abzweigen, betrachten (vergl. S. 21)!*

25 (20). Grundblätter doppelt bis 3fach gefiedert, unterste Fieder 2. Ordnung kreuzweise gestellt; Pflanze mit Kümmelgeruch; Wurzeln rübenförmig; Gewürzpflanze, Wiesen, Wegränder; V-VII: **Echter Kümmel (Carum carvi)**

30-80 ☉ ⚘   🖐 🥄 ▦

→ Grundblätter einfach gefiedert: **Bibernelle (Pimpinella) →26**

26. Stängel kantig gefurcht und bis zur Spitze beblättert; Wiesen, Gebüsch; VI-IX: **Große Bibernelle (Pimpinella major)**

40-100 ♃   🖐 🥄 ▦

Kleine Bibernelle:

Der Name Bibernelle wird auch für den Wiesenknopf (Rosengewächs, s. S. 155) gebraucht, der ebenfalls als Küchenkraut verwendet wird. Beide haben Fiederblätter mit rundlichen Einzelfiedern, aber grundverschiedene Blütenstände.

→ Stängel stielrund und fein gerillt, spitzenwärts fast blattlos; formenreich; Magerweisen, Raine; VII-IX: **Kleine Bibernelle (Pimpinella saxifraga)**

30-60 ♃   🖐 🥄 ▦

9.2.8 Wolfsmilchgewächse (Euphorbiaceae)

In Mitteleuropa sind nur die sehr unterschiedlichen Gattungen Wolfsmilch (Euphorbia) und Bingelkraut (Mercurialis) mit zusammen annähernd 25 Arten vertreten. Weltweit gibt es über 300 Gattungen mit 8.000 Arten. Die meisten von ihnen wachsen in den Tropen, darunter viele Bäume und Sträucher. In Afrika kommen viele Wolfsmilchgewächse vor, die äußerlich den Kakteen sehr ähneln.

Der Milchsaft der Wolfsmilchgewächse dient der Pflanze nach Verletzungen als Wundverschluss und gleichzeitig als Fraßschutz. Er ist von allen Arten mehr oder weniger stark giftig. Der Milchsaft des Kautschukbaumes (Heimat: Südamerika) dient zur Herstellung von Naturgummi.

Bei der **Gattung Wolfsmilch (Euphorbia)** sind die Blätter meist wechselständig und ganzrandig. Die eingeschlechtlichen Blüten sind zu charakteristischen Scheinblüten zusammengefasst, die als Cyathium bezeichnet werden. Das Cyathium ist ein Blütenstand mit einer zentralen, heraushängenden weiblichen Blüte (nur Fruchtknoten) und mehreren männlichen Blüten, die jeweils nur ein Staubblatt besitzen. Die Nektarien umgeben das Cyathium als kleine, meist gelbe Drüsen. Da sie honigduftenden Nektar absondern und Insketen anlocken, werden sie manchmal auch als Honigdrüsen bezeichnet. Die Hochblätter dienen oft auch als Schauorgan und umschliessen die halbmondförmigen Nektardrüsen. Die Blüten sind häufig vorweiblich, d.h. die Staubblätter geben noch keinen Pollen ab (und sind dann auch kaum zu sehen), wenn die Narbe empfangsbereit ist.

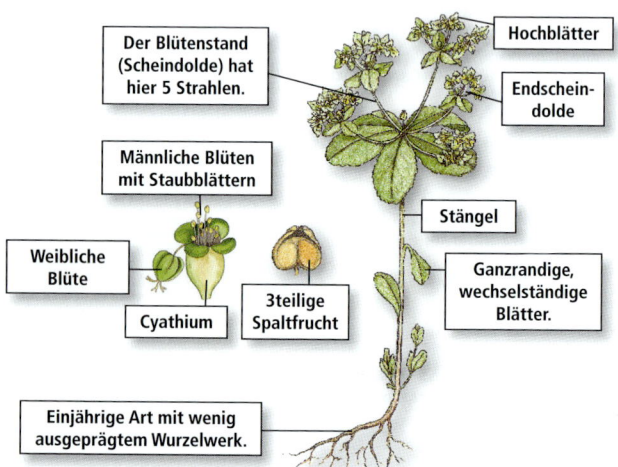

Der Blütenstand (Scheindolde) hat hier 5 Strahlen.

Hochblätter

Endscheindolde

Männliche Blüten mit Staubblättern

Stängel

Weibliche Blüte

Cyathium

3teilige Spaltfrucht

Ganzrandige, wechselständige Blätter.

Einjährige Art mit wenig ausgeprägtem Wurzelwerk.

*Die **Sonnen-Wolfsmilch (Euphorbia helioscopia)** hat grüne Hochblätter und rundliche Nektardrüsen. Der Blütenstand kann nach dem Sonnenstand ausgerichtet werden (Name!).*

Die Blütenhülle, der Kelch, fehlt meistens. Ein auffälliges Aussehen wird durch die gelbgrünen Nektardrüsen und das Zusammenlegen mehrerer Blüten zu komplexen Blütenständen erreicht.

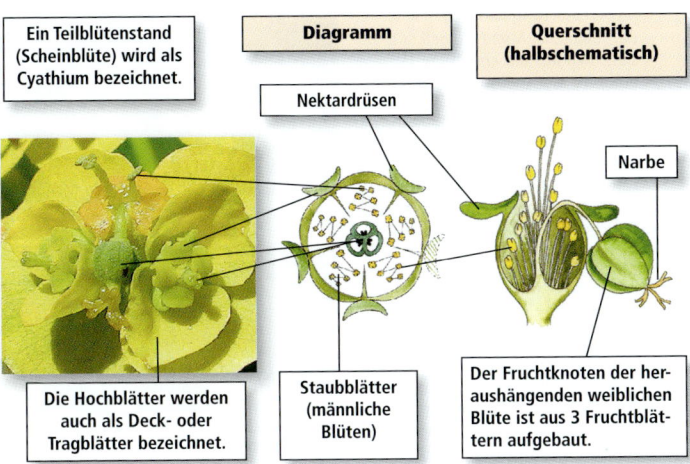

Ein Teilblütenstand (Scheinblüte) wird als Cyathium bezeichnet.

Diagramm

Querschnitt (halbschematisch)

Nektardrüsen

Narbe

Die Hochblätter werden auch als Deck- oder Tragblätter bezeichnet.

Staubblätter (männliche Blüten)

Der Fruchtknoten der heraushängenden weiblichen Blüte ist aus 3 Fruchtblättern aufgebaut.

Da es sich hier um zwei sehr unterschiedliche Gattungen handelt, kann keine einheitliche Blütenformel angegeben werden.

Die **Gattung Bingelkraut (Mercurialis)** enthält keinen Milchsaft. Die Blätter sind im Gegensatz zu der Gattung Wolfsmilch beim Bingelkraut gegenständig. Nebenblätter können vorhanden sein oder fehlen. Die Blüten sind eingeschlechtlich und meist sehr einfach gebaut. Die männlichen Blüten haben ein oder mehrere Staubblätter und die weiblichen Blüten einen 2-3fächerigen Fruchtknoten. Die Wolfsmilchgewächse können ein- oder 2häusig sein, je nachdem, ob sich die männlichen und weiblichen Blüten auf einer oder zwei getrennten Pflanzen befinden.

*Das **Einjährige Bingelkraut (Mercurialis annua)** ist meist zweihäusig. Die weiblichen Pflanzen (kleines Bild links) haben schmalere Blätter als die männlichen Pflanzen (Geschlechtsdimorphismus).*

Das gesamte Kraut ist schwach giftig und wurde früher als Abführmittel verwendet.

Bestimmungsteil

1. Pflanze ohne Milchsaft; Blätter gegen-ständig; Blüten eingeschlechtlich und 2häusig, in reichblütigen Scheinähren: **Bingelkraut (Mercurialis) →2**

> *Der deutsche Name Bingelkraut be-zieht sich auf die ehemalige Verwen-dung als harntreibendes Mittel, denn „bingeln" bedeutete so viel wie „pin-keln". Der wissenschaftliche Name hat seinen Ursprung von der Eigenschaft der Blätter, beim Trocknen einen blau-schwarzen Metallglanz zu bekommen. Im Mittelalter versuchte man mit ihrer Hilfe Quecksilber (lat. = mercurium) in Silber und Gold zu verwandeln.*

Wald-Bingelkraut

→ Pflanze mit Milchsaft: **Wolfsmilch (Euphorbia) →3**

2. Stängel stumpf 4kantig; Pflanze ein-jährig mit spindeliger Wurzel; Blü-ten meist 2häusig, selten 1häusig; Äcker, Gartenland, Weinberge, Schutt-plätze; V-X: **Einjähriges Bingelkraut (Mercurialis annua)**

20-50 ☉ 🏠🏠 ♂

🐌

*Bei den weiblichen Pflanzen des **Einjährigen Bingelkrautes** stehen die Früchte in den Blatt-achseln (links). Die männlichen Blüten befinden sich auf anderen Pflanzen in Blütenähren.*

→ Stängel rund; ausdauernde Pflanze mit unterirdischen Ausläufern; Blüten stets 2häusig; schattige Wälder; IV-V: **Wald-Bingelkraut (Mercurialis perennis)**

15-30 ♃ 🏠🏠

🐌

3 (1). Nektardrüsen halbmond- oder sichelförmig, oft 2hörnig: **→5**

→ Nektardrüsen rundlich oder quer-eiförmig: **→4**

> *Die Nektardrüsen gehören zu dem Cyathium, dem für die Gattung Wolfs-milch charakteristischen Blütenaufbau. Bei der Sonnen-Wolfsmilch sind sie rundlich. Der Fruchtknoten der oberen weiblichen Blüte ist deutlich zu sehen, die Staubblätter sind in diesem Stadium bereits abgefallen.*

***Sonnen-Wolfsmilch** (Bild oben und unten) mit rundlichen Nektardrüsen. Halbmondförmige Nektardrüsen hat beispielsweise die **Esels-Wolfsmilch** (Lupe).*

4. Reife Frucht glatt oder fein punktiert; Scheindolde meist 5strahlig; Garten- und Ackerunkraut; IV-XI: **Sonnen-Wolfsmilch (Euphorbia helioscopia)**

10-30 ☉

☠

→ Reife Frucht deutlich warzig; Schein-
dolde vielstrahlig; Pflanze einer kleinen
Weide ähnlich; Ufer, feuchte Wälder
im Bereich der großen Ströme und
Flüsse; V-VI: **Sumpf-Wolfsmilch
(Euphorbia palustris)**

50-150 ♃ Ⓖ   ✾

Sumpf-Wolfsmilch

5 (3). Endscheindolde 3-5strahlig; Kapsel
glatt: **→7**

→ Endscheindolde vielstrahlig; Kapsel
fein punktiert: **→6**

> Hier wird nach der Anzahl der einzel-
> nen Blütenstände gefragt, die jeweils
> innerhalb der gelblichen Tragblätter
> eine Einzelblüte vortäuschen. Bei der
> Zypressenwolfsmilch sind es meist
> deutlich mehr als 10, eine davon ist in
> der Vergrößerung zu sehen.

> Gezählt wird im oberen Abschnitt des
> Blütenstandes, bei verzweigten Arten
> der durchgehenden (meist mittleren)
> Hauptachse. Da die Verzweigung nur
> scheinbar von einem Punkt ausgeht,
> wird sie als Scheindolde bezeichnet.

Zypressen-Wolfsmilch

6. Blätter nicht stachelspitzig, 1-3 mm
breit und am Rand umgerollt; Hochblätter gelb, zuletzt rötlich; truppweise
auf trockenen, sandigen Böden und
steinigen Weiden; IV-VII: **Zypressen-
Wolfsmilch (Euphorbia cyparissias)**

15-30 ♃   ✾ ✿ ☠

*Wenn es nicht blüht, kann das **Leinkraut**
(rechts), ein Rachenblütler, mit der **Zypressen-
Wolfsmilch** (links) verwechselt werden. Am
Milchsaft sind beide Arten leicht zu unterscheiden.*

→ Blätter stachelspitzig oder zugespitzt,
3-5(8) mm breit; Hochblätter grün oder
gelblich; Wegraine, Gebüsche; VI-VIII:
Esels Wolfsmilch (Euphorbia esula)

30-60 ♃   ☠

7 (5). Fruchtkapsel ohne Flügelleisten;
lineale Blätter 1-4 mm breit; Lehm-
äcker; V-VI: **Kleine Wolfsmilch
(Euphorbia exigua)**

6-20 ☉   ✾

Esels-Wolfsmilch

→ Fruchtkapsel mit Flügelleisten; Blätter eiförmig-rundlich; Nährstoffzeiger,
Getreidefelder, Gartenunkraut; VI-IX:
**Garten-Wolfsmilch (Euphorbia
peplus)**

10-30 ☉   ✾

*Die **Garten-
Wolfsmilch**
hat geflügelte
Früchte.*

9.2.9 Johanniskraut- oder Hartheugewächse (Hypericaceae)

Bei uns ist von den drei weltweit verbreiteten Gattungen und ca. 400 Arten nur die Gattung Johanniskraut (Hypericum) heimisch. Sie ist mit 9 Arten vertreten.

Es handelt sich bei der Gattung Johanniskraut um Stauden oder Halbsträucher. Die Blätter sind gegenständig und sitzend. Sie haben nie Nebenblätter. Bei einigen Arten können Sie die Öldrüsen, die die Blätter durchscheinend punktiert erscheinen lassen, auch ohne Lupe erkennen, wenn Sie ein Blatt gegen das Licht halten.

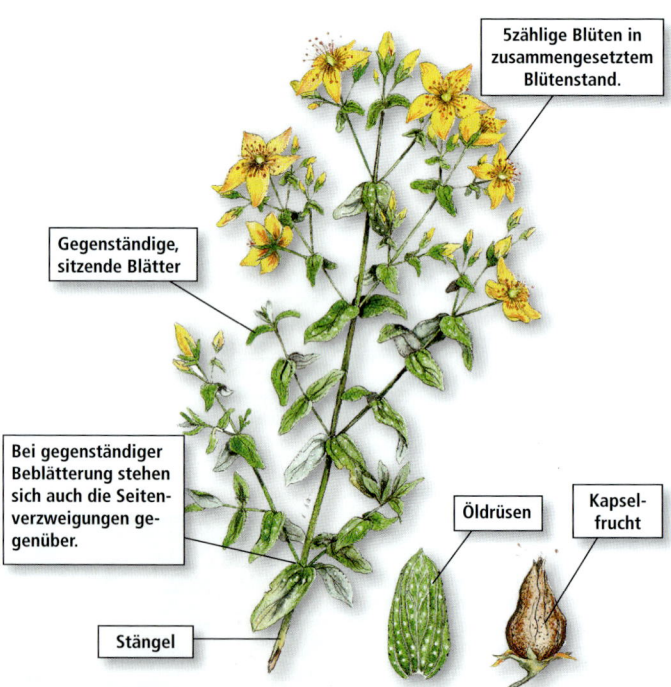

5zählige Blüten in zusammengesetztem Blütenstand.

Gegenständige, sitzende Blätter

Bei gegenständiger Beblätterung stehen sich auch die Seitenverzweigungen gegenüber.

Stängel

Öldrüsen

Kapselfrucht

Echtes Johanniskraut (Hypericum perforatum):

Der Name Johanniskraut hat mehrere Deutungen. Zum einen liegt der Blühbeginn am Johannistag (24. Juni). Zum anderen soll dieses Kraut dem heiligen Johannes das Leben gerettet haben, indem es seine Verfolger in die Irre geleitet hat. Als Erkennungszeichen sollte ein grüner Zweig an seiner Tür dienen. Über Nacht blühte der Zweig so wunderschön gelb, dass die Verfolger das Merkmal nicht mehr erkannten.

Der endständige Blütenstand setzt sich aus mehreren radiär-symmetrischen Scheiben-blüten zusammen. Sie werden von vielen verschiedenen, pollensammelnden Insekten besucht.

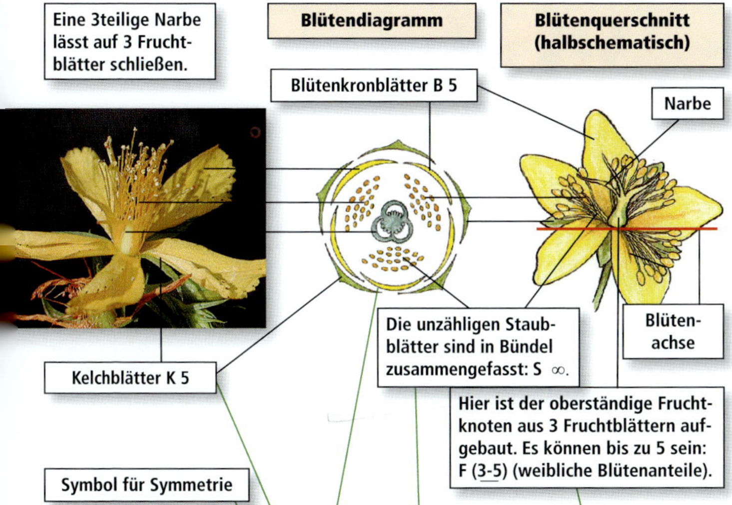

Eine 3teilige Narbe lässt auf 3 Fruchtblätter schließen.

Blütendiagramm

Blütenquerschnitt (halbschematisch)

Blütenkronblätter B 5

Narbe

Kelchblätter K 5

Die unzähligen Staub-blätter sind in Bündel zusammengefasst: S ∞.

Blüten-achse

Hier ist der oberständige Frucht-knoten aus 3 Fruchtblättern auf-gebaut. Es können bis zu 5 sein: F (3-5) (weibliche Blütenanteile).

Symbol für Symmetrie

Blütenformel	*** K 5 B 5 S ∞ in Bündeln F (3-5)**

* Kelchblätter 5 Blütenkronblätter 5 Staubblätter ∞ in Bündeln Fruchtblätter (3-5)

Die 5 Kelch- und 5 Kronblätter sind frei. Die Staubblätter sind zu 3 oder 5 Bündeln zusammenge-fasst, die genau vor den Blüten-kronblättern stehen. Der Frucht-knoten setzt sich aus 3 oder 5 Fruchtblättern zusammen und bildet eine vielsamige Kapsel-frucht.

*In jeder Kapselfrucht des **Echten Johannis-krautes (Hypericum perforatum)** befinden sich unzählige winzige Samen.*

**Echtes Johanniskraut
(Hypericum perforatum)**

Die Johanniskräuter werden oft mit dem Namen Hartheu belegt. Dieser Name kommt von „hartem Heu" – beobachten Sie einmal wie lange die verblühten Pflanzen den Witterungseinflüssen trotzen!

Der Legende nach, hat der Teufel die Löcher (Sekretbehälter) in den Blättern zu verantworten. Er sei in Zorn darüber geraten, dass die Menschen ihre Depressionen, die sie ihm viel leichter zugänglich gemacht hätten, mit diesem Kraut heilen konnten. So habe er vor lauter Wut mit einer Nadel lauter Löcher in die Blätter gestochen.

Um das Johanniskraut ranken sich wegen seiner heilenden Eigenschaften und auffälligen Erscheinung vielen Legenden. Eine besagt, dass der Wirkstoff des Johanniskrautes „das Blut Christi" ist. Zerquetschen Sie einmal eine Knospe oder eine Blüte zwischen den Fingern. Sie werden erstaunt sein, wie intensiv der Wirkstoff Hypericin seine rote Farbe abgibt. Daher ist das Johanniskraut auch eine traditionelle Färbepflanze.

Die Blüten einige Wochen in Öl ausgezogen ergeben ein wunderschönes, rotes Salat- und Hautöl.

Bestimmungsteil

1. Stängel und Blätter dicht kurzhaarig; Blüten auf behaarten Stielen, in lockerem, pyramidenförmigen Blütenstand; Wälder, Wegränder und Gebüsche; VI-VIII: **Behaartes Johanniskraut (Hypericum hirsutum)**

40-100 ♃

→ Stängel und Blätter kahl: **→2**

2. Stängel mit 2 erhabenen Längskanten, markig; Kelchblätter zur Blütezeit doppelt so lang wie der Fruchtknoten; durchscheinende Punktierung der Blätter (Öldrüsen) auch ohne Lupe sichtbar; formenreich; Wegränder, Trockenhänge; VI-VIII: **Tüpfel/Echtes Johanniskraut (Hypericum perforatum)**

30-60 ♃

Der wissenschaftliche Name kommt aus dem Griechischen und heißt so viel wie „gegen Spuk und böse Geister" (hyper eikona).

*Das **Echte Johanniskraut** wird auch heute noch medizinisch verwendet: Äußerlich zur Wundheilung und bei Verbrennungen, innerlich gegen Verstimmungszustände und Altersdepressionen – Vorsicht ist jedoch bei zu hoher Sonnenexposition der Haut angeraten, da der Wirkstoff Hypericin die Lichtempfindlichkeit erhöhen kann.*

→ Stängel 4kantig, hohl: **→3**

3. Kelchblätter stumpf, so lang oder kürzer als der Fruchtknoten; Blätter spärlich oder gar nicht punktiert; formenreich; Magerweiden, Moorwiesen; VI-IX: **Geflecktes Johanniskraut (Hypericum maculatum)**

20-60 ♃

Die Ölbehälter fehlen nur beim Gefleckten Johanniskraut ganz oder sind sehr spärlich. Daran kann es gut vom ähnlichen Flügel-Hartheu unterschieden werden. Dort sind sie zahlreich und gleichmäßig verteilt, wenn auch kleiner als beim Echten Johanniskraut, wo man sie auch ohne Lupe gegen das Licht gehalten leicht sehen kann.

→ Kelchblätter zugespitzt; Blätter den Stängel halb umfassend, sehr dicht und fein punktiert; Stängel geflügelt; feuchte Orte wie Gräben und Ufer; VII-VIII: **Flügel-Hartheu (Hypericum tetrapterum)**

30-60 ♃

*Das **Gefleckte Johanniskraut** hat seinen Namen durch die dunkle Punktierung auf Blütenblättern und Blättern bekommen. Dieses Merkmal ist jedoch unterschiedlich stark ausgeprägt, so dass es für die Bestimmung keine wichtige Rolle spielt.*

9.2.10 Veilchengewächse (Violaceae)

Bei uns ist von den weltweit verbreiteten 20 Gattungen mit 800 Arten nur die Gattung Veilchen (Viola) einheimisch. Sie ist mit 22 Arten vertreten.

Die bei uns vorkommenden Veilchen sind Kräuter oder Stauden. Die wechselständigen Blätter sind meist charakteristisch herzförmig, in jedem Fall sind sie ungeteilt. Sie besitzen große Nebenblätter, die am Rande oft gefranst oder fiederschnittig sind, bei manchen Arten können sie sogar größer sein als die Blattspreite.

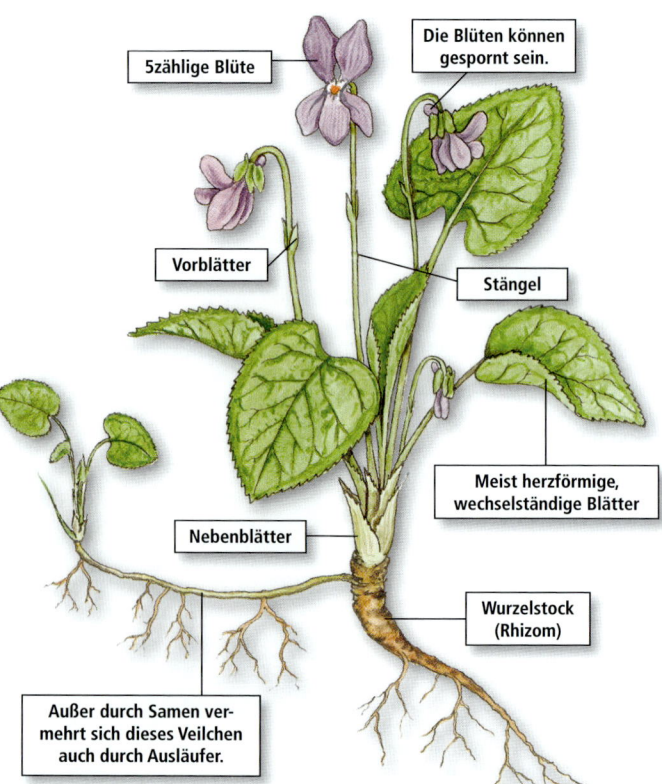

5zählige Blüte

Die Blüten können gespornt sein.

Vorblätter

Stängel

Meist herzförmige, wechselständige Blätter

Nebenblätter

Wurzelstock (Rhizom)

Außer durch Samen vermehrt sich dieses Veilchen auch durch Ausläufer.

*Das **Duftende Veilchen (Viola odorata)** stammt aus Südeuropa und ist bei uns in milden Klimalagen auf frischen, nährstoffreichen Lehmböden verbreitet. Es bildet lange Ausläufer. Da der Stängel gestaucht ist, stehen die Blätter in einer grundständigen Rosette.*

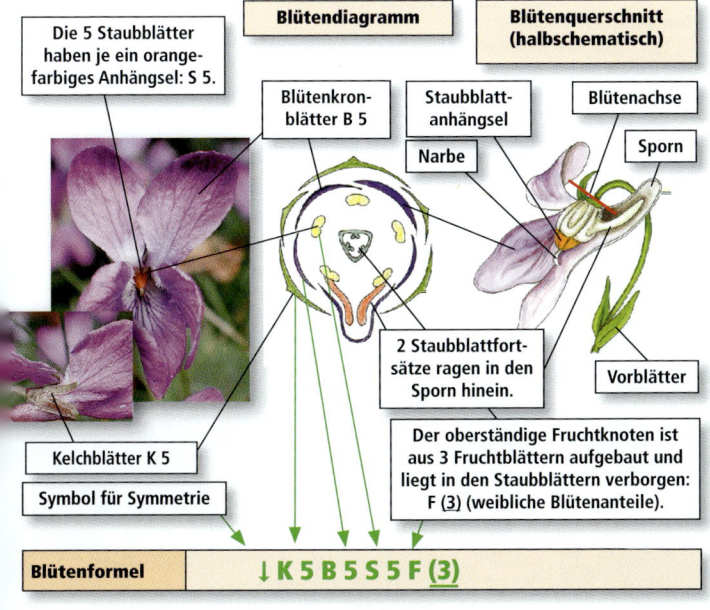

*Die Nebenblätter des **Acker-Stiefmütter-chens (Viola arvensis)** sind relativ groß und fiederschnittig.*

Die Blütenkrone ist unscheinbarer gefärbt als bei den übrigen Arten, da sie nicht von Insekten besucht wird.

Die Blüte ist charakteristisch für die Veilchen. Sie ist nur durch eine Symmetrie-Ebene spiegelbar (zygomorph) und steht lang gestielt, einzeln in den Blattachseln. Die Blütenhülle (der Kelch) setzt sich aus 5 nicht miteinander verwachsenen Kelch-blättern zusammen. Die Blütenkronblätter sind ebenfalls frei und 5zählig. Das untere (vordere) Kronblatt ist gespornt. Die Nektarien sitzen auf den Staubblättern und ragen in den vorderen Teil des Sporns hinein, sie lassen den süßen Saft in den Sporn laufen und benutzen ihn als „Safthalter".

Die Staubblätter besitzen je einen Nektar absondernden Fortsatz, von denen zwei in den Sporn hinein ragen. Alle 5 Staubblätter tragen je ein orangefarbiges Anhängsel an der Spitze.

Blütendiagramm

Blütenquerschnitt (halbschematisch)

Die 5 Staubblätter haben je ein orange-farbiges Anhängsel: S 5.

Blütenkron-blätter B 5

Staubblatt-anhängsel

Blütenachse

Narbe

Sporn

2 Staubblattfort-sätze ragen in den Sporn hinein.

Vorblätter

Kelchblätter K 5

Symbol für Symmetrie

Der oberständige Fruchtknoten ist aus 3 Fruchtblättern aufgebaut und liegt in den Staubblättern verborgen: F (3) (weibliche Blütenanteile).

Blütenformel   ↓ K 5 B 5 S 5 F (3)

↓ **Kelchblätter 5 Blütenkronblätter 5 Staubblätter 5 Fruchtblätter (3)**

199

*Die verschiedenen Arten der Veilchen lassen sich leicht miteinander kreuzen. So ist zum Beispiel aus der Kreuzung europäischer mit asiatischen Arten das **Garten-Stiefmütterchen** entstanden.*

Die Anordnung von Kelch- und Kronblättern hat zu dem Namen Stiefmütterchen geführt: Die Stiefmutter hat es sich gleich auf zwei Stühlen (=Kelchblättern) gemütlich gemacht. Ihre Töchter, die beiden seitlichen Kronblätter, haben jeweils einen eigenen Stuhl während sich die Stieftöchter (obere Kronblätter) einen Stuhl teilen müssen.

Die aus den Staubbeutel-Paketen herausragende Narbe wird von einem besuchenden Insekt zuerst berührt. Dringt das Insekt dann weiter in die Blüte vor um an den Nektar im Sporn zu gelangen, rieselt auf seinen Rücken der Blütenstaub, der dann bei der nächsten Blüte wieder an die Narbe gelangt. Sie können diesen Vorgang beobachten, wenn Sie mit einem Stäbchen „Insekt spielen": Erst wenn die Narbe berührt wird, weichen die orangenen Anhängsel der Staubblätter auseinander. Dadurch öffnet sich der kegelförmige Hohlraum und der Blütenstaub kann herausfallen.

Bei den Veilchen kommt neben Fremdbestäubung auch Selbstbestäubung (Autogamie) vor. Besonders bei den einjährigen Veilchen kann es sein, dass sich die Knospen nach erfolgreicher Selbstbestäubung gar nicht mehr öffnen, diesen Vorgang nennt man Kleistogamie.

Aus den 3 oberständigen, verwachsenen Fruchtblättern bildet sich eine 3klappige Kapsel, die viele Samen enthält. Die Samen tragen meist ein Anhängsel, das von Ameisen gerne aufgenommen und damit von ihnen verbreitet wird.

Die Samenverbreitung der Veilchen ist auch ohne die Hilfe von Ameisen relativ erfolgreich. Durch einen speziellen Mechanismus, den man mit dem Wegschnippen von Kirschkernen zwischen Daumen und Zeigefinger vergleichen kann, werden sie bis zu 3 Meter weit von der Mutterpflanze fortgeschleudert: Beim Austrocknen der Fruchtkapseln bewegen sich die drei einzelnen Klappen der Frucht nach innen und üben auf die Samen Druck aus, der sich dann plötzlich löst. Wenn Sie reife, aber noch geschlossene Kapseln auf ein Blech mit Sand legen und langsam erhitzen, können Sie beobachten wie weit die Samenkörner fortgeschleudert werden.

In den 3 Fruchblättern entwickeln sich zahlreiche Samen.

Bestimmungsteil

1. Beide seitlichen Blütenkronblätter sind nach oben gerichtet, ihre Ränder überdecken die beiden oberen Kronblätter; Blüten nicht rein violett: →**5**

→ Beide seitlichen Blütenkronblätter sind abwärts gerichtet; Blüten meist ± violett: →**2**

2. Blätter in grundständiger Rosette; Blüten in den Achseln der Rosettenblätter: →**3**

→ Pflanze mit beblätterten Blütenstängeln; Blüten in den Achseln der Stängelblätter: →**4**

> Bei einer grundständigen Rosette entspringen alle Blätter am Erdboden, und es gibt keine Stängelblätter. Einen beblätterten Stängel hat beispielsweise das Wald-Veilchen. An den Stängelblättern kann man sehr gut die Nebenblätter erkennen.

*Das **Wald-Veilchen** hat einen beblätterten Stängel und geschlitzte Nebenblätter.*

3. Blattspreite kahl, nierenförmig, an der Spitze meist abgerundet; Blüten rötlich-lila bis weiß, das untere Blütenkronblatt violett geadert; Hoch- und Flachmoore, VI-VII: **Sumpf-Veilchen (Viola palustris)**

5-12 ⑳   ▩

> An den runden Blättern ist das Sumpf-Veilchen auch außerhalb der Blütezeit gut zu erkennen.

Sumpf-Veilchen

→ Blattspreite behaart; Blüten dunkelviolett, wohlriechend; Blattspreite rundlich-nierenförmig bis herz-eiförmig; Nebenblätter eiförmig; lichte Laubgehölze, Bachufer; III-IV: **März-Veilchen (Viola odorata)**

5-10 ⑳   ▩

> Das März-Veilchen ist eine beliebte Zierpflanze aus Südeuropa und vermutlich aus Gärten verwildert und inzwischen eingebürgert.
>
> Besonders in der Volksmedizin wird das Kraut als schleimlösendes Mittel bei Bronchitis verwendet. Außerdem lindert es in Form von kühlenden Kompressen Kopfschmerzen (Kater) und Schwellungen.

*Die Blüten des **März-Veilchens** dienen als Aromastoff für Süßwaren und Liköre. Man kann sie auch kandieren und als essbare Dekoration verwenden.*

4 (2). Sporn 5-6 mm lang, schlank, dunkel-violett und abwärts gebogen; röt-lich-violette Blüten kürzer als 2 cm; Nebenblätter schmal-lanzettlich und gefranst; Wälder; IV-VI: **Wald-Veilchen (Viola reichenbachiana)**

10-25 ♃

Die Form und Farbe des Sporns hilft, diese beiden oft verwechselten Arten zu unterscheiden. Allerdings gibt es im Kontaktgebiet der beiden Arten alle Übergänge.

→ Sporn 3 mm lang, dick, weißlich und nach oben gebogen; hell violette Blü-ten über 2 cm lang; Nebenblätter breit und wenig gefranst; Wälder; IV-V: **Hain-Veilchen (Viola riviniana)**

10-25 ♃

*Das **Wald-** (oben) und das **Hain-Veilchen** (unten) unterscheiden sich vor allem durch ihren Sporn.*

5 (1). Pflanze 5-20 cm groß; Blüten creme-farben; Blätter rundlich; Äcker, Weg-ränder; V-X: **Acker-Stiefmütterchen (Viola arvensis)**

5-20 ☉

Das Acker-Stiefmütterchen enthält un-ter anderem entzündungshemmende Stoffe und wurde als Hausmittel schon lange gegen Entzündungen, Ekzeme, Schnupfen und zur Kräftigung des Im-munsystems verwendet. In der Schul-medizin wird es gegen Schuppenflech-te, Milchschorf der Babys und auch bei Erkrankungen der oberen Atemwege eingesetzt.

Acker-Stiefmütterchen

→ Pflanze 10-40 cm groß; Blüten gelb bis blauviolett; formenreich; Äcker, Dünen, Wiesen; V-X: **Gewöhnliches Stiefmütterchen (Viola tricolor)**

10-40 ☉ ♃

Das Gewöhnliche Stiefmütterchen ist mit dem Acker-Stiefmütterchen eng verwandt. Es ist jedoch seltener. Die Blüten sind etwas größer (über 15 mm lang) und dreifarbig, wie der wissen-schaftliche Name vermuten lässt (lat. tricolor = dreifarbig).

Die blauvioletten bis rötlichen Antho-cyanfarbstoffe der Veilchen sind wasser-löslich und wurden früher zum Färben benutzt. Es sind die gleichen Farbstoffe wie z.B. bei Kornblumen und Rosen.

Gewöhnliches Stiefmütterchen

9.2.11 Kreuzblütler (Brassicaceae)

Weltweit gibt es 390 Gattungen mit ca. 3000 Arten. Die meisten sind auf der nördlichen Erdhalbkugel außerhalb der Tropen verbreitet. Einheimisch sind davon 55 Gattungen mit über 200 Arten. Viele von ihnen sind Ruderalpflanzen.

Kreuzblütler sind Kräuter oder Stauden, selten auch einmal Halbsträucher. Ihre Blätter sind stets wechselständig und ohne Nebenblätter. Sie können ungeteilt, fiederschnittig oder gefiedert sein. Der Geruch der frischen, zwischen den Fingern zerriebenen Blätter kann für die Bestimmung hilfreich sein. So können Sie beispielsweise leicht die Knoblauchsrauke an ihrem charakteristischen Knoblauchgeruch erkennen. Die Brunnenkresse unterscheidet sich ebenfalls durch ihren kresseartigen Geruch von der Sumpfkresse oder dem Bitteren Schaumkraut. Die Blattformen sind insgesamt sehr variabel. Besonders bei den fiederschnittigen Arten variieren sie auch innerhalb der einzelnen Arten mehr oder weniger stark.

4zählige Blüte mit 4 langen und 2 kurzen Staubblättern.

Der Blütenstand ist ein offene Traube.

Stängel

Fiederschnittige Blätter

Die Frucht ist mehr als 3x so lang wie breit, folglich eine Schote.

Wurzel

*Die Blätter des **Schmalblättrigen Doppelsame (Diplotaxis tenuifolia)** riechen beim Zerreiben nach Rucola-Salat und können entsprechend zubereitet werden. Die Heimat dieses Küchenkrautes ist der Mittelmeerraum. Dem dortigen Klima entsprechend, ist die Pflanze sehr unempfindlich gegen Trockenheit und wächst auch auf Sanddünen und Schotterflächen.*

Zu den Kreuzblütlern gehören sehr viele Kulturpflanzen, die als Lieferanten für Gemüse, Viehfutter, Heilpflanzen, Gewürze, Färbepflanzen und Öl dienen. Seit frühgeschichtlicher Zeit wurden für die Züchtung vor allem Arten ausgewählt, die sich durch ölreiche Samen oder einen würzigen Geschmack auszeichnen. Rübsen- (Brassica oleracea) und Rapsöl (Brassica napus ssp. napus) wurde zur Beleuchtung der Hütten eingesetzt.

Gemüsepflanzen sind zum Beispiel Blumen-, Grün-, Rot- und Weißkohl, aber auch Rettich, Kohlrabi, Meerrettich, Senf und Kresse. Den scharfen Geschmack oder Geruch haben die Kreuzblütler durch Senfölglycoside, die von fast allen Kreuzblütlern in mehr oder weniger großen Mengen produziert werden.

*Der **Färberwaid (Isatis tinctoria)** war bis zum 17. Jahrhundert wegen seines blauen Farbstoffes sehr geschätzt. Er stammt ursprünglich aus den Steppengebieten Südosteuropas und Westasiens.*

Der Blütenstand ist immer eine offene Traube. Oft wächst er an der Spitze lange weiter und meist gibt es keine Tragblätter.

Den deutschen Namen Kreuzblütler und den inzwischen veralteten, wissenschaftlichen Namen Cruciferae („Kreuzträger") hat diese Familie durch die kreuzweise angeordneten, nicht miteinander verwachsenen Blütenteile bekommen. Die vier Kelchblätter stehen kreuzweise zu den Blütenkronblättern, d.h. die Kelchblätter sitzen nicht vor den Kronblättern, sondern sozusagen vor ihren „Schlitzen". Jede Blüte hat vier lange und zwei kurze Staubbeutel.

Dieser einheitliche und charakteristische Blütenaufbau macht die Kreuzblütler unverwechselbar, er kommt bei keiner anderen Familie vor.

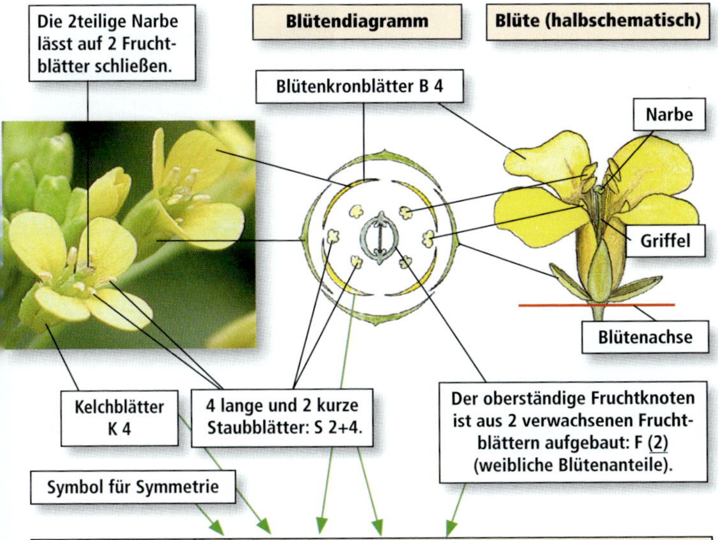

Die 2teilige Narbe lässt auf 2 Fruchtblätter schließen.

Blütendiagramm

Blüte (halbschematisch)

Blütenkronblätter B 4

Narbe

Griffel

Blütenachse

Kelchblätter K 4

4 lange und 2 kurze Staubblätter: S 2+4.

Der oberständige Fruchtknoten ist aus 2 verwachsenen Fruchtblättern aufgebaut: F (2) (weibliche Blütenanteile).

Symbol für Symmetrie

Blütenformel

+ K 4 B 4 S 2+4 F (2)

+ Kelchblätter 4 Blütenkronblätter 4 Staubblätter 2+4 Fruchtblätter (2)

Da es innerhalb der Nachtkerzen-, Mohn- und Rötegewächse auch vierzählige Blüten gibt, ist die Zahl und Anordnung der Staubblätter eine gute Unterscheidungshilfe. Bei den Kreuzblütlern ist die Blütenfarbe meist gelb oder weiß, seltener auch rosa bis violett.

Typisch ist auch die Frucht der Kreuzblütler. Sie entwickelt sich aus zwei verwachsenen Fruchtblättern. In der Mitte wird eine dünne Scheidewand gebildet, an der sich die Sa-

*Bienen können UV-Licht sehen. Sie können die vielen gelben Kreuzblütler, wie hier beispielsweise den **Raps (Brassica rapa ssp. napus)**, an den Mustern auf der Blüte erkennen, die für uns unsichtbar sind.*

men entwickeln und die nach dem Herausfallen der Samen erhalten bleibt. Die Samen
sind ein- oder zweireihig angeordnet. Um
dies zu Erkennen, ziehen Sie eine Klappe
vorsichtig mit der Pinzette von der unreifen
Frucht ab. Die Anzahl der gebildeten Samen
kann sehr groß sein. Eine einzelne Pflanze
des Acker-Hellerkrautes (Thlaspi arvense)
kann 1.000 Samen produzieren. Beim Acker-
senf sind es sogar bis zu 25.000 Samen
und bei dem Hirtentäschelkraut (Capsella
bursa-pastoris) 15.000 bis 20.000.

Als Schnabel wird der vordere Abschnitt
der Frucht bezeichnet, der nach dem Ablö-
sen der Klappen erhalten bleibt.

*Die Samen der **Knoblauchsrauke (Alliaria petiolata)** können zum Würzen verwendet werden. Sie enthalten wie viele Kreuzblütler Senfölgylkoside.*

Schnabel

*Der Schnabel ist beim **Weißen Senf (Sinapis alba)** besonders deutlich zu erkennen.*

Ohne (reife) Frucht kann die Bestimmung zum Teil schwierig sein. In der Praxis ist dies
meist kein Problem, da die Blüten nacheinander heranreifen und an einem Blütenstand gleichzeitig Blüten und Früchte vorhanden sind.

Wichtig für die Bestimmung ist die Unterscheidung zwischen Schote und Schötchen. Dies ist keinesfalls eine Größenangabe, sondern das Verhältnis zwischen Länge
und Breite der Früchte. Eine rundliche Frucht, deren Länge weniger als 3x so lang wie
breit ist, wird unabhängig von ihrer Größe als **Schötchen** bezeichnet. Die längliche
Form mit mehr als 3x so langer wie breiter Frucht, heißt **Schote**.

*Das **Judas-Silberblatt (Lunaria annua)** hat Schötchen als Früchte, auch wenn die Größe von mehreren Zentimetern nicht zu dieser Bezeichnung zu passen scheint.*

*Beim **Echten Barbarakraut (Barbarea vulgaris)** kann man bereits zum Ende der Blütezeit erkennen, dass die Früchte mehr als 3mal so lang wie breit, und damit Schoten, sind.*

Bestimmungsteil

Frucht wenigstens 3mal so lang wie breit: Teil A: Schotenfrüchtige Kreuzblütler → S. 207

Frucht höchstens 3mal so lang wie breit: Teil B: Schötchenfrüchtige Kreuzblütler → S. 212

Teil A: Schotenfrüchtige Kreuzblütler

1. Blattspreite gefiedert, gefingert oder tief eingeschnitten: **→13**

→ Blattspreite ungeteilt und niemals tief eingeschnitten: **→2**

2. Blätter mit herz- oder pfeilförmigem Grund Stängel umfassend: **→12**

→ Blätter gestielt oder sitzend, aber nicht Stängel umfassend: **→3**

3 Blüten gelb oder bräunlich: **→10**

→ Blüten weiß, rot oder lila: **→4**

4. Blattspreite am Grund herzförmig ausgerandet; Grundblätter herz-nierenförmig; Blätter beim Zerreiben stark nach Knoblauch riechend; Schoten 4kantig; Blüten weiß; Laubwälder, Hecken, Schuttplätze; IV-VI: **Knoblauchsrauke (Alliaria petiolata)**

20-100 ☉ ♃ ⚭

Die Knoblauchsrauke wurde seit alters her wie Knoblauch in Küche und Heilkunde verwendet.

Die Blätter der **Knoblauchsrauke** sind gestielt. Während die Grundblätter (links) unten ausgerandet sind und eine abgerundete Blattspitze haben, sind die Stängelblätter viel stärker zugespitzt (rechts). Beide riechen beim Zerreiben stark knoblauchartig und sind daran zweifelsfrei zu erkennen.

→ Blattspreite am Grund nicht herzförmig ausgerandet: **→5**

5. Blüten weiß: **→7**

→ Blüten rot oder violett: **→6**

6. Blätter dickfleischig und kahl; Blüten lila-rosa; Frucht zweigliedrig; Küste der Nord- und Ostsee; VII-X: **Meersenf (Cakile maritima)**

15-30 ☉

→ Blätter nicht dickfleischig; Gartenzierpflanze, an Waldrändern und in Auwäldern verwildert; V-VII: **Gewöhnliche Nachtviole (Hesperis matronalis)**

40-100 ☉ ✐

Die Frucht der Nachtviole ist eine mehrsamige Schote. Die Narbe hat eine charakteristische Form, sie ist zweilappig mit aneinander liegenden Lappen.

Gewöhnliche Nachtviole

7 (5). Schoten unter 1 mm breit; Blüten unter 2 mm breit; Blätter am Stängelgrund gehäuft; Acker, Magerrasen; IV-V: **Acker-Schmalwand (Arabidopsis thaliana)**

5-30 ☉

→ Schoten breiter als 1 mm: →8

8. Samen in die Scheidewand der Frucht eingesenkt; Frucht flach netznervig aber nicht höckerig; Grundblätter rosettig und rauhaarig, zur Blütenzeit verwelkt; Stängelblätter kahl und bereift; Stängel im oberen Teil kahl und bereift, Gebüsch, sonnige Hügel; V-VII: **Kahle Gänsekresse (Arabis glabra)**

60-120 ♃

→ Samen nicht in die Scheidewand eingesenkt; Frucht daher über den Samen höckerig: **Schaumkraut (Cardamine)** →9

*Die **Acker-Schmalwand** ist ein beliebtes Studienobjekt für pflanzenphysiologische Versuche, da auf Nährboden im Reagenzglas in einem Jahr mehrere Generationen gezogen werden können.*

9 (8 und 16). Stängel nur anfangs markig, später hohl, ± rund; Staubbeutel gelb; Grundblätter rosettig; feuchte Wiesen, Laubwälder; IV-VII: **Wiesen-Schaumkraut (Cardamine pratensis)**

10-60 ♃

Für den Namen Wiesen-Schaumkraut gibt es zwei Erklärungen. Einerseits wirken die vielen Blüten im Frühjahr wie Schaum auf den Wiesen, andererseits legen die Vertreter der Schaumzikaden ihre Eier an den Stängeln ab. Die Larven entwickeln sich dann im inneren einer Hülle, die wie Schaum oder Speichel aussieht (Regionaler Name: „Kuckucksspeichel").

Wiesen-Schaumkraut

→ Stängel markig und kantig; Staubbeutel violett; Grundblätter nicht rosettig; Quellfluren, Bachufer; IV-VII: **Bitteres Schaumkraut (Cardamine amara)**

10-60 ♃

10 (3). Kelchblätter aufrecht; Schoten 4kantig; Blätter mit 2spaltigen Haaren; Blüte sattgelb; Äcker, Schuttplätze; V-IX: **Acker-Schöterich (Erysimum cheiranthoides)**

15-60 ☉

→ Kelchblätter ± abstehend: →11

Acker-Schöterich

11. Schoten 1-2 cm lang; Blüten schwefelgelb; alte Kulturpflanze, wild nur auf Helgoland; V-IX: **Gemüse-Kohl (Brassica oleracea)**

40-120 ☉

→ Schoten 2-4 cm lang mit bis zu 1 cm langem Schnabel; Blüten schwefelgelb; Ackerunkraut; VI-IX: **Acker-Senf (Sinapis arvensis)**

30-60 ☉

Die Blätter können gehackt als Gewürz verwendet werden und die Samen wurden echtem Senf beigemischt.

12. (2). Blüten gelblichweiß; Grundblätter rosettig und rauhaarig, zur Blütezeit verwelkt; Stängel oberwerts kahl und bereift, Stängelblätter kahl und blaugrün bereift; Gebüsch und sonnige Hügel; V-VII: **Kahle Gänsekresse (Arabis glabra)**

60-120 ♃

→ Blüten gelb; Schoten zur Reife dunkelviolett werdend; früher wichtige, den Indigofarbstoff liefernde Färbepflanze, aus Kulturen verwildert und eingebürgert (Heimat: SO-Europa, W-Asien); V-VII: **Färberwaid (Isatis tinctoria)**

40-120 ☉♃♂

13 (1). Blüte gelb: →**17**

→ Blüte rötlich oder violett-weißlich: →**14**

14. Blätter aus getrennten Fiedern zusammengesetzt: →**16**

→ Blätter fiedspaltig, Fiedern nicht bis zur Mittelrippe (Rhachis) getrennt: →**15**

15. Blätter dickfleischig und kahl; Blüten lila-rosa; Frucht zweigliedrig; Küste der Nord- und Ostsee; VII-X: **Meersenf (Cakile maritima)**

15-30 ☉

→ Blätter nicht dickfleischig; Schoten perlschnurartig eingeschnürt; Blütenkronblätter hellgelb oder weißviolett geadert; Ackerunkraut; VI-VIII: **Hederich (Raphanus raphanistrum)**

30-60 ☉

Die Gattung Senf (Sinapis) hat geschnäbelte Schoten. Das bedeutet, dass die Frucht nach vorne schnabelartig verlängert ist. In dem „Schnabel" sind keine Samen. Dies ist beim ***Weißen Senf*** *(unten) besonders gut zu erkennen, da die Fruchtklappen und die Samen bereits abgefallen sind. Das obere Bild zeigt den* ***Acker-Senf*** *mit unbehaarten Früchten.*

Färberwaid

Meersenf

Hederich

16 (14). Stängel am Grund kriechend, meist hohl und kahl; Samen 2reihig; Staubbeutel gelb; Laub im Winter grün bleibend; Quellen, langsam fließende Bäche; V-VIII: **Echte Brunnenkresse (Nasturtium officinale)**

20-80 ⚁

→ Stängel aufrecht; Schoten zusammengedrückt; Samen 1reihig; Staubbeutel gelb oder violett: **Schaumkraut (Cardamine)** →9

17 (13). Schoten wenigstens 1 cm, zur Reifezeit länger als die Fruchtstiele: →20

→ Schoten selten bis 1 cm lang, so lang oder kürzer als die Fruchtstiele: **Sumpfkresse (Rorippa)** →18

18. Bleichgelbe Blütenkronblätter ± so lang wie der Kelch; Ufer, Gräben, Äcker; VI-IX: **Gewöhnliche Sumpfkresse (Rorippa palustris)**

10-80 ☉ ☉

*Die **Brunnenkresse** und das Bittere Schaumkraut sehen sich sehr ähnlich und haben ähnliche Standortansprüche. Ein sicheres Unterscheidungsmerkmal sind die Staubblätter. Bei der Brunnenkresse sind sie gelblich-weißlich und beim Bitteren Schaumkraut violett. Ohne Blüten kann man die Brunnenkresse am hohlen Stängel erkennen, der beim Schaumkraut markig ist. Die **Brunnenkresse** ist traditionell ein beliebtes Heil- und Küchenkraut.*

→ Goldgelbe Blütenkronblätter länger als der Kelch: →19

19. Früchte etwa so lang wie ihr Stiel; Stängel kantig und ausläuferbildend; feuchte Orte, Äcker, Waldwiesen; VI-IX: **Wilde Sumpfkresse (Rorippa sylvestris)**

20-60 ⚁

*Bei der **Wilden Sumpfkresse** überragen die Blütenkronblätter die Kelchblätter.*

Die Früchte sind hier sogar deutlich länger als ihre Fruchtstiele, sie können aber auch gleichlang sein.

→ Früchte viel kürzer als ihr Stiel; hohler Stängel gefurcht und bei Wasserformen blasig aufgetrieben; Ufer langsam fließender Gewässer; V-VIII: **Wasser-Sumpfkresse (Rorippa amphibia)**

40-120 ⚁

20 (17). Stängelblätter nicht Stängel umfassend: →22

→ Mittlere und obere Stängelblätter den Stängel ± umfassend: **Barbarakraut (Barbarea)** →21

21. Obere Stängelblätter ungeteilt, gezähnt; reife Schoten dicker als die Stiele; Kies- und Sandböden, feuchte Äcker; IV-VII: **Echtes Barbarakraut (Barbarea vulgaris)**

30-90 ☉

*Das **Barbarakraut** hat den Stängel umfassende Blätter mit zwei Ausbuchtungen kurz hinter den Blattöhrchen (Bild). Die Grundblätter sind gefiedert. Die Blattrosetten wurden am Barbaratag (4. Dezember) als Gemüse geerntet.*

→ Alle Blätter gefiedert oder fiedspaltig; reife Schoten kaum dicker als ihre Stiele; Äcker, Wegränder, Schutt; IV-V: **Mittleres Barbarakraut (Barbarea intermedia)**

20-60 ☉

22 **(20).** Schoten perlschnurartig eingeschnürt; Blütenkronblätter hellgelb oder weißviolett geadert; Ackerunkraut; VI-VIII: **Hederich (Raphanus raphanistrum)**

30-60 ☉

Hederich

In Salzwasser gekocht sind die jungen Blätter ein leckeres Wildgemüse. Aus den Samen wurde Senf hergestellt.

→ Schoten nicht perlschnurartig: →23

23. Blätter 2-3fach gefiedert, mit linealen Zipfeln, graugrün, durch Sternhaare grauhaarig; unbebaute Orte, Äcker; V-VII: **Besenrauke (Descurainia sophia)**

20-70 ☉

Die Schoten der Besenrauke sind sehr lang, aber nicht perlschnurartig eingeschnürt wie beim Hederich.

*Die Blätter der **Besenrauke** können im Frühjahr zu Wildspinat verarbeitet werden.*

→ Blätter leierförmig gefiedert, mit größerer Endfieder; Haare einfach: **Rauke (Sisymbrium)** →24

24. Schoten aufrecht und dem Stängel dicht anliegend, behaart; Wegränder, Schutt; V-X: **Weg-Rauke (Sisymbrium officinale)**

30-60 ☉

An den eng am Stängel anliegenden Schoten ist die Weg-Rauke gut zu erkennen (kleines Bild rechts). Die Samen bleiben oft lange in den Schoten und werden mit der ganzen Pflanze verbreitet, wenn diese abgestorben ist.

Die in Trauben angeordneten Blüten sind unscheinbar (Bild darunter).

→ Schoten abstehend und kahl; sandige, wüste Plätze, eingeschleppt über SO-Europa; V-VII: **Ungarische Rauke (Sisymbrium altissimum)**

30-60 ☉ ♂

*Der lat. Artname officinalis verrät, dass die **Weg-Rauke** früher als Heilpflanze verwendet wurde. Außerdem nutzte man die abgestorbenen Pflanzen als Besen.*

Teil B: Schötchenfrüchtige Kreuzblütler

1. Blütenkrone gelb bis gelblich:→**12**

→ Blütenkronblätter rötlich, violett oder rein weiß: →**2**

2. Blütenkronblätter ungeteilt (höchstens seicht ausgerandet): →**4**

→ Blütenkronblätter tief 2spaltig: →**3**

3. Blätter in grundständiger Rosette; Blüte weiß; formenreich; Magerrasen, Mauern, Äcker; II-V: **Hungerblümchen (Erophila verna)**

3-15 ⊙   ▩

*Beim **Hungerblümchen** sind die Blütenkronblätter tief ausgerandet. Auf den ersten Blick, könnte man die Blüte daher für achtblättrig halten.*

→ Stängel bis in die Blütenregion beblättert; ganze Pflanze von Sternhaaren graugrün; Blüte weiß; sandige, trockene Orte; VI-X: **Graukresse (Berteroa incana)**

30-65 ⊙   ▩

4 (2). Blattspreite 20-60 cm lang und bis 25 cm breit; Wurzel dick und scharf riechend und schmeckend; V-VII: **Meerrettich (Armoracia rusticana)**

60-120 ⌗ ⚘ ⚘   ⚐ ▩

Meerrettich wird als Gewürzpflanze angebaut und ist heute an Bachufern und Grabenrändern häufig verwildert. Ohne Blütenstand könnte man ihn mit einem Ampfer (Rumex) verwechseln.

*Die Behaarung der **Graukresse** ist eine Anpassung an den trockenen Standort. Das Sonnenlicht wird reflektiert und die Verdunstung eingeschränkt. Mit einer guten Lupe sind die Sternhaare zu erkennen.*

→ Blattspreite unter 20 cm und kein scharfer Geschmack: →**5**

5. Zumindest die Grundblätter fiedteilig oder fiedspaltig: →**11**

→ Blätter ganzrandig: →**6**

6. Blüte weiß: →**8**

→ Blüte rötlich-violett; Schötchen bis 3 cm breit; Blätter mit herzförmigem Spreitengrund: **Silberblatt (Lunaria)** →**7**

7. Alle Blätter gestielt; Schötchen nicht kreisrund; feuchte, schattige Laubwälder der montanen Region; V-VII: **Wildes Silberblatt (Lunaria rediviva)**

30-140 ⌗

*Das **Wilde Silberblatt** hat länglichere Schötchen als der einjährige „Bruder" auf den beiden kleinen Bildern.*

→ Obere Stängelblätter sitzend; Schötchen ± rund; stellenweise verwilderte Gartenzierpflanze aus SO-Europa; IV-VI: **Judas-Silberblatt (Lunaria annua)**

30-100 ☉ ♂

8 (6). Stängel und Blätter ± behaart (Lupe!): →**9**

→ Stängel und Blätter kahl; ± runde Schötchen ± breit geflügelt, kahl; Getreidefelder, Gärten, Schuttplätze; V-VI: **Acker-Hellerkraut (Thlaspi arvense)**

10-50 ☉

9. Schötchen 3eckig-verkehrt-herzförmig; Grundblätter rosettig, Stängelblätter geöhrt Stängel umfassend; formenreich; Wege, Gärten, Äcker; II-IX: **Hirtentäschelkraut (Capsella bursa-pastoris)**

2-70 ☉☉ ♂

Dieses Ackerwildkraut ist eine alte Heilpflanze. Es kann als Salat und Gemüse gegessen werden und die Samen ergeben eine pfefferige Würze.

→ Schötchen nicht 3eckig, sondern herz- oder eiförmig: →**10**

10. Schötchen schuppig rau; Dämme, Wege, Schuttplätze; V-VI: **Feld-Kresse (Lepidium campestre)**

20-60 ☉ ☉☉

→ Schötchen glatt und vom verlängerten Grund gekrönt; wohlriechend; Pflanze grauhaarig; Wegränder, Bahndämme; V-VII: **Pfeilkresse (Cardaria draba)**

20-50 ♃

Die Pfeilkresse ist der Feld-Kresse ähnlich. Beide haben pfeilförmige Blätter und wachsen auf vergleichbaren Standorten. An den Früchten sind sie unterscheidbar (s. nächste Seite).

11 (5). Reifes Schötchen mit mindestens 4 Samen; Schötchen verkehrt-herzförmig; Alteinwanderer aus dem Mittelmeergebiet, Kulturbegleiter, heute weltweit verbreitet; II-IX: **Hirtentäschelkraut (Capsella bursa-pastoris)**

2-70 ☉☉

Judas-Silberblatt:
Durch die silbrigen Trennwände in den Schötchen ist diese Gartenpflanze beliebt in Trockensträußen.

*Die Schötchen des **Hirtentäschelkrautes** haben die Scheidewand auf der die Samen sitzen in der Schmalseite (links unten). Daher bleibt, nachdem die Samen ausgefallen sind, nur die schmale, ovale Trennwand stehen (rechts).*

*Da die Grundblätter des **Hirtentäschelkrautes** sehr formreich sind (rechts), führen zwei Wege zu dieser Pflanze.*

→ Reifes Schötchen mit 1-2 Samen; Schötchen schuppig rau; Wege, Dämme, Schuttplätze; V-VI: **Feld-Kresse (Lepidium campestre)**

20-60 ⊙ ⊙⊙ 🌱 ▩▩

Die Grundblätter sind bei der Feld-Kresse von ungeteilt bis tief fiederspaltig, sehr formenreich. Daher gelangt man bei Punkt 5 über beide Alternativen zur selben Pflanze.

12 (1). Obere Stängelblätter mit herz- oder pfeilförmigem Grund Stängel umfassend: →15

→ Obere Stängelblätter nicht Stängel umfassend: **Sumpfkresse (Rorippa)** →13

13 (12 und 15). Bleichgelbe Blütenkronblätter ± so lang wie der Kelch; Ufer, Gräben, Äcker; VI-IX: **Gewöhnliche Sumpfkresse (Rorippa palustris)**

10-80 ⊙ ⊙⊙ ▩▩

→ Goldgelbe Blütenkronblätter länger als der Kelch: →19

14. Früchte etwa so lang wie ihr Stiel; Stängel kantig und ausläuferbildend; feuchte Orte, Äcker, Waldwiesen; ausdauernd; VI-IX : **Wilde Sumpfkresse (Rorippa sylvestris)**

20-60 ♃ ▩▩

→ Früchte viel kürzer als ihr Stiel; hohler Stängel gefurcht und bei Wasserformen blasig aufgetrieben; Ufer langsam fließender Gewässer; V-VIII: **Wasser-Sumpfkresse (Rorippa amphibia)**

40-120 ♃ ▩▩

15 (12). Früchte hängend, zur Reife dunkelviolett werdend; früher wichtige, den Indigofarbstoff liefernde Färbepflanze, aus Kulturen verwildert und eingebürgert (Heimat: SO-Europa, W-Asien); V-VII: **Färberwaid (Isatis tinctoria)** Abb. S. 204

40-120 ⊙⊙ ♃ 🗡 🍂 ▩▩

→ Früchte aufrecht: **Sumpfkresse (Rorippa)** →13

Feld-Kresse

*Die **Pfeilkresse** und die Feld-Kresse (oben) unterscheiden sich vor allem durch die Fruchtform.*

Wilde Sumpfkresse:

Die Gattung Sumpfkresse wurde bereits bei den schotenfrüchtigen Kreuzblütlern vorgestellt. Einerseits sind die Früchte der einzelnen Arten innerhalb der Gattung unterschiedlich. Zum anderen ist es oft schwer zu entscheiden, ob die Früchte mehr oder weniger als 3mal so lang wie breit sind. Daher führen beide Schlüsselteile zur Sumpfkresse. Durch die Variabilität der Blattform führen dann innerhalb dieses Teiles auch wieder zwei Wege zu dieser Gattung.

9.2.12 Malvengewächse (Malvaceae)

Unter den Malvengewächsen gibt es Kräuter, Stauden und Sträucher. Die heimischen 7 Arten aus 3 Gattungen sind ausschließlich Kräuter und Stauden. Weltweit gibt es ca. 110 Gattungen mit 1.800 Arten.

Viele Malven werden als Heilpflanzen verwendet, da die Blätter Schleimstoffe enthalten, die zum Beispiel in Hustentees reizlindernd wirken. Baumwolle (Gossypium) ist eine sehr wichtige Kulturpflanze aus dieser Familie, sie wächst in subtropischem Klima. Ihre Samen sind von langen, weißen Haaren bedeckt und liefern den für Textilien aller Art verwendeten Faserstoff.

Die Blattspreite ist häufig handnervig und gelappt, die Nebenblätter sind oft hinfällig und fallen früh ab.

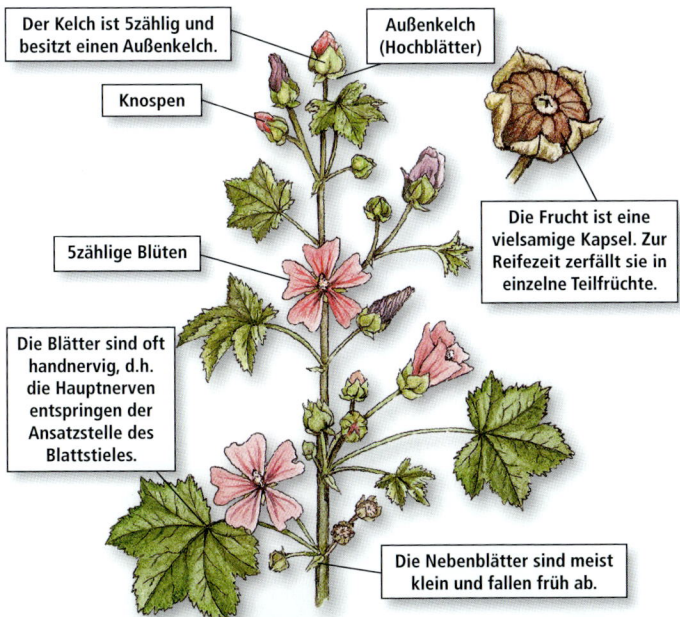

Der Kelch ist 5zählig und besitzt einen Außenkelch.

Außenkelch (Hochblätter)

Knospen

5zählige Blüten

Die Frucht ist eine vielsamige Kapsel. Zur Reifezeit zerfällt sie in einzelne Teilfrüchte.

Die Blätter sind oft handnervig, d.h. die Hauptnerven entspringen der Ansatzstelle des Blattstieles.

Die Nebenblätter sind meist klein und fallen früh ab.

*Die Blätter der **Wilden Malve (Malva sylvestris)** enthalten etwa 8 % Schleimstoffe. Man findet sie wegen der reizlindernden und einhüllenden Eigenschaften in vielen Hustentees. Die Blüten sind wegen der färbenden Eigenschaften Bestandteil in vielen Teemischungen. Sie können auch zum Färben von Lebensmitteln verwendet werden. Die Blütenfarbe (Anthocyane) hat einen interessanten Farbumschlag von rosa über violett bis zu blau, je nach Säuregehalt des Wassers. Dies kann man ganz leicht selber ausprobieren indem man Blütenkronblätter in Wasser gibt. Je nachdem ob eine Säure (z.B. Essig) oder eine Lauge (z.B. Natron) dazu gegeben wird, ändert sich die Farbe.*

Die Blüte ist radiär und 5zählig. Ähnlich wie bei den Rosengewächsen findet man hier häufig einen aus den Hochblättern gebildeten Außenkelch. Da die Blüte auch 5zählig ist, kann dies zu Verwechslungen führen. Bei den Malvengewächsen sind die Staubfäden jedoch am Grunde zu einer Röhre verwachsen, aus der oben die Narben herausragen. Am Grunde sind sie zusätzlich meist mit den Blütenkronblättern verbunden. Bei den Rosengewächsen sind die Staubfäden nie säulenartig miteinander verwachsen, sondern immer frei.

Der oberständige Fruchtknoten bildet eine vielsamige Kapsel, die aus 3 bis vielen Fruchtblättern aufgebaut ist und zur Reifezeit in einzelne Teilfrüchte zerfällt. Jede Teilfrucht enthält einen Samen.

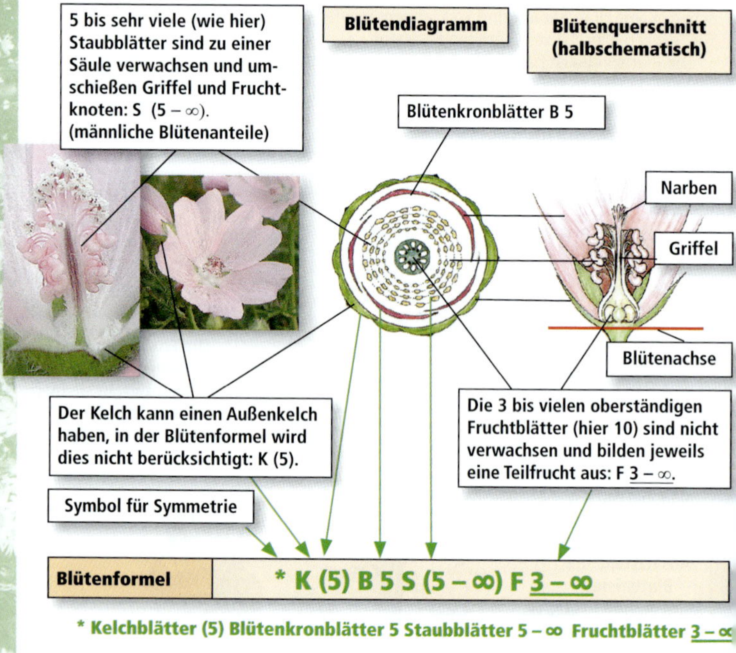

5 bis sehr viele (wie hier) Staubblätter sind zu einer Säule verwachsen und umschießen Griffel und Fruchtknoten: S $(5 - \infty)$. (männliche Blütenanteile)

Blütendiagramm

Blütenquerschnitt (halbschematisch)

Blütenkronblätter B 5

Narben

Griffel

Blütenachse

Der Kelch kann einen Außenkelch haben, in der Blütenformel wird dies nicht berücksichtigt: K (5).

Die 3 bis vielen oberständigen Fruchtblätter (hier 10) sind nicht verwachsen und bilden jeweils eine Teilfrucht aus: F $3 - \infty$.

Symbol für Symmetrie

Blütenformel

* K (5) B 5 S $(5 - \infty)$ F $\underline{3 - \infty}$

* Kelchblätter (5) Blütenkronblätter 5 Staubblätter $5 - \infty$ Fruchtblätter $\underline{3 - \infty}$

In jeder Teilfrucht der **Stockrose (Alcea rosea)** *entwickelt sich ein Samen.*

Die im Schutz des Kelches heranreifende Frucht ähnelt einem kleinen Käselaib und hat zum Namen „Käsepappel" geführt. „Papp" kommt in diesem Fall von Brei, da die Teilfrüchtchen zur Reifezeit bei Regen breiartig werden und verschwemmt oder durch Tier und Mensch verbreitet werden.

Wilde Malve (Malva sylvestris)

Die Präzision, mit der Malven ihre Blattspreiten so ausrichten können, dass sie senkrecht zur Einfallsrichtung des Lichtes stehen, ist erstaunlich. Während des gesamten Tagesverlaufes weicht die Blattstellung nicht mehr als 15 Grad von dem jeweiligen Sonnenstand ab.

Die Schleimstoffe in der Wurzel des **Eibisch (Althaea officinalis)** wirken reizmildernd bei trockenem Reizhusten. Eine ähnliche Wirkung haben auch die Blätter und Blüten der Wilden Malve und der Weg-Malve. Sie werden auch bei entzündlichen Magen-Darm-Erkrankungen eingesetzt.

Bestimmungsteil

1. Außenkelch 6-13spaltig: Blüten 6-10 mm im Durchmesser, in langem, ährenähnlichen Blütenstand; Zier-, Arznei-, Tee-, und Färbepflanze vorwiegend in Bauerngärten, auch verwildert (Heimat unbekannt); VI-X: **Stockrose (Alcea rosea)**

100-300

→ Außenkelch 3(-5)blättrig oder 3spaltig, frei und am Grund mit dem Kelch verwachsen: **Malve (Malva) →2**

Stockrosen gibt es in sehr vielen Farben. Alle haben als gemeinsames Merkmal einen vielblättrigen Außenkelch, der den fünfblättrigen Innenkelch umschließt.

2. Blattspreite 5-7lappig und nicht tief geteilt; Blüten in blattachselständigen Büscheln: **→4**

→ Blattspreite fast bis zum Grund handförmig 5-7teilig, mit fiedspaltigen Abschnitten, Blüten einzeln blattachselständig und groß: **→3**

3. Außenkelchblätter am Grund verbreitert; Stängel mit anliegenden Sternhaaren; rosa Blüten geruchlos; Frucht kahl; trockene Hügel, Gebüsch; VI-IX: **Sigmarswurz (Malva alcea)**

40-125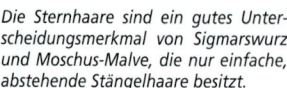

> *Die Sternhaare sind ein gutes Unterscheidungsmerkmal von Sigmarswurz und Moschus-Malve, die nur einfache, abstehende Stängelhaare besitzt.*

Sigmarswurz

→ Außenkelchblätter am Grund verschmälert; Stängel abstehend behaart; weiß oder rosa Blüten mit Moschus duftend; Frucht dicht rauhaarig; Gebüsch, trockene Wiesen, Wege; VII-VIII: **Moschus-Malve (Malva moschata)**

20-80

*Die Früchte der **Moschus-Malve** sind stark behaart, ebenso wie Stängel und Kelch.*

4 (2). Blütenkronblätter 2,5-3 cm, rosaviolett mit 3 dunkleren Streifen; Wege, Ruderalfluren; V-IX: **Wilde Malve (Malva sylvestris)**

30-100

→ Blütenkronblätter 10 mm; rosa-weiß; Ruderalstellen; Wegränder; VI-XI: **Weg-Malve (Malva neglecta)**

15-50

Wilde Malve

9.2.13 Heidekrautgewächse (Ericaceae)

Weltweit gibt es 103 Gattungen mit 3.350 Arten, einheimisch sind davon etwa 10 Gattungen mit 20 Arten. Die größte Verbreitung haben die Heidekrautgewächse in den gemäßigten und kalten Klimazonen der Erde.

Die einheimischen Heidekrautgewächse sind ausschließlich Holzpflanzen, also Sträucher und Zwergsträucher. Durch eine Lebensgemeinschaft der Wurzeln mit Pilzen (Mykorrhiza) können sie auch auf nährstoffarmen und sauren Böden wachsen. Der Pilz verbessert die Versorgung mit Wasser und den darin gelösten Nährstoffen, als Gegenleistung erhält er von der Pflanze gebildete Stoffe, ohne die er nicht leben könnte. Es ist eine Gemeinschaft mit beiderseitigem Vorteil (Symbiose). Ein Großteil der Bäume und einige andere Blütenpflanzen würden ohne diese Art des Zusammenlebens wesentlich schlechter gedeihen.

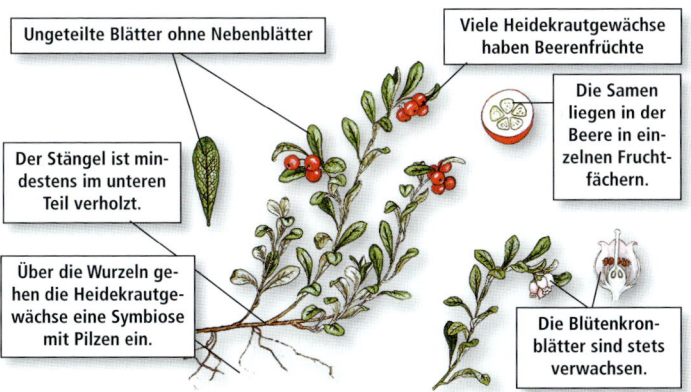

Ungeteilte Blätter ohne Nebenblätter

Viele Heidekrautgewächse haben Beerenfrüchte

Die Samen liegen in der Beere in einzelnen Fruchtfächern.

Der Stängel ist mindestens im unteren Teil verholzt.

Über die Wurzeln gehen die Heidekrautgewächse eine Symbiose mit Pilzen ein.

Die Blütenkronblätter sind stets verwachsen.

*Die **Bärentraube (Arctostaphylos uva-ursi)** wird als „pflanzliches Antibiotikum" bei Entzündungen der Harnwege eingesetzt. Sie wächst im Norden und in den Alpen in lichten Kiefernwäldern und Zwergstrauchheiden. Sie wird durch Vögel verbreitet, früher waren es auch Bären.*

*Die nadelähnlichen Rollblätter des **Heidekrautes (Calluna vulgaris)** bieten den Sonnenstrahlen eine möglichst geringe Fläche. Zudem wird die Verdunstung durch eine dicke Oberhaut und nur wenige Spaltöffnungen auf der Blattunterseite eingeschränkt. Durch diese Anpassung kommt die Pflanze mit der Nährstoffarmut des Standortes gut zurecht.*

Die Blätter der Heidekrautgewächse sind ledrig und meist immergrün. Sie sind immer ungeteilt und manchmal sogar nadelförmig. Meistens sind sie wechselständig, sie können aber auch gegenständig sein wie beim Heidekraut (Calluna vulgaris) oder quirlig (wirtelig) wie bei der Gattung Erica. Nebenblätter gibt es bei den Heidekrautgewächsen nicht.

Die Blüte ist radiär 4- oder 5zählig. Die Blütenkronblätter sind stets miteinander verwachsen, oft auch die Kelchblätter. Dies ist neben dem typischen Erscheinungsbild der Zwergsträucher mit ledrigen Blättern ein sehr gutes Erkennungsmerkmal für alle Heidekrautgewächse. Die Anzahl der Staubblätter beträgt häufig 5 oder 10. Sie tragen als „Pollenschüttelapparat" oft hornartige Anhängsel, die an der Spitze Löcher aufweisen.

Blütenformel   *K (4-5) oder 4-5 B (4-5) S 5 oder 10 F (4-5)

Der Fruchtknoten ist ebenfalls 4- oder 5zählig und bildet zur Reifezeit Kapsel-, Beeren- oder Steinfrüchte. Er kann sowohl ober- als auch unterständig sein. Darum ist hier in der Blütenformel keine allgemeine Angabe möglich. Sehr viele Heidekrautgewächse sind beliebte Beerensträucher, deren Früchte roh oder als Marmelade und Gelee verarbeitet sehr geschätzt werden. Ihre Reifezeit ist meist im Herbst.

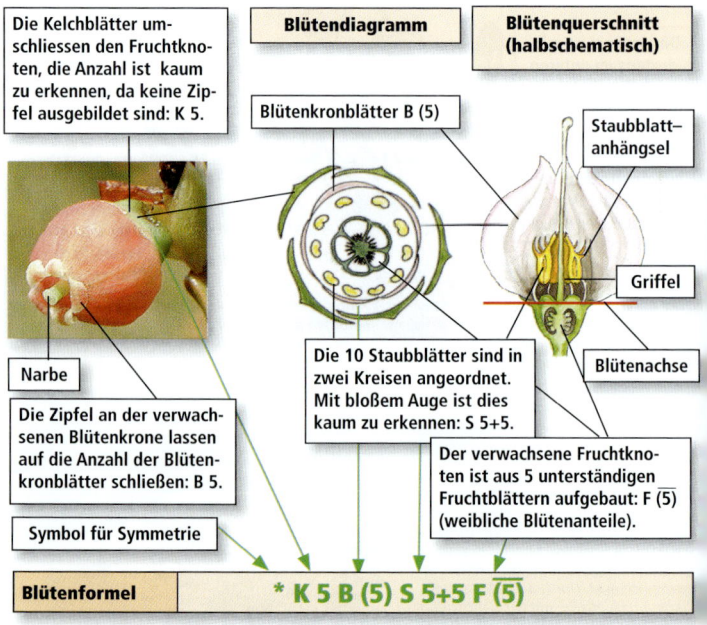

Die Kelchblätter umschliessen den Fruchtknoten, die Anzahl ist kaum zu erkennen, da keine Zipfel ausgebildet sind: K 5.

Blütendiagramm

Blütenquerschnitt (halbschematisch)

Blütenkronblätter B (5)

Staubblatt–anhängsel

Griffel

Narbe

Die Zipfel an der verwachsenen Blütenkrone lassen auf die Anzahl der Blütenkronblätter schließen: B 5.

Die 10 Staubblätter sind in zwei Kreisen angeordnet. Mit bloßem Auge ist dies kaum zu erkennen: S 5+5.

Blütenachse

Der verwachsene Fruchtknoten ist aus 5 unterständigen Fruchtblättern aufgebaut: F (5) (weibliche Blütenanteile).

Symbol für Symmetrie

Blütenformel   * K 5 B (5) S 5+5 F (5)

* Kelchblätter 5 Blütenkronblätter (5) Staubblätter 5+5 Fruchtblätter (5)

Bestimmungsteil

1. Blätter nadel- oder schuppenförmig: →**7**

→ Blätter flächig, mindestens 2 mm breit: →**2**

2. Fruchtknoten oberständig: →**6**

→ Fruchtknoten unterständig: **Vaccinium** →**3**

3. Blütenkrone tief 4teilig mit zurückgeschlagenen Zipfeln; Stängel fadenförmig kriechend; Beere rot; Hochmoore, zwischen Torfmoosen; V–VII: **Moosbeere (Vaccinium oxycoccos)**

15–80 ♃

Die Früchte der Moosbeere enthalten antibiotisch wirksame Inhaltsstoffe und sind sehr lange haltbar. Als diese Moorpflanze noch nicht so selten war, wurde aus ihr eine sehr schmackhafte und lange haltbare Marmelade zubereitet. Abb. S. 97

→ Blütenkrone krug- oder glockenförmig; Stängel kräftiger: →**4**

4. Blütenkrone 4spaltig; ganzrandige Blätter derb und wintergrün, unterseits punktiert-gefleckt; Beere rot; Kiefernwälder, Moore, Zwergstrauchheiden; V–VII: **Preiselbeere (Vaccinium vitis-idaea)**

5–15 ♃

Die Preiselbeere kann ähnlich wie die Bärentraube (Arctostaphylos uva-ursi) gegen Blasenleiden und Erkrankungen der Harnwege verwendet werden. Da sie weniger Gerbstoffe enthält, braucht man die doppelte Menge, dafür ist sie aber auch verträglicher. In der Küche ist sie besonders zu Wildgerichten sehr schmackhaft.

→ Blütenkrone 5zähnig; Blätter zarter und sommergrün: →**5**

5. Blätter ganzrandig und unterseits blaugrün; 1–4 Blüten; schwarzblaue Beere bereift und mit farblosem Saft; Hochmoore, moorige Wälder; Zwergstrauchheiden; V–VI: **Rauschbeere (Vaccinium uliginosum)**

30–100 ♃

*Die **Rosmarinheide** hat einen oberständigen Fruchtknoten.*

*Die Punktierung der Blattunterseite ist ein Erkennungsmerkmal der **Preiselbeere**. Die in den Alpen und in Skandinavien verbreitete Bärentraube hat ebenfalls ganzrandige, wintergrüne Blätter, allerdings ohne die dunklen Punkte auf der Blattunterseite (links unten).*

*Der Speisewert der **Rauschbeere** ist umstritten. Viele Leute vertragen sie ohne Probleme. Die Frucht verdirbt leicht, so dass eine berauschende Wirkung durch zu lange Lagerung bedingt ist.*

→ Blätter am Rand fein gesägt und zuge-
spitzt, beiderseits grün; Blüte einzeln;
Beere blauschwarz mit rotem Saft;
Wälder, Gebüsche, bis Zwergstrauch-
region; V-VII: **Heidelbeere/Blaubeere
(Vaccinium myrtillus)**

15-50 ♄

*An den kantigen Stängeln kann man
die Heidelbeere auch ohne Blüten und
Früchte gut erkennen.*

*Der gegen Schadstoffeintrag empfind-
liche Wurzelpilz mag für die rückläufi-
gen Erträge verantwortlich sein.*

*In der Volksmedizin werden die Blätter der
Heidelbeere als Tee gegen Durchfall und
Erbrechen eingesetzt.*

6 (2). Weiße Blütenkrone fast getrenntblättrig; Blätter am Rand umgerollt
und unterseits rostrot-filzig, lineal;
stark duftender immergrüner Strauch;
Hochmoore, moorige Wälder; V-VII:
Sumpf-Porst (Ledum palustre)

60-150 ♄ Ⓖ   ☠

→ Rötliche Blüten verwachsenblättrig;
Doldentrauben 2-8blütig; wintergrüne
Blätter lineal-lanzettlich und am Rand
umgerollt; V-VI: **Rosmarinheide (An-
dromeda polifolia)**

15-30 ♄   ☠

*Die **Rosmarinheide** ist eine der wenigen
giftigen Heidekrautgewächse.*

7 (1). Blätter nadelförmig und an der
Basis spornartig verlängert, 4zeilig;
rotlila Blütenkrone tief 4spaltig und
kürzer als der gleichfarbige Kelch; trockene Wälder, Heiden, Moore; VII-XI:
**Besenheide/Heidekraut (Calluna
vulgaris)**

30-100 ♄

*Besonders auf den Britischen Inseln
wurde das Heidekraut vielfältig verwendet: Als Viehfutter, Honiglieferant, Tee, Heilkraut und zum Färben,
zum Dachdecken und zum Besenbinden.*

Besenheide

→ Blätter in Scheinquirlen mit völlig um-
gerollten Rändern; drüsig-steifhaarig
bewimpert; krugförmige Blütenkrone
länger als der Kelch, 5-15 fleisch-
rosa Blüten endständig in kopfigen
Dolden; Torf- und Heidemoore; VII-VIII:
Glockenheide (Erica tetralix)

15-50 ♄   ☒

Glockenheide

9.2.14 Primelgewächse (Primulaceae)

Weltweit gibt es 22 Gattungen mit insgesamt 800 Arten, von denen etwa 10 Gattungen mit über 30 Arten einheimisch sind.

*Das **Alpenveilchen (Cyclamen purpurascens)** ist trotz seines Namens ein Primelgewächs. Als „echtes Veilchen" müsste es einen Sporn besitzen und Nebenblätter ausbilden. Vor allem die Knolle ist stark giftig, 8 g gelten bereits als tödliche Dosis.*

Primelgewächse sind Kräuter oder Stauden mit meist ungeteilten Blättern. Häufig sind es grundständige Rosetten. Die Beblätterung kann aber auch wechsel- und gegenständig sein. Nebenblätter sind nicht vorhanden.

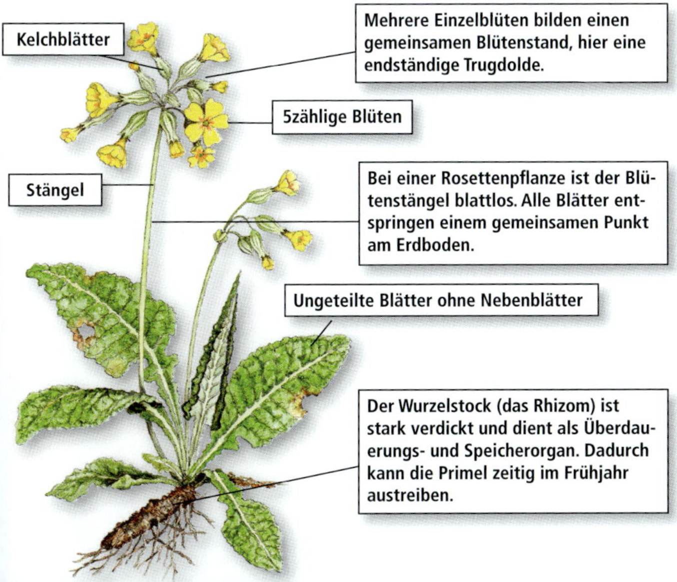

Kelchblätter

Mehrere Einzelblüten bilden einen gemeinsamen Blütenstand, hier eine endständige Trugdolde.

5zählige Blüten

Stängel

Bei einer Rosettenpflanze ist der Blütenstängel blattlos. Alle Blätter entspringen einem gemeinsamen Punkt am Erdboden.

Ungeteilte Blätter ohne Nebenblätter

Der Wurzelstock (das Rhizom) ist stark verdickt und dient als Überdauerungs- und Speicherorgan. Dadurch kann die Primel zeitig im Frühjahr austreiben.

*Die **Wiesen-Schlüsselblume (Primula veris)** wächst auf Magerrasen und in lichten, krautreichen Wäldern von der Ebene bis ins Hochgebirge. Sie steht unter Naturschutz.*

Meist setzt sich der Blütenstand aus mehreren rispigen, ährigen, doldigen oder traubigen Einzelblüten zusammen, die Blüten können jedoch auch einzeln stehen. Mit Ausnahme der 7zähligen Blütenkrone beim Siebenstern ist die Blüte bei allen Primelgewächsen 5zählig. Die 5 Kelch- und 5 Blütenkronblätter sind jeweils miteinander verwachsen.

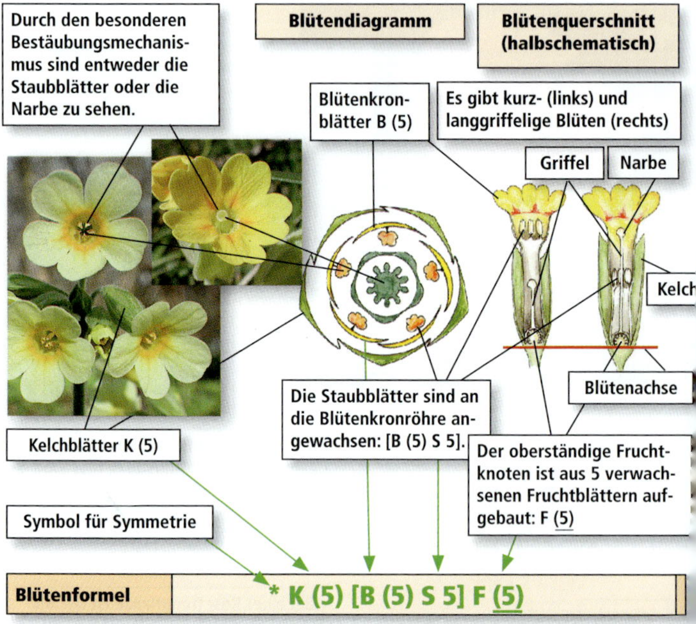

Durch den besonderen Bestäubungsmechanismus sind entweder die Staubblätter oder die Narbe zu sehen.

Blütendiagramm

Blütenquerschnitt (halbschematisch)

Blütenkronblätter B (5)

Es gibt kurz- (links) und langgriffelige Blüten (rechts)

Griffel **Narbe**

Kelch

Kelchblätter K (5)

Die Staubblätter sind an die Blütenkronröhre angewachsen: [B (5) S 5].

Blütenachse

Der oberständige Fruchtknoten ist aus 5 verwachsenen Fruchtblättern aufgebaut: F (5)

Symbol für Symmetrie

Blütenformel * K (5) [B (5) S 5] F (5)

* **Kelchblätter (5) [Blütenkronblätter (5) Staubblätter 5] Fruchtblätter (5)**

Die Staubblätter sind nicht untereinander, sondern mit den Blütenkronblättern verwachsen, ähnlich wie bei den Lippenblütlern, den Raublatt- und den Rötegewächsen. Dies wird durch die gemeinsame eckige Klammer in der Blütenformel verdeutlicht. Sie können dies am besten nachvollziehen, wenn Sie eine Blüte „entrollen", die Staubbeutel fallen dabei nicht von der Blütenkrone.

Die Staubblätter der Primelgewächse sind in der Blütenkronröhre angewachsen. Dies wird am besten bei der Präparation einer Blüte deutlich.

Die Gattung Primel (Primula) hat einen besonderen Bestäubungsmechanismus, der die Fremdbestäubung garantiert. Die Blüten sind heterostyl, d.h. es gibt innerhalb einer Art langgriffelige und kurzgriffelige Pflanzen. Bei der Ausprägung mit den langen Griffeln sind die Staubblätter kurz und in der Kronröhre verborgen, während die kurz-griffeligen lange Staubblätter aufweisen. Bei dem Besuch einer kurzgriffeligen Blüte stäubt sich z.B. eine Hummel den Kopf mit dem Pollen ein, erreicht die Narbe aber nicht. Wenn sie danach auf eine langgriffelige Blüte fliegt, streift sie den Pollen an der Narbe ab, bevor sie mit dem Rüssel an den Nektar gelangt. Nun bleiben an ihrem Saugrüssel Pollenkörner dieser Blüte hängen, die dann die nächste kurzgriffelige Blüte bestäuben. Damit die Übertragung auch tatsächlich stattfindet, bedarf es allerdings einiger Blütenbesuche. Eine weitere „Vorsichtsmaßnahme" gegen Selbstbestäubung ist, dass die Pollen unterschiedlich geformt sind und nur jeweils „andersgriffelige" Pollen „wie ein Schlüssel ins Schloss" in die Rillen der Narben passen.

Der verwachsene Kelch bleibt häufig noch lange um die Kapselfrucht der Primelgewächse erhalten.

Boretsch (Borago officinalis)*: Die Raublattgewächse haben einen 4teiligen Fruchtknoten.*

*Die Frucht des **Roten Gauchheils (Anagallis arvensis)** ist eine am „Äquator" aufreißende Kapsel.*

*Kapselfrucht des **Siebensterns (Trientalis europaea)***

Die oberständige Frucht aller Primelgewächse ist eine vielsamige, ungefächerte Kapsel. Daran kann man sie sehr gut von den Raublattgewächsen mit oft ähnlich gebauten Blüten unterscheiden. Die Raublattgewächse haben einen typisch 4teiligen Fruchtknoten (Klausenbildung).

Bestimmungsteil

1. Wasser- und Sumpfpflanze mit kammförmig gefiederten Blättern; weiß-hellrosa Blüten in etagenförmigen Trauben; Tümpel, Gräben, Altwässer; V-VII: **Wasserfeder (Hottonia palustris)** Abb. auch S. 106

15-50 ⯭ Ⓖ

Wasserfeder

→ Blätter ungeteilt: **→2**

2. Stängel beblättert: **→4**

→ Blätter in grundständiger Rosette: **Primel/Schlüsselblume (Primula) →3**

> *Die grundständige Blattrosette ist ein Merkmal der Gattung Primel. Ohne Blüten sind die einzelnen Arten sehr schwer zu unterscheiden.*

> *Der Name Schlüsselblume ist der germanischen Erdgöttin geweiht, die die Pforten des Himmels öffnet.*

3. Kelch weit glockenförmig; Blütenkrone dottergelb und am Schlund mit 5 roten Flecken, duftend; Wiesen, Gebüsch, Waldränder; IV-V: **Wiesen-/Duftende Schlüsselblume (Primula veris / officinalis)**

10-30 ⯭ Ⓖ   🫗 🍵 🥄 🎋

Wiesen-Schlüsselblume

> *Die Flecken auf den Kronblättern und der aufgeblasene Kelch sind ein Unterscheidungsmerkmal dieser beiden Arten.*

> *Der Wurzelstock (das Rhizom) hat sich bei festsitzendem Husten und Bronchitis bewährt. Auch die Blüten haben, als Tee aufgegossen, hustenlösende Wirkung.*

> *Früher wurden die Rhizome als Niespulver geschnupft. Außerdem findet man sie in Badezusätzen zur Hautglättung und in Hautsalben.*

→ Kelch eng anliegend; Blütenkrone schwefelgelb mit hell orangefarbigen oder grünlich-gelbem Ring am Schlund, nicht oder nur schwach duftend; Laubwälder, Gebüsch, Wiesen; III-V: **Hohe oder Wald-Schlüsselblume (Primula elatior)**

10-30 ⯭ Ⓖ   🫗 🍵

Wald-Schlüsselblume

4. Blüte weiß, 7zählig; Moore, Nadelwälder; V-VII: **Siebenstern (Trientalis
europaea)**

5-20 ⚇

*Eine 7zählige Blüte ist im Pflanzen-
reich selten und daher ein gutes Erkennungsmerkmal. Sie kann allerdings
auch einmal 8- oder 6zählig sein.*

Siebenstern

→ Blüte nicht weiß: **→5**

5. Blüte rot (selten blau); Stängel niederliegend; Äcker, Gärten; VI-X: **Roter
Gauchheil (Anagallis arvensis)**

5-30 ☉

→ Blüte gelb: **Gilbweiderich
(Lysimachia) →6**

*Der Gilbweiderich ist eine der weni-
gen heimischen Gattungen, die den
Bienen keinen Nektar, sondern Öl an-
bietet. Die Wildbienen benutzen diese
achtmal kalorienreichere Nahrung mit
Pollen vermischt als Nährpaste für die
Larven und für die Isolierung der Brut-
zellen gegen Feuchtigkeit. Die im Erdboden angelegten Nester der Bienen
sind von Nässe und Fäulnis bedroht.*

Pfennigkraut

6. Blüten einzeln, blattachselständig;
stumpf-rundliche Blätter gegenständig;
Stängel liegend bis aufsteigend; feuchte
Wiesen, Gräben; V-VII: **Pfennigkraut
(Lysimachia nummularia)**

10-50 ⚇

→ Blüten in gestielten, dichten, achselständigen Trauben; Blütenkronblätter
4-5 mm lang, die Staubblätter überragen die 6 linealen Zipfel; Blätter gegenständig, schmal-lanzettlich; Teiche,
Sümpfe, Moore: **Straußblütiger Gilbweiderich (Lysimachia thyrsiflora)**

30-70 ⚇ ⓖ

**Straußblütiger
Gilbweiderich**

7. Blüten in endständigen Rispen oder
Trauben; Blüten größer; Stängel auf-
recht; Sümpfe, Bruch- und Auwälder;
VI-VIII: **Gewöhnlicher Gilbweiderich
(Lysimachia vulgaris)**

50-150 ⚇

*Die Blattstellung ist sehr variabel
(siehe S. 61).*

Gewöhnlicher Gilbweiderich

9.2.15 Nelkengewächse (Caryophyllaceae)

Weltweit gibt es 89 Gattungen mit 2.070 Arten. Ihr Verbreitungs-schwerpunkt liegt im Mittelmeergebiet. Die etwa 25 einheimischen Gattungen mit über 100 Arten haben keine Vorliebe für trockene Lebensräume. Viele Nelkengewächse sind einjährige Ackerwildkräuter.

Die Blätter der Nelkengewächse sind gegenständig, ungeteilt und ganzrandig. Nebenblätter sind nicht vorhanden. Oft sind die Blätter grasartig schmal, mit nur einem Mittelnerv oder mehreren parallelen Nerven. Ohne auf die 5zähligen Blüten zu achten, kann man daher besonders die einjährigen Arten mit Einkeimblättrigen verwechseln. Die Dreizähligkeit der Blüten der Einkeimblättrigen ist ein gutes Unterscheidungsmerkmal.

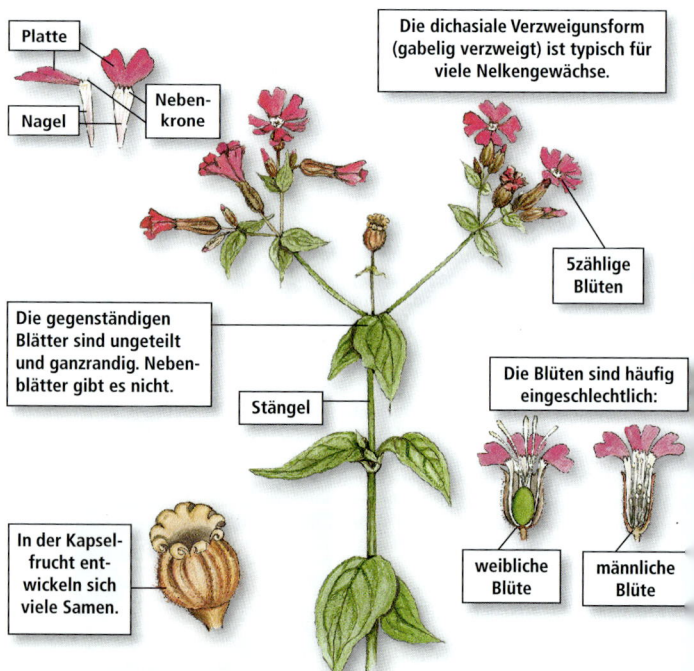

Platte

Nebenkrone

Nagel

Die dichasiale Verzweigunsform (gabelig verzweigt) ist typisch für viele Nelkengewächse.

5zählige Blüten

Die gegenständigen Blätter sind ungeteilt und ganzrandig. Nebenblätter gibt es nicht.

Stängel

Die Blüten sind häufig eingeschlechtlich:

In der Kapselfrucht entwickeln sich viele Samen.

weibliche Blüte

männliche Blüte

*Die **Rote Lichtnelke (Silene dioica)** wächst in der Ebene und in den Alpen bis ca. 2400 m in Wiesen und Wäldern mit feuchten, nährstoff- und basenreichen Böden. Die Bestäuber sind vor allem Schmetterlinge und Hummelarten mit langen Rüsseln.*

Die Blütenstände sind stets geschlossen und haben keine durchgehende Hauptachse (zymös), meist schließt die Hauptachse mit einer Endblüte ab und der Blütenstand wird an den beiden seitlichen Ästen fortgesetzt (Dichasium). Die maximal 10 Staubblätter sind frei und höchstens an der Basis mit den Blütenkronblättern verwachsen. Die Blütenhülle setzt sich aus 5 Kelchblättern zusammen, die verwachsen oder frei sind.

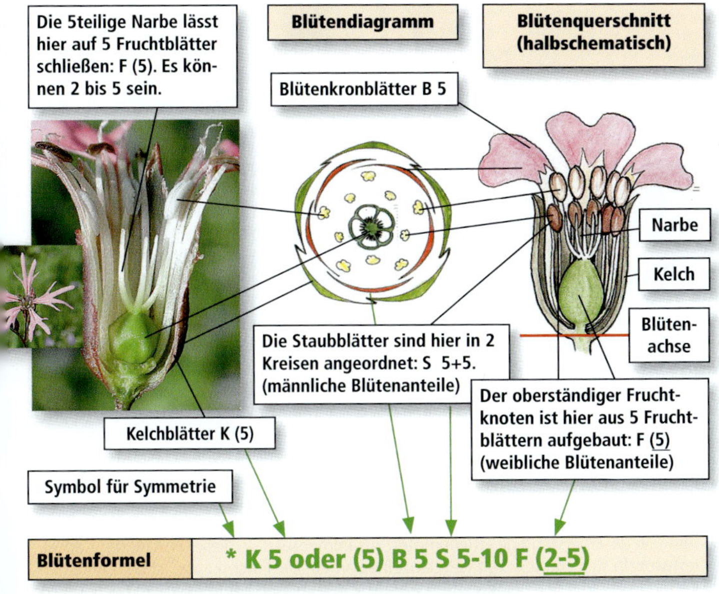

Blütendiagramm

Blütenquerschnitt (halbschematisch)

Die 5teilige Narbe lässt hier auf 5 Fruchtblätter schließen: F (5). Es können 2 bis 5 sein.

Blütenkronblätter B 5

Narbe

Kelch

Blüten-achse

Die Staubblätter sind hier in 2 Kreisen angeordnet: S 5+5. (männliche Blütenanteile)

Der oberständiger Fruchtknoten ist hier aus 5 Fruchtblättern aufgebaut: F (5) (weibliche Blütenanteile)

Kelchblätter K (5)

Symbol für Symmetrie

Blütenformel *** K 5 oder (5) B 5 S 5-10 F (2-5)**

* Kelchblätter 5 oder (5) Blütenkronblätter 5 Staubblätter 5-10 Fruchtblätter (2-5)

Die fünf Blütenkronblätter können wie hier beispielsweise bei der **Gras-Sternmiere (Stellaria graminea)** so tief eingeschnitten sein, dass sie eine 10zählige Blüte vortäuschen. Um dies zu erkennen, entfernen Sie vorsichtig den Kelch, bevor Sie ein Blütenkronblatt aus der Blüte zupfen. Sonst kann es leicht passieren, dass Sie das Kronblatt in der Mitte zerteilen und dann nicht mehr feststellen können, ob es sich um ein oder zwei Kronblätter gehandelt hat.

Platte

Nebenkrone

Rote Lichtnelke (Silene dioica)

Die Blütenkronblätter sind häufig in „Platte" und „Nagel" gegliedert, an der Übergangsstelle von dem Nagel in die Platte ist dann eine „Nebenkrone" ausgebildet.

Da diese Blüten von der Seite betrachtet die Form eines Nagels haben, erhielt die Pflanze den Namen „Nägelein", aus dem das Wort Nelke entstanden ist. Diese „Stieltellerblumen" werden von Insekten mit langen Rüsseln bestäubt. Die Blütenkrone ist durch den Stempel und die Staubblätter so weit verengt, dass nur Schmetterlingsrüssel eindringen können.

Die Blüte ist häufig eingeschlechtlich, dann sind nur Staubblätter (männliche Blüte) oder nur ein Fruchtknoten (weibliche Blüte) vorhanden. In der Praxis ist dies kein Problem, da die Bestimmungsteile so aufgebaut sind, dass die Bestimmung sowohl mit männlichen als auch mit weiblichen Blüten möglich ist. Manchmal befinden sich in den Blüten noch Reste des anderen Geschlechts, durch die Sie sich nicht irritieren lassen sollten. Manche Nelken sind zweihäusig, das heißt, es gibt nicht männliche und weibliche Blüten an einer Pflanze (einhäusig), sondern es gibt männliche und weibliche Pflanzen.

Die Anzahl der Narben bzw. Griffel zeigt die Anzahl der Fruchtblätter an, aus denen sich der oberständige Fruchtknoten zusammensetzt. In dieser Frucht, der Kapsel, entwickeln sich zur Reifezeit viele einzelne Samen. Die Fruchtkapsel ist mit Zähnchen verschlossen, die sich bei feuchtem Wetter schließen und bei Trockenheit nach außen krümmen, so dass die Samen austreten können.

Weiße Lichtnelke (Silene latifolia)

Große Sternmiere (Stellaria holostea)

Rote Lichtnelke (Silene dioica)

Bestimmungsteil

1. Kelchblätter getrennt: →**11**

→ Kelchblätter röhrig verwachsen: →**2**

2. Griffel und Narben 3-5 oder nur männliche Blüten: →**5**

→ Griffel und Narben 2: →**3**

3. Kelch ohne Außenkelch; blassrosa bis weiße Blüten groß und in dichten Dichasien (gabelig verzweigtem Blütenstand); Flussauen, Wegränder, Ruderalstellen; VI-IX: **Gewöhnliches Seifenkraut (Saponaria officinalis)**

30-80 ⚥   🪣☕🍲🐝

Seifenkraut:

Der verwachsene Kelch hat am Ende kleine ungleich lange Zähne.

Das Seifenkraut hat eine so lange Blütenkronröhre, dass nur die Schmetterlinge mit den längsten Rüsseln (Schwärmer) an den Nektar gelangen. Der Blütenduft ist abends am stärksten, weil die meisten Schwärmer dämmerungsaktiv sind.

Der Name verrät die Verwendung dieser bis zum Beginn des 20. Jahrhunderts angebauten Pflanze. Sapo heißt auf lat. Seife und die schäumende Wirkung beruht auf den Inhaltsstoffen, den Saponinen.

→ Kelch mit Außenkelch; **Nelke (Dianthus)**: →**4**

4. Blüten büschelig gehäuft, Blütenköpfchen 2-10blütig; Trockenrasen, Heiden, sandige Wälder; V-IX: **Kartäuser-Nelke (Dianthus carthusianorum)**

15-50 ⚥ ©

Heide-Nelke (links)

Kartäuser-Nelke (rechts)

→ Blüten einzeln; purpurrote Blütenkronblätter weiß punktiert und dunkel gestreift; trockene Wiesen, Wegränder, Sandfelder, lichte Kiefernwälder; VI-IX: **Heide-Nelke (Dianthus deltoides)**

10-40 ⚥ ©

5 (2). Kelchzipfel länger als die Blütenkrone, purpurrote Blüten einzeln; Getreidefelder; VI-IX: **Kornrade (Agrostemma githago)**

40-100 ☉   🍽☠

Bereits 3-5 g von den Samen der **Kornrade** sind giftig. Vor der verbesserten Saatgutreinigung kam es häufig zu Massenvergiftungen durch das Brotmehl. Heute ist diese Pflanze durch Herbizide fast ausgerottet.

→ Kelchzipfel kürzer als die Blütenkronblätter: →**6**

6. Griffel 5: →**10**

→ Griffel 3 oder Pflanze nur mit Staubblättern: →**7**

7. **(6 und 10).** Alle Blüten zwittrig: →**9**

→ Blüten eingeschlechtlich: →**8**

8. Blütenkronblätter rot; Blüten am Tage
geöffnet, geruchlos; Wiesen, Laubwälder; IV-IX: **Rote Lichtnelke (Silene
dioica)**

30-90 ☉☽ ⁴ ⌂⌂

*Alle rot blühenden Nelkengewächse
sind Tagfalterblumen.*

*Die **Rote Lichtnelke** hat männliche (links) und
weibliche (rechts) Blüten, die entweder nur
Staubblätter oder nur den Stempel enthalten
und später eine Kapselfrucht bilden.*

*Dort wo die Rote und die Weiße Lichtnelke
nebeneinander vorkommen, sind rosa blühende
Bastarde nicht selten.*

→ Blütenkronblätter weiß; Blüten sich
nachmittags öffnend und stark duftend; Kelch aufgeblasen; Stängel
spitzenwärts lang drüsig; Kulturland,
Gebüsch; VI-IX: **Weiße Lichtnelke
(Silene latifolia)**

50-100 ☉ ☽ ⌂⌂

*Weiße Blüten haben im Gewebe viele
Lufteinschlüsse zwischen den Zellen,
und die Farbwirkung beruht auf der
Totalreflexion des Lichtes.*

Weiße Lichtnelke:
*Die Wurzeln wurden früher als „Weiße Seifen-
wurz" zum Waschen und bei Husten und Bron-
chitis verwendet. „Sializein" heißt auf griechisch
so viel wie „schäumen".*

9 **(7).** Kelch 20nervig, netzadrig und aufgeblasen; Blüten weiß; formenreich;
trockene Wiesen, Raine; VI-IX: **Tauben-
kropf-Leimkraut (Silene vulgaris)**

15-50 ⁴

*Die Blätter sind blaugrün und meist
kahl. Sie wurden früher für Misch-
salate verwendet und als Spinatersatz
gegessen.*

→ Kelch 10nervig, nicht netzadrig und
nicht aufgeblasen; mehrstöckiger
Blütenstand aus nickenden, weißen,
gestielten Blüten; Blüten nur nachts geöffnet; Magerrasen, lichte Wälder, Waldränder; VI-VIII: **Nickendes Leimkraut
(Silene nutans)**

30-50 ⁴

*Besonders unter den weißblühen-
den Nelken gibt es einige Nachtfalter-
blumen wie z.B. das Nickende Leimkraut, die ihren Duft erst gegen Abend
entfalten.*

*Der aufgeblasene,
„taubenkropfförmi-
ge" Kelch hat dem
**Taubenkropf-Leim-
kraut** zu seinem Na-
men verholfen. Beim
linken Kelch ist die
heranreifende Frucht
frei präpariert.*

10 (6). Stängel unterhalb der Knoten mit klebrigem Leimring oder Blütenkronblätter 4zipfelig: **Pechnelken (Lychnis)** →24

→ Stängel ohne klebrige Leimringe: **Lichtnelke/Leimkraut (Silene)** →7

11 (1). Blütenkronblätter tief gespalten: →16

> *Tief gespaltene Kronblätter täuschen häufig die doppelte Anzahl von Kronblättern vor. Das Herauszupfen einzelner Blütenblätter ist dann hilfreich.*

Feld-Spark mit quirliger Beblätterung (Scheinquirl).

→ Blütenkronblätter ungeteilt, zuweilen an der Spitze seicht ausgerandet: →12

12. Blätter in vielblättrigen Scheinquirlen; Blattspreite lineal-pfriemlich; Blüten weiß oder rosa; sandige Äcker; auch als Futterpflanze; VI-X: **Feld-Spark (Spergula arvensis)**

10-50 ☉   🎇

→ Blätter gegenständig: →13

13. Blätter am Grund mit trockenhäutigen, verwachsenen, silberglänzenden, papierartigen Nebenblättern; Blüten rot; sandige Äcker, Wege; V-IX: **Roter Spärkling (Spergularia rubra)**

4-25 ☉

Roter Spärkling

→ Blätter ohne silbrige Nebenblätter: →14

14. Griffel 4; vier weiße, hinfällige Blütenkronblätter; Pflanze niederliegend oder aufsteigend mit zentraler Blattrosette; formenreich; feuchte Äcker und Wegränder; V-IX: **Niederliegendes Mastkraut (Sagina procumbens)**

2-15 ♃

→ Griffel 3: →15

15. Samen mit weißem Anhängsel, schwarz glänzend; 4-5 weiße Blütenkronblätter ⅓ bis ½ so lang wie der Kelch; Blätter eiförmig mit 3 Hauptnerven; krautreiche Wälder, Gebüsch; V-VII: **Dreinervige Nabelmiere (Moehringia trinervia)**

10-30 ☉♃

*Die Vierzahl der Blütenkrone beim **Niederliegenden Mastkraut** ist für Nelkengewächse untypisch.*

Dreinervige Nabelmiere

→ Samen ohne Anhängsel, matt gekörnt; Pflanze kurz drüsenhaarig oder kahl; formenreich; Äcker, Wegränder, Trockenrasen; V-IX: **Quendelblättriges Sandkraut (Arenaria serpyllifolia)**

3-30 ☉ ☉☉

16 (11). Griffel 5: **→20**

→ Griffel 3: **Sternmiere (Stellaria) →17**

Die Gattungen Sternmiere und Hornkraut (Cerastium) sind sich sehr ähnlich. Ein gutes Unterscheidungsmerkmal für die häufigsten Vertreter ist die Anzahl der Griffel, die bei den Hornkräutern 5 und den Mieren 3 beträgt.

Quendelblättriges Sandkraut

17. Stängel unten 4kantig: **→19**

→ Stängel stielrund: **→18**

18. Stängel 1reihig behaart, ± niederliegend; Blütenkronblätter nicht länger als der Kelch; formenreich; ehemals Vogelfutter; Gärten, Weinberge, Äcker; III-X: **Vogelmiere (Stellaria media)**

5-40 ☉   ☞ ৵

Vogelmiere:

Mieren haben freie Kelch- und Kronblätter und sind auch für kurzrüsselige Insekten zugänglich. Die Vogelmiere kann man sicher an der einen Haarleiste am Stängel erkennen. Sie schmeckt nach jungem Mais und ist eine leckere Salat- und Gemüsepflanze.

→ Stängel ohne Haarleiste, spitzenwärts drüsig behaart; zerbrechlich, niederliegend; Blütenkronblätter doppelt so lang wie der Kelch; feuchte Laubwälder; V-IX: **Hain-Sternmiere (Stellaria nemorum)**

20-50 ⌗   ৵

19 (17). Blütenkronblätter bis zur Mitte gespalten, etwa doppelt so lang wie der Kelch; Laubwälder, Gebüsch; IV-VI: **Große Sternmiere (Stellaria holostea)**

15-30 ⌗   ৵

→ Blütenkronblätter fast bis zum Grund geteilt; Blätter dünn und grasgrün; Gebüsch, Waldränder; V-VII: **Gras-Sternmiere (Stellaria graminea)**

10-50 ⌗   ৵

Große Sternmiere

20 (16). Blütenkronblätter fast bis zum Grund gespalten; Stängel schlaff und zerbrechlich (ähnliche Hain-Sternmiere mit 3 Griffeln); Ufer, Gräben, Weidengebüsch; VI-IX: **Wasserdarm (Myosoton aquaticum/Stellaria aquatica)**

15-120 ☉⌗

Gras-Sternmiere

→ Blütenkronblätter höchstens bis zur Mitte gespalten: **Hornkraut (Cerastium) →21**

21. Blütenkronblätter doppelt so lang wie der Kelch; Pflanze kurzhaarig, grauflaumig; Feldraine, Alpenmatten; IV-IX: **Acker-Hornkraut (Cerastium arvense)**

5-30 ⊥

→ Blütenkronblätter so lang oder kürzer als der Kelch: **→22**

*Die hellen, behaarten Blätter des **Acker-Hornkrautes** sind ein Schutz vor starker Sonneneinstrahlung.*

22. Obere Tragblätter krautig, ohne Hautrand und an der Spitze behaart; Blüten in geknäuelten Trugdolden; feuchte Gebüsche, Gräben, Wegränder; III-IX: **Knäuel-Hornkraut (Cerastium glomeratum)**

2-45 ☉ ☺

→ Obere Tragblätter am Rand ± breit-trockenhäutig, an der Spitze kahl oder fast kahl: **→23**

*Das **Knäuel-Hornkraut** hat einen geknäuelten Blütenstand und Tragblätter ohne Hautrand.*

23. Pflanze nicht drüsig; Blütenstand locker; formenreich; Wiesen, Äcker; III-VI: **Gewöhnliches Hornkraut (Cerastium fontanum/C. holosteoides)**

5-50 ⊥

→ Pflanze dichtdrüsig; Hautrand der Tragblätter sehr breit, oft fast ganzes Blatt trockenhäutig; trockene Grasplätze, Weg- und Ackerränder; III-VI: **Fünfmänniges Hornkraut (Cerastium semidecandrum)**

3-20 ☉ ☺

*Vom **Gewöhnlichen Hornkraut** ist rechts die Innen- und links die Außenseite eines trockenhäutigen Tragblattes zu sehen.*

24 (10). Stängel unterhalb der Knoten ohne klebrigen Leimring; rosarote Blütenkronblätter 4zipfelig, tief 4spaltig mit schmal-linealen Zipfeln; Wiesen, feuchte Gebüsche; V-VIII: **Kuckucks-Lichtnelke (Lychnis flos-cuculi)**

30-80 ⊥

→ Stängel unterhalb der Knoten mit klebrigem Leimring; purpurne Blüten in quirlartigen Blütenständen; trockene, sonnige Wiesen, steinige Abhänge, kalkmeidend; V-VII: **Gewöhnliche Pechnelke (Lychnis viscaria)**

30-60 ⊥

*Die unterhalb der Knoten klebrigen Stängel der **Kuckucks-Lichtnelke** sind ein Aufkriechschutz gegen Insekten.*

Ähnlich wie beim Wiesenschaumkraut findet man an den Stängeln häufig Gelege der Schaumzikade, sie werden im Volksmund auch „Kuckucksspeichel" genannt.

9.2.16 Gänsefußgewächse (Chenopodiaceae)

Wegen ihrer Fähigkeit, hohe Mineralsalzkonzentrationen zu ertragen, besiedeln die Gänsefußgewächse häufig die Küstenregionen sowie die versalzten Böden der Wüsten und Halbwüsten. Weltweit gibt es etwa 120 Gattungen mit insgesamt 1.300 Arten, einheimisch sind davon 11 Gattungen mit insgesamt gut 50 Arten.

Die wichtigsten Gattungen **Melde (Atriplex)** und **Gänsefuß (Chenopodium)** besiedeln oft gestörte und stickstoffreiche Böden. Mit Ausnahme des Guten Heinrichs (Chenopodium bonus-henricus) sind es ausschließlich einjährige Arten. Einige unserer Gemüse wie beispielsweise Spinat, Zuckerrübe, Mangold und Rote Beete sind Gänsefußgewächse.

Die Blätter sind einfach, meist wechselständig und ohne Nebenblätter. Sie können auch fleischig oder schuppenförmig sein. Der an einen Gänsefuß erinnernden Blattform einiger Arten verdanken sie ihren deutschen Namen.

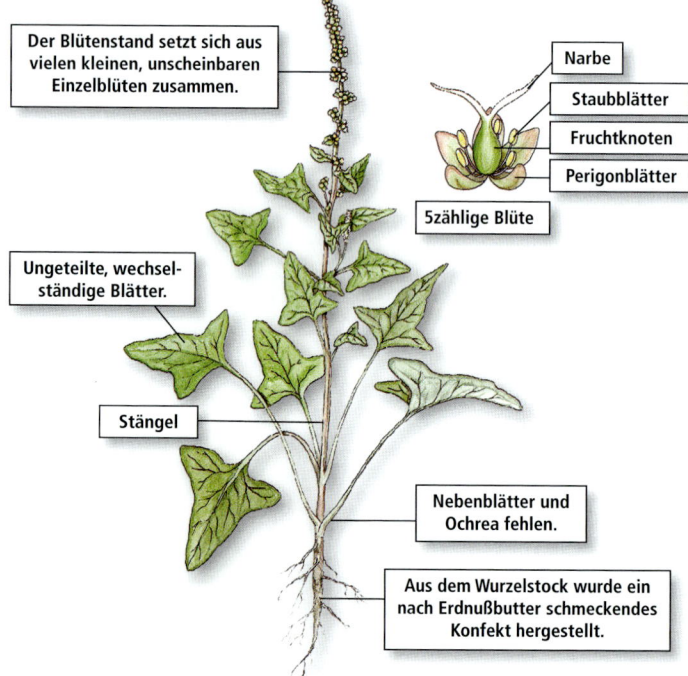

Der Blütenstand setzt sich aus vielen kleinen, unscheinbaren Einzelblüten zusammen.

Narbe

Staubblätter

Fruchtknoten

Perigonblätter

5zählige Blüte

Ungeteilte, wechselständige Blätter.

Stängel

Nebenblätter und Ochrea fehlen.

Aus dem Wurzelstock wurde ein nach Erdnußbutter schmeckendes Konfekt hergestellt.

*Die Blätter des **Guten Heinrichs (Chenopodium bonus-henricus)** sind vitamin-, eisen- und mineralstoffreich und können als Salat, Suppe und Gemüse zubereitet werden. Früher wurde ein Umschlag aus den Blättern auch auf entzündete Hautstellen gelegt.*

Die kleinen und unscheinbaren Blüten sind zu rispenartigen Blütenständen vereinigt, meist sind es knäuelige Thyrsen oder Dichasien.

Die Blütenhülle besteht nicht aus verschieden gestalteten Kelch- und Blütenkronblättern, sondern nur aus einer einfachen Blütenhülle (Perigon). Dieses Perigon ist meistens 5zählig und grünlich oder rötlich. Oft vergrößert es sich nach der Blüte und wird fleischig oder hart.

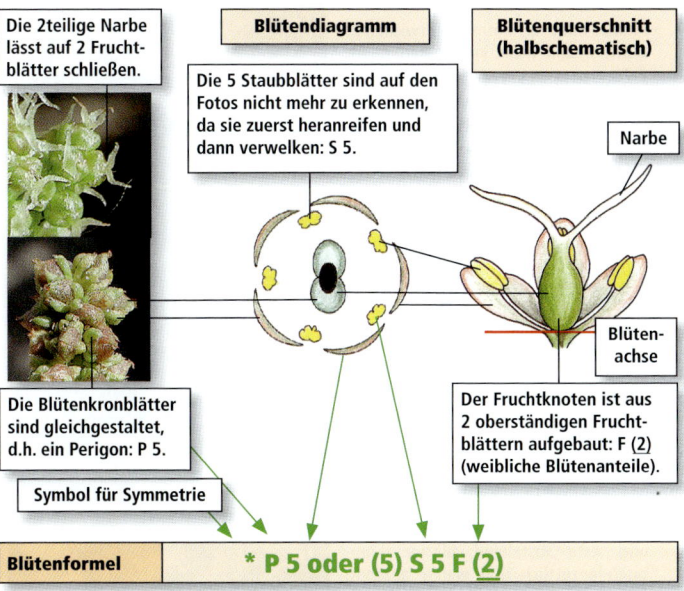

Die 2teilige Narbe lässt auf 2 Fruchtblätter schließen.

Blütendiagramm

Blütenquerschnitt (halbschematisch)

Die 5 Staubblätter sind auf den Fotos nicht mehr zu erkennen, da sie zuerst heranreifen und dann verwelken: S 5.

Narbe

Die Blütenkronblätter sind gleichgestaltet, d.h. ein Perigon: P 5.

Der Fruchtknoten ist aus 2 oberständigen Fruchtblättern aufgebaut: F (2) (weibliche Blütenanteile).

Blüten-achse

Symbol für Symmetrie

Blütenformel

* P 5 oder (5) S 5 F (2)

* Perigonblätter 5 oder (5) Staubblätter 5 Fruchtblätter (2)

Die Anzahl der Staubblätter entspricht der Anzahl der Perigonblätter, meistens sind es daher auch 5. Die Blüten können aber auch eingeschlechtlich sein und nur Fruchtknoten (weiblich) oder nur Staubblätter (männlich) enthalten. Dann können die Blüten sowohl einhäusig (männliche und weibliche Blüten auf einem Individuum) als auch zweihäusig (jeweils männliche oder weibliche Blüten auf verschiedenen Individuen) verteilt sein. Die Bestäubung erfolgt bei einigen Arten durch den Wind und bei anderen durch Insekten.

Die Frucht ist oberständig und wird aus zwei Fruchtblättern aufgebaut. Zur Reifezeit entwickelt sich daraus eine einfächerige Nussfrucht, die mehr oder weniger von der Blütenhülle umgeben ist und zusammen mit dieser abfällt. Bei der Gattung Melde (Atriplex) sind die beiden Vorblätter in die Blüte mit integriert. Sie umhüllen später die Nussfrucht und dienen als Flugorgan.

Die Bestimmung der Gänsefußgewächse ist nicht immer einfach. Am besten gelingt es im Spätsommer, wenn die für die Bestimmung wichtigen Früchte herangereift sind. Dieser Schlüssel enthält nur die häufigsten Arten, deren Unterscheidung meist keine Probleme bereitet.

Bestimmungsteil

1. Stängel scheinbar blattlos, knotig eingeschnürt, fleischig; Blüten zwittrig; Pflanze extremer Salzstandorte; VIII-X: **Queller (Salicornia europaea)**

5-30 ⊙ 🔍

Queller

→ Pflanze mit ± normal entwickelten Blättern und nicht knotig gegliedert: **→2**

2. Blüten zwittrig; Blütenhüllblätter frei und zur Fruchtreife oft fleischig und rötlich; Blätter oft mehlig bestäubt: **Gänsefuß (Chenopodium) →4**

→ Blüten eingeschlechtlich und einhäusig: **Melde (Atriplex) →3**

> Hier befinden sich weibliche Blüten (nur Fruchtknoten) und männliche (nur Staubblätter) auf der selben Pflanze.

*Die **Spreizende Melde** ist eine schmackhafte Wildgemüsepflanze. Die Nussfrucht wird von einer Fruchthülle eingeschlossen (rechts).*

3. Fruchthülle rhombisch bis 3eckig, ganzrandig oder geschweift gezähnt; Grundblätter 3eckig-spießförmig oder gezähnt; Strand, Wege, Zäune, Ruderalstellen; VI-IX: **Spieß-Melde (Atriplex prostrata)**

30-90 ⊙ 🍴 🔍

→ Fruchthülle durch kurzen Zahn beiderseits über dem Grund etwas spießförmig, Äste abstehend; Blätter rhombisch-lanzettlich und wenig gezähnt; Strand, Schutt, Kulturland; VII-X: **Spreizende Melde (Atriplex patula)**

30-80 ⊙ 🍴 🔍

*Aus dem Wurzelstock des **Guten Heinrichs** wird im Balkan eine nach Erdnußbutter schmeckende Süßspeise zubereitet. Die Blätter und jungen Triebe sind ein leckeres Gemüse.*

4 (2). Blätter ganzrandig, 3eckig-spießförmig, sehr groß und mehlig bestäubt; Blütenknäuel in endständigem Blütenknäuel; Schutt, Düngeplätze; IV-X: **Guter Heinrich (Chenopodium bonus-henricus)**

20-60 ♃ 🍴 🔍

→ Blätter gezähnt oder gelappt, rautenförmig bis lanzettlich oder 3lappig, mit mehreren sichtbaren Seitennerven, Pflanze meist weißmehlig bereift; Schuttplätze, Äcker; V-X: **Weißer Gänsefuß (Chenopodium album)**

20-150 ⊙ 🍴 🔍

*Der **Weiße Gänsefuß** ist seit der jüngeren Steinzeit ein Kulturbegleiter. Es ist eine mild schmeckende Gemüsepflanze, deren Samen früher zu Mehl verarbeitet wurden.*

9.2.17 Knöterichgewächse (Polygonaceae)

Die Knöterichgewächse besiedeln vor allem die nördliche gemäßigte Zone. Weltweit gibt es etwa 50 Gattungen mit über 1000 Arten, davon einheimisch sind 5 Gattungen mit ca. 40 Arten. Die beiden Gattungen Ampfer (Rumex) und Knöterich (Polygonum) sind sowohl weltweit als auch in der heimischen Flora häufig vorkommende Gattungen.

Die heimischen Knöterichgewächse sind Kräuter und Stauden und nur in Ausnahmefällen Windepflanzen. Buchweizen und Rhabarber sind zwei wichtige Kulturpflanzen die aus Asien stammen.

Die Blätter sind meist ganzrandig und wechselständig. Ein gutes Erkennungs- und Bestimmungsmerkmal ist die Ochrea, eine den Stängel umfassende Röhre am Grunde der Blätter. Besonders deutlich ist sie an jüngeren Pflanzen zu erkennen. Sie ist ein gutes Merkmal, um die Knöterich- von den Gänsefußgewächsen zu unterscheiden, denn bei diesen gibt es keine Ochrea.

Die Bestimmung der Knöterichgewächse ist einfacher, als die der Gänsefußgewächse. Bei der Bestimmung der Ampfer-Arten sind vor allem die reifen Früchte und die Grundblätter wichtig. Bei der Gattung Knöterich ist es der Blütenstand und die Form und Behaarung der Ochrea. Hier ist eine Lupe hilfreich.

Durch die Ochrea sind die Knöterichgewächse eine der am leichtesten zu erkennenden Familien. Eine etwas ähnliche Bildung gibt es nur bei den Laichkrautgewächsen. Da dieses jedoch durchweg Wasserpflanzen und die Knöterichgewächse bis auf den Wasser-Knöterich (Polygonum amphibium) ausschließlich Landpflanzen sind, ist eine Verwechslung kaum möglich.

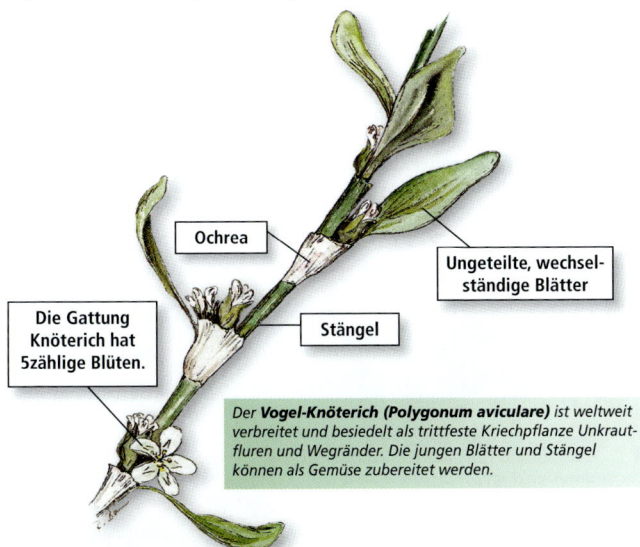

Ochrea

Ungeteilte, wechselständige Blätter

Die Gattung Knöterich hat 5zählige Blüten.

Stängel

*Der **Vogel-Knöterich (Polygonum aviculare)** ist weltweit verbreitet und besiedelt als trittfeste Kriechpflanze Unkrautfluren und Wegränder. Die jungen Blätter und Stängel können als Gemüse zubereitet werden.*

Blütendiagramm

Blütenquerschnitt (halbschematisch)

Staubblätter S 3+3 (männliche Blütenanteile)

Blütenachse

Narbe

Die Blütenkronblätter (das Perigon) sind oft grünlich bis rötlich und ± gleichgestaltet: P 3+3.

Der oberständige Fruchtknoten ist aus 3 verwachsenen Fruchtblättern aufgebaut: F (3) (weibliche Blütenanteile).

Symbol für Symmetrie

Blütenformel Ampfer (Rumex)   * P 3+3 S 3+3 F (3)

* Perigonblätter 3+3 Staubblätter 3+3 Fruchtblätter (3)

Die Blüten sind denen der Gänsefußgewächse sehr ähnlich. Sie sind klein und unscheinbar und stehen in zusammengesetzten Blütenständen. Die Blütenhülle setzt sich meistens aus 6 gleichgestalteten Blütenhüllblättern (Perigon) zusammen, die in zwei Kreisen angeordnet sind. Es kommen aber auch 3- bis 5zählige Blüten vor, wie beispielsweise das 5zählige Perigon der Gattung Knöterich (Polygonum). Die Anzahl der Staubblätter entspricht meistens der Anzahl der Perigonblätter. Es gibt sowohl zwittrige als auch eingeschlechtliche Arten, die meisten sind windblütig.

Ähnlich wie bei den Gänsefußgewächsen bleibt die Blütenhülle meistens bis zur Fruchtreife erhalten und fällt zusammen mit den Früchten ab. Aus dem oberständigen Fruchtknoten entwickelt sich aus den 3 miteinander verwachsenen Fruchtblättern eine Nussfrucht. Meist ist diese Nuss entsprechend der Anzahl der Fruchtblätter dreikantig und wird von den 3 äußeren Perigonblättern umhüllt. Manchmal können auch 2 oder 4 Fruchtblätter an der Ausbildung der Frucht beteiligt sein.

*Der **Buchweizen (Fagopyrum esculentum)** hat seinen Namen bekommen, weil die Früchte aussehen wie Bucheckern und sich vermalen lassen wie Weizen, backfähig ist dieses Mehl nicht.*

Bestimmungsteil

1. Blütenhüllblätter 5; Staubblätter 5-8; Frucht linsenförmig oder 3kantig, dann aber von der Blütenhülle eingeschlossen oder diese nur wenig überragend; Blattspreite nicht 3eckig oder herzförmig und deutlich länger als breit: **Knöterich (Polygonum)** →6

→ Blütenhüllblätter 6, an reifer Frucht die 3 inneren dieser eng anliegend und viel größer werdend als die äußeren; Staubblätter 6; Narben 3: **Ampfer (Rumex)** →2

*Die Ampfer-Blüten (rechts: **Sauerampfer**) sind meist grün und rötlich überlaufen. Die meisten Knöterich-Arten haben weißliche oder rosafarbene Blüten (links: **Vogelknöterich**).*

2. Blattspreite am Grund pfeil- oder spießförmig; Blätter sauer schmeckend; Blüten überwiegend eingeschlechtlich; Pflanze 2häusig: →5

   Bei einer zweihäusigen Pflanze befinden sich die weiblichen Blüten (nur Fruchtknoten) und die männlichen (nur Staubblätter) auf zwei getrennten Pflanzen.

→ Blätter nicht pfeil- oder spießförmig; Blüten zwittrig: →3

3. Innere Blütenhüllblätter mit kurzen oder langen, borstenförmigen Zähnen, fast immer mit Schwiele; Blütenstand von der Mitte an blattlos; Grundblätter groß mit abgerundet bis herzförmigem Grund; formenreich; Wiesen, Weiden; VI-VIII: **Stumpfblättriger Ampfer (Rumex obtusifolius)**

   50-120 ♃ 🔗🎏

*Der **Stumpfblättrige Ampfer** liefert einen licht- und waschechten dunkel-grüngelben Farbstoff. Die Blätter sind essbar, schmecken aber etwas bitter.*

→ Innere Blütenhüllblätter (an reifer Frucht) ganzrandig und kaum gezähnt: →4

4. Grundblätter am Rand wellig kraus; Blütenstand bis zur Spitze beblättert; innere Blütenhüllblätter rundlich-herzförmig; formenreich; Unkrautfluren, Ufer, Äcker, Grünland; V-VII: **Krauser Ampfer (Rumex crispus)**

   30-150 ♃ 🔗🍴🎏

   Den Krausen Ampfer kann man an den stark gekräuselten Blättern auch ohne Blütenstand erkennen.

*Der **Krause Ampfer** liefert einen gelben Farbstoff. In der Volksmedizin wurde er äußerlich gegen Hautleiden und innerlich als mildes Abführmittel verwendet.*

→ Grundblätter 50-100 cm groß; innere Blütenhüllblätter 3eckig-rautenförmig; Ufer, Seggenröhricht; VII-VIII: **Fluss-Ampfer (Rumex hydrolapathum)**

100-200 ⚃   🎏

5 (2). Äußere Blütenhüllblätter aufrecht und innere schwielenlos; Blätter lanzettlich mit zurückgeschlagenem, pfeilförmigen Grund; Nebenblattscheide (Ochrea) silberweiß, fransig zerschlitzt; innere Blütenhüllblätter zur Fruchtzeit kaum vergrößert; Magerrasen, Wegraine; V-VII: **Kleiner Sauerampfer (Rumex acetosella)**

5-30 ⚃ 🏠🏠   🎏

Beim Kleinen Sauerampfer sind die Spitzen der Pfeilblätter im Gegensatz zum Großen Sauerampfer zurückgeschlagen. Als Salat, Suppe oder Gemüse können beide Arten verwendet werden. Der Große Sauerampfer ist, entsprechend dem nährstoffreicheren Standort, größer und ergiebiger.

*Der **Kleine Sauerampfer** hat eingeschlechtliche Blüten. In der Lupe ist eine männliche Blüte mit Staubblättern zu sehen.*

→ Äußere Blütenhüllblätter zurückgeschlagen und innere mit Schwielen; Blätter lanzettlich mit pfeilförmigem, aber nicht zurückgeschlagenem Grund; Wiesen, Weiden, Grabenränder; V-VI: **Großer Sauerampfer (Rumex acetosa)**

30-100 ⚃ 🏠🏠   🐚🥬🐌🎏

Großer Sauerampfer

6 (1). Blüten einzeln oder in kleinen, blattachselständigen Gruppen; Blätter elliptisch-lanzettlich; Stängel niederliegend bis aufgerichtet; formenreich; auf verdichteten Böden, Schutt, Wegränder; V-IX: **Vogel-Knöterich (Polygonum aviculare)**

5-50 ☉   🐚🥬🐌🎏

*Der **Vogel-Knöterich** ist eine alte Vogelfutterpflanze (Name!). Es ist ein sehr gesundes Küchenkraut, das früher auch arzneilich verwendet wurde.*

→ Blüten in verlängerten, end- oder seitenständigen Scheinähren: →7

7. Stängel unverzweigt, mit einer einzigen Scheinähre abschließend; Grundachse dick, walzlich, schlangenartig; feuchte Wiesen vor allem der montanen Region; V-VII: **Schlangen-Knöterich (Polygonum bistorta)**

30-100 ⚃   🐚🥬🐌🎏

*Der **Schlangen-Knöterich** ist eine seit alters verwendete Gemüsepflanze, die heute in einigen Regionen selten geworden ist.*

→ Stängel ästig, mit mehreren Scheinähren: →8

8. Scheinähren locker, schlank, Einzelblüten sichtbar; Nebenblattscheide
(Ochrea) kahl, nur am Rand gewimpert;
Blätter beim Zerkauen pfefferartig
schmeckend; Gräben, feuchte Wiesen;
VII-IX: **Wasserpfeffer (Polygonum
hydropiper)**

25-60 ☉

*Der **Wasserpfeffer** hat unscheinbare, schlanke
Ähren. Der in den Blättern enthaltene Scharf-
stoff ist leicht giftig.*

→ Blütenähren dicht gedrungen und walzenförmig, Einzelblüten sich ± gegenseitig überdeckend: →9

9. Blattstiel in oder oberhalb der Mitte
der Nebenblattscheide (Ochrea) abgehend; Landform mit am Grund abgerundeten, behaarten Spreiten; stehende oder langsam fließende Gewässer;
Ufer, feuchte Äcker; VI-IX: **Wasser-
Knöterich (Polygonum amphibium)**

60-300 ♃

*Der Wasser-Knöterich kann als fluten-
de Wasser- oder aufrechte Landform
wachsen. Im Wasser ist er durch die
queradrige Nervatur von den Laich-
kräutern mit Schwimmblättern zu unterscheiden. Die Landform hat einen
Blattansatz mit typischer Ochrea.*

Wasser-Knöterich

→ Blattstiel unterhalb der Mitte oder fast
am Grund der Ochrea abgehend: →10

10. Nebenblattscheide am Rand gewimpert, dem Stängel anliegend
und auf der Fläche kurz rauhaarig;
Ähren-, Blüten- und Blätter stets drüsenlos; Blätter oberseits oft schwarz gefleckt; Blüten meist rosa, selten
rein weiß; Äcker, Ufer, Schuttplätze;
VII-IX: **Floh-Knöterich (Polygonum
persicaria)**

10-80 ☉

→ Nebenblattscheide kahl oder sehr kurz
gewimpert; Ährenstiele und Blütenhüllblätter mit zahlreichen gelblichen
Drüsen; Blüten grünlich-weiß oder
rosa, Blätter oberseits oft schwarz
gefleckt; Äcker, Schuttplätze; VII-X:
**Ampfer-Knöterich (Polygonum la-
pathifolium)**

20-80 ☉

*Der **Floh-Knöterich** (Blütenstand und oberes
Bild) ist dem **Ampfer-Knöterich** (unteres
Bild) sehr ähnlich. Die Blütenfarben und
Flecken auf den Blättern sind nicht so sichere
Unterscheidungsmerkmale wie die Behaarung
der Nebenblattscheide. Bei dem Floh-Knöterich
schließt sie mit Haaren ab, während die des
Ampfer-Knöterichs oberhalb kahl und höchs-
tens auf der Fläche behaart ist. Beide sind seit
der Steinzeit Nutzpflanzen.*

9.2.18 Rötegewächse (Rubiaceae)

Die 630 Gattungen und 10.400 Arten der Rötegewächse sind vorwiegend im tropischen Klimabereich beheimatet. Dort gibt es unter ihnen auch Bäume und Sträucher wie beispielsweise der Kaffee-Strauch und der Chinarinden-Baum. In Mitteleuropa einheimisch sind 4 Gattungen mit annähernd etwa 35 Arten, von denen nur die Gattung Labkraut (Galium) relativ weit verbreitet ist. Die bei uns einheimischen Vertreter sind Kräuter oder Stauden.

Die Blätter sehen aus wie mehrblättrige Wirtel. Da es sich bei den Blattquirlen um gegenständige Blätter handelt, deren Nebenblätter genau so aussehen wie die Laubblätter, spricht man auch von „Scheinquirlen". An einer Stachelspitze bzw. deren Fehlen sowie dem zurückgerollten Blattrand kann man die Arten auch ohne Blüten bestimmen. Beim Echten Labkraut (Galium verum) sind die ohnehin schon schmalen Blätter fast nadelähnlich. Daran ist es leicht zu erkennen.

Der Name Labkraut geht auf die Verwendung als Säuerungsmittel bei der Käseherstellung zurück. Dieser Name findet sich auch in der wissenschaftlichen Bezeichnung Galium, der von dem griechischen „gala" für Milch stammt.

Der Blütenstand ist eine aus Einzelblüten aufgebaute Rispe.

Die Frucht zerfällt in 2 Teilfrüchte.

Blütenquerschnitt

Scheinquirl

Stängel

Der Wurzelstock enthält einen licht- und waschechten roten Farbstoff.

*Der **Waldmeister (Galium odoratum)** wurde früher nicht nur zum Aromatisieren von Süßspeisen und Getränken, sondern auch als Zusatz in Kosmetika, als Färbepflanze und Heilmittel benutzt. Bei der Zubereitung einer Maibowle ist es sehr wichtig, die Pflanzen anwelken zu lassen, damit sich das Aroma entfalten kann.*

Der Blütenstand setzt sich meistens aus mehreren Einzelblüten zu Rispen oder Thyrsen, seltener auch einmal zu Köpfchen zusammen. Die einzelnen Blüten sind oft sehr klein.

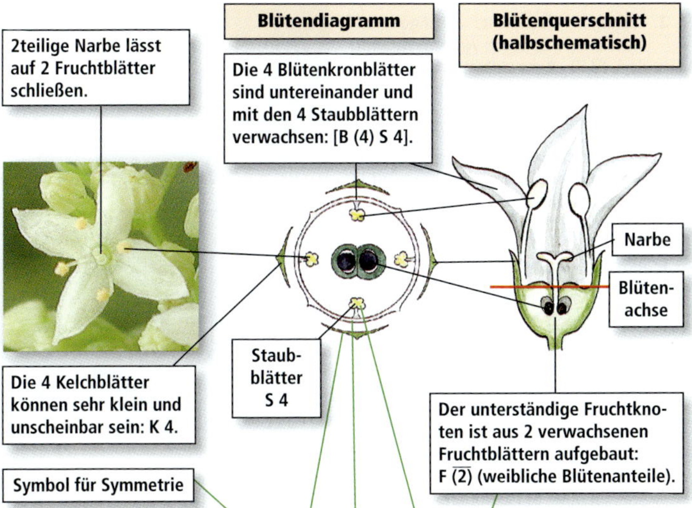

2teilige Narbe lässt auf 2 Fruchtblätter schließen.

Blütendiagramm

Die 4 Blütenkronblätter sind untereinander und mit den 4 Staubblättern verwachsen: [B (4) S 4].

Blütenquerschnitt (halbschematisch)

Narbe

Blüten-achse

Die 4 Kelchblätter können sehr klein und unscheinbar sein: K 4.

Staub-blätter S 4

Der unterständige Fruchtkno-ten ist aus 2 verwachsenen Fruchtblättern aufgebaut: F (2) (weibliche Blütenanteile).

Symbol für Symmetrie

Blütenformel

* K 4 [B (4) S 4] F (2)

* Kelchblätter 4 [Blütenkronblätter (4) Staubblätter 4] Fruchtblätter (2)

Der Kelch ist manchmal reduziert und kaum sichtbar. Die Blütenkrone kann statt der typischen Vierzahl selten auch einmal aus 3 oder 5 Blütenblättern aufgebaut sein. Im unteren Teil sind sie immer zu einer Röhre verwachsen. Die 4 Staubblätter sind oft mit den Blütenkronblättern verwachsen. Dies erkennen Sie am besten, wenn Sie die gesamte Blütenkrone vorsichtig vom Blütenboden lösen und der Länge nach auftrennen, so dass Sie die Blütenkrone flächig betrachten können. Ähnlich ist dies auch bei den Lippenblütlern sowie den Primel- und den Raublattgewächsen, die jedoch keine 4zählige Blüte haben.

Die Früchte zerfallen zur Reifezeit meist in 2 Teilfrüchte. Die gebogenen Borsten auf den Früchten des Kletten-Labkrautes bleiben im Fell der Tiere hängen und „helfen" bei der Verbreitung.

Die meisten Labkräuter enthalten in ihren Wurzeln Farbstoffe. **Krapp (Rubia tinctorum)** *aus dem östlichen Mittelmeerraum und Asien wurde schon vor 2000 Jahren als roter Farbstoff genutzt. Das Klettenlabkraut hat in den Wurzeln den gleichen Farbstoff, allerdings in geringerer Menge.*

Bestimmungsteil

1. Blüten gelb: **→2**

→ Blüten weiß: **→3**

2. 4zählige Blattquirle; Stängel und Blütenstiele behaart; Wiesen, Waldränder; IV-VI: **Kreuzlabkraut (Cruciata laevipes)**

15-50 ♃

Kreuz-labkraut

→ 8–12zählige Quirle; Pflanze ± kahl; Blüten in endständigen Rispen; VI-IX: **Echtes Labkraut (Galium verum)**

30-60 ♃

3. Blütenkrone ohne deutliche Röhre: **→4**

→ Blütenkrone mit deutlicher Röhre; Frucht hakig-borstig; ± unverzweigte Pflanze beim Eintrocknen nach Cumarin (Waldmeister) duftend; oft Massenbestände in schattigen Buchenwäldern; IV-V: **Waldmeister (Galium odoratum)**

15-30 ♃

Echtes Labkraut

4. Stängel ohne Stachelborsten: **→6**

→ Stängel mit Stachelborsten: **→5**

5. Blätter ohne Stachelspitze, an der Spitze stumpf, in 4zähligen Quirlen; nasse Wiesen, Sümpfe; V-VIII: **Sumpf-Labkraut (Galium palustre)**

15-80 ♃

→ Blätter mit Stachelspitze; Pflanze kletternd, Früchte dicht hakig-borstig; Gräben, Zäune, Wegränder; V-X: **Klebkraut (Galium aparine)**

60-200 ♃

Waldmeister

6 Stängel stielrund; Pflanze verzweigt; Laubwälder, Kahlschläge; VII-IX: **Wald-Labkraut (Galium sylvaticum)**

30-100 ♃

→ Stängel im unteren Teil 4kantig; Pflanze verzweigt; Frucht etwas runzelig; formenreich; Wiesen, Gebüsche, Wegränder; V-IX: **Wiesen-Labkraut (Galium mollugo)**

25-100 ♃

Wiesen-Labkraut

9.2.19 Raublattgewächse (Boraginaceae)

Unter Berücksichtigung ihrer tropischen Vertreter sind die etwa 150 Gattungen der Raublattgewächse sehr vielgestaltig und selten auch einmal Holzgewächse. Weltweit gibt es ca. 2.500 Arten. Die einheimischen 15 Gattungen und ca. 50 Arten sind allesamt Kräuter oder Stauden und einheitlicher aufgebaut. Viele von ihnen sind sehr selten. Eine Bevorzugung bestimmter Standorte lässt sich nicht erkennen.

Ihrem Namen machen diese Pflanzen durch ihre meist steife Behaarung alle Ehre. Daran sind sie sehr gut zu erkennen. Für die Pflanzen können die Haare als Schneckenabwehr dienen. Für die sichere Zuordnung ist es allerdings wichtig, dass auch die anderen Merkmale zutreffen, denn stark behaarte Arten gibt es nicht nur in dieser Familie. Wenn zusätzlich zu der Behaarung ein 4teiliger Fruchtknoten (Klausenbildung) vorhanden ist und die Blätter wechselständig sind, können Sie sicher sein, dass es sich um ein Raublattgewächs handelt. Die Blattstellung ist wichtig, da die Lippenblütler auch 4teilige Fruchtknoten haben, aber stets gegenständig beblättert sind.

Die Blätter sind immer ungeteilt und wechselständig. Nebenblätter kommen nicht vor.

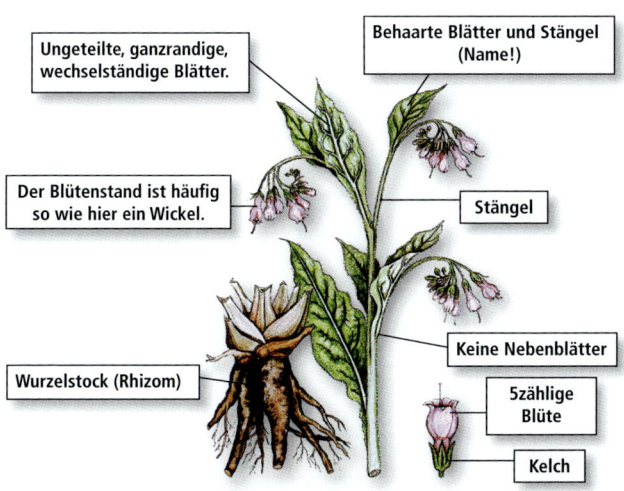

Ungeteilte, ganzrandige, wechselständige Blätter.

Behaarte Blätter und Stängel (Name!)

Der Blütenstand ist häufig so wie hier ein Wickel.

Stängel

Keine Nebenblätter

Wurzelstock (Rhizom)

5zählige Blüte

Kelch

*Der **Gewöhnliche Beinwell (Symphytum officinale)** ist ein altes Küchen- und Heilkraut. Symphyein heißt auf griechisch „zusammenwachsen lassen" und entsprechend hat man den Wurzelstock bei Knochenbrüchen und schlecht heilenden Wunden verwendet. Er ist auch heute noch Bestandteil von Heilsalben. Als Küchenkraut sollte man ihn nicht in zu großen Mengen verwenden, da ihm eine leberschädigende Wirkung nachgesagt wird.*

Die Blütenstände sind häufig schneckenförmig eingerollte Wickel. Die Blüten sind meistens in mehreren Symmetrie-Ebenen spiegelbar (radiär-symmetrisch), selten kommen auch zygomorphe Blüten mit nur einer Symmetrie-Ebene vor.

Die 5 Kelchblätter sind miteinander verwachsen und bleiben bis zur Samenreife erhalten. Die Blütenkronblätter sind ebenfalls miteinander verwachsen und bilden im unteren Teil meist eine Blütenröhre aus. Diese Blütenröhre hat häufig behaarte und anders als die Kronblätter gefärbte Ausstülpungen, die sogenannten Schlundschuppen. Sie verengen den Eingang der Blütenröhre, so dass nur Insekten mit langem Rüssel an den Nektar gelangen können.

Die Staubbeutel sind nicht miteinander, sondern mit den Blütenkronblättern verwachsen, ähnlich wie bei den Lippenblütlern sowie den Primel- und Rötegewächsen. Am besten ist dies zu erkennen, wenn Sie eine Blütenröhre vom Blütenboden lösen und der Länge nach auftrennen, so dass sie die Blütenkrone flächig betrachten können.

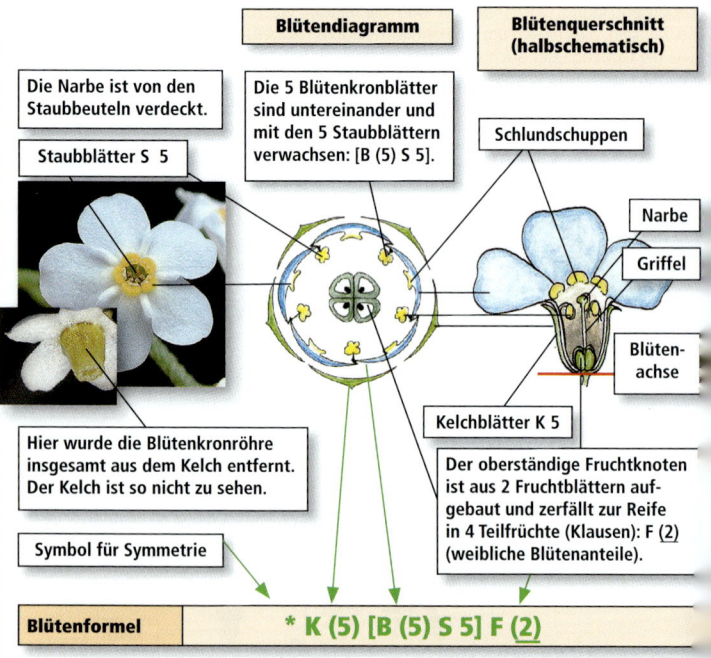

Blütendiagramm

Blütenquerschnitt (halbschematisch)

Die Narbe ist von den Staubbeuteln verdeckt.

Staubblätter S 5

Die 5 Blütenkronblätter sind untereinander und mit den 5 Staubblättern verwachsen: [B (5) S 5].

Schlundschuppen

Narbe

Griffel

Blüten-achse

Hier wurde die Blütenkronröhre insgesamt aus dem Kelch entfernt. Der Kelch ist so nicht zu sehen.

Kelchblätter K 5

Der oberständige Fruchtknoten ist aus 2 Fruchtblättern aufgebaut und zerfällt zur Reife in 4 Teilfrüchte (Klausen): F (2) (weibliche Blütenanteile).

Symbol für Symmetrie

Blütenformel * K (5) [B (5) S 5] F (2)

* **Kelchblätter (5) [Blütenkronblätter (5) Staubblätter 5]. Fruchtblätter (2)**

Der Fruchtknoten setzt sich aus zwei oberständigen Fruchtblättern zusammen. Zur Reifezeit zerfällt er in 4 hartschalige Teilfrüchte (Nüsschen), die sogenannten Klausen. Sie können dies bereits vor der Samenreife erkennen, wenn Sie die Blütenkrone entfernen und in die Blüte hinein schauen.

Sumpf-Ver-gißmeinnicht (Myosotis palustris)

Zwischen den einzelnen Teilfrüchten können Sie den Griffel erkennen. Wählen Sie für diese Beobachtung eine möglichst reife Blüte. Zur Reifezeit wird dieses Merkmal immer deutlicher, vorher ist eine Lupe hilfreich.

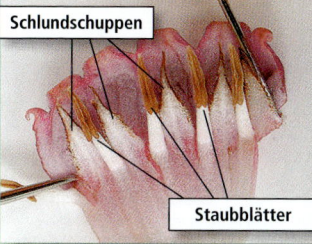

Schlundschuppen

Staubblätter

Gewöhnlicher Beinwell (Symphytum officinale):

Blick auf eine ausgebreitete Blütenkronröhre.

Viele Raublattgewächse haben erst rötliche und später bläuliche Blütenkronblätter. Dieser Farbumschlag wird durch den veränderten Säuregehalt des Blütenfarbstoffs Anthocyan verursacht.

Ausprobieren können Sie dies, indem Sie eine blaue Blüte auf einen Ameisenhaufen legen und den Farbumschlag beobachten, wenn die von den Ameisen markierten Stellen rot anlaufen.

Die Schlundschuppen sind mit Stacheln besetzt, damit die Insekten ihre Rüssel nur an der Spitze in die Blütenkrone einführen. Sie müssen dabei gleichzeitig die Staubbeutel auseinanderbiegen, so dass ihnen der trockene, mehlartige Blütenstaub auf den Kopf fällt. Erdhummeln kommen wegen ihres kurzen Rüssels nicht an den Nektar. Sie beißen sich von außen einen Zugang in die Blütenkrone. Durch diese Löcher gelangen dann auch andere Blütenbesucher, wie hier ein Käfer, an den Nektar ohne die Blüte zu bestäuben.

Bestimmungsteil

1. Blütenkrone radförmig ausgebreitet ohne deutliche Blütenkronröhre; himmelblaue, nickende Blüte über 2 cm im Durchmesser; Schlundschuppen aus der Blütenkronröhre herausragend; oft kultiviert und eingebürgert (Heimat: W-Mittelmeergebiet); V-IX: **Boretsch (Borago officinalis)**

   15-60 ☉ ♦ ♠ ♂   🍵 ▦

Die Schlundschuppen des **Boretschs** schützen den Nektar vor unerwünschten Blütenbesuchern. Diese Bauerngartenpflanze wird auch Gurkenkraut genannt, da die jungen Blätter als würzige Salatbeigabe Verwendung finden.

→ Blütenkrone glockig, trichterförmig oder radförmig ausgebreitet mit deutlicher Blütenkronröhre: **→2**

   Eine deutliche Blütenkronröhre hat beispielsweise der Krummhals, beim Boretsch ist sie so kurz, dass man die Blüte sogar für getrenntblättrig halten könnte.

2. Blüten regelmäßig (radiär): **→4**

→ Blütenkrone ± zygomorph, fast 2lippig oder mit geknickter Röhre: **→3**

3. Blütenkrone mit geknickter Röhre; mit weißen, bärtigen Schlundschuppen; Blätter schmal-lanzettlich; Brachäcker, Wegränder; V-VII: **Krummhals/Wolfsauge (Lycopsis/Anchusa arvensis)**

   20-40 ☉

Eine aus dem Kelch herausgezogene Blüte verrät, wie der **Krummhals** zu seinem Namen gekommen ist.

→ Blütenkrone fast 2lippig; ; Trockenhänge, Wegränder; VI-X: **Natternkopf (Echium vulgare)**

   25-100 ☺   ♥ 🍵 ▦

4. Teilfrüchte auf der ganzen Fläche mit widerhakigen Stacheln; Blätter graufilzig; Mäusegeruch; steinige, sandige Orte, Ackerränder; V-VI: **Echte Hundszunge (Cynoglossum officinale)**

   30-80 ☉ ♦   🍵 ☠

Durch die aus der Blüte herausragenden Griffel und Staubbeutel erinnert die Blüte des **Natternkopfes** entfernt an einen Schlangenkopf. Sie dienen als Landeplatz für die Bestäuber.

→ Teilfrüchte ohne Stacheln: **→5**

5. Blüten glockig mit kleinen Blütenkronzipfeln, diese kürzer als die Blütenkronröhre; Blattgrund ± am Stängel herablaufend; feuchte Wiesen, Bachufer; V-VII: **Gewöhnlicher Beinwell (Symphytum officinale)**

   30-100 ♃   ♥ 🍶 🍵 ♣ 🌿

Die schleimigen Wurzeln des **Beinwells** wurden zum Anrühren von Farbpigmenten und für geschmeidiges Leder verwendet.

→ Blüten stielteller- bis trichterförmig, mit ausgebreiteten, größeren Blütenkronzipfeln: →**6**

6. Schlundschuppen als Haarkranz; Grundblätter oft mit weißen Flecken; Gebüsche, Laub- und Mischwälder; III-V: **Echtes Lungenkraut (Pulmonaria officinalis)**

10-30 ♃   🌿🍂🌾

Lungenkraut:
Nach der Signaturenlehre erinnerten die weißen Flecken der Blätter an Lungenbläschen, daher wurde es gegen Lungenleiden eingesetzt, medizinisch bewiesen ist die Heilwirkung nicht.

→ Blütenkrone mit deutlichen Schlundschuppen: →**7**

7. Teilfrüchte rau; weiße Schlundschuppen papillös-samtig; Trockenrasen, Äcker; V-IX **Gewöhnliche Ochsenzunge (Anchusa officinalis)**

⊙-♃   🌿🍂🌾

→ Teilfrüchte glatt; gelbe Schlundschuppen kahl: **Vergissmeinnicht (Myosotis)** →**8**

*Die Gattung **Vergissmeinnicht** ist schon lange ein Sinnbild für Liebe und Treue.*

Im Märchen war sie die „Blaue Blume" mit der man Felsen öffnen und Schätze heben konnte.

Ihre magische Wirkung verdankt sie vielleicht den gelben Schlundschuppen. Sie schützen den Nektar und Blütenstaub vor Regen und sind dafür verantwortlich, dass Insekten Narbe und Staubbeutel gleichzeitig berühren.

Die **Ochsenzunge** verdankt ihren Namen den zungenförmigen Blättern. Sie wurde früher als Heil- und Küchenkraut verwendet.

8. Kelch angedrückt behaart; Pflanze feuchter und nasser Standorte; V-IX: **Sumpf-Vergissmeinnicht (Myosotis palustris)**

10-100 ♃   🌾

→ Kelch abstehend behaart: →**9**

9. Saum der 6-10 mm breiten Blütenkrone flach ausgebreitet; Wiesen, Wälder, Hochstaudenfluren; V-VII: **Wald-Vergissmeinnicht (Myosotis sylvatica)**

15-45 ⊙   🌾

Die Kelchbehaarung, die Blütengröße und der Standort sind Unterscheidungsmerkmale von **Sumpf-** (oben) und **Acker-Vergissmeinnicht** (unten).

→ Saum der 2-4 mm breiten Blütenkrone trichterförmig vertieft; Äcker, Wegränder, Gebüsche; V-VIII: **Acker-Vergissmeinnicht (Myosotis arvensis)**

10-40 ⊙   🌾

9.2.20 Nachtschattengewächse (Solanaceae)

Weltweit gibt es 90 Gattungen mit 2.600 Arten, die meisten sind in tropischen und subtropischen Klimazonen verbreitet. Einheimisch sind 4 Gattungen mit knapp 10 Arten.

Viele Nahrungs-, Gewürz-, und Genusspflanzen sind Nachtschattengewächse, wie beispielsweise Kartoffel, Tomate, Paprika, Peperoni und Tabak. Viele von ihnen enthalten Alkaloide. Sie dienen der Pflanze als Schutz vor Pilzen, Viren, Bakterien und Tieren. Manche dieser Pflanzen sind sehr giftig und einige dieser Giftpflanzen liefern richtig dosiert wirkungsvolle Heilmittel wie zum Beispiel die Tollkirsche. Die Giftstoffe der Pflanzen wirken auf Tier und Mensch unterschiedlich. Viele für uns tödlich giftige Früchte werden von Vögeln gefressen und so von ihnen verbreitet. Auch unsere Kulturpflanzen können in einigen Teilen Alkaloide enthalten. Bei der Kartoffel sind alle Pflanzenteile außer den unterirdischen Sprossknollen stark giftig. Zur Herstellung der im Mittelalter verbreiteten „Hexensalben" dienten viele Nachtschattengewächse wie beispielsweise Tollkirsche und Bilsenkraut.

Die Nachtschattengewächse sind meist Kräuter oder Stauden und selten Holzgewächse. Die Blätter sind wechselständig und können ungeteilt oder gefiedert sein.

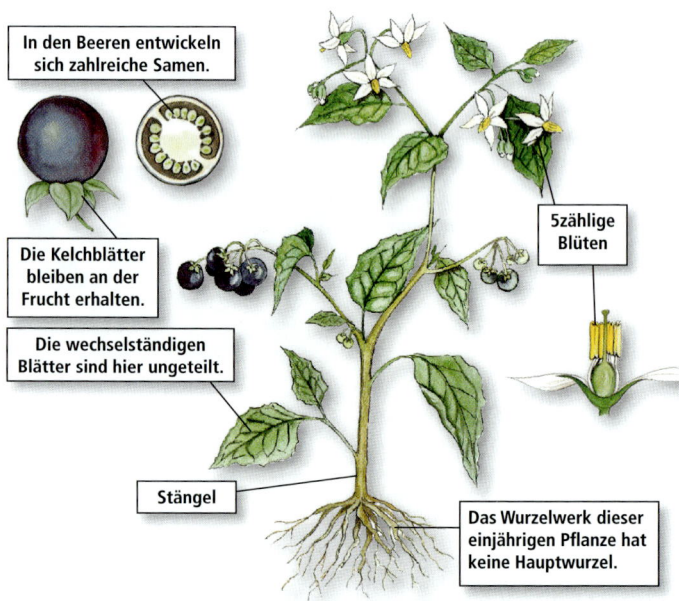

In den Beeren entwickeln sich zahlreiche Samen.

Die Kelchblätter bleiben an der Frucht erhalten.

Die wechselständigen Blätter sind hier ungeteilt.

5zählige Blüten

Stängel

Das Wurzelwerk dieser einjährigen Pflanze hat keine Hauptwurzel.

*Der **Schwarze Nachtschatten (Solanum nigrum)** ist giftig. Früher war er Bestandteil von schmerzlindernden Salben, heute wird er nicht mehr verwendet. Er ist ein einjähriges Ackerunkraut auf nährstoffreichen Böden. In jeder Beere werden ungefähr 50 Samen gebildet.*

Der Blütenstand ist meist ein Wickel. Die Blüte ist meist radiär und hat einen charakteristischen, 5zähligen Aufbau. Die Kelchblätter können frei oder miteinander verwachsen sein. Sie bleiben an der Frucht erhalten. Die Staubblätter sind mit den Blütenkronblättern verwachsen. Die Frucht ist eine vielsamige Kapsel oder eine Beere. Sie wird aus zwei oberständigen, miteinander verwachsenen Fruchtblättern aufgebaut.

Die 5 Blütenkronblätter sind untereinander und mit den 5 Staubblättern verwachsen: [B (5) S 5].

Blütendiagramm

Blütenquerschnitt (halbschematisch)

Blütenkronblätter B 5

Narbe

Griffel

Blüten-achse

Kelchblätter K 5

Staubblätter S 5 (männliche Blütenanteile)

Der oberständige Fruchtknoten ist aus 2 Fruchtblättern aufgebaut: F (2) (weibliche Blütenanteile).

Symbol für Symmetrie

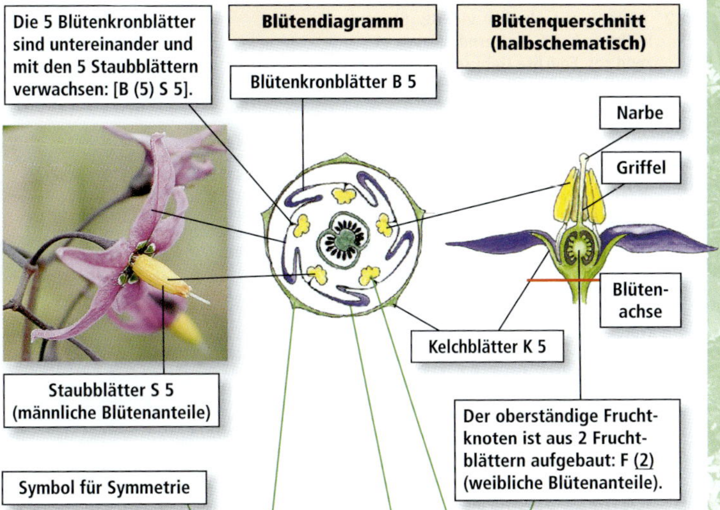

Blütenformel   *** K (5) oder 5 [B (5) S 5] F (2)**

* Kelchblätter (5) oder 5 [Blütenkronblätter (5) Staubblätter 5] Fruchtblätter (2)

Für den Verzehr im Winter werden **Tomaten** *in Gewächshäusern gezogen. Wie bei der Bestäubung vieler Nachtschattengewächse öffnen sich auch hier die Staubblätter mit einem kleinen Loch an der Spitze und entlassen den Pollen nur dann, wenn sie in Vibration versetzt werden. Honigbienen sind dazu nicht in der Lage. Doch wer übernimmt die Bestäubung, damit die Früchte heranreifen können? Nach fehlgeschlagenen Versuchen mit Lautsprechern und handbetriebenen „Vibratoren" bei der jede Blüte einzeln bearbeitet wurde, hat man Hummelköniginnen durch zweimalige Narkose mit Kohlendioxid dazu gebracht, sofort nach dem Schlüpfen zu brüten, statt in Winterschlaf zu gehen. So hat man nun ganzjährig Hummelvölker für die Bestäubung der Tomaten zur Verfügung. Ein Nebeneffekt ist, dass viele Landstriche nun mit europäischen Hummeln überschwemmt werden, die die jeweils heimischen Bienenarten oft verdrängen.*

Bestimmungsteil

1. Staubbeutel getrennt, nicht zu einer Röhre vereinigt: →3

→ Staubbeutel kegelförmig zusammenneigend oder zur Röhre verbunden: **Nachtschatten (Solanum)** →2

2. Blütenkrone dunkel violett; Stängel leicht verholzt, kletternd; Beeren glänzend rot, Feuchte Gebüsche, Auwälder; VI-VIII: **Bittersüßer Nachtschatten (Solanum dulcamara)**

   30-200 ♄

→ Blüte weiß; Beeren schwarz; Schuttplätze, Äcker; VI-X: **Schwarzer Nachtschatten (Solanum nigrum)**

   10-80 ☉

3. Blütenkrone glockig, violettbraun; reife Beeren glänzend schwarz, Laubwälder, Kahlschläge besonders der montanen Region; VI-VIII: **Tollkirsche (Atropa bella-donna)**

   50-150 ♃

   „Bella donna" heißt „schöne Frau". Diesen Namen verdankt diese Heilpflanze der pupillenerweiternden Wirkung. Sie wird auch heute noch zur Augendiagnostik eingesetzt. Den Namen Tollkirsche verdankt sie der zunächst rauschartigen Wirkung, später setzt Lähmung und Kollaps ein. Die Dosierung ist sehr wichtig, was der Gattungsname verdeutlicht: atropos heißt auf griechisch „unabwendbar tödlich".

→ Blütenkrone schmutziggelb mit violetter Aderung; Stängel zottig-klebrig; Alteinwanderer aus dem Mittelmeergebiet, N-Zeiger, Schuttplätze, Ruderalstellen; VI-X: **Bilsenkraut (Hyoscyamus niger)**

   20-80 ☉ ☽ ♂

   Blätter und Samen wurden als schmerzstillendes und beruhigendes Mittel und im Mittelalter auch in Hexensalben und für Liebestränke verwendet. Wegen der Giftigkeit sollte man die Pflanze unbedingt meiden, es gab bereits viele Vergiftungen bei Mißbrauch als halluzinogene Droge.

Bittersüßer Nachtschatten

Die stoffwechselfördernde und schmerzlindernde Wirkung kommt in dem wiss. Gattungsnamen Solanum zum Ausdruck (lat. solamen = Trost). Allerdings ist die Pflanze auch stark giftig: 30-40 Beeren können bereits tödlich sein.

Schwarzer Nachtschatten

Tollkirsche

Bilsenkraut

9.2.21 Rachenblütler (Scrophulariaceae)

Weltweit gibt es ca. 250 Gattungen mit zusammen 4.000 Arten. Sie besiedeln die verschiedensten Lebensräume in den gemäßigten Zonen. Einheimisch sind etwa 25 Gattungen mit 150 Arten.

Rachenblütler sind Kräuter oder Stauden. Insgesamt ist es eine sehr artenreiche und vielgestaltige Pflanzenfamilie. Es gibt auch einige Halbschmarotzer unter ihnen. Läusekraut, Augen- und Zahntrost sowie Klappertopf und Wachtelweizen produzieren mit ihrem Blattgrün zwar eigene Pflanzenmasse, zusätzlich besitzen sie jedoch spezielle Saugwurzeln mit denen sie zusätzlich Nährstoffe aus den Wurzeln ihrer Wirtspflanzen entziehen. Ein Vollschmarotzer ohne Blattgrün ist die Schuppenwurz (Lathraea).

Die Blätter können sowohl wechsel- als auch gegenständig sein. Arten mit gegenständigen Blättern können auf den ersten Blick mit Lippenblütlern verwechselt werden. Zur Unterscheidung ist die Fruchtform ein wichtiges Merkmal. Bei den Rachenblütlern ist es im Gegensatz zu dem 4teilige Fruchtknoten (Klausenbildung) der Lippenblütler eine Kapsel.

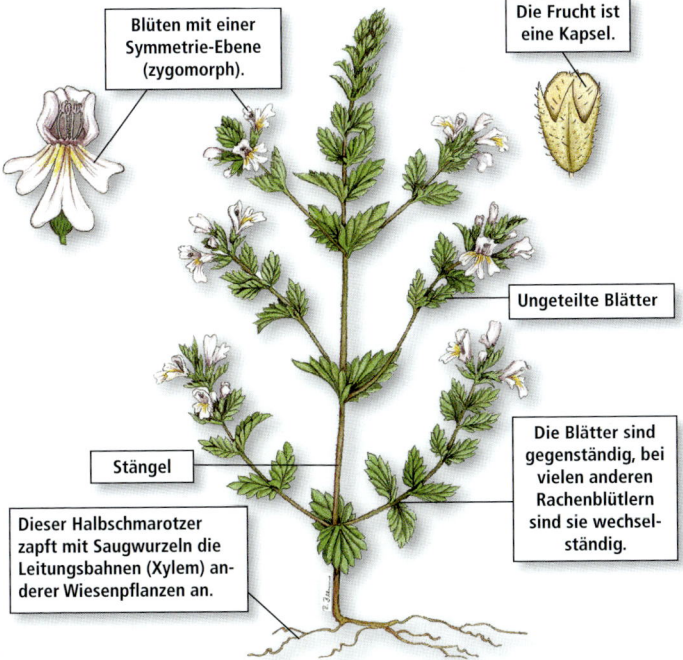

Blüten mit einer Symmetrie-Ebene (zygomorph).

Die Frucht ist eine Kapsel.

Ungeteilte Blätter

Die Blätter sind gegenständig, bei vielen anderen Rachenblütlern sind sie wechselständig.

Stängel

Dieser Halbschmarotzer zapft mit Saugwurzeln die Leitungsbahnen (Xylem) anderer Wiesenpflanzen an.

*Die Blüten vom **Gewöhnlichen Augentrost (Euphrasia rostkoviana)** sehen ähnlich aus wie Augen und Wimpern. Nach der Signaturenlehre wurden Abkochungen des Krautes gegen Bindehautentzündungen des Auges verwendet. Die Wirksamkeit ist in der Schulmedizin umstritten.*

Im Blütenstand sind meist viele Einzelblüten zu Thyrsen oder Trauben zusammengesetzt. Es kommen aber auch Einzelblüten vor. Die Blüte ist meist nur in eine Symmetrie-Ebene spiegelbar (zygomorph) und nur selten radiär, es gibt aber alle Übergänge.

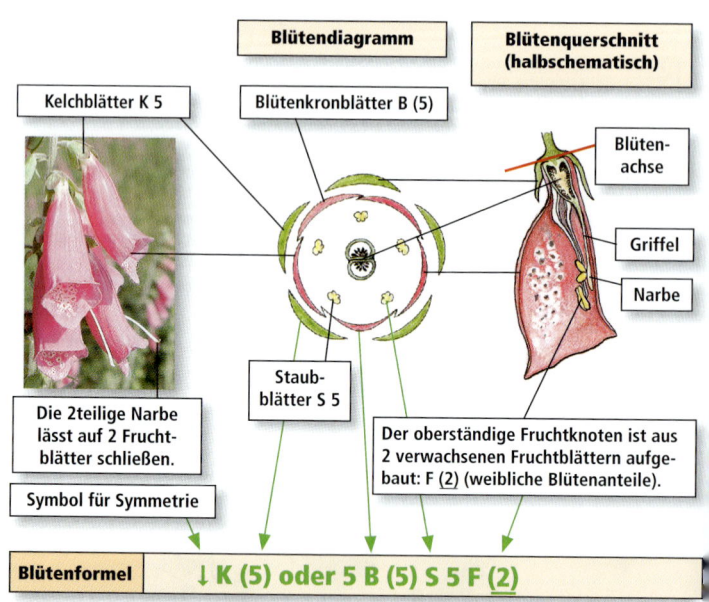

Blütendiagramm

Blütenquerschnitt (halbschematisch)

Kelchblätter K 5

Blütenkronblätter B (5)

Blütenachse

Griffel

Narbe

Staubblätter S 5

Die 2teilige Narbe lässt auf 2 Fruchtblätter schließen.

Der oberständige Fruchtknoten ist aus 2 verwachsenen Fruchtblättern aufgebaut: F (2) (weibliche Blütenanteile).

Symbol für Symmetrie

Blütenformel   ↓ K (5) oder 5 B (5) S 5 F (2)

↓ Kelchblätter (5) oder 5 Blütenkronblätter (5) Staubblätter 5 Fruchtblätter (2)

Der Kelch ist meist 5zählig und bleibt an der reifen Frucht erhalten. Die Blütenkronblätter sind miteinander verwachsen und meist 5zählig. Ihre Form hat dieser Pflanzenfamilie ihren Namen gegeben. Die einzelnen Gattungen sind in der Gestalt der Blüten jedoch sehr variabel. Beim Ehrenpreis (Veronica) ist die Blüte durch Verwachsung von zwei Blütenkronblättern 4zählig. Entsprechend sind die Staubbeutel hier auch auf 2 oder 4 reduziert.

Blütenformel Ehrenpreis (Veronica)   ↓ K 4-5 [B (4) S 2] F (2)

Meist sind 5 Staubblätter vorhanden. Die beiden oberständigen Fruchtknoten bilden als Frucht eine 2fächerige Kapsel aus, die viele Samen enthält. Das vordere Kronblatt kann einen Nektarsporn tragen oder (und) aufgewölbt sein. Diese Ausstülpung maskiert den Eingang zur Kronröhre, so dass nur kräftige Insekten wie Hummeln an Pollen und Nektar gelangen.

Bestimmungsteil

1. Staubblätter 2-4, ihre Filamente („Stiele") nicht wollig: **→5**

→ Staubblätter 5, teilweise oder alle ± wollig; Blütenkrone fast radiär: **Königskerze (Verbascum) →2**

> *Eine Besonderheit sind die dicht mit weißen oder rötlich-violetten Haaren besetzten Staubbeutel. Hier wird neben fruchtbarem Pollen (orange) dunkelroter „Verköstigungpollen" angeboten, der nicht für die Fortpflanzung taugt. Sie dienen den blütenbesuchenden Insekten als Nahrung und schwächen gleichzeitig die Wirkung der Sonneneinstrahlung ab. Für die Artbestimmung sind sie sehr wichtig.*

Schwarze Königskerze

2. Staubfäden weiß- bis gelb-wollig: **→3**

→ Staubfäden violett-wollig; Trockenwiesen, Wegränder; V-IX: **Schwarze Königskerze (Verbascum nigrum)**

50-120 ☺

3. Alle Staubfäden dicht-wollig; Blattgrund nicht oder wenig am Stängel herablaufend; Blätter unterseits mehlstaubig und oberseits fast kahl; Weg- und Waldränder; VI-IX: **Mehlige Königskerze (Verbascum lychnitis)**

60-120 ☺

Mehlige Königskerze

→ Beide unteren Staubfäden ± kahl und länger als die 3 übrigen; Blattgrund ± am Stängel herablaufend: **→4**

4. Staubfäden der beiden längeren Staubblätter etwa 3mal so lang wie ihre kurz herablaufenden Staubbeutel; Waldränder, sonnig-steinige Stellen; VII-IX: **Kleinblütige Königskerze (Verbascum thapsus)**

30-170 ☺

→ Staubfäden der beiden längeren Staubblätter höchstens doppelt so lang wie ihre lang herablaufenden Staubbeutel; Blätter beidseitig filzig behaart; sonnig-steinige Stellen; VII-IX: **Großblütige Königskerze (Verbascum densiflorum)**

50-250 ☺

*Die **Großblütige Königskerze** ist auch an ihren beidseitig filzig behaarten Blättern zu erkennen. Der dichte Filz ist ein Einstrahlungs- und Verdunstungsschutz.*

5 (1). Staubblätter 4: →**13**

→ Staubblätter 2: **Ehrenpreis (Veronica)** →**6**

Ehrenpreis (Veronica)

6. Blüten in seitlichen Trauben oder Ähren, der Stängel mit Laubblatt abschließend: →**10**

→ Blüten einzeln in den Blattachseln oder in endständigen Trauben oder Ähren: →**7**

7. Blütenstand (Infloreszenz) deutlich vom beblätterten Stängel abgesetzt, d.h. Tragblätter deutlich von den Laubblättern verschieden: →**8**

> *Die Tragblätter befinden sich direkt unterhalb der Blüte, sie „tragen" sozusagen die Blüte. Beim Feld-Ehrenpreis beispielsweise sind sie viel kleiner und einfacher gestaltet als die normalen Laubblätter unterhalb des Blütenstandes.*

*Die Blüten vom **Feld-Ehrenpreis** stehen einzeln in den Achseln der Tragblätter.*

→ Stängel ohne von der beblätterten Stängelbasis deutlich abgesetzten Blütenstand (Infloreszenz): →**9**

> *Die Blüten stehen einzeln in den Blattachseln von Tragblättern, die sich in Größe und Gestalt nur wenig von den basalen Laubblättern unterscheiden.*

8. Fruchtstiele höchstens halb so lang wie der Kelch; Kapsel kahl; Äcker, Wegränder; IV-V(-IX): **Feld-Ehrenpreis (Veronica arvensis)** 3-25 ☉

→ Fruchtstiele so lang oder länger als der Kelch; Kapsel behaart; Blütenkrone weißlich oder bläulich, dunkler geadert; Blätter kahl; Wiesen, Wegränder; V-VIII: **Quendelblättriger Ehrenpreis (Veronica serpyllifolia)** 5-25 ♃

*Beim **Quendelblättrigen Ehrenpreis** sind die Blüten ebenfalls blattachselständig. Die Tragblätter sind viel kleiner und schmaler als die rundlichen Stängelblätter. Die schildförmigen Samen werden durch den Regen aus den Fruchtklappen geschleudert und durch den Regen verbreitet (Regenschwemmling).*

9. Stängelblätter lang gestielt, 3-7lappig, efeuähnlich; trockene Waldränder bis Auwälder, Äcker; III-V: **Efeublättriger Ehrenpreis (Veronica hederifolia)** 8-30 ☉

> *Die Samen haben ölreiche Anhängsel (Elaiosomen) und werden von Ameisen verbreitet.*

Efeublättriger Ehrenpreis

→ Stängelblätter kurz gestielt bis sitzend; Kapselstiele deutlich länger als ihre Tragblätter; Gärten, Äcker, Schuttplätze; seit 1800 eingebürgert (Heimat: SW-Asien); III-X: **Persischer Ehrenpreis (Veronica persica)**

10-40 ☉ ♂

10 (6). Kelch 5teilig, der hintere Zipfel kleiner als die übrigen; Blüten in achselständigen Trauben; buschige Hänge, Trockenwiesen; V-VII: **Großer Ehrenpreis (Veronica teucrium)**

20-80 ♃

Persischer Ehrenpreis

→ Kelch 4teilig: →**11**

11. Stängel und Blätter kahl, Blätter dick und fast etwas ledrig; Blüten in gestielten Trauben; Sumpf- oder Wasserpflanze; Bäche, Gräben, Quellfluren; V-VIII: **Bach-Ehrenpreis/Bachbunge (Veronica beccabunga)**

20-60 ♃

Die Bachbunge ist etwas fleischig. Die Blüten sind in gestielten Trauben und werden nur bei Sonnenschein ausgebreitet. Bestäuber sind vor allem kleine Schwebfliegen.

Früher wurde die Bachbunge arzneilich verwendet und als Gemüse zubereitet.

Bach-Ehrenpreis

→ Stängel und Blätter behaart; Wald- oder Wiesenpflanze: →**12**

12. Stängel 2zeilig behaart; Blüten in achselständigen, gestielten Trauben, himmelblaue Blütenkrone dunkler geadert; lichte Wälder, Gebüsche; V-VIII: **Gamander-Ehrenpreis (Veronica chamaedrys)**

15-40 ♃

Gamander-Ehrenpreis

Die zwei Haarleisten am Stängel sind das Erkennungszeichen des Gamander-Ehrenpreises.

→ Stängel rundum ± gleichmäßig behaart; Blüte hellblau, blasslila bis weißlich, in Trauben; trockene Wälder, Heiden; VI-VIII: **Wald-Ehrenpreis (Veronica officinalis)**

5-20 ♃

Wald-Ehrenpreis

13 (5). Blütenkrone am Grund mit Sporn; Blüte bleichschwefelgelb mit orangenfarbigem Gaumen; Straßengräben; Wegränder; VI-IX: **Gewöhnliches Leinkraut (Linaria vulgaris)**

20-75 ♃

Der Sporn des Leinkrautes ist mit Nektar gefüllt. Hummeln haben längere Rüssel als Bienen und sind stärker, sie können auch in sogenannten „Kraftblumen" an den Nektar gelangen, indem sie die Kronröhre auseinanderbiegen.

Früher wurde das Leinkraut gegen Insektenbefall und zum Blondieren der Haare benutzt, daher hat es regional auch den Namen Frauenflachs bekommen.

Leinkraut

→ Blüte ohne Sporn: →**14**

14. Blätter wechselständig; Blüte purpurrot, innen gefleckt und behaart; Kahlschläge, buschige Abhänge; Wälder; VI-VII: **Roter Fingerhut (Digitalis purpurea)**

40-150 ☻

Die Blütenmale weisen den Insekten den Weg zum Nektar. Gleichzeitig imitieren sie Pollen, dadurch ist die Blüte trotz eingesparter Pollen attraktiv.

Die Blüten bieten Hummeln Schutz vor Regen und werden nachts als Schlafplatz aufgesucht. Kleineren Insekten wird der Eingang durch senkrecht hochstehende Sperrhaare verwehrt.

Roter Fingerhut

→ Blätter gegenständig: →**15**

15. Blüten in end- und blattwinkelständigen Dichasien oder Wickeln, bauchig oder kugelig; Mittellappen der Unterlippe zurückgeschlagen; Stängel 4kantig; Gewässerufer, feuchte Wälder und Gebüsche; VI-VII: **Knotige Braunwurz (Scrophularia nodosa)**

40-120 ♃

Durch den vierkantigen Stängel und die gegenständige Beblätterung könnte man die Braunwurz für einen Lippenblütler halten. Die Kapselfrucht „verrät" sie als Rachenblütler, da alle Lippenblütler einen vierteiligen Fruchtknoten (Klausenbildung) haben.

*Für die Raupen des Braunwurzmönchs (Cucullia scrophulariae) ist die **Knotige Braunwurz** die Futterpflanze.*

→ Blüten in Rispen, Ähren, Trauben oder einzeln: →**16**

16. Kelch nicht aufgeblasen: →**18**

→ Kelch aufgeblasen, kahl oder nur an den Kanten borstig; mit oder ohne schwarzer Strichelung; formenreich; Wiesen, Wegränder; V-IX: **Kleiner Klappertopf (Rhinanthus minor)**

10-60 ⊙

Der Klappertopf ist ein Halbschmarotzer auf verschiedenen Blütenpflanzen.

Der aufgeblasene Kelch dient der Kapsel im Inneren als Windfang. Die Samen klappern in den reifen Früchten, daher der Name.

Kleiner Klappertopf

17. Oberlippe der Blütenkrone helmförmig oder fast flach; Unterlippe im Schlund ohne Höcker; Blüten weiß und lila geadert mit gelbem Schlundfleck; magere Wiesen, Halbtrockenrasen; Halbschmarotzer; VI-X: **Gewöhnlicher/Großer Augentrost (Euphrasia rostkoviana/E. officinalis)**

2-45 ⊙

Das Kraut wird entzündungshemmend bei Augenleiden eingesetzt. Die leicht bitteren Blätter bereichern Wildsalate.

Gewöhnlicher Augentrost

→ Oberlippe der Blütenkrone seitlich zusammengedrückt mit umgeschlagenen Rändern; Unterlippe im Schlund mit 2 Höckern; Hochblätter oft lebhaft gefärbt: **Wachtelweizen (Melampyrum)** →**18**

18. Schlund der Blütenkrone nur halb geöffnet; Blüten fast waagerecht von der Blütenstandsachse (Infloreszenzachse) abstehend; Blütenkrone 12-20 mm lang; lichte Wälder, Gebüsche; Moore, Waldwiesen; V-IX: **Wiesen-Wachtelweizen (Melampyrum pratense)**

10-50 ⊙

*Der **Wiesen-** (links) und der **Wald-Wachtelweizen** (rechts) ähneln sich sehr. Als Unterscheidungsmerkmal dient die Form der Blüte und der Tragblätter.*

→ Schlund der Blütenkrone ganz geöffnet, offene Blüten aufrecht bis schrägseitlich von der Blütenstandsachse abstehend; Wälder, Gebüsche; V-VIII: **Wald-Wachtelweizen (Melampyrum sylvaticum)**

10-35 ⊙

*Der **Acker-Wachtelweizen** ist ein Beispiel für lebhaft gefärbte Tragblätter. Diese Art ist bei uns selten geworden.*

9.2.22 Lippenblütler (Lamiaceae)

Die Familie der Lippenblütler ist mit weltweit 220 Gattungen und über 5.000 Arten eine der artenreichsten. Viele Lippenblütler wachsen auf offenen, sonnig-warmen Standorten des warm-kontinentalen Klimabereichs. Die einheimischen 25 Gattungen mit annähernd 100 Arten besiedeln verschiedene Lebensräume ohne besondere Vorliebe.

Charakteristisch für alle Lippenblütler ist der Gehalt an ätherischen Ölen. Sie verleihen den Pflanzen einen aromatischen Geruch und/oder Geschmack, daher sind unter ihnen viele Heil-, Gewürz- und Duftpflanzen wie beispielsweise Salbei, Herzgespann, Bohnenkraut, Minze und Melisse. Häufig befinden sich die Öle in köpfchenförmigen Drüsen.

Die einheimischen Lippenblütler sind vorwiegend Kräuter und Stauden, im Mittelmeergebiet sind es zunehmend auch Halbsträucher wie Lavendel, Rosmarin und Thymian. Außerhalb des temperierten Klimabereiches gibt es unter ihnen auch einige Bäume.

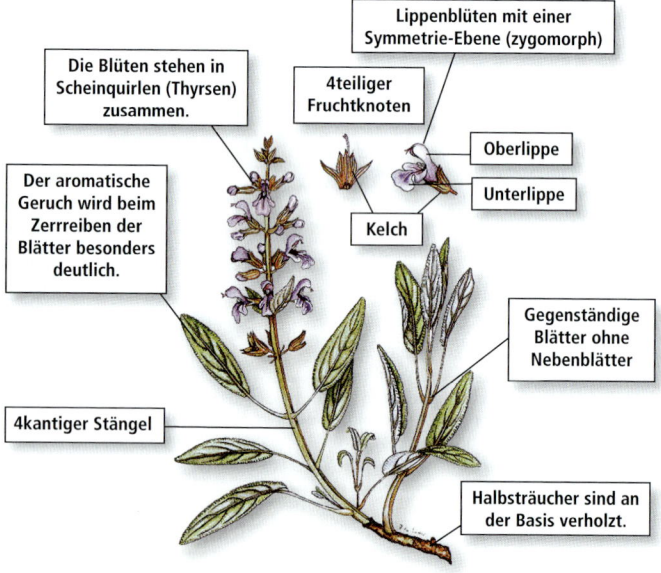

Die Blüten stehen in Scheinquirlen (Thyrsen) zusammen.

Lippenblüten mit einer Symmetrie-Ebene (zygomorph)

4teiliger Fruchtknoten

Oberlippe

Unterlippe

Der aromatische Geruch wird beim Zerrreiben der Blätter besonders deutlich.

Kelch

Gegenständige Blätter ohne Nebenblätter

4kantiger Stängel

Halbsträucher sind an der Basis verholzt.

*Der **Echte Salbei (Salvia officinalis)** ist eine vielseitig verwendbare Heil- und Gewürzpflanze aus dem Mittelmeerraum. Das für die Pflanze als Schutz vor Bakterien, Pilzen und Viren produzierte ätherische Öl der Blätter wirkt äußerlich und innerlich entzündungshemmend. Man findet Salbei in Mitteln gegen Verdauungsstörungen, übermäßige Schweißabsonderung sowie Entzündungen im Mund- und Rachenraum.*

Den Namen hat diese Familie durch ihre lippenförmigen Blüten bekommen, aber ihre gesamte Gestalt ist charakteristisch. Der Stängel ist bei allen Arten vierkantig und die Blätter sind stets gegenständig. Sie sind kreuzweise (dekussiert) angeordnet. Nebenblätter sind nicht vorhanden. Diese Merkmale macht sie zusammen mit dem 4teiligen Fruchtknoten (Klausenbildung) unverwechselbar. Jedes Merkmal für sich, ein vierkantiger Stängel, die gegenständige Blattstellung oder einen 4teiligen Fruchtknoten gibt es auch bei anderen Pflanzenfamilien. In dieser Kombination kann es sich jedoch nur um einen Lippenblütler handeln. Prüfen Sie also genau, ob diese drei Kennzeichen alle vorhanden sind.

Der Blütenstand ist aus mehreren Einzelblüten zusammengesetzt und wirkt ährenähnlich. Häufig stehen die einzelnen, meist ungestielten Blüten so dicht zusammen, dass sie zwei Halbquirlen entsprechen, die sich in den Achseln von Hochblättern befinden.

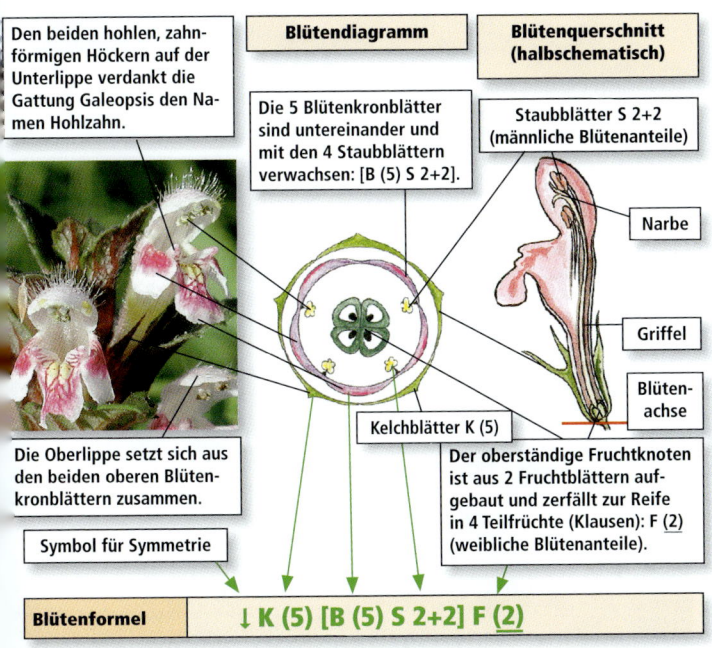

Den beiden hohlen, zahnförmigen Höckern auf der Unterlippe verdankt die Gattung Galeopsis den Namen Hohlzahn.

Blütendiagramm

Blütenquerschnitt (halbschematisch)

Die 5 Blütenkronblätter sind untereinander und mit den 4 Staubblättern verwachsen: [B (5) S 2+2].

Staubblätter S 2+2 (männliche Blütenanteile)

Narbe

Griffel

Blütenachse

Kelchblätter K (5)

Die Oberlippe setzt sich aus den beiden oberen Blütenkronblättern zusammen.

Symbol für Symmetrie

Der oberständige Fruchtknoten ist aus 2 Fruchtblättern aufgebaut und zerfällt zur Reife in 4 Teilfrüchte (Klausen): F (2) (weibliche Blütenanteile).

Blütenformel ↓ K (5) [B (5) S 2+2] F (2)

↓ **Kelchblätter (5) [Blütenkronblätter (5) Staubblätter 2+2] Fruchtblätter (2)**

Die Blüte hat nur eine Symmetrie-Ebene (zygomorph). Die 5 Kelchblätter sind jedoch überwiegend radiär mit 5 Zipfeln und stets miteinander verwachsen. Sie können aber auch 2 Lippen haben. Sie bleiben bis zur Reifezeit erhalten.

Die oberen beiden der insgesamt 5 Kronblätter bilden die Oberlippe und die unteren 3 die Unterlippe. Die Unterlippe ist häufig dreiteilig, von denen der mittlere Teil meist am größten ist. Gelegentlich kann eine der beiden Lippen unscheinbar sein und selten gibt es annähernd radiäre Blüten.

**Wirbeldost
(Calamintha clinopodium):**

An der ausgerandeten Oberlippe sind die beiden verwachsenen Kronblätter zu erkennen.

**Kriechender Günsel
(Ajuga reptans):**

Die Oberlippe ist unscheinbar.

**Wasser-Minze
(Mentha aquatica):**

Die Blüte ist annähernd radiär-symmetrisch.

Meist sind 4 Staubblätter vorhanden (2 lange und 2 kurze). Bei einigen Arten sind jedoch nur 2 Staubblätter angelegt. Sie sind mit den Blütenkronblättern verwachsen, ähnlich wie bei den Raublatt-, den Primel- und den Rötegewächsen. Am besten ist dies zu erkennen, wenn Sie eine Blütenröhre vom Blütenboden lösen und der Länge nach auftrennen, so dass Sie die Blütenkrone flächig betrachten können.

Die Pollenübertragung erfolgt, wie hier beispielsweise beim **Salbei-Gamander (Teucrium scorodonia)**, unterhalb der Oberlippe. Die Bienen und Hummeln kriechen bei der Suche nach Nektar zwischen der Ober- und Unterlippe hinein und streifen so mit ihrem Rücker oder Kopf die Staubgefäße und die Narben.

Die Frucht ist genau wie bei den Raublattgewächsen aus zwei oberständigen Frucht-blättern aufgebaut, die durch eine zusätzliche Scheidewand zur Reifezeit in 4 ein-zelne Nüsschen (Klausen) zerfallen. Sie können dies meist auch schon zur Blütezeit erkennen, wenn Sie die Blütenkronröhre aus dem Kelch zupfen und hineinschau-en. Zwischen den einzelnen Nüsschen steht der Griffel. Bei kleinen Blüten ist eine Lupe hilfreich.

Wald-Ziest (Stachys sylvatica):
Zur Blütezeit (Bild links) ist die Klausenbildung nur zu erkennen, wenn die Blütenkrone aus dem Kelch entfernt wird (Mitte). Zur Fruchtreife liegen die vier Teilfrüchte frei im Kelch (rechts).

Dieses Merkmal ist sehr wichtig, um die Lippenblütler nicht mit den Rachenblütlern mit vierkantigem Stängel und gegenständigen Blättern (zum Beispiel der Knotigen Braunwurz) zu verwechseln. Klausenbildung gibt es auch bei den Raublattgewäch-sen, da diese aber nie gegenständige Blätter haben, fällt die Unterscheidung nicht schwer.

*Schwierig ist die Abtrennung zu den **Eisenkrautgewächsen (Verbenaceae)**, da diese eben-falls Klausenbildung aufweisen und die Gestalt sehr ähnlich ist. Bei uns ist als einzige Art das **Eisenkraut (Verbena officinalis)** heimisch (Bild Mitte und links). Der lateinische Artname ver-rät, dass es sich um eine alte Heilpflanze handelt. Sie wurde wegen ihrer Gerb- und Bitterstoffe vor allem bei Durchfall und Magenbeschwerden eingesetzt. Bei dem „Verbenen-Tee" handelt es sich jedoch um die Blätter des aus Chile und Argentinien stammenden Zitronenstrauches (Lippia citriodora), der ebenfalls zu der Familie der Eisenkrautgewächse gehört. Links ist ein südamerikanisches **Eisenkraut (Verbena bonariensis)** mit Distelfalter zu sehen.*

Bestimmungsteil

1. Blüten gelb; Blätter oft silbrig gefleckt; Laubmischwälder; IV-VII: **Goldnessel (Galeobdolon luteum/Lamium galeobdolon)**
   15-80 ♃

→ Blüten nicht gelb: **→2**

2. Blüten zygomorph, meist 2lippig, zuweilen nur die Unterlippe ausgebildet: **→5**

→ Blüten fast radiär, glockig oder trichterförmig, mit 4-5 nur wenig ungleichen Zipfeln: **→3**

Goldnessel

3. Staubblätter 2; weißliche Blütenkrone innen rot punktiert; tief gezähnt bis gesägte Blätter am Grund fiedspaltig; sumpfige Orte; VII-IX: **Gewöhnlicher Wolfstrapp (Lycopus europaeus)**
   20-130 ♃ 🌸🍃🌿

   Die fast radiären, kleinen Blüten des Wolfstrapps stehen in den Achseln der Blätter. An der Blattform kann man diese Heilpflanze auch ohne Blüten erkennen.

Wolfstrapp

→ Staubblätter 4; Blüte rot oder violett: **Minze (Mentha) →4**

4. Pflanze mit Scheinähre endend; Gräben, Sumpfwiesen, Gewässerufer; VII-X: **Wasser-Minze (Mentha aquatica)**
   20-80 ♃ 🌸🍃🌿

   Beide Minze-Arten können genau wie die Zuchtform, die Pfefferminze, frisch oder getrocknet als Tee und Küchenkraut verwendet werden.

   Früher spielten sie in vielen religiösen Riten eine Rolle. Sie wurden als Rauchopfer verbrannt, um die Götter milde zu stimmen.

Wasser-Minze

→ Pflanze mit Blattquirl endend; Gräben, Sumpfwiesen, feuchte Äcker; VII-IX: **Acker-Minze (Mentha arvensis)**
   15-45 ♃ 🍃🌿

   Gegen Erkältungen und Reisekrankheit wurde vor allem die Acker-Minze verwendet. Sie wächst auch in Uferzonen und ist ohne Blüten kaum von der Wasser-Minze zu unterscheiden.

Acker-Minze

5 (2). Blau-violette Blüten nur mit deutlicher Unterlippe, Oberlippe kurz und unscheinbar; Pflanze mit oberirdischen Ausläufern; Rosettenblätter mit geflügeltem Stiel; Gebüsche, Wälder, Magerwiesen; V-VIII: **Kriechender Günsel (Ajuga reptans)**

7-30 ♃

Kriechender Günsel

Um den Günsel nicht mit dem Gundermann zu verwechseln, achten Sie auf die Blattstellung. Beim Günsel sind die Blätter ungestielt am Stängel und der gesamte Blütenstand wirkt sehr kompakt. Der aromatische Geruch des Gundermanns fehlt den Blättern, daher ist er als Gewürz- und Gemüsepflanze weniger schmackhaft.

→ Blüten deutlich mit Ober- und Unterlippe: →6

6. Fruchtbare Staubblätter 2, zuweilen noch 2 sterile (Lupe!); Pflanze kurz borstig behaart; Blüten dunkelblau bis violett; Trockenwiesen, Feldraine; V-VIII: **Wiesen-Salbei (Salvia pratensis)**

30-60 ♃ ⚘

Wiesen-Salbei:

Die Fremdbestäubung wird hier über einen ganz speziellen Mechanismus erreicht. Das Gewicht des landenden Insektes löst einen Hebelmechanismus der Staubblätter aus, der dem Insekt den Rücken mit Pollenstaub einpudert. Bei älteren Blüten funktioniert dieser „Schlagbaum" nicht mehr. Dann ragen die beiden Narbenlappen der Griffel aus der Blüte und nehmen den von einer anderen Blüte mitgebrachten Pollen auf.

Der Wiesen-Salbei hat ähnliche Eigenschaften wie der Echte Salbei, nur dass der Gehalt der ätherischen Öle geringer ist. In der Küche kann man ihn frisch und getrocknet als Gewürz verwenden.

→ Fruchtbare Staubblätter 4: 2 längere und 2 kürzere: →7

7. Staubblätter nicht über die Oberlippe hinausragend: →10

→ Staubblätter (zumindest die längeren) die Oberlippe überragend: →8

8. Kelch mehr oder weniger regelmäßig 5zähnig; Blüten in Rispen oder Doldenrispen; Blüte blaßrosa; eiförmige Blätter ganzrandig; Trockenrasen, lichtes Gebüsch; VII-IX: **Dost/Oregano (Origanum vulgare)**

20-60 ♃ ⓖ

Oregano *ist vor allem ein Gewürz für Pizza und Ratatouille. Die ätherischen Öle sind auch in Raumsprays enthalten. In der Volksmedizin wird er gegen Husten und Magen-Darm-Beschwerden eingesetzt.*

→ Kelch deutlich zweilippig: →9

Ein zweilippiger Kelch kann auch 5 Zipfel besitzen. Wichtig ist, dass der Kelch insgesamt nur eine Symmetrie-Ebene besitzt, also zygomorph ist.

9. Blätter nur bis 1 cm lang, ganzrandig, ungestielt; niederliegender Zwergstrauch; formenreich; Sandfluren, lichte Wälder; Wegränder; V-X: **Feld-Thymian (Thymus serpyllum)**

2-10 ♃ ⚘

Er kann wie der Echte Thymian als Gewürz verwendet werden.

→ Eiförmig zugespitzte Blattspreite bis 7 cm lang, Blätter lang gestielt und gekerbt-gesägt; Zitronenduft; kultiviert und verwildert (Heimat: Kleinasien, östliches Mittelmeergebiet); VI-VIII: **Melisse (Melissa officinalis)**

Feld-Thymian

30-80 ♃ ⚘ ♂

10(7). Oberlippe flach oder nur wenig gewölbt, zuweilen zurückgebogen: **→19**

→ Oberlippe deutlich helmförmig gewölbt oder löffelförmig ausgehöhlt: **→11**

Die Oberlippen von Salbei und Helmkraut sind löffelförmig ausgehöhlt, die von Dost und Thymian flach. Da die Melisse zwischen beiden Merkmalen steht, führen zu ihr mehrere Wege.

Melisse

11. Kelch 2lippig und mit aufsitzendem Höcker; 1-2 blauviolette Blüten blattachselständig; Verlandungssümpfe, Bruchwälder; VI-IX: **Sumpf-Helmkraut (Scutellaria galericulata)**

10-40 ♃

→ Kelch 5zähnig oder 2lippig mit gezähnter Ober- und Unterlippe: **→12**

Sumpf-Helmkraut

12. Oberlippe helmförmig und insgesamt gewölbt; Unterlippe der Blütenkrone mit einem großen (zuweilen etwas eingespaltenem) Mittellappen und 2 seitlichen, meist stumpfen Lappen; Blätter nesselartig; Geruch aromatisch: **Taubnessel (Lamium) →13**

→ Oberlippe weniger helmförmig gewölbt, zur Spitze hin abgeflacht; Unterlippe mit einem großen, 2lappigen Zipfel und 2 kleinen, zahnförmigen (oder fehlenden) Seitenzipfeln: **→14**

Die Entscheidung zwischen diesen beiden Merkmalen ist nicht einfach, da die Unterschiede nur gering sind. Wenn sie keine Taubnessel vor sich haben, gehen Sie bei 14 weiter.

Gefleckte Taubnessel   *Wald-Ziest*   *Bunter Hohlzahn*

Alle Taubnesseln haben stark gewölbte, helmförmige Blüten (links). Die Unterlippe hat nie zahnförmige Höcker, so wie die Gattung Hohlzahn (rechts). Sehr ähnlich sind die Blüten der Gattung Ziest (Mitte). Bei ihnen ist die Oberlippe jedoch im vorderen Teil abgeflacht. Für die Unterscheidung ist der Geruch hilfreich. Taubnesseln riechen meist angenehm aromatisch, während die Ziest eine typisch herbe Komponete hat, der Hohlzahn riecht nicht.

13. Blüte weiß; Schuttplätze, Zäune; Hecken; IV-VIII: **Weiße Taubnessel (Lamium album)**

20-50 ♃ 🌿   🌿🍂🥄🍵🖼

Alle Taubnesseln sind essbar. Der Geruch der zerriebenen Blätter ist bei den verschiedenen Arten unterschiedlich und lässt auf das Aroma schließen. Die Weiße Taubnessel ist besonders schmackhaft. Sie kann roh oder gekocht zubereitet werden. Früher hat man auch die Wurzeln weichgekocht als Salat gegessen.

Diese alte Frauenheilpflanze wird heute eher gegen Magen-Darm-Beschwerden und für die oberen Atemwege eingesetzt.

Weiße Taubnessel

→ Blüte purpurn mit dunkel gefleckter Unterlippe; Wälder, Hecken; IV-IX: **Gefleckte Taubnessel (Lamium maculatum)**

15-60 ♃ 🌿   🖼

14 (12). Kelch mit 5 gleichen oder fast gleichen Zipfeln: **→16**

→ Kelch deutlich 2lippig mit ungleich großen Zähnen: **→15**

Hier stellt sich wieder die Frage nach der Symmetrie. Gleich lange Zipfel ergeben einen Kelch (nicht die Blütenkrone!), der in viele gleiche Schnittebenen zerteilt werden kann, während die Alternative nur zwei spiegelbildlich gleiche Hälften erlaubt.

*Die Blüten der **Gefleckten Taubnessel** sind eine wunderschöne schmackhafte Dekoration für Süßspeisen und Salate.*

An den Nektar im unteren Teil der Kronröhre gelangen nur langrüsselige Insekten wie beispielsweise Hummeln. Die Unterlippe dient als Landeplatz und die Flecken weisen als „Saftmale" den Weg zum Nektar. Erdhummeln haben keinen langen Rüssel und knabbern die Blüte von hinten an ohne sie zu bestäuben.

15. Tragblätter der Halbquirle des Blütenstandes (Infloreszenz) viel kleiner als die Stängelblätter; Halbquirle meist 3blütig und dicht gedrängt, zu einem kompakten Blütenstand vereinigt; Wiesen, Waldränder; VI-IX: **Gewöhnliche Braunelle (Prunella vulgaris)**

5-30 ♃   🥄🖼

Ein Halbquirl sind die Blüten, die sich im 180°-Winkel auf einer Ebene der Blütenstandsachse befinden. Da die Blätter gegenständig sind, hat jeder Halbquirl ein Tragblatt. Bei der Braunelle ist der Blütenstand stark gestaucht und die Tragblätter zwischen den Blüten klein.

Gewöhnliche Braunelle

→ Tragblätter der Halbquirle kaum ver-
schieden von den Stängelblättern;
Blätter lang gestielt und gekerbt-
gesägt; Zitronenduft; als Gewürz- und
Heilpflanze kultiviert; VI-VIII: **Melisse
(Melissa officinalis)**

30-80 ♃ ⚘ ♂

*Bei der Melisse stehen die Blüten nur
jeweils auf einer Hälfte des Blüten-
quirls. Die Blätter, in deren Achseln
sie stehen (Tragblätter), unterscheiden
sich nicht von den Stängelblättern
unterhalb des Blütenstandes.*

Melisse

16 (14). Unterlippe der Blütenkrone am
Grund beiderseits mit einem hohlen,
zahnförmigen Höcker; weiß-rote Blüte
rot punktiert mit gelbem Gaumen-
fleck; Drüsenhaare des Blütenstandes
(Infloreszenz) schwarzköpfig; Gebüsch,
Äcker, Schuttplätze; **Gewöhnlicher
Hohlzahn (Galeopsis tetrahit)**

10-70 ☉   ▨

*Beim **Gewöhnlichen Hohlzahn** nötigen die
zahnartigen Ausstülpungen die Hummeln, den
Kopf so in die Blütenöffnung einzuführen, dass
Staubbeutel und Narben berührt werden.*

→ Unterlippe der Blütenkronröhre ohne
zahnförmigen Höcker: →17

17. Halbquirle 5-20blütig; Quirle schon in
der unteren Stängelhälfte; Blüten blauviolett; Pflanze unangenehm riechend;
Hecken, Wegränder, Zäune; Schuttstellen; IV-VII: **Stinkandorn/Schwarz-
nessel (Ballota nigra)**

30-100 ♃ ⚘

→ Halbquirle weniger als 5 Blüten; Quirle
in der oberen Stängelhälfte; Oberlippe helmförmig, aber (frisch) zur Spitze
hin flacher werdend; charakteristisch
kräftig-herber Geruch: **Ziest (Stachys)**
→ **18**

Sumpf-Ziest

18 (17 und 22). Blätter sitzend, länglich-
lanzettlich; Blüte hellpurpurn; Ufer,
feuchte Äcker; VI-VIII: **Sumpf-Ziest
(Stachys palustris)**

30-100 ♃ ⚘   ▨

→ Blätter gestielt, breit herz-eiförmig;
nesselartig behaart; Blüte dunkel
purpurn; feuchte Laubmischwälder,
Gebüsche; VI-VIII: **Wald-Ziest (Stachys
sylvatica)**

30-100 ♃ ⚘   ▨

Wald-Ziest

19 (10). Staubblätter und Griffel kürzer als die Blütenkronröhre, nicht frei sichtbar: **→23**

→ Staubblätter und Griffel länger als die Blütenkronröhre, frei sichtbar: **→20**

20. Kelch ungleich 5zähnig bis 2lippig; **Melisse (Melissa officinalis)**

30-80 ♃ ⚘ ♪　　　　　 ☕ 🥄 ▓

→ Kelch regelmäßig 5zähnig: **→21**

21. Blätter rundlich-nierenförmig, gekerbt; Stängel niederliegend, blühende Triebe aufrecht; Blüten blau; Blätter mit charakteristischem Geruch; Würzkraut; feuchte Wiesen und Wälder; IV-VI: **Gundermann (Glechoma hederacea)**

10-40 ♃ ⚘　　　　　　 ☕ ▓

Der Gundermann ist alleine am Geruch eines zerriebenen Blattes zu erkennen. Früher hat man dieses Aroma gegen Kopfschmerzen inhaliert.

Gundermann-Blätter in Schokoladen-Glasur getaucht sind eine leckere Dekoration für Torten und Süßspeisen.

→ Blätter nicht rundlich; Blüten nicht blau sondern ± violett bis rötlich: **→22**

22. Halbquirle 5-20blütig; Quirle schon in der unteren Stängelhälfte; Pflanze unangenehm riechend; Hecken, Zäune; Schuttstellen; IV-VII: **Stinkandorn/ Schwarznessel (Ballota nigra)**

30-100 ♃ ⚘

→ Halbquirle weniger als 5 Blüten; Quirle in der oberen Stängelhälfte; ebenfalls starker Geruch: **Ziest (Stachys) →18**

23 (19). Blüten blau (siehe oben): **Gundermann (Glechoma hederacea)**

10-40 ♃ ⚘　　　　　　 ☕ ▓

→ Blüten karminrot oder weiß, in 10-20blütigen, dichten, zu 1-4 übereinanderstehenden Quirlen; Stängel, Blätter und Kelch behaart; Trockenrasen, Gebüsche, Wälder; VII-IX: **Wirbeldost (Calamintha clinopodium/ Clinopodium vulgare)**

30-60 ♃　　　　　　　　 ▓

*Der **Gundermann** ist je nach Standort sehr variabel in Bezug auf Blattgröße und Farbe. Bei starker Sonneneinstrahlung sind die Blätter oft rötlich überlaufen und die ganze Gestalt ist kleiner. Da er Gerb- und Bitterstoffe enthält und die Fettverdauung fördert, ist er eine sehr gesunde Würze für fette Speisen. Als Kräuterbutter ist der Gundermann besonders lecker.*

Schwarznessel

Wirbeldost

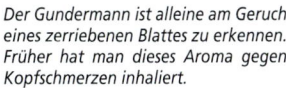

9.2.23 Glockenblumengewächse (Campanulaceae)

Die meisten Glockenblumengewächse der 87 Gattungen und 1.950 Arten sind Gebirgspflanzen der nördlichen Halbkugel. Die artenreichste Gattung ist die Glockenblume (Campanula) mit etwa 250 Arten, alle mit blauen oder violetten Blüten. Ihre glockige Form hat dieser Familie ihren Namen gegeben. Bei uns in Mitteleuropa einheimisch sind 7 Gattungen und etwa 30 Arten.

Unsere einheimischen Glockenblumengewächse sind ausschließlich Kräuter oder Stauden. Einige von ihnen führen Milchsaft.
Die Blätter sind immer wechselständig und ohne Nebenblätter. Sie sind ungeteilt und höchstens gelappt. Die Grundblätter unterscheiden sich häufig von den Stängelblättern. Bei der Ährigen Teufelskralle beispielsweise sind die Grundblätter mehr oder weniger herzförmig und gestielt. In Richtung Blütenstand werden sie dann immer schmaler und sitzen dem Stängel ohne Blattstiel an (sitzend).

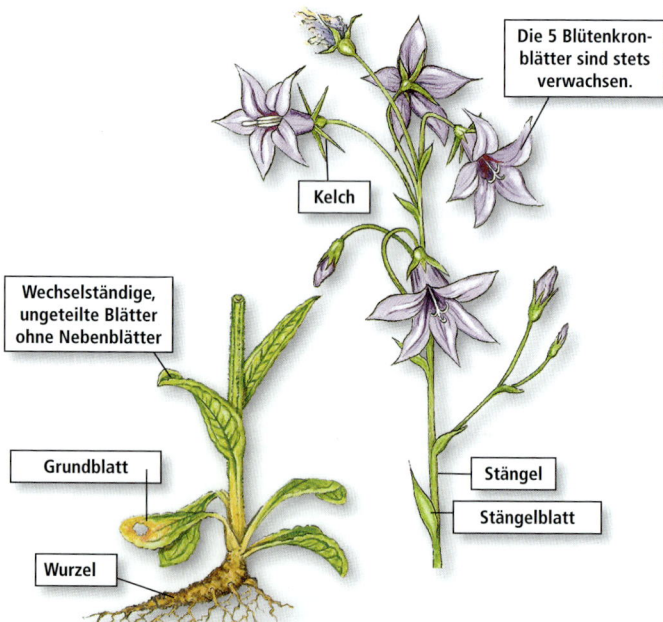

Die 5 Blütenkronblätter sind stets verwachsen.

Kelch

Wechselständige, ungeteilte Blätter ohne Nebenblätter

Grundblatt

Stängel

Stängelblatt

Wurzel

*Die **Wiesen-Glockenblume (Campanula patula)** ist vor allem in Süddeutschland auf Wiesen und in Gebüschen verbreitet. Die Blütenkrone kann bis zur Hälfte der „Glocke" gespalten sein. Dies ist ein Unterscheidungsmerkmal zur ähnlichen Rapunzel-Glockenblume, deren Blütenkronzipfel nur bis zu einem Drittel eingeschnitten sind.*

*Die **Pfirsichblättrige Glockenblume (Campanula persicifolia)** hat einen traubigen Blütenstand.*

*Die **Geknäuelte Glockenblume (Campanula glomerata)** hat, wie der Name vermuten lässt, einen endständigen Blütenknäuel.*

*Die **Ährige Teufelskralle (Phyteuma spicatum)** hat sitzende Blüten in walzenförmigen Ähren.*

Der Blütenstand ist sehr variabel. Es gibt Einzelblüten, Trauben, Rispen, Ähren und sogar Köpfchen. Die Gestalt der einzelnen Blüten ist sehr einheitlich. Die 5 Blütenkronblätter sind immer miteinander verwachsen und bilden eine glocken-, röhren- oder trichterförmige Blütenkrone, die mehr oder weniger aussieht wie kleine Glöckchen.

Bei den Teufelskrallen (Gattung Phyteuma) sind die verwachsenen Blütenblätter krallenförmig gekrümmt.

Die helle Farbe am Grunde des Blütenkelches ist eine Anpassung an die Bestäuber, da viele Insekten die Dunkelheit meiden, aber bereitwillig ins Helle laufen.

*Die Kapseln der **Rundblättrigen Glockenblume (Campanula rotundifolia)** öffnen sich am Grund (links). Nachdem die Samen ausgefallen sind zersetzen sich zuerst die Seitenwände und es bleibt ein Skelett aus den Festigungselementen stehen (rechts).*

273

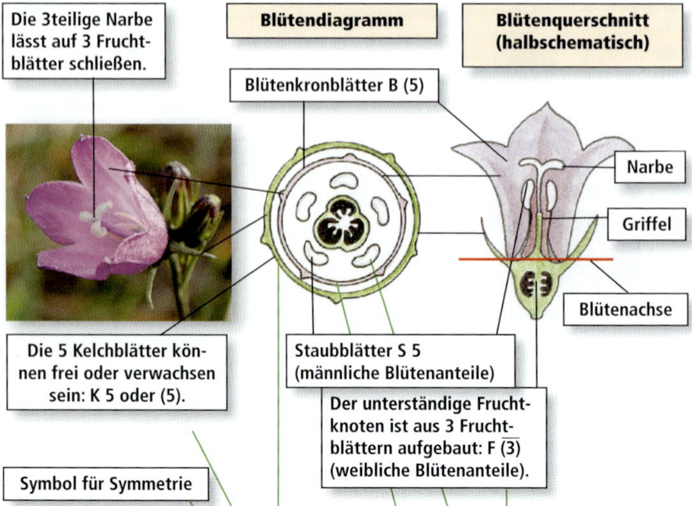

Die 3teilige Narbe lässt auf 3 Fruchtblätter schließen.

Blütendiagramm

Blütenquerschnitt (halbschematisch)

Blütenkronblätter B (5)

Narbe

Griffel

Blütenachse

Die 5 Kelchblätter können frei oder verwachsen sein: K 5 oder (5).

Staubblätter S 5 (männliche Blütenanteile)

Der unterständige Fruchtknoten ist aus 3 Fruchtblättern aufgebaut: F (3̅) (weibliche Blütenanteile).

Symbol für Symmetrie

Blütenformel | *** K 5 oder (5) B (5) S 5 F (3̅)**

* Kelchblätter (5) Blütenkronblätter (5) Staubblätter 5 Fruchtblätter (3̅)

Die 5 Kelchblätter sind meist miteinander verwachsen und umschließen im unteren Teil die Blütenkrone. Sie bleiben an der reifen Frucht erhalten. Die 5 Staubbeutel können anfangs leicht miteinander verklebt sein, verwachsen sind sie jedoch nicht miteinander.

Die Frucht ist eine Kapsel, die meistens aus 3 unterständigen, miteinander verwachsenen Fruchtblättern gebildet wird. Die Anzahl der Fächer innerhalb der Kapsel entspricht der Anzahl der Fruchtblätter. Selten können es auch 2 oder 5 sein. Jedes Fach der Kapsel bekommt zur Reifezeit eine Öffnung, die mit der Zeit immer größer wird und die Samen entlässt. Bei den verschiedenen Arten befindet sich diese Öffnung entweder in der Mitte der Kapsel oder mehr darüber bzw. darunter, so dass dieses Merkmal für die Bestimmung herangezogen werden kann.

*Bei der **Pfirsichblättrigen Glockenblume (Campanula persicifolia)** öffnen sich die Kapselfrüchte in der Mitte oder am Ende. Aus diesen Öffnungen werden die Samen abgegeben.*

Bestimmungsteil

1. Blüten in lockeren Ähren, Trauben oder Rispen: →**3**

→ Blüten in Köpfchen, am Grund von Hochblatthülle umgeben: →**2**

Ährige Teufelskralle

> *Stehen die Einzelblüten so wie hier bei der Teufelskralle in Köpfchen zusammen, sind sie den Korbblütlern ähnlich. Korbblütler haben jedoch niemals freie Staubblätter und als Frucht keine vielsamige Kapsel sondern kleine Nüsschen, die oft von einem Flugorgan gekrönt sind (siehe S. 282).*

2. Gelblich-weiße (selten bläuliche) Blüten in walzenförmigen Ähren; Laubwälder, Wiesen; V-VIII: **Ährige Teufelskralle/ Rapunzel (Phyteuma spicatum)**

30-80 ♃ 🕱

In der Volksmedizin wird ein Tee aus dem Wurzelstock gegen Gallensteine verwendet.

> *Der Name Rapunzel heißt so viel wie „kleine Wurzel". Früher dienten die Rhizome und die Blätter als Gemüse.*

→ Himmelblaue Blüten in kugeligen Köpfchen; sandige Heiden, Nadelwälder, Brachäcker; VI-VIII: **Berg-Sandglöckchen (Jasione montana)**

10-45 ☻

Berg-Sandglöckchen

3. (1). Blüten zygomorph, bläulich-weiß in traubigem Blütenstand auf 10-40 cm hohem Stängel über der Wasseroberfläche; Ufer überschwemmter Seen; VII-VIII: **Wasser-Lobelie (Lobelia dortmanna)**

30-70 ♃ Ⓖ

→ Blüten radiär: **Glockenblume (Campanula)** →**4**

4. Blätter bis über die Mitte herz-eiförmig, weniger als 3mal so lang wie breit: →**7**

→ Blätter ab der Mitte lineal-lanzettlich, mehr als 3mal so lang wie breit: →**5**

5. Rundlich bis herzförmige Grundblätter gestielt und von den Stängelblättern verschieden; Kapsel zur Reifezeit mit Öffnungen am Grund; Wiesen, Grasplätze; VI-IX: **Rundblättrige Glockenblume (Campanula rotundifolia)**

15-30 ♃ 🍵 🕱

Rundblättrige Glockenblume:
Die rundlichen Grundblätter (kleines Bild) sind zur Blütezeit oft bereits verwelkt (großes Bild), so dass dann für die Bestimmung nur die Blüten- und Fruchtmerkmale herangezogen werden können.

→ Grundblätter kurz gestielt, von den Stängelblättern kaum verschieden; Kapsel zur Reifezeit mit Öffnungen in der Mitte oder am Ende: →**6**

6. Kelchblätter an der Basis breiter als 1 mm (meist 2-4 mm); Blütenkrone ¼ bis ⅓ gespalten, 2-5 cm lang; lichte Wälder, buschige Abhänge; VI-VIII: **Pfirsichblättrige Glockenblume (Campanula persicifolia)**

30-80 ♃

→ Kelchblätter an der Basis nicht breiter als 1 mm; Blütenkrone ½ bis ⅓ gespalten; Blütenstiele mit 2 kleinen Vorblättern; Wiesen, Gebüsche; V-VIII: **Wiesen-Glockenblume (Campanula patula)**

30-60 ♃

Wiesen-Glockenblume:
Die Staubbeutel produzieren Pollen, wenn die Narbenäste noch nicht entfaltet sind. In der Lupe sind sie bereits verwelkt und die Narbenstrahlen empfangsbereit für den Pollen einer anderen Pflanze.

Das wichtigste Unterscheidungsmerkmal dieser beiden Arten ist, wie tief die Blütenkronblätter gespalten sind.

Bei allen hier vorgestellten Arten kann man sehr schön beobachten, wie durch die unterschiedlichen Reifezeitpunkte von männlichen und weiblichen Blütenteilen Selbstbestäubung verhindert wird. Die Narbenäste entfalten sich erst, nachdem die Staubbeutel vertrocknet sind.

7 (4). Blüten zu 1-3 achselständig, aufrecht; Kelch, Blütenkronblätter und Stängel behaart; Blätter nesselartig; Kelchblätter der Blütenkrone ± anliegend; Gebüsch, lichte Wälder; VII-IX: **Nesselblättrige Glockenblume (Campanula trachelium)**

60-100 ♃

Bei der Nesselblättrigen Glockenblume sind auch die Blütenblätter stark behaart und die Blüten sind nicht nur zu einer Seite ausgerichtet (einseitswendig).

Nesselblättrige Glockenblume

→ Blüten einseitswendig und nickend; Blätter kurzhaarig; Äcker, Gebüsch, Wälder; VI-IX: **Acker-Glockenblume (Campanula rapunculoides)**

30-80 ♃

Acker-Glockenblume

9.2.24 Korbblütler (Asteraceae)

Die Korbblütler sind über die ganze Erde verbreitet und mit ca. 1.300 Gattungen und 21.000 Arten die weitaus größte Pflanzenfamilie. Es kommen fast alle Lebensformen vor: Kletterpflanzen, Bäume, Sukkulente, dornige Stauden, Polsterpflanzen und Kräuter. Die etwa 400 einheimischen Arten aus nahezu 80 Gattungen sind ausschließlich Kräuter und Stauden.

Zu den Korbblütlern gehören viele Gemüse- und Heilpflanzen wie Sonnenblume, Endivie, Kopfsalat, Artischocke, Schwarzwurzel, Estragon, Wermut, Kamille, Sonnenhut und Arnika. Viele tropische Vertreter liefern kohlenhydratreiche Nahrungsmittel.

Die Form und Anordnung der Blätter ist sehr vielgestaltig, nur dreiteilige und fingerförmige Blätter gibt es nicht.

Der Pappus („Fallschirm") dient der Windverbreitung.

Aus jeder Einzelblüte geht eine Frucht (Achäne) hervor.

Der Gesamtblütenstand wird von Hüllblättern eingeschlossen.

Viele Einzelblüten bilden einen gemeinsamen Blütenstand.

Fast alle distelartigen Pflanzen gehören zu den Korbblütlern.

Die Blätter sind meist ganzrandig und wechselständig.

Stängel

*Die **Mariendistel (Silybum marianum)** ist im Mittelmeergebiet beheimatet und bei uns gelegentlich aus Gärten und Kulturen verwildert. Sie wird als Heilpflanze bei Lebererkrankungen eingesetzt. Die Inhaltsstoffe (Silymarine) hemmen die Leberzerstörung und fördern den Aufbau neuer Leberzellen. Ein Einsatzgebiet sind Knollenblätterpilzvergiftungen.*

Durch die zu **Körbchen** oder **Köpfchen** zusammengezogenen Blütenstände können Sie die Familie trotz der Variabilität der Blätter leicht erkennen: Die ungestielten Blüten stehen immer dicht gedrängt auf einem gemeinsamen Blütenboden, die nach Aussehen und Funktion eine Einzelblüte vortäuschen. Da der Blütenboden mal mehr eingesenkt wie ein Korb und mal stärker aufgewölbt ist, werden die Blütenstände wahlweise als Körbchen oder Köpfchen bezeichnet. Für die Bestimmung wichtige Definitionen sind dies nicht.

***Sonnenblume
(Helianthus annus):***

Die Zungenblüten dienen nur als Schaublüten, sie enthalten weder Staubbeutel noch Fruchtknoten, das ist jedoch die Ausnahme. Die Pflanze reckt ihren Blütenstand der Sonne entgegen: Junge Pflanzen folgen dem Tagesgang der Sonne und ältere Pflanzen behalten eine feste Position in Richtung Osten.

Der gemeinsame Blütenstand ist stets von einem meist grünen Scheinkelch aus Hochblättern umgeben. Er wird als Blütenhülle bezeichnet und ist aus den einzelnen Hüllblättern zusammengesetzt, die unterschiedlich angeordnet sein können und zur Bestimmung herangezogen werden. Bei der Gattung Flockenblume (Centaurea) sind die Blütenhüllblätter sehr wichtig. Verwechseln Sie die Hüllblätter auf keinen Fall mit den Kelchblättern! Kelchblätter (hier der Pappus) umhüllen immer Einzelblüten und niemals einen gesamten Blütenstand.

Die **Berg-Flockenblume (Centaurea montana)** hat schwarz gezähnte Hüllblätter.

Die Tragblätter spielen bei den Korbblütlern eine wichtige Rolle. Das sind die Blätter, in deren Achseln bei anderen Familien die Blüten stehen. In dem gesamten Blütenstand dieser Familie können sie als sogenannte Spreublätter zwischen den Einzelblüten auf dem Blütenboden sitzen. Bei manchen Gattungen sind sie vorhanden und bei anderen nicht, daher stellen sie ein gutes Bestimmungsmerkmal dar. Oft sind die Spreublätter nur sehr schwer zu finden, da sie durchscheinend, unauffällig gefärbt und sehr winzig sein können. Um sie zu entdecken ist es unumgänglich einen Blütenstand zu zerteilen.

noch nicht entfaltete Zungenblüte

Zungenblüten

Spreublätter

Links: Präparation der Spreublätter beim **Ferkelkraut (Hypochoeris radicata)**.

Die Spreublätter können verschieden gestaltet sein (unten).

Zupfen Sie dann aus dem Blütenboden vorsichtig die Einzelblüten heraus und bewahren Sie diese auf. Manchmal bleiben die Spreublätter auf dem Blütenboden stehen. Sie sind daran zu erkennen, dass sie weder Staubbeutel noch Fruchtknoten enthalten. Manchmal lösen sich die Spreublätter auch gleichzeitig mit den Blüten ab. Sind nach dem Entfernen der Blüten keine Spreublätter auf dem Blütenboden stehen geblieben, ist es daher wichtig, sie zwischen den losen Blüten zu suchen.

Die Einzelblüten sind vom Grundaufbau sehr einheitlich. Sie sind daher charakteristisch für die Familie, dienen aber nicht in erster Linie als Bestimmungsmerkmal.

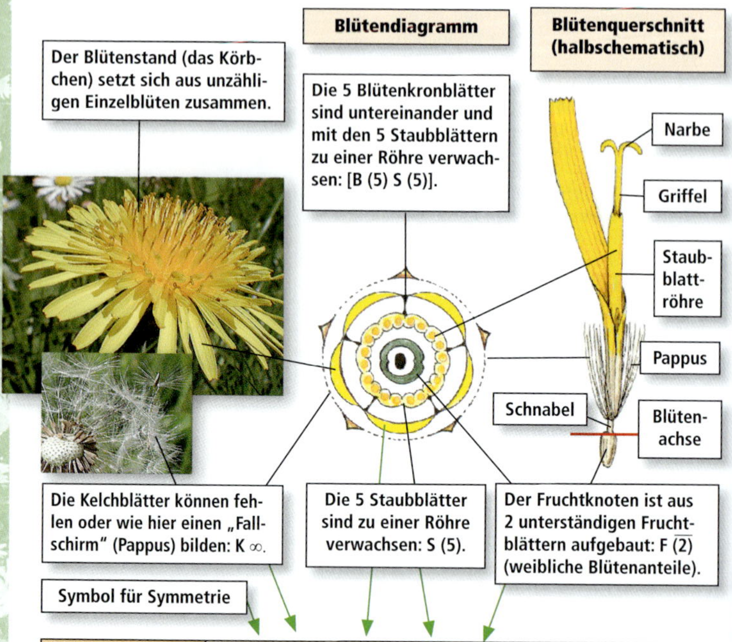

Blütendiagramm

Blütenquerschnitt (halbschematisch)

Der Blütenstand (das Körbchen) setzt sich aus unzähligen Einzelblüten zusammen.

Die 5 Blütenkronblätter sind untereinander und mit den 5 Staubblättern zu einer Röhre verwachsen: [B (5) S (5)].

Narbe

Griffel

Staubblattröhre

Pappus

Schnabel

Blütenachse

Die Kelchblätter können fehlen oder wie hier einen „Fallschirm" (Pappus) bilden: K ∞.

Die 5 Staubblätter sind zu einer Röhre verwachsen: S (5).

Der Fruchtknoten ist aus 2 unterständigen Fruchtblättern aufgebaut: F (2) (weibliche Blütenanteile).

Symbol für Symmetrie

Blütenformel	↓ K ∞ [B (5) S (5)] F $\overline{(2)}$

↓ Kelchblätter ∞ [Blütenkronblätter (5) Staubblätter (5)] Fruchtblätter $\overline{(2)}$

In der Übersicht ist im Diagramm und Blütenquerschnitt eine der vielen Einzelblüten dargestellt, während das Foto links den gesamten Blütenstand zeigt. Die Blütenformel ist für die Röhren- und Zungenblüten bis auf das Symbol für Symmetrie identisch, da die zygomorphen Zungenblüten im unteren Teil auch zu einer Röhre verwachsen sind. Die allgemeingültige Blütenformel lautet daher:

Blütenformel	* oder ↓ K 0 bis ∞ [B (5) S (5)] F $\overline{(2)}$

*Ein Blütenstand kann auch mehrere Körbchen enthalten, oft sind sie zu Rispen zusammengefasst, wie hier beispielsweise beim **Jakobs-Greiskraut (Senecio jacobea)**.*

Wichtig für die Bestimmung ist es am Anfang zu entscheiden, ob es sich um Röhren- oder Zungenblüten handelt, oder ob der Blütenstand aus Röhren- (innen) und Zungenblüten (außen) aufgebaut ist. Die 5 Blütenkronblätter sind stets miteinander verwachsen. Sie können entweder in mehr als 2 Symmetrie-Ebenen gespiegelt werden (radiär) und heißen dann Röhrenblüten, oder sie besitzen nur eine Symmetrie-Ebene (zygomorph) und werden ihrer Form nach als Zungenblüten bezeichnet.

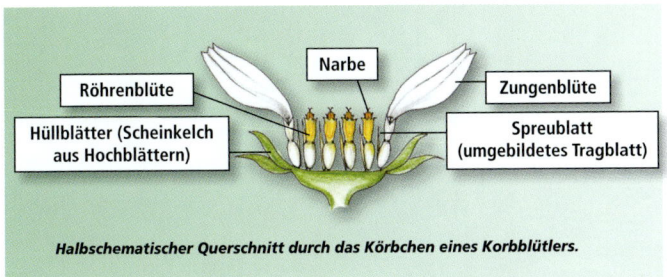

Narbe

Röhrenblüte

Zungenblüte

Hüllblätter (Scheinkelch aus Hochblättern)

Spreublatt (umgebildetes Tragblatt)

Halbschematischer Querschnitt durch das Körbchen eines Korbblütlers.

Die Zunge kann aus 3 oder aus allen 5 Blütenkronblättern bestehen. Sie erkennen dies an der Anzahl der Zipfel. Die Röhrenblüten haben immer 5 Zipfel. Bei den Zungenblüten hilft die Anzahl der Zipfel zu erkennen, ob es sich um einen Korbblütler mit ausschließlich Zungen- oder aber um einen mit Röhren- und Zungenblüten handelt. Wenn Sie 5 Zipfel einer Zungenblüte erkennen können, handelt es sich sicher um einen Vertreter der Untergruppe Cichorioideae mit ausschließlich Zungenblüten und Milchsaft. Die mittleren Blüten sind dann noch nicht entfaltet und täuschen Röhrenblüten vor. Dreizipfelige Zungenblüten gehören immer zu der Gruppe der Korbblütler mit Röhren- und Zungenblüten.

*Der **Echte Alant (Inula helenium)** verrät an den 3zipfeligen Zungenblüten, dass sich in der Mitte des Köpfchens Röhrenblüten befinden.*

*Beim **Wiesen-Pippau (Crepis biennis)** gibt es nur Zungenblüten. Die mittleren sind noch nicht erblüht. Erkennen kann man das an den 5zipfeligen Zungenblüten.*

281

Die randlichen Blüten des Körbchens können auch bei den Korbblütlern mit Röhrenblüten gegenüber den inneren vergrößert sein und eine Scheinkrone bilden.

*Die **Kornblume (Centaurea cyanus)** hat nur Röhrenblüten (mit 5 Zipfeln). Die randlichen sind gegenüber den inneren vergrößert.*

Die Kelchblätter können fehlen (0) oder als Haarkranz (unendlich) ausgebildet sein. Bei der Fruchtreife breiten sich die Haare als „Fallschirme" aus und transportieren die Samen. Sie werden insgesamt als Pappus bezeichnet. Für die Bestimmung sollten Sie gleichzeitig blühende und fruchtende Exemplare einer Pflanze vorliegen haben. Sie können zur Blütezeit zwar erkennen, ob ein Pappus vorhanden ist, seine Eigenschaften sind zur Reifezeit dann jedoch oft noch nicht sichtbar.

*Die Kelchblätter (der Pappus) werden beim **Löwenzahn (Taraxacum officinale)** zu Schirmchen, die die Früchte (Achänen) bis zu 15 km weit tragen.*

Der Pappus ist geschnäbelt, das bedeutet, das Schirmchen ist durch einen Stiel emporgehoben und sitzt nicht direkt auf der Frucht.

Die Staubbeutel sind zu einer Röhre vereinigt und werden von den Blütenkronblättern umschlossen. Der Griffel hat zwei Narben und überragt die Staubbeutelröhre. Der aus zwei Fruchtblättern aufgebaute Fruchtknoten ist unterständig und enthält jeweils einen Samen. Zur Samenreife entwickelt er sich zur Nuss, die als Achäne bezeichnet wird.

Köpfchenbildung gibt es auch in anderen Familien. Von den Vertretern aus der Familie der Kardengewächse (Witwenblume, Karde und Skabiose) können sie durch die verwachsenen Staubbeutel und den häutigen, radförmigen Außenkelch an den Früchten unterschieden werden. Außerdem sind gegenständige Blätter bei den Korbblütlern insgesamt selten.

Die Sandglöckchen (Nelkengewächse) haben kurz gestielte Blüten, ebenfalls keine verwachsenen Staubbeutel und als Frucht eine Kapsel. Die Frucht der köpfchenförmigen Doldengewächse (Mannstreu) ist eine 2teilige Spaltfrucht. Die köpfchenartigen Schmetterlingsgewächse haben mehr als 5 Staubbeutel und einen anderen Blütenaufbau. Die kugeligen Blütenstände der bei uns seltenen Grasnelken und Kugelblumen haben einen oberständigen Fruchtknoten (siehe Bestimmungsirrtümer).

*In anderen Familien kommen nur sehr selten distelartige Vertreter vor, wie z.B. der **Feld-Mannstreu (Eryngium campestre)**, ein Doldengewächs, das auf Magerrasen und den Dünen der Küsten zu finden ist.*

Die meisten unserer distelartigen Pflanzen gehören zu den Korbblütlern.

*Die **Stängellose Kratzdistel (Cirsium acaule)** hat ihren Namen bekommen, weil der Blütenstand nur sehr kurz gestielt ist.*

Das Bestimmen der Korbblütler ist oft eine kniffelige Sache. Durch Bastardbildungen wird es zusätzlich erschwert und viele Arten enthalten Kleinarten, die mehr oder weniger stark von dem „typischen" Exemplar abweichen. Allein in Deutschland wurden über 250 Kleinarten des Löwenzahns (Taraxacum officinale agg.) unterschieden. Auch bei den Habichtskräutern (Hieracium) kann die Zuordnung auf eine der ca. 35 „Hauptarten" eine echte Herausforderung darstellen. Lassen Sie sich also nicht durch Fehlschläge entmutigen!

Innerhalb einer Gattung kann es sowohl Vertreter mit und ohne Zungenblüten geben. Dies trifft beispielsweise auf die Gattung Greiskraut (Senecio) zu, lassen Sie sich also nicht irritieren, wenn Sie auf eine Gattung stoßen, die zu Ihrer Pflanze nicht zu passen scheint.

Bestimmungsteil

1. Alle Blüten des Köpfchens zungenförmig und 5zipfelig; Pflanze meist Milchsaft führend: **Korbblütler nur mit Zungenblüten (Unterfamilie Cichorioideae) Teil C, →Seite 295**

> *Manchmal ist es bei Körbchen mit gleichfarbigen Einzelblüten schwierig zu unterscheiden, ob die Blüten in der Mitte Röhrenblüten oder nicht aufgeblühte Zungenblüten sind. Die Anzahl der Zipfel der randlichen Zungenblüten sind ein untrügliches Merkmal. Zählen Sie 5 Zipfel, können Sie sicher sein, dass Teil C zum Ziel führt.*

→ Nur randliche Blüten zungenförmig, mit 3zipfeliger Zunge oder ganzrandig; innere Blüten röhrenförmig; Pflanze ohne Milchsaft: **→2**

> *Alle Blüten der Korbblütler haben 5 verwachsene Kronblätter. Die Frage ist bei den Zungenblüten, ob diese 5 Blütenblätter so verwachsen sind, dass 3 oder 5 Zipfel zu sehen sind. Bei Röhrenblüten stellt sich diese Frage nicht, denn hier sind immer 5 Zipfel vorhanden.*

2. Alle Blüten des Köpfchens röhrenförmig, hierbei zuweilen die randständigen vergrößert und leicht zygomorph: **Korbblütler nur mit Röhrenblüten Teil A, →Seite 285**

→ Die mittleren Röhrenblüten sind von einem Kranz Zungenblüten umgeben: **Korbblütler mit Röhren- und Zungenblüten Teil B, →Seite 291**

Orangerotes Habichtskraut:
Zungen- und Röhren- oder nur Zungenblüten? Die 5 Zipfel der Zungenblüten verraten, dass es sich in der Mitte dieses Blütenkörbchens um noch nicht aufgeblühte Zungenblüten handelt.

*Die **Gewöhnliche Flockenblume** hat Röhrenblüten, bei denen die 5 Zipfel stark verlängert sind (Teil A). Sie dürfen nicht mit Zungenblüten verwechselt werden. Typisch für die Gattung Flockenblume sind Hüllblätter, die oft häutige Anhängsel tragen. Bei trockenem Wetter krümmen sich die Hüllblätter nach außen und geben die mit Flugorganen versehenen Früchte frei. Bei feuchtem Wetter schließen sie die Blütenköpfchen ein.*

*Der **Rainfarn** besitzt nur Röhrenblüten. Die Einzelblüten sind sehr klein. Mehrere Blütenköpfe sind in Scheindolden zusammengefasst und so für die Insekten auf lange Distanz sichtbar.*

*Die 3 Zipfel der Zungenblüten verraten, dass die **Ringelblume** Röhren- und Zungenblüten hat. Einfacher ist es, wenn die Röhren- und Zungenblüten unterschiedlich gefärbt sind.*

284

Teil A: Korbblütler nur mit Röhrenblüten

1. Stängel zur Blütezeit mit normalen Laubblättern: **→3**

→ Stängel zur Blütezeit nur mit schuppenförmigen Niederblättern; weiß bis rötlich-braune Blütenköpfchen klein und zu vielen in traubig-rispigem Blütenstand; Frühjahrsblüher: **Pestwurz (Petasites) →2**

2. Blütenköpfchen rötlich; Blattrand regelmäßig scharf gezähnt, Blattunterseite später ± verkahlend; Bachufer, feuchte Waldränder; III-V: **Gewöhnliche Pestwurz (Petasites hybridus)**

15-100 ♃ 🥣

→ Blütenköpfchen gelbweiß; Blattrand doppelt gezähnt mit stachelspitzigen Zähnen, Blattunterseite weißlich; feuchte, quellige Orte, Bäche, Bergwälder; III: **Weiße Pestwurz (Petasites albus)**

10-80 ♃ 🥣

Gewöhnliche Pestwurz:

Im Frühjahr wächst aus dem Wurzelstock im Boden der Blütenstand. Erst mit der Samenreife entwickeln sich die riesigen Blätter, die dann Nährstoffe für das kommende Jahr produzieren.

3. (1). Innere, silberweiße Blütenhüllblätter trockenhäutig und zungenartig verlängert, dadurch Zungenblüten vortäuschend (Kriterium: beim vollständigen Herauszupfen hängen niemals Staubblätter oder Griffel und Fruchtknoten an); Köpfe 4-6 cm breit; trockener, meist steiniger Boden, Halbtrockenrasen, Heiden; VII-IX: **Silberdistel/Wetter-Eberwurz (Carlina acaulis)**

2-60 ♃ Ⓖ 🥣 🌸

→ Innere Hüllblätter nicht zungenartig verlängert und nicht strahlend: **→4**

Die Frage „Hüll- oder Blütenblätter?" lässt sich am einfachsten beantworten, wenn Sie prüfen, ob Staubblätter anhaften. Die Hüllblätter tragen niemals Staubblätter oder Fruchtknoten und entspringen meist etwas unterhalb des Blütenbodens.

*Die **Silberdistel** wird auch als „Wetterdistel" bezeichnet, weil die silbrig-glänzenden Hochblätter bei Trockenheit ausgebreitet und bei feuchtem Wetter über dem Blütenköpfchen zusammengeneigt sind.*

4. Blüten ohne Pappus: **→22**

→ Blüten mit verlängertem Pappus (beim Zweizahn nur wenige grannenartige Borsten vorhanden): **→5**

*Blüten und Früchte ohne Pappus (**Färberkamille**, links), mit grannenartigen Borsten (**Zweizahn**, Mitte) und Pappus (**Pestwurz**, rechts).*

5. Köpfchenboden ohne Spreublätter: →**19**

→ Köpfchenboden mit Spreublättern oder Borsten: →**6**

Die Spreublätter entsprechen den Tragblättern und stehen auf dem Köpfchenboden am Grunde jeder Einzelblüte. Beim Zweizahn sind sie pergamentartig durchscheinend.

Dreiteiliger Zweizahn:

6. Blätter wechselständig oder in grundständiger Rosette: →**8**

→ Blätter gegenständig; Frucht mit 2-5 grannenartigen Pappusborsten: **Zweizahn (Bidens)** →**7**

7. Blätter 3-5spaltig; Frucht nur am Rand rückwärts stachelig rau; Ufer, sumpfige Stellen; VII-X: **Dreiteiliger Zweizahn (Bidens tripartita)**

15-100 ⊙

Die Früchte verbreiten sich auf dem Wasserweg. Sie haben widerhakige Borsten und ihre abgeplattete Oberfläche ist unbenetzbar. So schwimmen sie auf der Wasseroberfläche und bleiben im Gefieder der Wasservögel haften.

→ Blätter ungeteilt; Frucht mit 4 ± gleich langen Grannen; Blütenköpfchen nickend, ca. 3 cm breit, mit oder ohne Zungenblüten; Ufer, Gräben, Moore; VII-IX: **Nickender Zweizahn (Bidens cernua)**

5-100 ⊙

Nickender Zweizahn

8 (6). Hüllblätter nicht hakig eingerollt (nicht klettend) zuweilen aber in eine Stachelspitze auslaufend (distelartig): →**11**

→ Hüllblätter mit meist hakig eingerollter Stachelspitze und daher klettend: **Klette (Arctium)** →**9**

9. Hüllblätter dicht spinnwebig-wollig miteinander verbunden; Blätter unterseits dicht grauweiß-filzig; Wegränder, Schutt; VII-IX: **Filzige Klette (Arctium tomentosum)**

60-120 ⊙⊙

Filzige Klette

Die Hüllblätter sind weniger „hakelig" als die der übrigen Kletten. Sie sind dafür mit Klebfäden behaftet, die für die Verbreitung sorgen.

Die weißwollige Blattunterseite dient als Strahlungsschutz.

→ Hüllblätter nicht spinnwebig-wollig miteinander verbunden: →**10**

10. Stiele der Grundblätter markig; Hüllblätter bis zur Spitze grün; Wegränder, Zäune; VII-IX: **Große Klette (Arctium lappa)**

80-150 😊 🌿🌱🍽

In einigen Ländern wird die Klette kultiviert. Die Wurzeln enthalten viel Inulin und sind besonders für Zuckerkranke ein gesundes Gemüse.

Schon die ersten Pioniere im Norden haben die Klette gegen Prellungen, Hautleiden und Erkältung verwendet. Heute wird sie zur Förderung der Leber- und Gallefunktion eingesetzt.

*Die hakelige Hülle hat die Menschen schon früh dazu inspiriert die **Große Klette** als Haarwuchsmittel zu verwenden. Heute ist sie in der Kosmetik bei schuppiger Kopfhaut im Einsatz.*

Konfekt oder Marmelade aus Klettenmark sind kostbare Delikatessen. Wichtig ist, das Mark im Frühjahr zu nehmen, bevor es holzig wird und die randlichen Fasern zu entfernen.

→ Stiele der Grundblätter hohl; Hüllblätter an der Spitze rötlich; Wegränder, Schutt; VII-IX: **Kleine Klette (Arctium minus)**

50-100 😊 🍽

Kleine Klette

Wie bei der Großen Klette bleiben die Körbchen im Fell der Tiere haften und schütteln die Früchte nach und nach aus.

11 (8). Pappusstrahlen nicht federig behaart: **→15**

→ Pappus aus langen, federig behaarten Strahlen (Lupe!): **Kratzdistel (Cirsium) →12**

*Der federig behaarte Pappus ist ein wichtiges Erkennungsmerkmal für die Gattung **Kratzdistel**.*

Ob die Pappushaare einfach oder gefiedert sind, lässt sich am besten an trockenen Früchten im Gegenlicht erkennen. Wenn sich der Pappus noch nicht als Schirmchen ausgebreitet hat, hilft es, die Haare zu biegen, da sich die Federhaare dann abspreizen.

*Die **Gattung Kratzdistel** ist am gefiederten Pappus zu erkennen. Dadurch unterscheidet sie sich von der ansonsten recht ähnlichen Gattung Distel (Carduus). Es gibt auch einige seltenere Kratzdistel-Arten ohne „distelige" Blätter, die nur durch ihren gefiederten Pappus ihre Gattungszugehörigkeit verraten.*

*Bei der **Gewöhnlichen Kratzdistel** bleiben auf dem Köpfchenboden Haare stehen, die dem Blütenstand nach dem Auswehen der Früchte die Gestalt eines Rasierpinsels verleihen. Sie entsprechen den Tragblättern bzw. Spreublättern.*

12. Blüten gelblich-weiß; Hochblätter ungeteilt; Blätter weich; feuchte Wiesen, Flachmoore; VI-IX: **Kohl-Kratzdistel (Cirsium oleraceum)**

50-150 ♃   ⇐🍂 🐝

Diese Kratzdistel hat keine stacheligen Blätter und wurde früher als Gemüse genutzt. Gegessen hat man aber vor allem die Köpfchenböden ähnlich wie bei der Artischocke. Auch die anderen Kratzdisteln sind essbar, zuvor müssen jedoch die Stacheln entfernt werden.

Kohl-Kratzdistel

→ Blüten rötlich bis violett oder purpurn: **→13**

13. Blätter oberseits stachelig-steifhaarig; Blätter am Stängel herablaufend; sämtliche Fiederabschnitte in einen Stachel auslaufend; Ödland, Schuttplätze; VIII-X: **Gewöhnliche Kratzdistel (Cirsium vulgare)**

60-120 ☺   🐝

*Die **Gewöhnliche Kratzdistel** hat besonders große Blütenkörbchen und ist für Insekten eine wichtige Nahrungsquelle. Der Nektar in den langen Blütenröhren kann nur von langrüsseligen Insekten erreicht werden, hier ein Zitronenfalter und ein Kleiner Heufalter (rechts).*

→ Blätter oberseits kahl oder kurzhaarig: **→14**

14. Stängel durch den herablaufenden Blattgrund stachelig-kraus geflügelt; nasse Wiesen, Gräben, Auwälder; VII-IX: **Sumpf-Kratzdistel (Cirsium palustre)**

50-150 ☺   🐝

→ Blätter am Stängel nicht oder nur wenig herablaufend, Stängel deshalb überwiegend glatt; Ackerunkraut, Ruderalstellen; VII-IX: **Acker-Kratzdistel (Cirsium arvense)**

60-120 ♃   🐝

*Bei der **Sumpf-Kratzdistel** kommen auch weiße Blüten vor. Der Stängel ist kraus geflügelt.*

15 (11). Pflanze distelartig; Laubblätter stachelig-gezähnt oder stacheligfiedteilig: **Distel (Carduus) →18**

Die Gattungen Distel und Kratzdistel unterscheiden sich vor allem durch den gefiederten Pappus. Es bedarf einiger Erfahrung, diese Gattungen auch ohne Früchte auseinander zu halten.

→ Pflanze nicht distelartig; Stängel durch die herablaufenden, wollig-graufilzigen, lineal-lanzettlichen Blätter geflügelt: **Flockenblume (Centaurea) →16**

*Der glatte Stängel ist ein gutes Erkennungsmerkmal der **Acker-Kratzdistel**. Da die abgehackten Wurzelstücke neu austreiben, ist diese Kratzdistel ein unbeliebtes Ackerunkraut. Sie ist eine Futterpflanze für den Distelfalter, hier ist seine Raupe zu sehen.*

16 (15 und 22). Blüten leuchtend blau; die randlichen auffallend vergrößert; Stängelblätter ungeteilt; Getreidefelder, Schuttplätze; VI-IX: **Kornblume (Centaurea cyanus)**

30-60 ☉

Kornblume:
Früher wurden die Farbpigmente für Tinte, Malerfarben, Kosmetik und Arzneien genutzt.

→ Blüten rötlich-violett: **→17**

17. Blätter fiedspaltig oder fiedteilig; trockenhäutiges Anhängsel der Hüllblätter an deren Rand links und rechts etwas herablaufend; formenreich; Wiesen, Wegränder; VI-X: **Skabiosen/ Große Flockenblume (Centaurea scabiosa)**

30-150 ♃

→ Blätter ungeteilt oder nur die unteren fiedspaltig; trockenhäutiges Anhängsel der Hüllblätter scharf von ihrer Basis abgesetzt; formenreich; Wiesen, Wegränder; VI-X: **Gewöhnliche/Wiesen-Flockenblume (Centaurea jacea)**

20-150 ♃

Gewöhnliche Flockenblume:
Die verwachsenen Staubfäden stehen im Ruhezustand unter Druck. Bei Berührung durch ein Insekt entspannen und verkürzen sie sich, so dass die Röhre dadurch nach unten gezogen und der Pollen nach oben ausgepresst wird.

18 (15). Köpfe einzeln; ± nickend; Blüte purpurn; Ödland, Wegränder; VII-IX: **Nickende Distel (Carduus nutans)**

30-100 ☉☉

→ Köpfe zu mehreren; obere Stängelblätter fiedspaltig oder tief doppelt gezähnt; Stängel breit kräuselig geflügelt; Auwälder, Wegränder; VII-IX: **Krause Distel (Carduus crispus)**

60-180 ☉☉

Krause Distel

19 (5). Blätter breit oder fiedspaltig bis tief gesägt: **→20**

→ Blätter schmal-lineal, ungeteilt und ganzrandig; Blüten gelblich bis gelbbräunlich; Köpfchen in Knäulen; Wegränder, feuchte Äcker; VI-X: **Sumpf-Ruhrkraut (Gnaphalium uliginosum)**

5-20 ☉

20. Blüten gelblich; Außenhüllblätter schwärzlich; Ackerunkraut; III-X: **Gewöhnliches Greiskraut (Senecio vulgaris)**

10-30 ☉

Gew. Greiskraut
Weitere Arten dieser Gattung mit Röhren- und Zungenblüten befinden sich in Teil B.

→ Blüten nicht gelb: **→21**

21. Pflanze distelartig und graufilzig, bis 2 m hoch; Stängel breit stachelig geflügelt; Wegränder, unbebaute Plätze; VII-IX: **Eseldistel (Onopordum acanthium)**

30-250 ☻

→ Pflanze nicht distelartig; Blätter handförmig 3-7schnittig; Pappus aus zahlreichen Haaren (kleines Bild); Blüten rosa, in 4-6blütigen Köpfchen; feuchte Waldstellen und Kahlschläge, Gräben, Ufer; VII-IX: **Wasserdost/Wasserhanf (Eupatorium cannabinum)**

50-150 ♃

*Mit dem **Wasserdost** haben die Indianer die ersten Siedler gegen Typhus behandelt. Er wird auch heute noch wegen seiner immunanregenden Wirkung geschätzt.*

22 (4). Blütenhüllblätter mit trockenhäutigem, oft gefiederten oder in eine Dornspitze auslaufendem Anhängsel; Randblüten oft vergrößert: **Flockenblume (Centaurea) →16**

→ Hüllblätter ohne trockenhäutiges Anhängsel: **→23**

23. Pflanze mit starkem Kamillegeruch; Blüten grünlich-gelb; völlig eingebürgert (Heimat: NO-Asien), Ödland, Schuttplätze; VI-VIII: **Strahlenlose Kamille (Matricaria discoidea)**

5-30 ☉

*Die **Strahlenlose Kamille** riecht wie die Echte und hat auch einen hohlen Blütenboden, verwendet wird sie jedoch kaum.*

→ Pflanze nicht nach Kamille duftend: **→24**

24. Köpfchen bis 6 mm breit, in breit-ästiger Rispe; stark duftend; Gewürzkraut; Wege, Ödland; VII-X: **Gewöhnlicher Beifuss (Artemisia vulgaris)**

60-250 ♃

Gewöhnlicher Beifuss

Beifuß fördert die Fettverdauung und war früher das „klassische Gänsebratengewürz". Er schmeckt auch in Bratkartoffeln und Gratin sehr lecker. An dem typischen Geruch zerriebener Blätter und den weißlichen Blattunterseiten ist er gut zu erkennen.

→ Köpfchen breiter als 6 mm, in Doldenrispe; Blätter doppelt fiedspaltig; charakteristischer Geruch; Hecken, Wegränder; VII-IX: **Rainfarn (Tanacetum vulgare)**

60-120 ♃

*Der **Rainfarn** wurde gegen Würmer eingesetzt, da die Nebenwirkungen innerlich zu stark sind wird er heute nur noch als Aufguß gegen Insektenbefall verwendet.*

Teil B: Korbblütler mit Röhren- und Zungenblüten

1. Zungenblüten gelb: **→11**

→ Zungenblüten ± weiß: **→2**

2. Spross blattlos, Laubblätter in grundständiger Rosette; Röhrenblüten gelb, Zungenblüten oft ± rosa überlaufen; Wiesen, Parkrasen, Grasplätze; ganzjährig: **Gänseblümchen (Bellis perennis)**

5-15 ♃   🐑🌿

Die Blüten schließen sich nachts und bei kühler Witterung durch Wachstumsbewegung der Hüllblattaußenflächen.

*Die Blütenköpfe des **Gänseblümchens** sind eine wunderschöne eßbare Dekoration für Suppen und Salate. Die Knospen, mit heißem Essig übergossen, nach einem Tag abgeseiht und in Öl eingelegt, ergeben schmackhaften „Kapern".*

→ Spross beblättert: **→3**

3. Blätter wechselständig: **→5**

→ Blätter gegenständig; Röhrenblüten gelb, Zungenblüten weiß: **Knopf-/Franzosenkraut (Galinsoga) →4**

4. Stängel oberwärts wenig und kurz anliegend behaart; Köpfchenstiele dicht behaart mit wenigen kurzen Drüsenhaaren; eingeschleppt als Garten- und Ackerunkraut (Heimat: S-Amerika); V-X: **Kleinblütiges Franzosenkraut (Galinsoga parviflora)**

10-60 ☉ ♂   🌿

Behaartes Franzosenkraut:

Von beiden Franzosenkräutern können die Blüten und jungen Triebe für Salate und Wildkräutergerichte verwendet werden.

→ Stängel oberwärts abstehend grauzottig behaart; Köpfchenstiele locker behaart mit zahlreichen langen Drüsenhaaren; eingeschleppt als Garten- und Ackerunkraut (Heimat: S- und M-Amerika); IV-X: **Behaartes Franzosenkraut (Galinsoga ciliata)**

10-80 ☉ ♂   🌿

5 (3). Röhrenblüten gelb oder bräunlichweiß: **→7**

→ Röhrenblüten weiß oder grau; Blütenköpfe in dichten Doldenrispen: **Schafgarbe (Achillea) →6**

6. Blätter einfach, fein gesägt; sumpfige, feuchte Orte; VII-IX: **Sumpf-Schafgarbe (Achillea ptarmica)**

15-150 ♃   🐑🌿

Sumpf-Schargarbe:

Früher galt sie als Allheilmittel gegen Mattigkeit. Die Blätter dienten als Schnupftabak und das gesamte Kraut wurde bei Blasenentzündungen, Blähungen und Zahnschmerzen eingesetzt. Ein Blütenaufguss wurde Beruhigungsbädern zugesetzt.

→ Blätter fiedteilig; sehr formenreich; Wiesen, Weiden, Wegränder; VI-X: **Gewöhnliche Schafgarbe (Achillea millefolium)**

20-120 ⚘

7 (5). Blätter ungeteilt, ganzrandig oder gesägt: **→10**

→ Blätter gefiedert, fiedspaltig oder sehr tief gesägt: **→8**

8. Köpfchenboden mit Spreublättern; Pflanze ohne aromatischen Geruch; Acker, Ödland; VI-IX: **Acker-Hundskamille (Anthemis arvensis)**

15-50 ☉

Die Spreublätter stehen als ehemalige Tragblätter der Einzelblüten auf dem Blütenboden. Da sie unscheinbar sind, ist es sehr wichtig ein Blütenkörbchen zu zerteilen.

→ Köpfchenboden ohne Spreublätter: **→9**

9. Köpfchenboden hohl; starker Kamillegeruch; oft kultiviert und völlig eingebürgert (Heimat: O-Mittelmeergebiet) Äcker, Ruderalstellen; V-IX: **Echte Kamille (Matricaria recutita)**

15-40 ☉ ⚘ 🪴

Die Echte Kamille wird auch heute noch wegen ihrer entzündungshemmenden und krampflösenden Eigenschaften geschätzt. Früher wurde sie auch bei Frauenkrankheiten eingesetzt (lat. matrix = Gebärmutter).

→ Köpfchenboden markig; Äcker, Ruderalstellen; VI-X: **Duftlose Kamille (Tripleurospermum perforatum/ Matricaria maritima)**

15-45 ☉

Das sicherste Unterscheidungsmerkmal zwischen diesen recht ähnlichen Arten ist der hohle Blütenboden.

Die Strahlenlose Kamille hat auch einen hohlen Blütenboden und einen starken Kamillegeruch, da ihr aber die Zungenblüten fehlen, können diese beiden Arten nicht verwechselt werden.

Gewöhnliche Schafgarbe:

Achilles, ein Held der giechischen Sage, soll mit der Schafgarbe die Wunden der Soldaten im trojanischen Krieg behandelt haben. Auch die Schafe sollen die Blätter dieser alten Heilpflanze gegen Koliken fressen (Name!).

Die Heilwirkung ist ähnlich wie bei der Echten Kamille, nur mit geringerer Wirksamkeit. Als Küchenkraut bringt sie eine angenehme Würze an Kräuterbutter, Salate und vor allem fette Speisen, denn sie fördert die Fettverdauung.

Echte Kamille

Duftlose Kamille

10 (7). Frucht ohne Pappus; formenreich; Wiesen, Magerweiden; V-X: **Wiesen-Margerite (Chrysanthemum leucanthemum/Leucanthemum vulgare)**

20-70 ♃ 🐌🕸

Margerite

Ein Blütenboden enthält 20-25 weiße, weibliche Zungenblüten und 400-500 gelbe, zwittrige Röhrenblüten. Der Artname beschreibt die Zungenblüten: leukos heißt auf griechisch weiß und anthemos ist die Blüte.

Die Wirkstoffe sind ähnlich wie bei der Echten Kamille, nur in geringerer Dosis. Früher wurde sie gegen Erkältungen und zur Wundheilung eingesetzt.

→ Frucht mit Pappus; Blütenstand (Infloreszenz) reichblütig; eingebürgert (Heimat: N-Amerika) Äcker; Kahlschläge, Ruderalstellen; VI-X: **Katzenschweif/Kanadisches Berufkraut (Erigeron canadensis/Conyza canadensis)**

20-100 ☉☺♂ 🐌

Kanadisches Berufkraut

11 (1). Blätter nach der Blüte erscheinend; Blütenstängel 1köpfig mit Schuppenblättern; feuchte Äcker, Wegränder; III-IV: **Huflattich (Tussilago farfara)**

10-30 ♃ 🍶🐌🍵🗡️🍴

→ Blütenstängel zur Blütezeit mit grünen Laubblättern: **→12**

12. Blätter wechselständig: **→13**

→ Blätter gegenständig; Frucht mit 4 grannenartigen Pappusborsten; Blütenköpfchen nickend; Ufer, Gräben, Moore; VII-IX: **Nickender Zweizahn (Bidens cernua); Abb. S. 286**

5-100 ☉

Huflattich

Da die Zungenblüten sowohl fehlen als auch vorhanden sein können, kommt man in diesem Teil und in Teil A zu dieser Art.

13 (12). Blätter ungeteilt, ganzrandig oder gezähnt: **→17**

→ Blätter gefiedert oder fiedspaltig: **Greiskraut (Senecio) →14**

Die Früchte der Gattung Greiskraut haben einen Pappus („Fallschirm"). Spreublätter sind auf dem Köpfchenboden nicht vorhanden.

Jakobs-Greiskraut

14 (13 und 16). Blätter 2-7 mm breit und ungeteilt; aus Südafrika eingeschleppt; VI-XI: **Schmalblättriges Greiskraut (Senecio inaequidens)**

30-100 ♃ ♂

→ Blätter fiedspaltig bis fiedteilig: →**15**

15. Zungenblüten lang und flach ausgebreitet; Hülle glockenförmig; Stängelblätter unterseits spinnwebig bis kahl; lichte Wälder, Trockenwiesen; VI-X: **Jakobs-Greiskraut (Senecio jacobea)**

30-100 ☺♃

Beim **Klebrigen Greiskraut** *sind die Zungenblüten bald nach dem ersten Aufblühen zurückgerollt (kleines Bild Mitte). Der Außenkelch (oberes Bild rechts) wird beim Zählen der Hüllblätter nicht mit gezählt. Die Spitzen der Hüllblätter sind oft schwarz abgesetzt.*

→ Zungenblüten kurz und zurückgerollt; Hülle walzlich: →**16**

16. Pflanze drüsig-klebrig; Hüllblätter 21; Kahlschläge, Sandfelder; VI-IX: **Klebriges Greiskraut (Senecio viscosus)**

15-50 ☉

→ Pflanze nicht drüsig-klebrig; Hüllblätter 13; Kahlschläge, Waldränder; VII-VIII: **Wald-Greiskraut (Senecio sylvaticus)**

15-80 ☉

17 **(13).** Hülle walzlich, aus gleichlangen Blättchen bestehend, 1reihig, darunter oft mit Außenhülle: **Greiskraut (Senecio)** →**14**

Echte Goldrute

Beide Goldrute-Arten liefern einen licht- und waschechten gelben Farbstoff. Sie wurden außerdem wegen des hohen Kautschukgehaltes (bis 4 %) in den Blättern versuchsweise zu dessen Gewinnung angebaut.

→ Hülle dachziegelig angeordnet: **Goldrute (Solidago)** →**18**

18. Zungenblüten die Röhrenblüten weit überragend; Köpfchen über 10 mm im Durchmesser; lichte Wälder, Heiden; VII-X: **Echte Goldrute (Solidago virgaurea)**

10-100 ♃

Die Echte Goldrute hat harntreibende Wirkung. Sie wird auch heute noch in der Schulmedizin bei Blasen- und Nierenentzündungen eingesetzt. Die Volksmedizin verwendet sie auch bei schlecht heilenden Wunden.

→ Zungenblüten so lang wie die Röhrenblüten; Köpfchen kleiner; eingebürgert (Heimat N-Amerika) Auwälder, Ufergebüsch, Schuttfluren; VII-X: **Kanadische Goldrute (Solidago canadensis)**

50-250 ♃ ♂

Kanadische Goldrute

Teil C: Korbblütler nur mit Zungenblüten (Unterfamilie Cichorioideae)

1. Frucht mit Pappus (zumindest die Frucht in der Mitte des Köpfchens): **→3**

→ Frucht ohne deutlich ausgebildeten Pappus: **→2**

> *Der Pappus ist der „Fallschirm", durch den die Früchte mit dem Wind verbreitet werden. Sind noch keine Früchte ausgebildet, findet man ihn als Haarkranz oberhalb des Fruchtknotens.*

2. Blüten himmelblau; Pappus nur aus kurzen, unscheinbaren Schüppchen gebildet; Wegränder, Ruderalstellen; VII-IX: **Gewöhnliche Wegwarte (Cichorium intybus)**

30-150 ♃   🌿🐝🏺

An sonnigen Tagen öffnen sich die Blüten der Wegwarte gegen 6 Uhr und schließen sich in den Mittagsstunden, bei bedecktem Wetter auch später.

→ Blüten gelb; Grundblätter leierförmig mit 1-2 Paar ± leierförmig gezähnten Lappen; Endlappen groß; Wälder, Wegränder, Äcker; V-IX: **Rainkohl (Lapsana communis)**

30-100 ☉♃   🏺

Rainkohl:

Charakteristisch an den Blättern sind die großen Endlappen und die 1-2 Paar abgesetzten Blattlappen. Von den Grundblättern bis zum Blütenstand werden die Blätter immer einfacher, schließlich sind sie lineal und ungeteilt (links). Der Rainkohl ist eine alte Gemüsepflanze, für unseren Geschmack ist er eher etwas zu bitter.

3 (1). Köpfchenboden mit hinfälligen, sich leicht ablösenden Spreublättern; rosettige Grundblätter zerstreut borstig; Stängel nur mit schuppenförmigem Hochblatt; Blüten gelb; Wegränder; V-IX: **Gewöhnliches Ferkelkraut (Hypochoeris radicata)**

15-60 ♃   🏺

> *Da das Ferkelkraut und der Herbst-Löwenzahn (s. nächste Seite) beide schuppenförmige Stängelblätter und eine Blattrosette haben, sehen sie sich sehr ähnlich. Die Spreublätter (oben rechts) sind ein wichtiges Unterscheidungsmerkmal. Sie sitzen am Grunde der Einzelblüten und sind unauffällig weißlich-gelb.*

> *Ohne Blüten hilft die Behaarung der Blätter. Das Ferkelkraut hat Blätter die behaart sind „wie ein junges Ferkel", während der Herbst-Löwenzahn meist kahle Blätter hat.*

Spreublätter

Gewöhnliches Ferkelkraut

→ Köpfchenboden ohne Spreublätter: **→4**

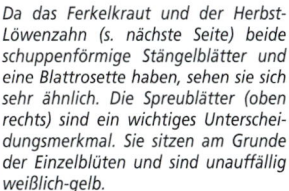

4. Pappus mit einfachen, höchstens kurz gezähnten Strahlen: →**7**

→ Pappusstrahlen wenigstens zum Teil federig: →**5**

5. Stängel mit weinigen kleinen, lanzettlichen Hochblättern; Blätter kahl; Magerwiesen, Wegränder; VI-X: **Herbst-Löwenzahn (Leontodon autumnalis)**

15-45 ⚃   🍴

→ Stängel beblättert: →**6**

6. Hüllblätter 1reihig und gleichlang; Frucht lang geschnäbelt; Blätter lineal; formenreich; Wiesen; V-VII: **Wiesen-Bocksbart (Tragopogon pratensis)**

30-60 ☺⚃   🥣🌿🍴

*Der **Herbst-Löwenzahn** hat im Gegensatz zum Gewöhnlichen Löwenzahn einen ungeschnäbelten Pappus. Die einzelnen Pappusstrahlen sind federig. Die Hülle ist dachziegelig angeordnet wie bei den Habichtskräutern, diese haben jedoch keinen federigen Pappus.*

Die Hüllblätter sind meist etwas länger als die Zungenblüten. Dadurch erinnert der noch geschlossene Fruchtstand an einen Bocksbart (oben rechts).

Die Pappusstrahlen sind federig und miteinander verbunden (Lupe). Durch diese Verwebung ist der Pappus besonders dicht und flugfähig.

→ Hüllblätter 2reihig: Blätter ungeteilt; mit Sternhaaren; formenreich; Wiesen, Wald- und Wegränder, Ödland; VII-X: **Gewöhnliches Bitterkraut (Picris hieracioides)**

30-60 ☺⚃   🍴

Wiesen-Bocksbart

7 (4). Frucht ungeschnäbelt: →**12**

→ Frucht geschnäbelt, Pappus dadurch stielartig emporgehoben: →**8**

8. Blätter in grundständiger Rosette; röhrig-hohler Blütenstiel (Infloreszenzstiel) vollkommen blattlos; formenreich; nährstoffreiche Wiesen und Weiden, Ruderalstellen; III-VII: **Gewöhnlicher Löwenzahn (Taraxacum officinale)**

5-40 ⚃   🥣🌿🍴

→ Blütenstiel (Infloreszenzstiel) beblättert: →**9**

Ein beblätterter Inflorenszenzstiel bedeutet, dass neben den Blütenköpfchen auch Stängelblätter vorhanden sind.

*Die Früchte des **Bitterkrautes** (links) sind ungeschnäbelt, d.h. der Pappus (der „Schirm") sitzt direkt auf der Frucht. Der **Löwenzahn** (rechts) hat geschnäbelte Früchte, bei denen der Pappus auf einem Stiel sitzt. Manchmal bleiben die Reste der Blütenblätter wie ein Mützchen auf ihm.*

9. Frucht ± flach zusammengedrückt:
→**11**

> *Ist die Frucht auch mit einer guten Lupe nicht ausreichend zu erkennen, wird die Hülle als Merkmal herangezogen. Sie sollte nicht 2reihig sein wie beim Pippau (rechts).*

→ Frucht fast stielrund; Hüllblätter 2reihig: **Pippau (Crepis)** →**10**

> *Ein weiteres Merkmal für diese Gattung ist der reinweiße, biegsame Pappus. Um dieses Merkmal zu prüfen versuchen Sie einen reifen Pappus zwischen zwei Fingern zu biegen. Bei der Gattung Habichtskraut zerbricht er, wenn er reif ist, meist sofort ohne sich vorher zu biegen.*

10 (9 und 16). Innere Hüllblätter auf der Innenseite kahl; Köpfchen 10-15 mm breit, untere Blüten meist rötlich überlaufen; Frucht 2 mm lang; Weiden, Wegränder; VI-VII: **Grüner Pippau (Crepis capillaris)**

15-60 ☉

→ Innere Hüllblätter auf der Innenseite anliegend seidenhaarig (Lupe!); Köpfchen 25-35 mm breit; Frucht 5-8 mm lang; Fettwiesen, Wegränder; V-IX: **Wiesen-Pippau (Crepis biennis)**

50-120 ☉☉

11 (9). Köpfchen meist 5blütig; feuchte Wälder, Gebüsch; VII-IX: **Mauerlattich (Mycelis muralis)**

60-80 ♃

→ Köpfchen mehr als 5blütig; Mittelnerv auf der Blattunterseite bestachelt, sonnige Hügel, Ödland; VII-IX: **Kompass-Lattich (Lactuca serriola)**

60-120 ☉☉☉

12 (7). Blüten purpurrot; blaugrüne Blätter kahl, die oberen mit herzförmigem Grund Stängel umfassend; schattige Wälder, Hochstaudenfluren; VII-IX: **Hasenlattich (Prenanthes purpurea)**

50-150 ♃

→ Blüten gelb: →**13**

13. Blätter nicht borstig-stachelig: →**16**

Der **Wiesen-Pippau** hat rundliche Früchte und einen reinweißen, biegsamen Pappus.

Er wird von Bienen bestäubt, ist jedoch auch in der Lage ohne Befruchtung Samen zu bilden (apomiktisch).

Der **Mauerlattich ist** ohne Blüten an seiner Blattform zu erkennen.

Als Überhitzungsschutz zur Mittagszeit kann der **Kompass-Lattich** *die Stellung der Blattspreite der Sonneneinstrahlung anpassen. Vor- und Nachmittags trifft die Sonne auf die in Nord-Süd-Richtung gestellten Blattspreiten um das Sonnenlicht optimal auszunutzen. Bei mittäglichem Sonnenhöchststand trifft die Sonne nur auf die Blattkanten. Im Schatten wachsende Pflanzen zeigen nicht diese Änderung der Blattstellung.*

→ Blätter am Rand borstig-stachelig gezähnt: **Gänsedistel (Sonchus)** →**14**

14. Hülle und Köpfchenstiele ± dicht gelb-drüsenborstig; Äcker, Brachen; VII-X: **Acker-Gänsedistel (Sonchus arvensis)**

50-150 ♃

→ Hülle nicht drüsig: →**15**

Die gelben Drüsenhaare an der Hülle und dem Köpfchenstiel sind ein gutes Erkennungszeichen für die **Acker-Gänsedistel***.*

15 Stängelblätter am Grund mit zugespitzten, vorgestreckten Öhrchen; weich, Schuttplätze, Äcker; VI-X: **Kohl-Gänsedistel (Sonchus oleraceus)**

30-100 ☉

→ Stängelblätter am Grund mit abgerundeten, angedrückten Öhrchen, steif; Schuttplätze, Äcker; VI-X: **Dornige Gänsedistel (Sonchus asper)**

☉

16 (13). Frucht nach oben verschmälert oder kurz schnabelförmig verjüngt; Pappushaare meist reinweiß und biegsam; Hülle meist 2reihig: **Pippau (Crepis)** →**10**

Bei der Gattung Pippau wird die Frucht zur Ansatzstelle des Pappus hin schmaler.

Der untere Teil der zweireihigen Hülle steht oft von dem inneren Teil ab. Im Unterschied zu der Außenhülle der Gattung Greiskraut (Senecio, siehe Teil B) sind die Hüllblätter jedoch länger und gleichmäßiger angeordnet.

Die **Kohl-Gänsedistel** *(oben links) unterscheidet sich von der* **Dornigen Gänsedistel** *(übrige Bilder) durch den Blattansatz und die zarteren Blätter. Sie wurden früher als Gemüse gegessen und sind „schmerzfrei" zu ernten, was bei der Dornigen nicht so einfach ist.*

→ Frucht schnabellos und oberwärts nicht verjüngt; äußere Hüllblätter meist ± dachig: **Habichtskraut (Hieracium)** →**17**

Der Pappus der meisten Habichtskräuter ist schmutzigweiß und steif. Beim Versuch die Strahlen zwischen den Fingern zu verbiegen zerbricht er meist sofort.

Eine „dachige" Hülle bedeutet, dass die Hüllblätter alle mehr oder weniger unterschiedlich lang sind und ihre Spitzen nicht in klar angeordneten Reihen enden. Dadurch überlappen sie sich relativ „ungeordnet".

Hülle, Pappus und Früchte des **Wiesen-Pippau***.*

Pappus, Früchte und Hülle des **Glatten Habichtskrautes***.*

17. Frucht 1,5-2 mm lang; ihre 10 Rippen gezähnt (d.h. jede Rippe in einen kurzen, zahnartigen Vorsprung endend; Blätter unterseits grüngrau-weißfilzig; trockene Weiden; Waldlichtungen; V-X: **Mausohr/Kleines Habichtskraut (Hieracium pilosella)**

5-30 ♃

→ Frucht 3-5 mm lang; ihre 10 Rippen zahnlos (d.h. an der Spitze in einen ringförmigen Wulst verschmelzend): **→18**

*Das **Kleine Habichtskraut** stellt bei Trockenheit und starker Sonneneinstrahlung die silbrige Blattunterseite nach oben.*

18. Stängelblätter 10 und mehr: **→19**

→ Stängelblätter bis 10: **→20**

19. Pflanze ohne Grundblätter; Köpfchen in Dolden; Hüllblätter an der Spitze abstehend zurückgebogen, am Rand oft zurückgerollt; Wiesen, Heiden, Dünen, Gebüsch; VII-X: **Dolden-Habichtskraut (Hieracium umbellatum)**

10-100 ♃

→ 10-15 Stängelblätter und 1-2 zur Blütezeit fehlende Grundblätter; Gebüsch, Waldränder, Bergwiesen; VI-VIII: **Glattes Habichtskraut (Hieracium laevigatum)**

30-120 ♃

*Das **Dolden-Habichtskraut** ist an den zurückgebogenen Hüllblättern gut zu erkennen.*

20. Stängelblätter 0-1; Hüllblätter an der Spitze ohne Wimperbüschelchen; Waldränder, Gebüsch; V-VI: **Wald-Habichtskraut (Hieracium sylvaticum/ H. murorum)**

20-60 ♃

→ Stängelblätter 3-5; Hüllblätter an der Spitze fein pinselförmig gewimpert; Wälder, Wegränder, Gebüsch; V-VI: **Gewöhnliches Habichtskraut (Hieracium lachenalii)**

30-100 ♃

*Das **Gewöhnliche Habichtskraut** hat pinselförmige Haare an der Spitze der insgesamt drüsigen Hüllblätter (Lupe). Die Grundblätter (links) sind gezähnt und am Rand behaart.*

Habichtskraut ist eine der formenreichsten Gattungen im Pflanzenreich. Hier ist nur ein ganz kleiner Ausschnitt wiedergegeben, da das Bestimmen durch die zahlreichen Bastarde nicht nur für den Anfänger problematisch ist. Eine Übersicht über diese Problematik findet sich bei GOTTSCHLICH in HEGI (1987).

Gallbildung

9.3 Einkeimblättrige (Monokotyledonae)

Die Merkmale der Einkeimblättrigen werden auf den Seiten 13 und 66 vorgestellt. Normalerweise sollte die Blattnervatur bei ihnen parallelnervig sein. Die Natur ist jedoch in allen Bereichen so vielfältig, dass es kaum eine Regel ohne Ausnahme gibt. So ist es auch bei der Blattnervatur. Einerseits gibt es Zweikeimblättrige, die auf den ersten Blick aussehen als ob sie parallelnervige Blätter hätten. Anderseits gibt es auch Einkeimblättrige mit Netznervatur. Bei ihnen sind die Blüten auch von besonderem Aufbau. Der Aronstab hat mit seinen „Kessel-Gleitfallen" einen besonderen Bestäubungsmechanismus, die Bestäuber sind überwiegend Schmetterlingsmücken der Gattung Psychoda.

*Der **Aronstab (Arum maculatum)** aus der Familie der Aronstabgewächse ist eine Einkeimblättrige mit netzartig verzweigten Blättern. Meist sind sie als Rosette am Boden (grundständig) oder wechselständig.*

Ein großes Hochblatt (Spatha) umschließt die Kesselfalle.

Die Keule ist mit Duftdrüsen ausgestattet. Um den harnartigen Geruch intensiv zu verströmen, wird die Temperatur etwa 15° C über die Umgebungstemperatur erhöht.

Das Hochblatt ist innen mit winzigen Öltröpfchen besetzt, so dass die Insekten ins Innere der Kesselfalle gleiten und nicht mehr hinauf gelangen.

Reusenhaare (sterile Blüten) versperren kleinen Insekten den Ausgang und verhindern das Eindringen großer Insekten.

Die männlichen Blüten reifen nach den weiblichen. Sie beladen das Insekt mit Pollen nachdem die Reusenhaare und das Hochblatt nach ca. 24 h welk geworden sind.

Die weiblichen Blüten sondern Tröpfchen ab, an denen die mitgebrachten Pollen anhaften und die die Insekten verkösten.

9.3.1 Liliengewächse (Liliaceae) im weiteren Sinn

*Weltweit ist alleine die Gattung Lauch (Allium) mit 300 Arten ver-
treten. Insgesamt sind es etwa 220 Gattungen mit 4.000 Arten.
Alle Liliengewächse sind Stauden mit unterirdischen Speicher-
organen wie Knollen, Zwiebeln oder Rhizomen. Dadurch sind sie
sehr gut an Lebensräume mit saisonal ungünstigen Wachstums-
bedingungen angepasst, wie beispielsweise die sommertrockenen
Steppen im Mittelmeergebiet.*

Die Liliengewächse werden in einigen neueren Systemen in mehrere Familien un-
terteilt, die in der einheimischen Flora nur wenige Arten enthalten. In diesem
Grundkurs werden in Anlehnung an die „Flora von Deutschland" von SCHMEIL-
FITSCHEN, (92. Auflage 2003), die meisten dieser Familien in einem gemeinsamen
Kapitel bestimmt. Bei den hier abgehandelten Liliengewächsen im weiteren Sinn sind
beispielsweise die Familien der Lauchgewächse, der Herbstzeitlosengewächse und der
Maiglöckchengewächse enthalten. Nach dieser Einteilung sind etwa 25 Gattungen
mit 70 Arten einheimisch.

Sie überdauern mit Hilfe der unterirdischen Speicherorgane bei uns den Winter.
Viele Frühjahrsblüher wie Tulpe, Gelbstern, Blaustern, Hyazinthe, Bärlauch und
Märzenbecher gehören zu dieser Familie. Mit den Laucharten (Knoblauch, Schnitt-
lauch, Zwiebel, Porree) und Spargel gehören auch einige Gewürz-, Gemüse- und
Heilpflanzen in diese Gruppe. Die Blätter sind – wie für Einkeimblättrige typisch –
parallelnervig und ungeteilt.

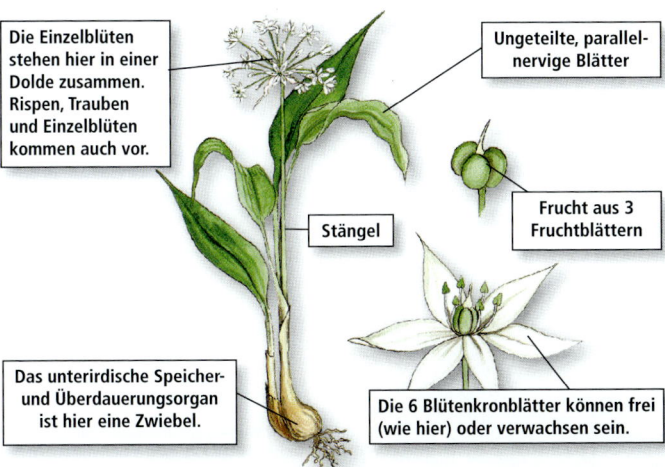

Die Einzelblüten stehen hier in einer Dolde zusammen. Rispen, Trauben und Einzelblüten kommen auch vor.

Ungeteilte, parallelnervige Blätter

Stängel

Frucht aus 3 Fruchtblättern

Das unterirdische Speicher- und Überdauerungsorgan ist hier eine Zwiebel.

Die 6 Blütenkronblätter können frei (wie hier) oder verwachsen sein.

*Der **Bärlauch (Allium ursinum)** wächst vor allem in krautreichen Laubwäldern mit sicker-
feuchtem, nährstoffreichem und tiefgründigem Boden. Es ist ein altes Heil- und Küchenkraut.
Verwendung und Aroma entsprechen dem des Knoblauchs.*

Der Blütenstand ist meist eine aus Einzelblüten zusammengesetzte Traube, Rispe oder Dolde. Wenn Einzelblüten vorkommen, sind sie immer endständig. Die Blütenform kann als typisch für die Einkeimblättrigen angesehen werden.

Die Perigonblätter sind in zwei Kreisen, einem inneren und einem äußeren, angeordnet.

Blütendiagramm

Blütenquerschnitt (halbschematisch)

Staubblätter S 3+3 (männliche Blütenanteile)

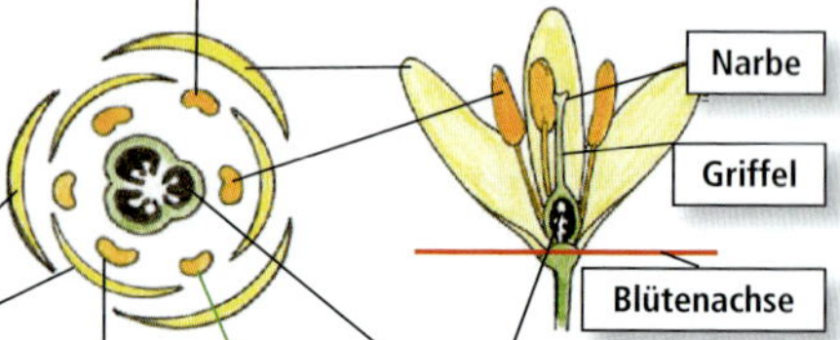

Narbe

Griffel

Blütenachse

Das Perigon, die Blütenkrone, ist nicht in grüne Kelch- und bunte Blütenkronblätter unterteilt sondern gleichgestaltet: P 3+3. Das Perigon kann auch verwachsen sein.

Der Fruchtknoten ist aus 3 oberständigen Fruchtblättern aufgebaut: F (3) (weibliche Blütenanteile).

Symbol für Symmetrie

Blütenformel   *** P 3+3 oder (3+3) S 3+3 F (3)**

* Perigonblätter 3+3 Staubblätter 3+3 Fruchtblätter (3)

Die 6 gleichgestalteten Blütenblätter (Perigon) sind radförmig angeordnet (radiär). Sie können frei oder verwachsen sein. Das Perigon der Liliengewächse ist stets kronblattartig und meist bunt gefärbt. In der Regel besteht es aus zwei Kreisen mit je 3 Blütenblättern. Die Anzahl der Staubblätter ist meist 6, es können aber auch 4, 8 oder 10 sein. Die Bestäubung übernehmen Insekten.

*Bei der **Gattung Weißwurz/Salomonsiegel (Polygonatum)** sind die Kronblätter untereinander und zusätzlich noch einmal mit den 6 Staubblättern verwachsen: [P (3+3) S 3+3] F (3).*

Alle Teile der Weißwurz-Arten sind giftig!

Die Verwachsung der Fruchtblätter kann unterschiedlich stark ausgebildet sein. Der Fruchtknoten ist immer zu einer Einzelfrucht verwachsen, es können darüber hinaus aber auch die Griffel verwachsen sein. Dann ist keine dreiteilige Narbe mehr zu erkennen. In der Blütenformel kann man diese Unterschiede nicht wiedergeben. Zur Fruchtreife bilden sich Beeren oder Kapselfrüchte.

*Beim **Kanten-Lauch (Allium angulosum)** werden die Samen in fachspaltigen Kapseln gebildet.*

*Das **Maiglöckchen (Convallaria majalis)** ist in den Beeren besonders giftig. Richtig dosiert wird es heute noch bei Herz- und Kreislaufbeschwerden eingesetzt.*

*Die **Schachblume (Fritillaria meleagris)** verdankt ihren Namen dem eckigen Fleckenmuster der Blütenkronblätter. Selten kommen auch weiße Blüten vor. Sie wächst auf feuchten Wiesen und in überschwemmten Gebieten. Sie ist in Mitteleuropa selten geworden und steht unter Naturschutz. Die Zwiebel ist giftig.*

Bestimmungsteil

1. Staubblätter 8; netznervige Blätter in meist 4zähligen Quirlen; Blüten einzeln und endständig; schwarze, giftige Beerenfrucht; Laub- und Mischwälder; V: **Einbeere (Paris quadrifolia)**

10-30 ♃   🌿☠

Einbeere

> Früher wurde diese „Pestbeere" gegen ansteckende Krankheiten verwendet, heute wird sie nur noch in der Homöopathie genutzt.
>
> Der Name bezieht sich auf den Trojaner Paris, der nach der griechischen Sage entscheiden sollte, welche der drei Göttinnen am Schönsten ist. Sein Urteil Aphrodite zu wählen, führte durch die Rachsucht der unterlegenen Göttinnen zum Untergang Trojas .

→ Staubblätter 6 oder 4: →**2**

2. Griffel 1 (oder fehlend), aber oft mit 3 Narben; Blätter zur Blütezeit vorhanden: →**3**

→ Griffel 3, voneinander getrennt; Pflanze zur Blütezeit ohne Blätter; rosaviolette bis fleischfarbene Blüten; Wiesen; VIII-XI: **Herbst-Zeitlose (Colchicum autumnale)**

5-40 ♃   🌿🍵☠

> Die Herbst-Zeitlose kommt ursprünglich aus wintertrockenen Steppengebieten und ist an dieses Klima optimal angepasst. Im Herbst entspringen die Blüten aus den Knollen im Boden. Erst im darauf folgenden Frühjahr erscheinen die Blätter zusammen mit den Früchten.
>
> Das Alkaloid Colchicin aus der Herbst-Zeitlosen ist das einzige Mittel bei akuten Gichtanfällen. Die Pflanze ist jedoch stark giftig, so dass die richtige Dosierung sehr wichtig ist.
>
> Das Colchicin wird auch in der Pflanzenzüchtung zur Erzeugung polyploider Zellen (sie enthalten mehr als die üblichen zwei Zellkerne) benutzt, da es sie Zellteilung hemmt.

*Die Blätter der **Einbeere** sind netznervig, was bei Einkeimblättrigen eigentlich nicht vorkommt. Die vier Blätter sind zu einem Scheinquirl genähert. Die Blüte ist im Gegensatz zu den üblichen 6 Perigonblättern der Liliengewächse auch nur 4zählig. Es kommen auch 5- und selten 6blättrige Formen vor. Dann ist die Anzahl der Blütenelemente entsprechend vergrößert. Dies ist oben bei dem 5blättrigen Exemplar an den 5 Kelch- und Fruchtblättern sowie 10 Staubblättern zu erkennen.*

*Rinder meiden die in allen Teilen stark giftige **Herbst-Zeitlose**. Über die Milch der weniger empfindlichen Schafe und Ziegen kann es zu Vergiftungen kommen.*

3. Blütenstand kugelig, doldig oder kopfig, vor dem Aufblühen von einem trockenhäutigen Hüllblatt umgeben, Blätter meist röhrig und nach Lauch riechend: **Lauch (Allium)** →**4**

→ Blütenstand nicht kugelig und ohne Hochblatt: →**7**

4. Blätter breit elliptisch und über 20 mm breit; Stängel 3kantig, Blüten schneeweiß; oft Massenbestände in feuchten Laubwäldern; IV-VI: **Bären-Lauch/ Bärlauch (Allium ursinum)**

20-50 ♃

> *Bären sollen diese entschlackende und appetitanregende Heilpflanze nach dem Winterschlaf aufsuchen. Wirkung und Geschmack entsprechen ungefähr dem des Knoblauchs. Man kann die Blätter und die Zwiebeln roh oder gekocht für Butter, Salate, Suppen und als Wildgemüse verwenden. Die Blüten sind eine scharf schmeckende Dekoration für diese Speisen.*

→ Blätter röhrig oder unter 12 mm breit: →**5**

5. Halbstielrunde Blätter markig und mit Längsrillen; Blüten lebhaft purpurn; sandig-felsige Orte; V-VIII: **Kugel-Lauch (Allium sphaerocephalon)**

30-60 ♃

→ Blätter röhrig-hohl: →**6**

6. Blätter halbrund und ± rinnig; vor allem in den Weinbergen; VI-VIII: **Weinberg-Lauch (Allium vineale)**

30-70 ♃

→ Blätter fast stielrund und ± glatt; Blüten hellpurpurn mit dunkelvioletten Streifen; sandig-steinige Böden, Wegränder; VII-VIII: **Schnittlauch (Allium schoenoprasum)**

15-50 ♃

7 (3). Blüten reinweiß oder grünlichweiß: →**8**

→ Blüten gelb; Auwälder, Bachränder, Wiesen; III-V: **Gewöhnlicher Gelbstern (Gagea lutea)**

10-30 ♃

Das **Hüllblatt** umschließt als Knospenschutz den gesamten Blütenstand. Zur Blütezeit befindet es sich am Grunde des Blütenstandes.

Besonders in Norddeutschland ist der **Bärlauch** in einigen Regionen unter Naturschutz gestellt.

Der **Schnittlauch** ist eine alte Kulturpflanze, die in den Flußtälern und im Alpengebiet einheimisch sein kann.

Der **Gelbstern** ist schwach giftig. Bestäubt wird er von kleinen Fliegen, Käfern und Bienen. Die Samen werden von Ameisen verbreitet.

305

8. Blüten wohlriechend und in einseitswendigen Trauben; Blütenstiel meist
in 2 Laubblätter ± hoch eingehüllt;
lichte Laubwälder, Gebüsche; V-VI:
Maiglöckchen (Convallaria majalis)

10-20 ♃   🌿🍃🍂✋☠

→ Blüten nicht in einseitswendigen
Trauben: **→9**

9. Blütenstängel nur mit 2 herzförmigen
Blättern (an nichtblühenden Pflanzen
nur 1); kleine Blüten 4zählig, in endständiger Traube; Frucht kirschrote
Beere; schattige, humusreiche Wälder;
IV-VI: **Schattenblume (Maianthe-
mum bifolium)**

5-20 ♃   🍃☠

*Das **Maiglöckchen** enthält herzwirksame
Glycoside und ist stark giftig. Die Blüten waren
Bestandteil von Schnupftabak und wurden zum
Aufhellen der Haut verwendet.*

*Die 4zähligen Blüten sind für Einkeim-
blättrige untypisch.*

*An den Blättern ist diese Pflanze leicht
zu erkennen. Die blühenden Triebe haben zwei Laubblätter und die blütenlosen nur eines. Sie ist sehr schattenver-
träglich und in artenarmen Laub- und
Nadelwäldern zu finden.*

→ Blütenstängel mit zahlreichen Blättern; Blüten nicht 4zählig, einzeln oder
zu wenigen blattachselständig: **Weißwurz (Polygonatum) →10**

Schattenblume

10. Blätter zu 3-8 in Scheinquirlen, schattige Wälder vor allem in der montanen
Region; V-VI: **Quirlblättrige Weißwurz (Polygonatum verticillatum)**

30-70 ♃   ☠

→ Blätter 2zeilig, Stängel meist überhängend: **→11**

*Die Beeren der **Vielblütigen Weißwurz** schmecken widerlich süß und sind schwach giftig.*

11. Stängel rund, je 2-5 blattachselständi-
ge Blüten; Schattige Laubwälder meist
auf Kalk; V-VI: **Vielblütige Weißwurz
(Polygonatum multiflorum)**

30-80 ♃   🍃☠

→ Stängel kantig; je 1-2 duftende
Blüten blattachselständig; steinige
Hänge, lichte und meist kalkhaltige
Laub- und Mischwälder; V-VI;
**Wohlriechende Weißwurz/Salomon-
siegel (Polygonatum odoratum)**

15-45 ♃   👃☠

*Der Legende nach lassen sich mit dem Wurzel-
stock des **Salomonsiegels** verschlossene Türen
wie durch Zauberschlag öffnen.*

9.3.2 Schwertliliengewächse (Iridaceae)

Weltweit gibt es etwa 90 Gattungen mit 1.800 Arten. Darunter befinden sich auch einjährige Kräuter. Die 3 bei uns einheimischen Gattungen enthalten knapp 15 Arten. Es sind ausschließlich Stauden, die Knollen oder Rhizome als Speicherorgane ausgebildet haben, um die ungünstige Jahreszeit zu überdauern.

Die Schwertliliengewächse sind den Liliengewächsen sehr ähnlich. Besonders die Gattungen mit lineal-grasartigen Blättern wie der Krokus. Hier ist der unterständige Fruchtknoten ein sicheres Unterscheidungsmerkmal. Bei der Gattung Schwertlilie (Iris) und Gladiole (Gladiolus) sind die Blätter schwertförmig-reitend, d.h. sie haben keine Unter- und Oberseite, sondern eine rechte und eine linke Seite. Diese Blattform gibt es bei den Liliengewächsen nicht. Die Blüten sind meist radiär, eine Ausnahme bilden die Gladiolen mit zygomorphen Blüten, die sich nur in einer Symmetrie-Ebene spiegeln lassen. Die beiden Kreise der Perigonblätter können gleichgestaltet sein wie beim Krokus.

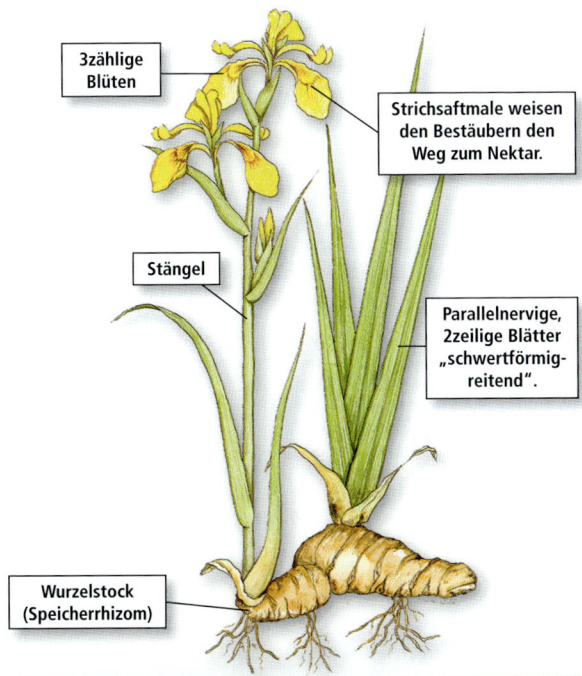

3zählige Blüten

Strichsaftmale weisen den Bestäubern den Weg zum Nektar.

Stängel

Parallelnervige, 2zeilige Blätter „schwertförmig-reitend".

Wurzelstock (Speicherrhizom)

*Die **Sumpf-Schwertlilie (Iris pseudacorus)** wächst auf nährstoffreichen und sauren Schlammböden an Gewässerufern und in Sümpfen. Früher wurde mit dem gerbstoffreichen Wurzelstock Leder gegerbt und unter Zusatz von Eisensalzen schwarz gefärbt. Alle Arten der Gattung stehen unter Naturschutz.*

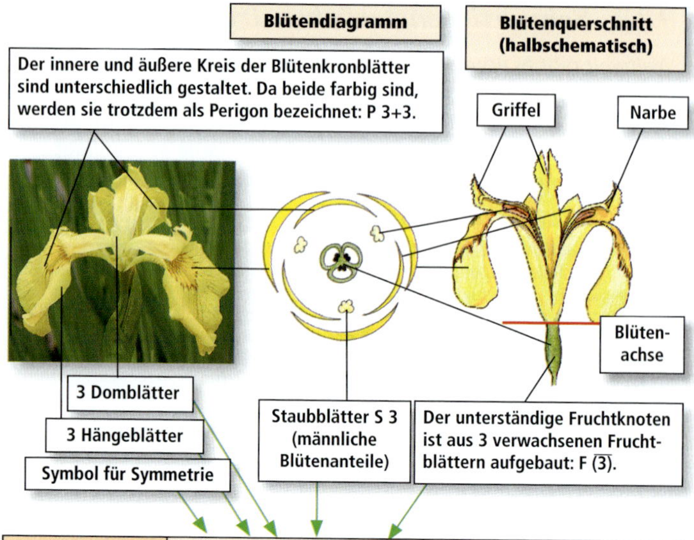

Blütendiagramm

Blütenquerschnitt (halbschematisch)

Der innere und äußere Kreis der Blütenkronblätter sind unterschiedlich gestaltet. Da beide farbig sind, werden sie trotzdem als Perigon bezeichnet: P 3+3.

Griffel

Narbe

Blütenachse

3 Domblätter

3 Hängeblätter

Symbol für Symmetrie

Staubblätter S 3 (männliche Blütenanteile)

Der unterständige Fruchtknoten ist aus 3 verwachsenen Fruchtblättern aufgebaut: F (3).

Blütenformel

* P 3+3 S 3 F (3̄)

* Perigonblätter 3+3 Staubblätter 3 Fruchtblätter (3̄)

Bei der Schwertlilie (Gattung Iris) sind die inneren und die äußeren Blütenkronblätter unterschiedlich gestaltet. Da beide bunt und „blumenblattartig" erscheinen, werden sie auch als Perigonblätter bezeichnet. Die Äußeren nennt man „Hängeblätter", da sie abwärts gerichtet sind. Sie sind häufig mit Strichsaftmalen zur Insektenanlockung gezeichnet. Die sich kuppelartig zusammenneigenden inneren Blütenkronblätter heißen „Domblätter". Die Griffel sehen blütenblattartig aus und haben unterhalb der zweispaltigen Spitze eine quer verlaufende Narbe. Die Staubblätter befinden sich unterhalb dieser weiblichen Blütenteile und werden von ihnen verborgen. Die Perigonblätter bilden eine enge Röhre an dessen Grund der Nektar abgegeben wird. Daher kommen als Bestäuber nur langrüsselige Insekten in Frage, die gleichzeitig genug Kraft haben, in die Blütenkronröhre einzukriechen. Meist sind es Hummeln. Durch diesen Aufbau ist jede der drei Einheiten mit Narbe und Staubblatt eine voll funktionsfähige Teilblüte. Die drei unterständigen Fruchtblätter verwachsen zur Reifezeit zu einer Kapsel.

*Der „Bart" der **Bunten Schwertlilie (Iris variegata)** imitiert Pollen und hat Lockwirkung.*

Bestimmungsteil

1. Blüten zygomorph, purpurn, in einseits-
wendigen ährigen Blütenständen; mit
Knolle; Sumpfwiesen, Moorwälder;
VI-VII: **Sumpf Siegwurz/Gladiole
(Gladiolus palustris)**

30-60 ⚇ Ⓖ

→ Blüten radiär: **→2**

2. Perigonblätter gleich gestaltet, weiß,
purpurn oder gestreift; feuchte Bergwiesen und Matten; III-VI: **Krokus
(Crocus vernus)**

5-15 ⚇ Ⓖ ☠

*Die verschiedenen Krokus-Arten wur-
den schon seit alters her kultiviert und
sind in vielen Formen verwildert.*

*Der Safran (Crocus sativus) ist eine
Nutzpflanze, bei der die bis zu 20 cm
langen Narben getrocknet werden. Sie
werden seit dem Altertum zum Färben
von Backwaren und als Gewürz verwendet. Für 1 g Safran braucht man
über 100 Blüten. Vor 1914 wurde Safran auch in Deutschland angebaut.
Eine Überdosierung kann ab 5-10 g
tödlich sein.*

→ Perigonblätter verschieden, die äußeren sind zurückgebogen und die inneren aufrecht: **Schwertlilie (Iris) →3**

*Die Iris war im alten Griechenland eine
Göttin des Lichtes, der Regenbogen,
der zwischen Himmel und Erde stehend
ein Bote der Götter der Menschen ist.*

3. Blüte gelb; Blätter 1-3 cm breit; Auwälder, Gräben, Sümpfe; V-VI: **Sumpf-
Schwertlilie (Iris pseudacorus)**

50-100 ⚇ 🍂🌱☠

*Die in allen Teilen vorhandenen Gift-
stoffe bleiben beim Trocknen enthalten
und verursachen beim Vieh blutige
Durchfälle.*

→ Blüte blau-violett; Stängel hohl; Blätter 2-6 mm breit; Sumpfwiesen, Flachmoore; V-VI: **Sibirische Schwertlilie
(Iris sibirica)**

30-80 ⚇ Ⓖ ☠

*Die Temperatur beeinflusst das Öffnen und
Schließen der Blüte beim **Krokus**. Mit zunehmendem Alter nimmt die Größe der Blütenblätter zu, denn die Wachstumsbewegungen,
die das Schließen veranlassen, sind irreversibel.
Krokusblüten reagieren auf Temperaturunter-
schiede von weniger als 1 °C.*

*Die **Sumpf-Schwertlilie** ist eine „Einkriech-
blume" bei der die langrüsseligen Bestäuber
(Hummeln) in die Blüte kriechen müssen um an
den Nektar zu gelangen.*

*Die unbenetzbaren Samen in den Fruchtkapseln
enthalten Hohlräume und sind mindestens 12
Monate schwimmfähig.*

9.3.3 Orchideen/Knabenkrautgewächse (Orchidaceae)

Orchideen haben die Menschen wegen ihrer Schönheit und ausgefallenen Formen schon lange fasziniert. Gleichzeitig ist es mit 25.000 bis 30.000 geschätzten Arten die artenreichste Pflanzenfamilie. Ihr gehören ca. 800 Gattungen an, von denen die meisten tropisch verbreitet sind. Dort gibt es unter den Orchideen viele verschiedene Wuchs- und Lebensformen, einige von ihnen wachsen auf Bäumen. Die einheimischen Orchideen sind ausschließlich Stauden. Sie überstehen den Winter durch Speicherorgane im Erdboden. Die etwa 70 einheimischen Orchideenarten gehören 27 verschiedenen Gattungen an. Sie stehen alle unter Naturschutz!

Eine Besonderheit der Orchideen ist, dass sie bei der Keimung von einer Pilzsymbiose abhängig sind. Da Nährstoffe durch den Pilz aufgeschlossen und für den Keimling zur Verfügung gestellt werden, kann das Nährgewebe der Samen fehlen und die Samen insgesamt sehr klein bleiben. Dies begünstigt die Windverbreitung. Einige Orchideen gehen nach der Keimung eine Lebensgemeinschaft (Mykorrhiza) mit Pilzen ein. Die Nestwurz (Neottia nidus-avis) bildet überhaupt kein Blattgrün aus und bezieht ihre Nährstoffe ausschließlich über die Symbiose mit einem Pilz.

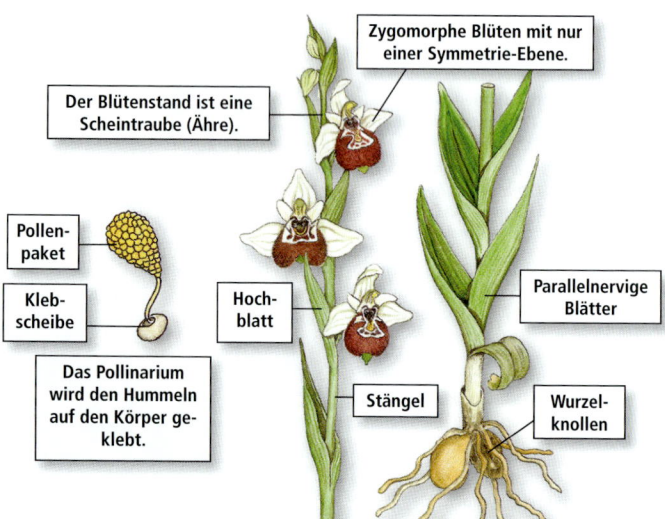

Zygomorphe Blüten mit nur einer Symmetrie-Ebene.

Der Blütenstand ist eine Scheintraube (Ähre).

Pollenpaket

Klebscheibe

Hochblatt

Parallelnervige Blätter

Das Pollinarium wird den Hummeln auf den Körper geklebt.

Stängel

Wurzelknollen

*Die **Hummel-Ragwurz (Ophris holoserica)** gaukelt den Hummelmännchen durch Behaarung und Duft der Blüte ein Weibchen vor, so dass die Hummeln Kopulationsversuche unternehmen. Da sie dies auf mehreren Pflanzen versuchen, wird so eine effiziente Bestäubung erreicht.*

Die Blüten stehen häufig als Ähren oder Trauben in den Achseln laubiger oder gefärbter Hochblätter. Es kommen auch Einzelblüten vor.

Die Blüte ist meist extrem zygomorph, das heißt in einer Symmetrie-Ebene spiegelbar. Die Blüten drehen sich bei ihrer Entfaltung um 180°. Diese Drehung kann man im Bereich des unterständigen Fruchtknotens bei den meisten Arten an dessen Kanten erkennen. Auf den ersten Blick könnte man diesen Bereich für einen Blütenstiel halten, dieser fehlt bei den meisten Arten jedoch. Die Anpassung der Blütenform und Farbe an die verschiedensten Insekten hat zu einer hohen Variabilität in Bezug auf die Blütengestalt und die Bestäubungsmechanismen geführt. Diese zunächst irritierende Vielfalt geht bei den einheimischen Orchideen, mit Ausnahme des Frauenschuhs, auf eine sehr einheitliche Blütenformel zurück.

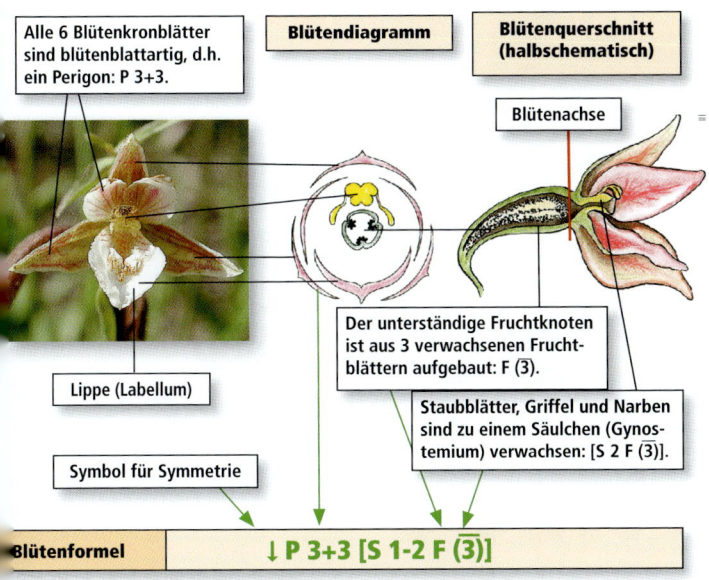

Alle 6 Blütenkronblätter sind blütenblattartig, d.h. ein Perigon: P 3+3.

Blütendiagramm

Blütenquerschnitt (halbschematisch)

Blütenachse

Lippe (Labellum)

Der unterständige Fruchtknoten ist aus 3 verwachsenen Fruchtblättern aufgebaut: F (3).

Staubblätter, Griffel und Narben sind zu einem Säulchen (Gynostemium) verwachsen: [S 2 F (3)].

Symbol für Symmetrie

Blütenformel

$$\downarrow \text{P 3+3 [S 1-2 F }\overline{(3)}]$$

↓ **Perigonblätter 3+3 Staubblätter 1-2 Fruchtblätter (3)**

Allen gemeinsam ist, dass es keine Unterscheidung in Kelch- und Blütenkronblätter gibt und stets 6 Blütenblätter am Aufbau der Blüte beteiligt sind. 3 dieser Blütenblätter sind miteinander verwachsen und bilden eine Art Schutzkappe für die Staubblätter und Griffel. Zwei Blütenblätter stehen seitlich ab. Das letzte ist abwärts gerichtet und dient meist als Anflugstelle für die Insekten. Es wird als Lippe (Labellum) bezeichnet und ist häufig zusätzlich gesport. Diese Lippe ist sehr vielgestaltig und trägt wesentlich zu der Formen- und Farbenvielfalt der Orchideen bei. Sie kann sogar in Bezug auf Form, Farbe und Behaarung ein Insekt imitieren und einen starken Geruch verströmen. Diese Lippe ist für die Artbestimmung wesentlich.

Die beiden Staubblätter bzw. das einzige fruchtbare Staubblatt sowie der Griffel und die Narben des Fruchtknotens sind zu einem Säulchen (Gynostemium) verwachsen. Sie beherbergen einen ganz speziellen Bestäubungsmechanismus, bei dem der Pollen als zusammenhängende Verbreitungseinheit (Pollinarium) abgegeben wird. Die Pollenpakete (Pollinium) werden mit einem Stiel und einer Klebscheibe (Viscidium) versehen. Bei den Knabenkräutern (Orchis) beispielsweise liegt die Öffnung des Sporns unmittelbar vor diesem Säulchen, das die Pollenpakete beherbergt. Bei dem Versuch an den Nektar im Inneren des Sporns zu gelangen, stößt das Insekt mit dem Kopf an die Klebscheibe und bekommt die Pollenpakete auf Kopf oder Hinterteil geklebt. Nachdem die Pollenpakete abgegeben sind, liegt die Narbe frei und kann von den zuvor „gehörnten" Insekten befruchtet werden. Sie können diesen Mechanismus selber mit einem Hölzchen an einer Orchideenblüte nachahmen.

Die Frucht ist eine Kapsel. Sie enthält unzählige, staubfeine Samen, die nur mit Hilfe von Pilzhyphen keimfähig sind. Sie werden ähnlich wie die Sporen der Gefäßpflanzen vom Wind verbreitet.

*Früchte und Blütenstand der **Echten Sumpfwurz (Epipactis palustris)**.*

In der Regel stellt es kein Problem dar, eine Orchidee als solche zu erkennen. Eine Verwechslung ist mit der ähnlichen Gattung Würger (Orobanche) möglich. Diese bei uns seltenen Arten sind sehr wirtsspezifische Schmarotzer auf verschiedenen anderen Pflanzen ohne Blattgrün. Ein gutes Unterscheidungsmerkmal sind ihre zygomorphen Röhrenblüten, die denen der Rachenblütler ähneln.

*Der **Fichtenspargel (Monotropa hypopitys)** ist ein Vollschmarotzer. Er gehört der Familie der Fichtenspargelgewächse an und geht eine parasitische Verbindung mit dem Wurzelgeflecht eines Pilzes ein. Der Pilz hat gleichzeitig eine Mykorrhiza mit Baumwurzeln.*

Bestimmungsteil

1. Lippe schuhförmig; 3-4 cm lang und gelb; schattige Wälder auf Kalk; V-VII: **Frauenschuh (Cypripedium calceolus)**

15-50 ♃ ©

Der Frauenschuh verdankt seinen Namen der schuhförmigen Lippe, in deren Öffnung die Staubblätter und Narbe ragen. Durch den Duft angelockt, kriechen kleine Bienenarten in den Schuh hinein. Da sie an den eingerollten Blatträndern abrutschen, gelangen sie auf diesem Weg nicht mehr ins Freie. Bei dem einzigen Ausweg durch eine viel kleinere Öffnung müssen sie sich unter der Narbe und den Staubbeuteln vorbei ins Freie zwängen. Dabei bleibt der Pollen auf dem Rücken der Bienen hängen und gelangt beim nächsten Blütenbesuch zwangsläufig auf die Narbe.

Frauenschuh

→ Lippe nicht schuhförmig: →**2**

2. Stängel mit 2 fast gegenständigen sitzenden Blättern; feuchte Wälder, buschige Wiesen, Trockenrasen; V-VII: **Großes Zweiblatt (Listera ovata)**

20-50 ♃ ©

→ Stängel mit mehr als 2 Blättern: →**3**

3. Blüte ungespornt: →**4**

Alle Arten der Gattungen Stendelwurz (Epipactis) und Waldvöglein (Cephalanthera) haben ungesporte Blüten.

→ Blüte gespornt: →**5**

4. Perigonblätter ± ausgebreitet, grünlich, rosapurpurn oder bräunlich; Stängel behaart, am Grund meist rötlich überlaufen; Laub- und Nadelwälder; VII-VIII: **Breitblättrige Stendelwurz (Epipactis helleborine)**

20-75 ♃ ©

Die Breitblättrige Stendelwurz ist eine der häufigsten heimischen Orchideen und eine der wenigen nicht gefährdeten Arten der Familie. Da generell alle Orchideen geschützt sind, trifft dies auch auf diese an vielen Waldwegrändern vorkommende Art zu.

*Die **Breitblättrige Ständelwurz** hat ungesporte Blüten. Die Unterlippe ist im hinteren Teil wannenförmig und beherbergt den Nektar. Beim Blütenbesuch heften sich die Bestäuber (Bienen, Wespen und Fliegen) die Pollenpakete, das Pollinium, auf den Kopf und fliegen damit zur nächsten Blüte.*

→ Perigonblätter ± zusammenneigend, gelblichweiß; Stängel im oberen Teil kahl; schattige Laubwälder auf Kalk; V-VI: **Weißes Waldvöglein (Cephalanthera damasonium)**

30-60 ♃ ⓖ

5 (3). Perigonblätter außer der Lippe helmförmig zusammenneigend; Blüten purpurn; Wiesen und lichte Laubwälder auf Kalk; V-VI: **Männliches Knabenkraut (Orchis mascula)**

15-50 ♃ ⓖ

*Die zusammenneigenden Blütenkronblätter sind beim **Helm-Knabenkraut** (Orchis militaris) besonders gut zu erkennen (Name!).*

→ Die beiden seitlichen Perigonblätter sind abstehend oder zurückgeschlagen und die 3 mittleren helmförmig zusammenneigend: **Knabenkraut (Dactylorhiza) →6**

6. Blüte purpurn; Stängelblätter 3-6, Stängel hohl, Blätter fast stets mit kräftigen Flecken; feuchte Wiesen; V-VI: **Breitblättriges Knabenkraut (Dactylorhiza majalis)**

15-60 ♃ ⓖ

Männliches Knabenkraut:

Der deutsche Name Knabenkraut wird irreführend für zwei verschiedene Gattungen (Orchis und Dactylorhiza) gebraucht. Sie unterscheiden sich durch die äußeren Perigonblätter, die bei der Gattung Orchis auch helmförmig zusammengeneigt sind, während sie bei der Gattung Dactylorhiza seitlich abstehen. Die inneren Perigonblätter sind hier jedoch auch helmförmig.

→ Blüte rosa; Stängelblätter 6-10, Stängel markig (nicht zusammendrückbar); Blätter immer gefleckt; feuchte Wiesen und lichte Wälder; V-VIII: **Geflecktes Knabenkraut (Dactylorhiza maculata)**

40-60 ♃ ⓖ

Die Samen sind wie bei den meisten Orchideen fast so klein wie Sporen und werden durch den Wind aus den Kapseln geblasen. Sie erreichen Flugweiten von über 10 km. Als winzig kleine Ballonflieger haben sie statt Reservestoffe Luftgewebe eingeschlossen. Die Keimung kann nur mit Hilfe eines spezifischen Wurzelpilzes erfolgen, der die notwenigen Nährstoffe aus dem Boden aufschliesst.

Im Keimstadium hat der Pilz von diesem Zusammenleben keinen Vorteil. Später bekommt er von der Pflanze zuckerreiche Verbindungen und beide Partner profitieren von dieser Lebensgemeinschaft (Symbiose).

Geflecktes Knabenkraut

9.4 Einführendes Kapitel zu den Grasartigen

Gräser zu bestimmen ist nicht schwieriger als das Bestimmen anderer Pflanzen. Es gibt kniffelige Gattungen und einfachere. Der einzige wesentliche Unterschied ist die Größe der Blüten und vor allem bei den Süßgräsern ihr abweichender Blütenaufbau.

Um Frust von vorneherein zu vermeiden, sollten Sie sich jedoch mit dem Blütenaufbau vertraut machen und die richtige Ausrüstung verwenden. Eine gute Lupe mit 10facher Vergrößerung ist ein absolutes Muss. Sehr viel Freude werden Sie an der Grasbestimmung bekommen, wenn Sie mit einem Stereomikroskop mit Auflicht arbeiten. Die Gräser werden Sie in ihrer faszinierenden und einzigartigen Schönheit begeistern.

Wichtig ist es auch, die Blütezeit abzupassen, da die Blütenmerkmale dann ohne Präparieren zu erkennen sind. Für die Präparation ist eine Präpariernadel und eine Pinzette mit feiner Spitze hilfreich. Bestimmt benötigen Sie auch etwas Geduld. Sie brauchen sich nicht zu beeilen, da sich die Gräser auch im getrockneten (herbarisierten) Zustand gut bestimmen lassen und sich im Kühlschrank lange frisch halten. Getrocknete Spelze quellen innerhalb von Minuten, wenn sie in mit Spülmittel versetztes Wasser gelegt werden. Sie sind dadurch besser bestimmbar.

Der **Wiesen-Schwingel (Festuca pratensis)** ist ein Süßgras, das aus Amerika eingeführt wurde und inzwischen in Eurasien weit verbreitet ist.

Zur Blütezeit hängen die reifen Staubbeutel an den Staubfäden weit aus den einzelnen Blüten heraus.

Ursprünglich wurde der Begriff „Gras" für Rasen- und Wiesenpflanzen verwendet. Volkstümlich nannte man alles was Halme statt Blätter besitzt, Gräser. In der modernen Umgangssprache ist es auch weitestgehend dabei geblieben. Der Bauplan der Binsengewächse sowie der Sauer- und Süßgräser unterscheidet sich jedoch stark, und wenn Sie ein Gras von Anfang an in die richtige Kategorie einordnen, können Sie die Bestimmung wesentlich „abkürzen". Mit ein wenig Übung gelingt Ihnen das leicht.

Um zu klären, wodurch sich ein „echtes" Gras, also ein Süßgras, von einer Segge, Simse oder Binse unterscheidet, die alle wie „Gräser" aussehen, wird in der folgenden Übersicht ein Überblick über die verschiedenen Gruppen gegeben. Alle gehören zu den Einkeimblättrigen mit Parallelnervatur. Alle Gruppen sind windblütig.

Familie	Süßgräser	Binsengewächse	Sauergräser
Blüte	Typischer Aufbau der Blüten mit Hüll-, Deck- und Vorspelze.	Klein und unscheinbar. * P 6 S 3-6 F (3)	Die unscheinbaren, meist eingeschlechtlichen Blüten stehen immer in der Achsel von Spelzen.
Blüten-stand	Einzelblüten meist in vielblütigen Ährchen.	Meist rispenartige „Spirre", nicht in Ährchen.	Mehrblütige Ährchen meist in Köpfchen oder Spirren.
Blatt und Halm	Blätter 2zeilig angeordnet, oft mit Blatthäutchen (Ligula). Halm mit Knoten, rund (nie dreikantig) und hohl.	Keine Knoten, stängelähnlich, oft mit Durchlüftungsgewebe. Gattung Simse (Luzula): grasartig mit Wimpern. Gattung Binse (Juncus): rund.	Keine Knoten, geschlossene Blattscheide; 3kaniger, markiger Stängel. Blätter 3zeilig angeordnet, oft mit Blatthäutchen (Ligula).

9.4.1 Binsengewächse (Juncaceae)

Weltweit gibt es 10 Gattungen mit über 300 Arten. Einheimisch sind bei uns die beiden Gattungen Hainsimse (Luzula) und Binse (Juncus) mit etwa 15 bzw. 25 Arten vertreten.

Binsengewächse sind grasähnliche Kräuter oder Stauden mit knotenlosem Stängel. Die beiden Gattungen Hainsimse und Binse sind vom Blütenaufbau her identisch, hinsichtlich ihrer Gestalt weichen sie erheblich voneinander ab.

Die Gattung Binse (Juncus) hat stängelähnliche Blätter mit offenen oder verwachsenen Blattscheiden. Sie ist vor allem auf feuchten Standorten verbreitet.

Der Blütenstand ist bei beiden Gattungen meist eine „Spirre", die aus mehreren Einzelblüten zusammengesetzt ist. Die Einzelblüten können köpfchenförmig, doldig oder rispenartig zusammengezogen sein. Meist stehen sie in der Achsel des Tragblattes, das auch als Hüllblatt bezeichnet wird. Bei vielen Binsen-Arten steht der Blütenstand scheinbar seitlich an einem blattlosen Stängel, tatsächlich handelt es sich dabei aber auch um ein Tragblatt, das scheinbar den Stängel fortsetzt. Die relative Länge des Tragblattes zum gesamten Blütenstand ist ein wichtiges Bestimmungsmerkmal.

Die Tragblätter werden auch als Hüllblätter bezeichnet.

Der Blütenstand ist eine Spirre.

Knotenlose Stängel

Der Stängel ist nur im unteren Drittel beblättert.

Wurzeln

Die Blüten stehen hier einzeln in 2 Vorblättern

Kapselfrucht

Perigonblatt

Vorblatt

Blattscheiden mit Öhrchen

*Die **Zarte Binse (Juncus tenuis)** ist eine 15-40 cm hohe Horstpflanze, die um 1820 aus Nordamerika eingeschleppt wurde. Die Ausbreitung erfolgt durch die Klebsamen durch Trittverbreitung.*

Die Gattung Hainsimse (Luzula) besiedelt vorwiegend bodensaure Wälder und mageres Grünland. Sie entspricht gar nicht dem, was landläufig unter einer „Binse" verstanden wird. Sie hat Blätter, die denen der Süßgräser stark ähneln. Bis auf das Pfeifengras sind die Stängel der Süßgräser jedoch alle deutlich durch Knoten gegliedert. Außerdem ist die Blattstellung dreizeilig und nicht zweizeilig wie bei den Süßgräsern.

Ein weiteres Merkmal der Hainsimsen ist eine mehr oder weniger starke Bewimperung am Blattrand. Diese Wimpern werden oft als Bestimmungsmerkmal herangezogen. Bei Süßgräsern gibt es eine derartige Behaarung nicht.

*Die **Feld-Hainsimse (Luzula campestris)** hat einen stark bewimperten Blattrand. Der Blütenstand gleicht dem der Gattung Binse (Juncus).*

Die einzelnen Blüten sind bei beiden Gattungen grün bis bräunlich, klein und unscheinbar. Ihre Hüllblätter sind gleichgestaltet (Perigon) und meist trockenhäutig. Sie sind an der reifen Frucht noch vorhanden. Der Blütenaufbau entspricht dem „typischen" Bauplan der Einkeimblättrigen. Die Frucht ist eine aus drei miteinander verwachsenen Fruchtblättern aufgebaute Kapsel.

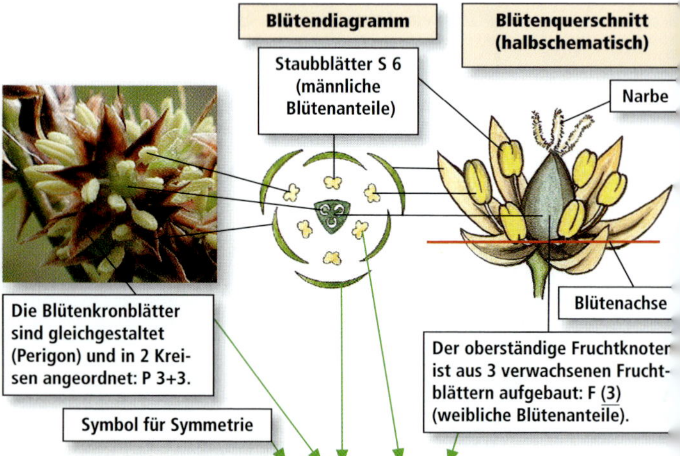

Blütendiagramm

Blütenquerschnitt (halbschematisch)

Staubblätter S 6 (männliche Blütenanteile)

Narbe

Die Blütenkronblätter sind gleichgestaltet (Perigon) und in 2 Kreisen angeordnet: P 3+3.

Blütenachse

Symbol für Symmetrie

Der oberständige Fruchtknoten ist aus 3 verwachsenen Fruchtblättern aufgebaut: F (3) (weibliche Blütenanteile).

Blütenformel

* P 3+3 S 6 F (3)

* Perigonblätter 3+3 Staubblätter 6 Fruchtblätter (3)

Bestimmungsteil

1. Blätter stängelähnlich oder borstenförmig, kahl; Pflanze oft mit kräftiger, unterirdisch kriechender, wurzelähnlicher Sprossachse (Rhizom); Frucht vielsamig: **Binse (Juncus)** →5

→ Blätter flach grasartig und am Rand meist langhaarig; Frucht 3samig: **Hainsimse (Luzula)** →2

2. Die einzelnen Blüten sitzend zu 2–10 in Ähren oder Köpfchen vereinigt, diese in Spirren; sonnig-trockene Wald- und Wegränder; III–V: **Feld-Hainsimse (Luzula campestris)**

5–20 ⵜ

*Die **Feld-Hainsimse** ist ein Versauerungs- und Magerkeitszeiger. Das Hüllblatt ist ungefähr so lang wie der Blütenstand und überragt diesen nur wenig oder gar nicht. Die Blätter sind seitlich und besonders am Blattansatz behaart.*

→ Blüten kurz gestielt, einzeln oder zu wenigen gebüschelt (aber nicht in Ährchen oder Köpfchen), Blütenstand doldentraubig oder spirrig: →3

3. Blüten einzeln und entfernt stehend; Grundblätter 5–10 mm breit und dicht weiß bewimpert; Wälder, Samenanhängsel sichelförmig; Gebüsche, Waldwiesen; III–V: **Behaarte Hainsimse (Luzula pilosa)**

15–30 ⵜ

*Die **Wald-Hainsimse** (links) besiedelt ähnliche Standorte wie die **Weiße Hainsimse** (rechts). Sie ist allerdings mehr in Höhenlagen verbreitet.*

Im blühenden Zustand unterscheiden sie sich durch die Farbe der Perigonblätter.

Die Blätter der Wald-Hainsimse sind breiter als die der Weißen Hainsime (3-5 mm) und randlich weniger dicht behaart.

→ Blüten gruppenweise genähert; Samenanhängsel nicht sichelförmig: →4

4. Perigonblätter braun; untere Hüllblätter deutlich kürzer als der Blütenstand, nicht laubartig; Blätter starr, glänzend-dunkelgrün, 4–20 mm breit; Wälder; IV–V: **Wald-Hainsimse (Luzula sylvatica)**

30–90 ⵜ

→ Perigonblätter weißlich oder rötlich, Blüten zu 2–8 genähert; formenreich; lichte trockene Wälder; V: **Weiße Hainsimse (Luzula luzuloides)**

30–70 ⵜ

5 (1). Spirre deutlich endständig, zuweilen von den laubblattartigen Hüllblättern überragt: →9

→ Spirre scheinbar seitenständig, das stängelähnliche Hüllblatt bildet die Fortsetzung des Stängels: →6

*Im Gegensatz zur **Flatter-Binse** (rechts) steht der Blütenstand (Spirre) bei der **Zarten Binse** (links) endständig. Er steht in der Achsel der Hüllblätter und wird von ihnen überragt.*

6. Spirre etwa in der Mitte des Stängels, 3-7blütig; Hüllblätter etwa so lang wie der Blütenstand; moorige Orte; VI-VIII: **Faden-Binse (Juncus filiformis)**

15-45 ♃

→ Spirre (Blütenstand) in der oberen Hälfte des Stängels: →**7**

7. Stängel glatt, glänzend; Perigonblätter grünlich-bräunlich, breit hautrandig, Staubblätter 3; Stängelmark nicht unterbrochen; nasse Wiesen, feuchte Waldstellen, Quellmoore; VI-VII: **Flatter-Binse (Juncus effusus)**

30-150 ♃

Das ungekammerte Mark der **Flatter-Binse** wurde früher als Lampendocht verwendet.

→ Stängel deutlich gestreift oder gefurcht, nicht glänzend: →**8**

8. Mark der graugrünen Stängel fächerig unterbrochen; Spirre locker, Staubblätter 6; Perigonblätter rotbraun mit grünem Mittelnerv; feuchte Orte; VI-VIII: **Graugrüne Binse (Juncus inflexus)**

30-60 ♃

→ Mark der mattgrünen Stängel nicht unterbrochen; Spirre kugelig-geknäult, Staubblätter 3; Perigonblätter braunrot; moorige Wiesen; V-VII: **Knäuel-Binse (Juncus conglomeratus)**

20-100 ♃

Die **Graugrüne Binse** (links und oben) unterscheidet sich von der **Knäuel-Binse** (rechts) durch den lockereren Blütenstand und das gekammerte Mark.

9 (5). Blüten zu mehreren kopfig gehäuft; alle Perigonblätter stachelspitzig und gleich lang; gegliedertes Mark von außen fühlbar beim Zusammendrücken und Entlangziehen der Blätter; Gräben, feuchte Wiesen, Sümpfe; VII-X: **Glieder-Binse (Juncus articulatus)**

20-50 ♃

→ Blüten einzeln: →**10**

10. Blattscheiden mit 1-3 mm langen stumpflichen Öhrchen; nasse Waldwege; VI-IX: **Zarte Binse (Juncus tenuis)**

25-40 ♃

→ Blattscheide ohne Öhrchen, Gräben, Waldwege, nasse Äcker; VI-IX: **Kröten-Binse (Juncus bufonius)**

5-30 ⊙

An den durchscheinenden, rundlichen Ausbuchtungen am Blattansatz (Öhrchen) ist die **Zarte Binse** (oben) von der Kröten-Binse gut zu unterscheiden.

9.4.2 Sauergräser (Cyperaceae)

Weltweit gibt es über 100 Gattungen mit etwa 3.600 Arten. Papyrus (Cyperus papyrus) ist z.B. ein Sauergras aus dem im alten Ägypten „Papier" hergestellt wurde. Von den etwa 15 einheimischen Gattungen mit zusammen etwa 140 Arten ist die Gattung Segge (Carex) die bedeutendste. Da die Arten untereinander bastadisieren ist ihre Bestimmung nicht immer einfach.

Sauergräser besiedeln meist feuchte Standorte. Es sind fast ausschließlich mehrjährige Kräuter oder Stauden. Den Namen Sauergräser haben sie nicht wegen ihres Geschmackes bekommen, sondern weil sie im Gegensatz zu den Süßgräsern als Futtergräser für das Vieh kaum verwendbar sind. Sie wurden allenfalls als Streu genutzt. Der volkstümliche Name „Riedgräser" hat mit dem Namen „Sauerwiesen" für Riedgrasbestände oder „wertloses Grünland" zu tun.

Charakteristisch für fast alle Sauergräser ist ihr markiger, knotenloser, 3kantiger Stängel. Dementsprechend sind die Blätter dreizeilig angeordnet. Die Blattscheide ist stets geschlossen. An der Übergangsstelle von der Blattscheide in die Blattspreite kann ein Blatthäutchen (Ligula) ausgebildet sein. Entsprechend wie bei den Süßgräsern ist dies ein wichtiges Bestimmungsmerkmal.

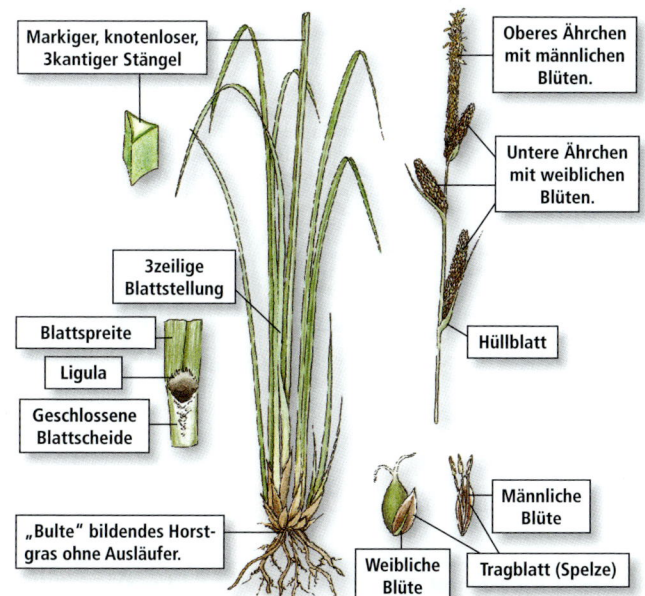

Markiger, knotenloser, 3kantiger Stängel

Oberes Ährchen mit männlichen Blüten.

Untere Ährchen mit weiblichen Blüten.

3zeilige Blattstellung

Blattspreite

Ligula

Geschlossene Blattscheide

Hüllblatt

„Bulte" bildendes Horstgras ohne Ausläufer.

Männliche Blüte

Weibliche Blüte

Tragblatt (Spelze)

*Die **Steife Segge (Carex elata)** bildet dichte, oft stockwerkartig aufgebaute Horste. Sie ist vom Tiefland bis in die Alpen auf nährstoffreichen, schlammigen bis torfigen Böden verbreitet und verträgt Überschwemmungen. Der scharfe Blattrand ist ein Schutz gegen Tierfraß.*

321

Die Blüten sind klein und unscheinbar. Sie können sowohl zwittrig als auch eingeschlechtlich sein. Sie stehen meist in der Achsel von trockenhäutigen Tragblättern,
die als Spelzen bezeichnet werden. Die Blütenhülle ist oft zu Borsten oder Haaren umgebildet und kann auch ganz fehlen. Die Anzahl der Staubblätter beträgt
2 oder 3.

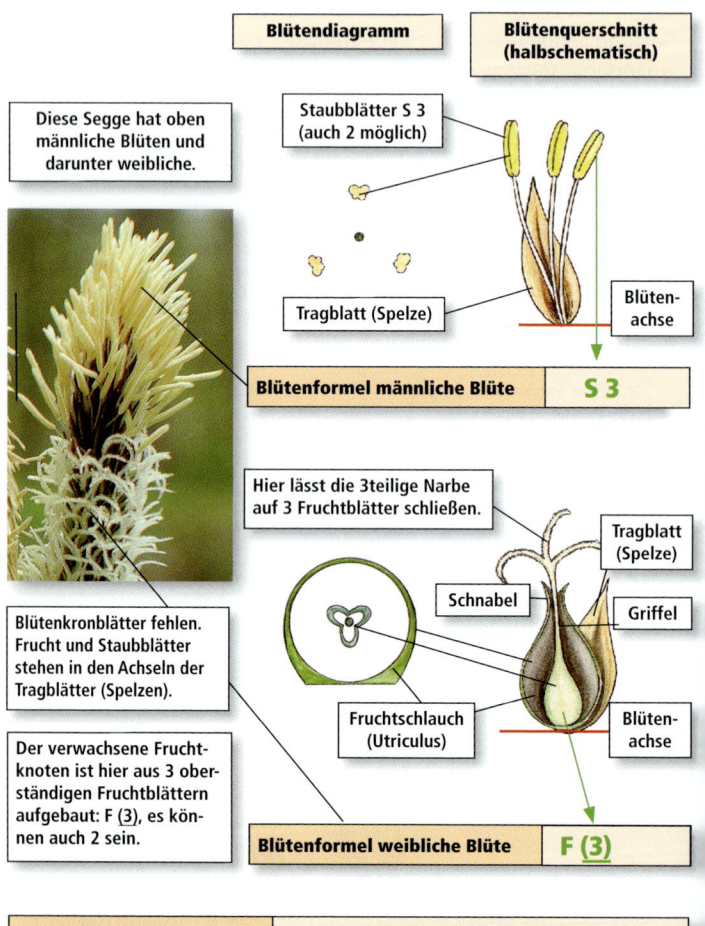

Blütendiagramm

Blütenquerschnitt (halbschematisch)

Diese Segge hat oben männliche Blüten und darunter weibliche.

Staubblätter S 3 (auch 2 möglich)

Tragblatt (Spelze)

Blütenachse

Blütenformel männliche Blüte **S 3**

Hier lässt die 3teilige Narbe auf 3 Fruchtblätter schließen.

Tragblatt (Spelze)

Schnabel

Griffel

Blütenkronblätter fehlen. Frucht und Staubblätter stehen in den Achseln der Tragblätter (Spelzen).

Fruchtschlauch (Utriculus)

Blütenachse

Der verwachsene Fruchtknoten ist hier aus 3 oberständigen Fruchtblättern aufgebaut: F (3), es können auch 2 sein.

Blütenformel weibliche Blüte **F (3)**

Allgemeine Blütenformel **S 2 – 3 F (2 – 3)**

Staubblätter 2 – 3 Fruchtblätter (2 – 3)

Bei der Bestimmung der einzelnen Seggen-Arten (Gattung Carex) spielen vor allem die Blattgestalt, der Stängelquerschnitt (rund, stumpf oder scharfkantig 3eckig) und die Wuchsform (horst- oder rasenbildend) eine Rolle. Zu ihnen gehören etwa 100 der insgesamt 140 Arten, so dass die Unterscheidung dementsprechend teilweise nur anhand von geringfügigen Unterschieden vorgenommen wird. Oft werden Merkmale der Wuchsform und der unteren Stängelabschnitte verlangt. Am besten ist es, unterirdische Teile mitzunehmen, wenn die Art nicht im Gelände bestimmt wird. Notieren Sie sich unbedingt im Gelände, ob die Wuchsform rasen- oder horstartig ist.

*Rasenbildende Seggen wie beispielsweise die **Schlank-Segge (Carex acuta)** bilden Ausläufer. Die einzelnen Pflanzen wachsen lockerrasig oder einzeln stehend nebeneinander.*

Wichtig ist auch, wie die Blattscheide an der vorderen Kante aufreißt. Sie kann häufig oder netznervig zerreißen. Die Faltung der Blätter ist entscheidend, auch ihr Rand. Er ist oft rau. Am besten spüren Sie dies, wenn sie vorsichtig mit dem Blatt an der Oberlippe entlangfahren, da die Haut hier besonders empfindlich ist.

*Die **Hängende Segge (Carex pendula)** ist ein Horstgras, die gekielten Blätter sind stark rau.*

Der Name Segge leitet sich von „sek" ab, was im alteuropäischen Raum so viel wie „schneiden" bedeutet und sich auf die schneidend scharfen Blattränder bezieht. Diesen Ursprung findet man auch im wissenschaftlichen Gattungsnamen Carex. „Secare" heißt lateinisch „schneiden" und „carere" bedeutet „kratzen", ursprünglich wurden die Seggen vermutlich als „kratzendes Gestrüpp" bezeichnet. Einige Arten wurden auch tatsächlich geschnitten und als Einstreu oder Flechtmaterial benutzt.

Auch bei den wenigen Arten, die einen binsenähnlichen Habitus haben, ist der Stängel knotenlos und markig. Bei der Gattung Simse (Scirpus) ist die Blüte zudem denen der Binsengewächse sehr ähnlich. Der einzige Unterschied ist der, dass die Blütenhülle zu Borsten reduziert ist.

Bei den Sauergräsern sind mehrere Einzelblüten zu mehrblütigen Ährchen zusammengezogen. Diese Ährchen wiederum können einzeln oder zu Ähren, Köpfchen oder Spirren vereinigt sein. Die Verteilung der eingeschlechtlichen Blüten innerhalb des Blütenstandes variiert stark und dient als Bestimmungsmerkmal. Dabei gibt es viele Kombinationsmöglichkeiten: Die Verschiedenährigen Seggen haben ein oder mehrere männliche Ährchen, getrennt von den weiblichen Ährchen. Meist stehen die männlichen oberhalb der weiblichen Ährchen. Bei den Gleichährigen Seggen sind sowohl männliche als auch weibliche Blüten in den einzelnen Ährchen vorhanden. Die folgenden Abbildungen geben eine Übersicht über die verschiedenen Kombinationsmöglichkeiten.

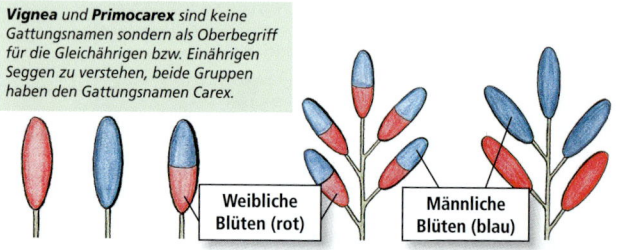

Vignea und *Primocarex* sind keine Gattungsnamen sondern als Oberbegriff für die Gleichährigen bzw. Einährigen Seggen zu verstehen, beide Gruppen haben den Gattungsnamen Carex.

Weibliche Blüten (rot)

Männliche Blüten (blau)

*Bei den **Einährigen Seggen (Untergattung Primocarex)** befindet sich nur ein Ährchen am Ende des Blütenstängels. Es kommen sowohl einhäusige (rechts) als auch zweihäusige Arten (links) vor. In diesem Grundkurs sind keine Einährigen Seggen enthalten.*

*Bei den **Gleichährigen Seggen (Untergattung Vignea)** sind alle Ährchen des Blütenstandes gleich aufgebaut.*

*Die **Verschiedenährigen Seggen (Untergattung Carex)** haben männliche und weibliche Blüten in getrennten Ähren. Zu ihnen gehören die meisten heimischen Sauergräser.*

Die Frucht ist ein Nüsschen ähnlich wie bei den Süßgräsern. Sie wird aus zwei oder drei oberständigen, miteinander verwachsenen Fruchtblättern aufgebaut. Bei den Seggen ist sie von einem blasenförmigen Fruchtschlauch, dem **Utriculus** umhüllt. Er kann als Verbreitungsmittel sowie als Verdunstungsschutz dienen. Bei einigen Arten ist eine Luftblase zur Schwimmverbreitung eingeschlossen. Die schlanke Spitze des Utriuclus wird **Schnabel** genannt, oft ist sie in zwei Schnabelzähne aufgespalten. Aus der oberen Öffnung ragen die Griffel heraus.

Die Anzahl der Narben gibt Aufschluss über die Anzahl der an der Fruchtbildung beteiligten Fruchtblätter. Für die Bestimmung ist diese Angabe sehr wichtig. Wenn nach der Anzahl der Narben gefragt wird und diese bereits abgefallen sind, gibt es einen Trick: Entfernen Sie den Utriculus (Fruchtschlauch) und betrachten Sie die Frucht (Nuss) im Inneren. Ist sie linsenförmig, waren es 2 Narben, bei einer dreikantigen dagegen 3. Insgesamt sind fruchtende Seggen leichter zu bestimmen als blühende. Das Bestimmen von nicht blühenden und/oder fruchtenden Seggen nach vegetativen Bestimmungsschlüssel ist oft kniffelig und erfordert Spezialliteratur. Da Seggen besonders auf feuchtem Grünland durch die Mahd nicht zur Blütenbildung gelangen, ist dies jedoch häufig die einzige Möglichkeit. Sie setzt viel Erfahrung voraus. Hier kann die Anlage eines Herbariums sinnvoll sein, um sich in dieses komplexe Gebiet einzuarbeiten.

Bestimmungsteil

1. Blüten eingeschlechtlich: **Segge (Carex)** →6

→ Blüten zwittrig: →2

2. Blütenstand nach der Blütezeit ohne Wollschopf: →4

→ Blütenstand nach der Blütezeit mit Wollschopf, der aus sich verlängernden Perigonborsten hervorgeht: **Wollgras (Eriophorum)** →3

3. Ährchen zu mehreren, zur Fruchtzeit überhängend; Sümpfe, Flachmoore; IV-VI: **Schmalblättriges Wollgras (Eriophorum angustifolium)**

30-60 ♃

*Die Samenwolle des **Schmalblättrigen Wollgrases** wurde für Kerzendochte und als Wundwatte benutzt*

→ Ährchen einzeln, endständig und aufrecht; Blätter am Rand schwach rau; Hochmoore, Sümpfe; III-IV: **Scheiden-Wollgras (Eriophorum vaginatum)**

30-60 ♃

*Das **Scheiden-Wollgras** hat aufgeblasene Stängelblätter und nur eine endständige Ähre.*

4. Stängel nur mit einer endständigen köpfchenartigen Ähre; alle Blätter spreitenlos; Verlandungszonen, Flachmoore, Seggenbestände, nasse Wiesen; V-VIII: **Gewöhnliche Sumpfbinse/Sumpfried (Eleocharis palustris)**

5-100 ♃

→ Spirre mit mehreren vielblütigen Ährchen: **Simse (Scirpus)** →5

5. Stängel stumpf 3kantig; Gesamtblütenstand deutlich endständig, Ährchen zu 3-9 locker köpfchenartig gehäuft am Ende der Spirrenäste, Spelzen schwarz- bis braungrün mit hellem Kiel; feuchte Wälder, Sumpfwiesen; VI-VII: **Wald-Simse (Scirpus sylvaticus)**

60-100 ♃

Sumpfried

→ Stängel rund; Gesamtblütenstand scheinbar seitenständig, an der Basis ein langes Hüllblatt in geradliniger Fortsetzung des Stängels; Spelzen rotbraun; Seen, Teiche; VI-VII: **Sumpf-Binse (Scirpus lacustris/Schoenoplectus lacustris)**

100-400 ♃

*Die **Wald-Simse** wurde früher zum Flechten genutzt (lat. scirpere = flechten).*

Seggen (Carex)

6 (1). Ährchen alle gleich aufgebaut, mit männlichen und weiblichen Blüten: Untergattung **Gleichährige Seggen (Vignea)** →**7**

→ Ährchen getrenntgeschlechtlich, oben mit männlichen und unten mit weiblichen Blüten: **Untergattung Verschiedenährige Seggen (Carex)** →**10**

7. Untere Ährchen weit voneinander entfernt, ihre blattartigen Hüllblätter den schlaffen Stängel weit überragend; Tragblätter weißlich; Ährchen 4-10 mm lang; Pflanze horstförmig; feuchtschattige Stellen in Laubwäldern und Gebüschen; V-VII: **Winkel-Segge (Carex remota)**

30-60 ⚃

→ Ährchen ± genähert, höchstens die unteren etwas entfernt: →**8**

8. Blätter 4-6 mm breit und flach halbrund, Blattrand deutlich gezähnt; glänzende Frucht schwachnervig und allmählich in den Schnabel verschmälert; Blütenstand (Infloreszenz) deutlich rispig; Riedwiesen, Flachmoore; V-VI: **Rispen-Segge (Carex paniculata)**

40-150 ⚃

→ Blätter nicht halbrund sondern gefaltet; Pflanze kleiner: →**9**

9. Ährchen länglich, 5-12 mm lang, vielblütig, 8-12 Ährchen je Blütenstand (Infloreszenz), Tragblätter bräunlich, Frucht kurz 2zähnig geschnäbelt, vielnervig; Blätter 3-4 mm breit, schlaff, rau; Waldbäche, sumpfige Waldstellen; V-VII: **Verlängerte Segge (Carex elongata)**

30-60 ⚃

→ Ährchen oval-kugelig, 3-10 Ährchen je Blütenstand (Infloreszenz), zur Fruchtzeit spreizend und daher sternförmig, kastanienbraun; 2-5 mm breite Blätter; Sumpfwiesen, Flachmoore; V-VII: **Sparrige/Stachel-Segge (Carex muricata)**

10-30 ⚃

Vignea ist kein Gattungsname sondern als Oberbegriff für die Gleichährigen Seggen zu verstehen, beide Gruppen haben den Gattungsnamen Carex.

Die **Winkel-Segge** ist eine wenig variable und leicht kenntliche Segge, da die Ährchen immer in den „Blattwinkeln" stehen (remota heißt so viel wie „entfernt").

Die **Sparrige Segge** ist an den spreizenden Früchten zu erkennen. Sie ist sehr vielgestaltig und in mehrere Kleinarten unterteilt. Sie wächst dicht horstförmig. Ähnlich ist auch die Igel-Segge mit einem grünlich bis hellbraunen Fruchtschlauch und grün gekielten Spelzen.

10 (6). Frucht mit kürzeren oder längerem, 2zähnigem oder 2spaltigem Schnabel; Narben meist 3: **→16**

→ Frucht ungeschnäbelt; Narben 2-3: **→11**

*Bei einem **geschnäbelten Fruchtschlauch** (beide Bilder links) ist der obere Teil 2spaltig. Eine **ungeschnäbelte Frucht** (rechts) hat diese Einkerbung nicht.*

11. Frucht behaart; Blätter und Stängel behaart; unteren Hüllblätter lang scheidig; 2-4 entfernt stehende weibliche Ährchen; Gräben, nasse und trockene Wiesen, Wegränder, Kies; IV-VI: **Behaarte Segge (Carex hirta)**

10-60 ♃

→ Frucht kahl: **→12**

12. Narben 3: **→16**

→ Narben 2: **→13**

13. Blattspreite über 5 mm: **→14**

→ Blattspreite um 5 mm oder schmaler und graugrün: **→15**

*Die **Behaarte Segge** ist auf Stängel, Blättern und Früchten stark behaart. Die Behaarung der Früchte dient durch Anheftung an Fell oder Kleidung der Verbreitung.*

14. Blattspreite 5-10 mm, hell bis bläulichgrün; Stängel oberwärts nicht sehr scharf dreikantig; durch unterirdische Ausläufer dichtrasig wachsend; Gewässerufer, Seggengesellschaften, Sumpfwiesen; IV-V: **Schlank-Segge (Carex acuta)**

20-130 ♃

→ Blattspreite 10-20 mm und unterseits gekielt; Stängel scharf dreikantig; weibliche Ährchen hängend, dichtblütig und bis 15 cm lang; Pflanze ohne Ausläufer dichthorstig wachsend; feuchte Waldstellen; V-VI: **Hängende Segge (Carex pendula)**

50-150 ♃

15. Blattspreite graugrün, um 5 mm breit; Pflanze ohne Ausläufer; Blattscheiden gelbbraun, grobmaschig netzfaserig, graugrüne Blätter scharf rau; Frucht 5-7nervig; Tragblätter schwarzbraun mit grünem Mittelstreif; Blatthäutchen deutlich breiter als hoch; Stängel scharf 3kantig und oberwärts rau; feste, stockwerkartig aufgebaute Horste („Bulte"); Sümpfe, Flachmoore, Erlenbrüche; IV-V: **Steife Segge (Carex elata)**

20-100 ♃

Hängende Segge:

Die rotbraunen Spelzen sind grün gekielt. Im Gegensatz zur Schlank-Segge bildet sie keine Ausläufer und wächst daher in dichten Horsten. Sie zeigt Grundwassernähe an und wächst häufig an Böschungen, wo Hangdruckwasser austritt.

→ Blattspreite graugrün und 2-3 mm breit; Pflanze mit unterirdischen Ausläufern daher dichtrasig wachsend; Stängel scharf dreikantig und oben rau; Sumpfwiesen, Flachmoore, torfige Böden; V-VII: **Wiesen-Segge (Carex nigra)**

10-50 ♃

16 (10). Weibliche Ährchen (zumindest das untere) hängend: **→17**

→ Ährchen ± aufrecht: **→18**

17. Fruchtschläuche gelbgrün und zuletzt waagerecht abstehend; weibliche Ährchen 10 mm dick und dichtblütig; raue Stängel scharf dreikantig; horstige Pflanze; Ufer, Sümpfe, Flachmoore, Erlenbrüche; V-VI: **Zypergrasähnliche Segge (Carex pseudocyperus)**

40-100 ♃

*Die **Wiesen-Segge** ist sehr veränderlich. Sie besitzt meist 1-2 männliche Ährchen im oberen Teil des Blütenstandes und darunter bis zu 4 weibliche Ährchen. Die Spelzen sind charakteristisch dunkelbraun bis schwarz mit einem grünen Kiel. Die beiden Narben schauen aus dem kurz geschnäbelten Fruchtschlauch hervor.*

Es ist eine vom Tiefland bis in die Hochalpen weit verbreitete Segge.

→ Fruchtschläuche grün bis braun; weibliche Ährchen sehr schlank und lockerblütig; lockerhorstige Pflanze ohne Ausläufer; Laubwälder; IV-V: **Wald-Segge (Carex sylvatica)**

20-70 ♃

18. Blätter 4-7 mm breit und scharf gekielt; Stängel scharf dreikantig und oben rau; Pflanze grasgrün; zuletzt waagerecht abspreizende Fruchtschläuche; Gräben, Ufer, nasse Wiesen, Torfmoore, Großseggenbestände; V-VI: **Schmalblättrige Blasen-Segge (Carex vesicaria)**

30-80 ♃

Die Blasen-Segge beherrscht oft den gesamten Ufersaum an kalk- und nährstoffreichen Gewässern. Es ist eine ertragreiche Streupflanze.

*Die **Zypergrasähnliche Segge** hat hängende Ährchen. Auch hier befindet sich ein männliches Ährchen an der Spitze des Blütenstandes. Die bis zu 7 weiblichen Ährchen haben zur Fruchtreife waagerecht abstehende Fruchtschläuche. Die Fruchtschläuche sind lang geschnäbelt und länger als die spitzlanzettlichen Spelzen. In der Jungsteinzeit war diese etwas wärmebedürftige Segge stärker verbreitet als heute.*

→ Blätter 3-5 mm breit und oft eingerollt; Stängel stumpf dreikantig und glatt; Pflanze graugrün; Fruchtschläuche nur schief abspreizend; Wiesen, Gräben, Sümpfe, Moore; V-VI: **Schnabel-Segge (Carex rostrata)**

30-80 ♃

9.4.3 Süßgräser (Poaceae)

Die Süßgräser sind mit Ausnahme der Pole über die gesamte Erde verbreitet und an die verschiedensten Lebensräume angepasst. Weltweit gibt es über 700 Gattungen mit etwa 10.000 Arten. Süßgräser sind mit Bambus, Zuckerrohr, Hirse, Reis, Weizen, Roggen, Gerste, Hafer und Mais unsere wichtigsten Nahrungsmittellieferanten. Bambus dient darüber hinaus auch als Baumaterial. Einheimisch sind knapp 70 Gattungen mit über 200 Arten.

Sie sind die Bestandsbildner unserer Wiesen und Weiden. Alle Süßgräser haben einen hohlen und mehr oder weniger runden Stängel, der als Halm bezeichnet wird. Bei einigen Arten ist er abgeplattet, jedoch nie dreikantig wie bei den Sauergräsern. Charakteristisch ist die Gliederung in Knoten (Nodien) und die dazwischen liegenden Abschnitte, die Internodien. Die Blätter sind zweizeilig angeordnet, d.h., sie zweigen wechselseitig zu beiden Seiten ab. Sie entspringen immer einem Knoten. Meist umhüllt die Blattscheide den Stängel bevor sie in die Blattspreite übergeht. An der Übergangsstelle kann ein Blatthäutchen, die Ligula, ausgebildet sein. Sie ist sehr vielgestaltig und kann auch fehlen oder als Haarkranz ausgebildet sein. Daher ist sie ein sehr gutes Bestimmungsmerkmal. Ein weiteres Bestimmungsmerkmal sind die Öhrchen, die an der gegenüberliegenden Seite ausgebildet sein können oder fehlen.

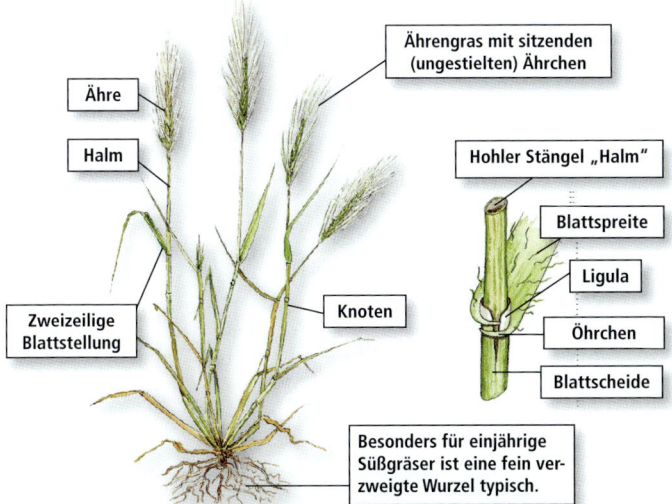

Ährengras mit sitzenden (ungestielten) Ährchen

Ähre

Halm

Hohler Stängel „Halm"

Blattspreite

Ligula

Zweizeilige Blattstellung

Knoten

Öhrchen

Blattscheide

Besonders für einjährige Süßgräser ist eine fein verzweigte Wurzel typisch.

*Die **Mäusegerste (Hordeum murinum)** ist licht- und wärmeliebend und daher bei uns vor allem in den Städten und auf wärmebegünstigten Ruderalflächen verbreitet. Bei „Schräglage" werden, wie bei allen Süßgräsern, die Knoten angeregt, auf der unten liegenden Seite schneller zu wachsen als auf der Oberseite. Dadurch wird der Halm wieder aufgerichtet. Die hohe Regenerationskraft (z.B. bei Mahd) ist bedingt durch das Wachstum von der Basis des Pflanze aus.*

Für die Grasbestimmung ist es wichtig, die Begriffe Ährchen und Ähre richtig zu verwenden. Eine oder mehrere Einzelblüten bilden ein Ährchen. Mehrere Ährchen sind zu einem Blütenstand, einer Ähre, Ährenrispe oder Rispe, zusammengesetzt.

D ie Bestimmung von Süßgräsern beginnt mit der Frage nach der Anordnung der einzelnen Ährchen im Gesamtblütenstand. Danach werden die Süßgräser in drei Gruppen unterteilt:

Bei den **Ährengräsern** sitzen die Ährchen ungestielt am Halm. **Ährenrispengräser** haben sehr kurz gestielte Ährchen, die so dicht gedrängt sind, dass der Blütenstand insgesamt walzenförmig wirkt. Sie haben eine „vermittelnde" Stellung zwischen den beiden anderen Gruppen.

Die dritte Gruppe der **Rispengräser** zeichnet sich durch lang gestielte und verzweigte Ährchen aus. Auch bei Gräsern mit unverzweigten, gestielten Ährchen, die eigentlich „Traubengräser" heißen müssen, sprechen die meisten Bestimmungsschlüssel von Rispengräsern. Sie werden immer in einem gemeinsamen Schlüssel mit den Rispengräsern bestimmt.

Ährengras:
Englisches Raygras
(Lolium perenne)

Ährenrispengras:
Wiesen-Fuchsschwanz
(Alopecurus pratensis)

Rispengras:
Flughafer
(Avena fatua)

Hier ist jeweils exemplarisch ein Vertreter aus jeder Gruppe dargestellt. Das Foto zeigt den Blütenstand, die Ähre. Im Schema ist jedes Ährchen durch einen Punkt wiedergegeben. Am besten ist der kurze Ährchenstiel der Ährenrispengräser zu erkennen, wenn eine Ähre über den Finger gebogen wird.

Geschlossene Blüten, nur als Deckspelzen sichtbar.

1 Vorspelze je Blüte

1 Deckspelze je Blüte

Staub-blatt

Frucht-knoten

Narbe

Meist umschließen 2 Hüllspelzen jedes Ährchen, hier ist es nur eine.

Schwell-körper

Der Blütenstand (die Ähre) ist aus vielen Ährchen und diese wiederum aus Einzel-blüten zusammengesetzt. Die Blüten haben eine charakteristische Anordnung der Blütenelemente. Meist umschließen zwei (seltener eine) Hüllspelzen das gesamte Ährchen. Jeweils eine Deck- und eine Vorspelze umgeben eine Blüte. Da die Deck-spelzen häufig begrannt sind, können Sie in der Regel an der Anzahl der Grannen auf die Anzahl der Blüten schließen.

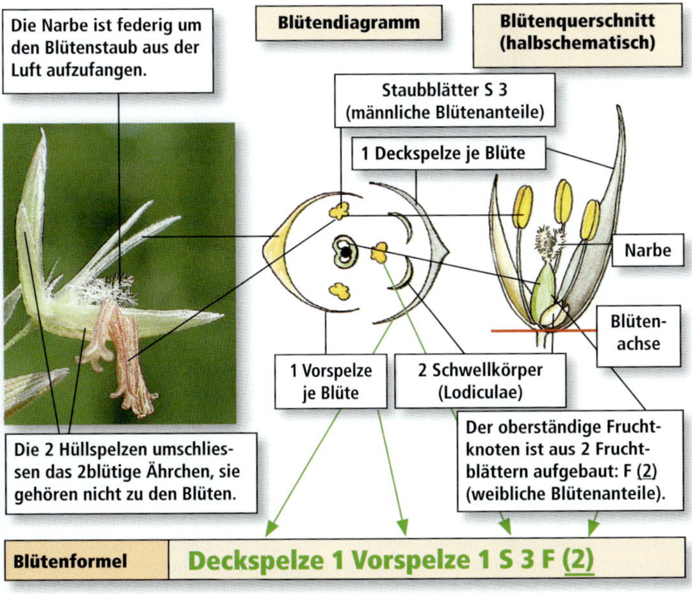

Die Narbe ist federig um den Blütenstaub aus der Luft aufzufangen.

Blütendiagramm

Blütenquerschnitt (halbschematisch)

Staubblätter S 3 (männliche Blütenanteile)

1 Deckspelze je Blüte

Narbe

Blüten-achse

1 Vorspelze je Blüte

2 Schwellkörper (Lodiculae)

Der oberständige Frucht-knoten ist aus 2 Frucht-blättern aufgebaut: F (2) (weibliche Blütenanteile).

Die 2 Hüllspelzen umschlies-sen das 2blütige Ährchen, sie gehören nicht zu den Blüten.

Blütenformel | **Deckspelze 1 Vorspelze 1 S 3 F (2)**

Deckspelze 1 Vorspelze 1 Staubblätter 3 Fruchtblätter (2)

Vor den Staubblättern gibt es zwei Schwellkörper (Lodiculae). Ihre Aufgabe ist es, zur Reifezeit die Spelzen so weit auseinander zu drücken, dass die Bestäubung vollzogen werden kann. Alle Süßgräser sind windblütig. Die 3 Staubblätter entlassen den „Blütenstaub" (Pollenkörner) in den Wind. Der Fruchtknoten muss so weit zugänglich sein, dass die in der Luft befindlichen Pollenkörner auf die Narbe gelangen können. Die Narbe ist meist fein aufgeteilt bzw. federig.

Der oberständige Fruchtknoten ist aus zwei miteinander verwachsenen Fruchtblättern aufgebaut und enthält eine Samenanlage. Zur Reifezeit bildet er kleine Nüsschen. Sie werden als Karyopsen bezeichnet, da die Samenschale und die Fruchthülle so dünnwandig sind, dass insgesamt ein Samen vorgetäuscht wird.

Die Deck- und Vorspelze bleiben zur Reifezeit häufig um die Karyopse erhalten und übernehmen durch Ausbildung von Flug- oder Klettmechanismen die Verbreitung.

*Die Karyopsen des **Wind-Hafers (Avena fatua)** bleiben zur Reifezeit in den Deck- und Vorspelzen. Die Deckspelzen sind zur Klettverbreitung am Grund und auf der Fläche mit Borsten versehen. Die hygroskopischen Grannen drehen sich durch Feuchtigkeitsschwankungen in Fell oder Boden ein.*

Ein- und mehrjährige Gräser lassen sich an der Wuchsform erkennen: Einjährige Gräser wachsen fast immer vereinzelt oder in Büscheln, im Gegensatz zu den Mehrjährigen, die meist dichte Rasen oder dichte Horste (Horstgräser) bilden. Anuelle bilden neben den blühenden Trieben meistens keine sterilen, beblätterten Seitenäste. Rasenbildende Arten haben eine unterirdische Sprossachse (Rhizom), die durch die neu gebildeten Ausläufer für eine rasche Besiedlung neuer Standorte sorgt.

Die Süßgräser bieten viele gute vegetative Merkmale, und mit einiger Übung lassen sie sich auch im blütenlosen Zustand bestimmen. Dieser Bestimmungsschlüssel orientiert sich in erster Linie nach den Blütenmerkmalen, entsprechende Bestimmungsschlüssel für Bestimmungen nach Blattmerkmalen sind im Literaturverzeichnis genannt. Bei „kniffeligen" Gräsern ist im Bestimmungsschlüssel oft die Möglichkeit eingebaut, auf verschiedenen Wegen zum richtigen Ziel zu kommen.

Bestimmungsteil

1. Ährchen sitzend zu einer Ähre angeordnet: **Ährengräser →Teil A**

→ Ährchen ± gestielt: **→2**

2. Ährchen sehr kurz gestielt (Stiele erst beim Umbiegen des Blütenstandes zu erkennen), Rispe deshalb zusammengezogen und im Umriss ± walzenförmig: **Ährenrispengräser Teil B, →Seite 335**

→ Ährchen gestielt, Rispe locker und ± stark ausgebreitet; bei den Traubengräsern sind die Ährchen einzeln und lang gestielt, bei den Rispengräsern auf verzweigten Ästen: **Trauben- und Rispengräser Teil C, →Seite 337**

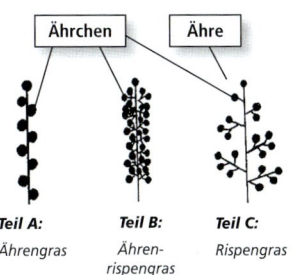

Teil A: Ährengras *Teil B:* Ährenrispengras *Teil C:* Rispengras

Im diesem Schema ist jedes Ährchen durch einen Punkt wiedergegeben. Am besten ist der kurze Ährchenstiel der Ährenrispengräser zu erkennen, wenn eine Ähre über den Finger gebogen wird.

Teil A: Ährengräser

1. Ähren zwei- oder allseitswendig, d.h. Ährchen an 2 Seiten der Ährenachse oder rings um diese angeordnet: **→2**

→ Ährchen einseitswendig, d.h. nur auf einer Seite der Ährenachse ansitzend: Hüllspelze verkümmert oder fehlend, Blätter borstlich-pfriemlich, am Grund von alten Blattresten umgeben; bildet dichte Horste auf Bergwiesen, in Heiden oder auf feuchten, moorigen Wiesen; V-VII: **Borstgras (Nardus stricta)** 10-30 ♃

2. Auf jedem Absatz der Ährenachse nur ein gestieltes oder ungestieltes Ährchen: **→3** (bei **einblütigen** Ährchen → **Teil B: Ährenrispengräser**)

→ Ährchen deutlich nebeneinander; Hüll- und Deckspelzen mit langen Grannen; Blattscheide geöhrt; Schuttplätze, Wegränder; VI-XI: **Mäuse-Gerste (Hordeum murinum)** 15-40 ☉

*Die **Mäuse-Gerste** hat im Gegensatz zur angebauten Gerste viel kleinere Körner. Vermutlich bezieht sich ihr Name daher auf die für den Menschen wertlosen und nur von Mäusen gefressenen Früchte.*

3. Ährchen mit 2 Hüllspelzen, mit der Breitseite am Ährchenstiel ansitzend: **Quecke (Elymus)** →5

> *Im Gegensatz zur Quecke (mittleres Bild) fühlt sich die Ähre des Raygrases (oberes Bild) beim Entlangstreichen abgeplattet an.*

→ Ährchen nur mit einer Hüllspelze und mit der Schmalseite an den Ausbuchtungen der Ährenachse sitzend: **Raygras/Weidelgras (Lolium)** →4

4. Deckspelze unbegrannt; Ährchen zur Blütezeit aufgerichtet; Wiesen, Wegränder; wintergrün; V-IX: **Englisches Raygras (Lolium perenne)**

10-60 ⚄

*In England wird das **Englische Raygras** seit über 300 Jahren als Weide- und Parkrasengras kultiviert. Es wird häufig in Wiesen ausgesät. Meist sind sie sehr artenarm und ökologisch zweifelhaft, da das häufige Schneiden und Düngen nicht von den Begleitpflanzen vertragen wird. Es ist ein häufiger Heuschnupfenerreger.*

→ Deckspelze begrannt; Ährchen zur Blütezeit meist abstehend; häufig angepflanzt und verwildert (Heimat Mittelmeergebiet); VI-VIII: **Italienisches Raygras (Lolium multiflorum)**

30-100 ⚄ ♂

5 (3). Blattspreite weich, 3-15 mm breit; Ödland, Ruderalstellen, Gärten, Äcker; VI-VII: **Gewöhnliche Quecke (Elymus repens)**

30-150 ⚄

*Der Wurzelstock (Rhizom) der **Gewöhnlichen Quecke** wurde gegen Harnwegserkrankungen verwendet und in Notzeiten auch gegessen.*

→ Blattspreite steif, stark gerippt; Dünen der Meeresküsten, Binnenland; VI-VIII: **Sand-Quecke (Elymus arenosus)**

60-120 ⚄

Sand-Quecke

Teil B: Ährenrispengräser

1. An der Ansatzstelle des Ährchens oder am Grund der Deckspelze mit Haaren oder Borsten: **→2**

→ Ährchen am Grund ohne eine solche Hülle: **→3**

2. Deckspelzen am Grund mit Haaren, ohne Grannen; Ährchenachse behaart; Dünen der Meeresküsten; VI-VII: **Gewöhnlicher Strandhafer (Ammophila arenaria)**

60-100 ♃

→ 1-3 lange, borstenförmige Haare unterhalb des Ährchens; 3 Hüllspelzen; Blatthäutchen (Ligula) als Wimpernkranz; Ruderalstellen, Gärten, Äcker; VII-IX: **Grüne Borstenhirse (Setaria viridis)**

5-60 ☉

3 (1). Ährchen 3-4blütig; Ährenrispe einseitswendig; unter jedem Ährchen eine kammförmige Hülle; Wiesen; VI-VII: **Wiesen-Kammgras (Cynosurus cristatus)**

30-60 ♃

> Die kammförmige Hülle unterhalb des Ährchens ist ein steriles Ährchen mit leeren Spelzen (Bild rechts unten).

→ Ährchen einblütig oder einblütig mit einer zweiten unfruchtbaren Blüte: **→4**

> Eine unfruchtbare Blüte erkennt man daran, dass zwischen der Deck- und Vorspelze keine Staubbeutel und Fruchtknoten vorhanden sind.

4. Deckspelzen auf den Randnerven dicht und lang seidig gewimpert; Blätter blaugrün; Trockenrasen, steinige Abhänge, kalkliebend; V-VI: **Wimper-Perlgras (Melica ciliata)**

20-70 ♃

→ Deckspelzen nicht lang zottig gewimpert: **→5**

*Die **Grüne Borstenhirse** ist vor allem auf Hackfruchtäckern auf nährstoffreichen Böden verbreitet. Sie wird teilweise durch Maisherbizide gefördert.*

Die bostige Behaarung der Ährenachse sind einzelne Rispenäste, deren Blüten zu Borsten umgewandelt sind. Daher auch der Name: seta heißt auf lat. „Borste".

*Der kammförmigen Hülle unter jedem Ährchen verdankt das **Wiesen-Kammgras** seinen Namen.*

5. Hüllspelzen am Grund oder bis über die Mitte deutlich miteinander verwachsen, Granne dem Grund der zugespitzten Deckspelze entspringend; Wiesen; V-VII: **Wiesen-Fuchsschwanz (Alopecurus pratensis)**

30-100 ♃

Ein sehr gutes Unterscheidungsmerkmal zwischen dem, auf den ersten Blick sehr ähnlichen Lieschgras ist, dass „der Fuchs nicht gerne gegen den Strich gestreichelt wird". Das bedeutet, dass die Ähre die Form verliert, wenn sie von oben nach unten gebürstet wird - das Lieschgras ist da „toleranter".

→ Hüllspelzen bis zum Grunde getrennt: →**6**

Wiesen-Fuchsschwanz

6. Hüllspelzen 4, die beiden äußeren ungleich, die inneren kleiner; Ährenrispe mehr eiförmig als walzenförmig, lockerblütig; Staubblätter 2; Geruch nach Cumarin (Waldmeister) vor allem beim Ausreißen der Pflanze in der Wurzel wahrnehmbar; Wiesen, Triften, Wälder; IV-VI: **Wohlriechendes Ruchgras (Anthoxanthum odoratum)**

15-45 ♃ ⚘ ☠

Das Ruchgras enthält ähnlich wie der Waldmeister Cumarin-Glykoside. Dadurch duftet das Heu beim Eintrocknen nach Waldmeister und ist leicht giftig. Der Geruch ist ein gutes Bestimmungsmerkmal und bereits wahrnehmbar, wenn die Wurzel aus dem Boden gezogen wird.

Genutzt hat man ihn früher in Schnupftabak, Kräuterkissen und als Waldmeisterersatz. Bei Überdosierung lähmt der Wirkstoff Herz, Kreislauf und Atmung. Wegen dieser Wirkung hat man ihn als Wühlmausgift benutzt.

Grannen-Ruchgras

→ Hüllspelzen stets 2; Staubblätter 3; Blütenstand behält „gegen den Strich" die Form; Hüllspelzen schließen das Ährchen ein und haben eine kurze Stachelgranne, das Ährchen gleicht dadurch einem Stiefelknecht; Wiesen, Wegränder; VI-VIII: **Wiesen-Lieschgras (Phleum pratense)**

20-100 ♃

Wiesen-Lieschgras

336

Teil C: Trauben- und Rispengräser

1. Ährchen 2- bis mehrblütig: →**16**

→ Ährchen 1blütig, zuweilen mit dem Ansatz einer zweiten verkümmerten oder einer zweiten männlichen Blüte: →**2**

2. Ährchen nur mit einer zwittrigen Blüte: →**5**

→ Ährchen außer der zwittrigen Blüte noch mit einer männlichen Blüte: →**3**

3. Ährchen mit langer, gedrehter und geknieter Granne, 8-10 mm langes Ährchen weißlich-grün, untere Blüte männlich, obere zwittrige Blüte unbegrannt; wichtigste Wiesenpflanze (oft kultiviert), Hügel, lichte Wälder; VI-VII: **Glatthafer (Arrhenatherum elatius)**

50-180 ♃

→ Ährchen mit sehr kurzer oder fehlender Granne, bis 5 mm lang: **Honiggras (Holcus)** →**4**

4 (3 und 46). Blattscheiden und Knoten dicht weichhaarig, Granne der oberen männlichen Blüte zwischen den Spelzen versteckt und zuletzt nach innen gekrümmt, Pflanze bildet graugrüne Horste; oft bestandsbildend in „Honiggraswiesen", Wegränder, kalkmeidend; VI-VIII: **Wolliges Honiggras (Holcus lanatus)**

30-100 ♃

→ Halm nur an den Knoten behaart, Blattscheiden spärlich behaart oder kahl; Granne der oberen männlichen Blüte um etwa 1/3 hervorragend; Pflanze mit Ausläufern; Wälder und Waldränder, kalkmeidend, weniger häufig als vorige; VI-VII: **Weiches Honiggras (Holcus mollis)**

30-70 ♃

5 (2). Ährchen am Grund der Deckspelzen mit längeren Haaren, Rispe reich verzweigt: **Reitgras (Calamagrostis)** →**6**

→ Ährchenachse kahl, zuweilen aber Deckspelze selbst behaart: →**7**

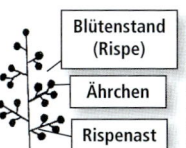

Da jede Blüte eine Deck- und Vorspelze hat, entspricht die Anzahl der Blüten in einem Ährchen der Anzahl der Deckspelzen. Da die Grannen fast immer an den Deckspelzen sitzen, verrät die Anzahl der Grannen die Blütenzahl. Bei unbegrannten Arten ist eine Präparation oft unerlässlich.

2 Hüllspelzen umschliessen ein Ährchen

Vorspelze

1 Deckspelze je Blüte

*Der **Glatthafer** ist an der geknieten und gedrehten Granne leicht zu erkennen (Lupe). Er ist eigentlich 3blütig, aber nur eine Blüte ist zwittrig und begrannt, eine 2. ist rein männlich und die 3. verkümmert. Die Granne entspringt dem Rücken der Deckspelze und die Hüllspelzen sind fast so lang wie das Ährchen.*

*Im Gegensatz zum **Wolligen Honiggras**, das sich insgesamt weich anfühlt, sind beim Weichen Honiggras nur die Knoten behaart. Es ist auf Wirtschaftsgrünland weit verbreitet, jedoch nur von geringem Futterwert.*

*Die **Reitgräser** sind schilfähnlich. Der wissenschaftliche Gattungsname zeigt, dass sie zwischen „calamus", dem Schilfrohr und „agrostis" dem Feldgras stehen. Die Haare am äußeren Grund der Deckspelzen dienen der Klettverbreitung. Die Länge von Granne und Haaren spielt bei der Bestimmung der einzelnen Arten eine wichtige Rolle. Um sie zu erkennen, müssen die Hüllspelzen, die sie umschießen, auseinander gezogen werden.*

6. Granne winzig und kaum länger als die Seitenspitze der Deckspelze, Haare am Grund der Deckspelze nur etwa halb so lang wie die Hüllspelzen; Blatthäutchen (Ligula) der oberen Halmblätter 2-4 mm lang, Blätter hellgrün und unterseits etwas glänzend, bis ca. 4 mm breit; Pflanze in lockeren Rasen mit unterirdisch kriechendem Wurzelstock und dünnen Ausläufern; Flachmoore, Ufer, Erlenbrüche; VII-VIII: **Sumpf-Reitgras (Calamagrostis canescens)**

60-120 ♃

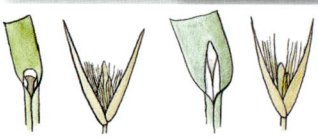

→ Granne auf dem Rücken der Deckspelze diese um 1/3 überragend, Haare am Grund der Deckspelze etwa gleichlang wie diese Granne; Blatthäutchen (Ligula) der oberen Halmblätter bis 9 mm lang; Pflanze graugrün bis blaugrün, mit langen, unterirdischen Ausläufern in dichten und oft ausgedehnten Rasen; auf Kahlschlägen oft bestandsbildend, Waldwiesen, Ufer, Dünen; V-VIII: **Land-Reitgras (Calamagrostis epigejos)**

60-150 ♃

*Die Granne und die Haare sind beim **Land-Reitgras** (rechts) länger als beim Sumpf-Reitgras (links). Im blütenlosen Zustand unterscheiden sich beide Arten durch die Blattfarbe. Während das Sumpf-Reitgras „frisch" grün aussieht, ist das Land-Reitgras grau- bis blaugrün. Außerdem ist die Ligula des Land-Reitgrases länger. Das harte Heu wurde früher als Packmaterial verwendet.*

7 (5). Deckspelzen unbegrannt oder mit einer Granne, die höchstens doppelt so lang ist wie ihre Spelze: →8

→ Deckspelzen lang begrannt, wenigstens 3mal so lang wie ihre Spelzen (10-15 mm); lockerblütige Rispe bis 40 cm lang und ausgebreitet; Blatthäutchen (Ligula) 2-6 mm lang; büschelig wachsende Pflanze; Ackerwildkraut, Ödland, Wegränder; VI-VII: **Windhalm (Apera spica-venti)**

30-100 ☉

*Der **Windhalm** ist ein Ackerwildkraut. In den kurzhalmigen Getreidesorten überragt der lockere Blütenstand oft das Getreide. Die Samen sind sehr leicht und fliegen oft kilometerweit.*

8. Halm knoten- und blattlos (aber zuweilen bis über die Mitte von Blattscheiden umgeben), Knoten an der Basis des Stängels gehäuft, knollig verdickt; an Stelle des Blatthäutchens (Ligula) Haare; Ährchen 2-5blütig; Blütenstand (Infloreszenz) 1-1,5 m hoch; oft bestandsbildend in „Pfeifengraswiesen" auf moorigen Böden; Moorwiesen, Waldwiesen, kalkmeidend; VII-X: **Blaues Pfeifengras (Molinia caerulea)**

30-90 ♃

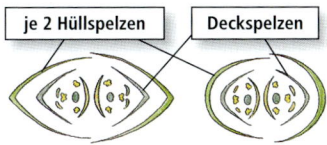

Früher hat man die langen knotenlosen Halme des **Blauen Pfeifengrases** zum Reinigen der langen Tabakpfeifen genutzt.

An den Knoten dicht am Erdboden bilden sich neue Pflanzen (Bestockungsknoten).

Da das Blaue Pfeifengras auf moorigen Standorten den Anschluss an den mineralischen Untergrund braucht, ist es ein Anzeiger für einen gestörten Torfkörper in Hochmooren.

→ Halm mit Knoten: **→9**

9. Ährchen seitlich ± stark zusammengedrückt (links), Hüllspelzen deshalb am Rücken ± stark gekielt: **→15**

→ Ährchen stielrund oder vom Rücken her zusammengedrückt (rechts), Hüllspelzen daher auf dem Rücken abgerundet: **→10**

je 2 Hüllspelzen	Deckspelzen

Die beiden Hüllspelzen umschließen das Ährchen, in diesem Fall die beiden Blüten mit jeweils einer Deck- und Vorspelze. Sie entscheiden, welche Form das Ährchen annimmt.

10. Blütenstand insgesamt mehr als 25 Ährchen: **→12**

→ Blütenstand nur ca. 25 Ährchen: **→11**

11. Blütenstandäste (Infloreszenzäste) steif aufrecht, Rispe sehr locker mit entfernt stehenden und nicht deutlich nickenden Ährchen an den Enden der lang gestielten Rispenäste, Blattscheiden geschlossen und an den Enden gegenüber der Spreite in 1-2 mm langes Änhängsel (häutige Spitze) verlängert aber fast ohne Ligula, Blätter unbehaart; humose Laub- und Mischwälder; V-VI: **Einblütiges Perlgras (Melica uniflora)**

30-50 ♃

→ Ährchen ± nickend, Ligula kurz und ohne Anhängsel, Blätter behaart; Laubwälder, Gebüsche; V-VI: **Nickendes Perlgras (Melica nutans)**

30-60 ♃

*Das **Nickende Perlgras** hat zuckerreiche Ölkörper (Elaiosomen), die von Ameisen gefressen werden. Sie haben sich aus sterilen Blüten entwickelt. Zur Reife fällt das 1-2blütige Ährchen insgesamt ab. Dank der Elaiosomen werden dann die Früchte in den Spelzen verbreitet.*

12. 5-7 Rispenäste büschelig in 2 Zeilen, fadenförmig und leicht herabhängend; Ligula breit und wenigstens 6 mm hoch; Blattspreite bis 15 mm breit; Hüllspelzen grün und 3nervig; Laubwälder; V-VII: **Weiches Flattergras (Milium effusum)**

60-120 ♃

→ Rispenäste allseitswendig erscheinend, filigranartig, Ligula bis maximal 6 mm, Blattspreite höchstens 10 mm breit, Hüllspelzen weißlich, grünlich oder rötlich und 1nervig; Ährchen nur 1-2 mm lang: **Straußgras (Agrostis) →13**

*Die Früchte vom **Weichen Flattergras** wurden früher als Getreideersatz verwendet. Aus dieser Zeit stammt der Name „Waldhirse".*

13 (12 u. 15). Blätter borstlich gefaltet (wenigstens die grundständigen); Vorspelze höchstens 1/5 so lang wie die Deckspelze; Ligula länglich; Deckspelze mit geknieter Granne; verlandende Gewässer, Heidemoore, Sümpfe; VII-VIII: **Sumpf-Straußgras (Agrostis canina)**

20-60 ♃

*Das **Sumpf-Straußgras** (links Ährchen und Ligula) ist begrannt. In der Mitte ist das Blatthäutchen des **Roten** und rechts des **Weißen Straußgrases** abgebildet.*

→ Blätter flach, 2-4 mm breit; Vorspelze wenigstens 1/2 so lang wie die Deckspelze: **→14**

14. Ährchen meist rötlich-violett; Ligula nur bis 1,5 mm lang; Wiesen, Wälder; V-VIII: **Rotes Straußgras (Agrostis capillaris)**

20-80 ♃

→ Ährchen nur selten rötlich; Ligula über 5 mm lang; Wiesen, grasige Hänge; VI-VIII: **Weißes Straußgras (Agrostis stolonifera)**

10-70 ♃

15 (9). Schilfartiges Ufergras mit gelappter und oft rötlich überlaufener Rispe; 4 Hüllspelzen, beide äußere gleich lang und länger als die weißlich-schuppenförmigen nur ca. 1 mm langen und mit der Frucht abfallenden inneren; Deckspelzen unbegrannt, Ährchen geknäult; Ligula bis 6 mm lang; Ufer, Gräben, Feuchtwiesen, Wechselnässezeiger; VI-VIII: **Rohrglanzgras (Typhoides/Phalaris arundinacea)**

80-250 ♃

*Das **Rohrglanzgras** braucht sauerstoffreiches Wasser. Vom Schilf mit Haarkranz statt Ligula ist es ohne Blüten durch das Blatthäutchen gut zu unterscheiden.*

→ Hüllspelzen 2: **Straußgras (Agrostis)** →13

16 (1). Hüllspelzen viel kürzer als das Ährchen und meist auch kürzer als die Deckspelzen ohne ihre Granne: →29

→ Längere Hüllspelze wenigstens 2/3 der Ährchenlänge erreichend: →17

17. Deckspelze (wenigstens einer Blüte) begrannt, Granne zuweilen zwischen den Spelzen verborgen: →22

→ Deckspelze unbegrannt, höchstens stachelspitzig: →18

18. Ährchen dicht knäuelig gehäuft, Blütenstand (Infloreszenz) daher gelappt und ausgebreitet oft über 10 cm breit, Ährchen 3-5blütig, stachelspitzige Granne 1-2 mm lang; horstbildende Pflanze graugrün; Wiesen, grasige Orte, Wegränder; V-VI: **Wiesen-Knäuelgras (Dactylis glomerata)**

50-120 ♃

→ Rispenäste auch nach der Blütezeit nicht zusammengezogen: **Rispengras (Poa)** →19

Die Gattung Rispengras sind kleine bis mittelgroße Arten mit mehrblütigen Ährchen. Die Deckspelzen sind unbegrannt. An dem untersten Rispenast befinden sich häufig 5 Rispenäste.

Ohne Blütenstand ist die Gattung an den Blättern mit „Skispur" und „Kahnspitze" zu erkennen.

19 (18, 36 u. 41). Deckspelzen undeutlich 5nervig: →21

→ Deckspelzen deutlich 5nervig und wenigstens am Grund zottig behaart; oberste Blattscheide länger als die Blattspreite: →20

20 (19 u. 31). Blatthäutchen (Ligula) 5-10 mm lang (wenigstens die der oberen Blätter) und spitz; Haarschopf am Grund der zarthäutigen Deckspelze länger als die Spelze selbst; Pflanze mit oberirdischen, niederliegenden Trieben; Wiesen, Gebüsche, Äcker; VI-VII: **Gewöhnliches Rispengras (Poa trivialis)**

50-90 ♃

Links sind die Hüllspelzen viel kürzer als das gesamte Ährchen. Beim **Wiesen-Knäuelgras** (rechts) erreicht wenigstens das längere 2/3 der Gesamtlänge des hier 4blütigen Ährchens.

Das **Wiesen-Knäuelgras** verdankt seinen Namen dem charakteristisch geknäulten Blütenstand. Die Blätter haben eine scharf gekielte Mittelrippe und wirken daher abgeplattet.

Die „Kahnspitze" ist typisch für die **Gattung Rispengras** (Bild oben). Dazu kommt die „Skispur" (Bild unten), eine Linie in der Blattspreite.

→ Blatthäutchen (Ligula) selten über 1 mm lang und stumpflich; Haarschopf am Grund der Deckspelze so lang wie die Spelze selbst; Stängel und Blattscheiden nicht selten zusammengedrückt; Pflanze mit langen unterirdischen Ausläufern; Wiesen, Wald- und Wegränder; V–VII: **Wiesen-Rispengras (Poa pratensis)**

20–90 ♃

*Das Blatthäutchen (links) des **Wiesen-Rispengrases** ist kürzer als das des **Gewöhnlichen Rispengrases** (rechts). Das Wiesen-Rispengras ist eines der wertvollsten Futtergräser, da es besonders schnee- und trockenheitsverträglich ist.*

21 (19). 1–3 mm langes Blatthäutchen (Ligula) bogig-dreieckig und an der Blattscheide etwas herablaufend; unterste Rispenäste waagerecht abstehend; Blattscheiden schwach zusammengedrückt; büschelige Pflanze; Äcker, Gärten, Ruderalstellen, Weiden; ganzjährig: **Einjähriges Rispengras (Poa annua)**

2–30 ☉

Die Früchte (Karyopsen) bleiben bei beiden Arten zur Fruchtreife in den Spelzen. Durch Klebzotten werden sie durch Anhaftung an Mensch und Tier verbreitet. Beim Gewöhnlichen Rispengras (rechts) befinden sich zudem borstliche Haar an den Hüllspelzen.

→ Blatthäutchen kürzer als 1 mm oder fast ganz fehlend, Spreite der Stängelblätter steif nach oben oder fast waagerecht abstehend („Wegweisergras"); Ährchenachse behaart, lockerhorstige Pflanze oft mit kurzen Ausläufern; lichte Laubwälder, Gebüsche; V–VII: **Hain-Rispengras (Poa nemoralis)**

20–90 ♃

*Das Blatthäutchen des **Einjährigen Rispengrases** (links) läuft etwas an der Blattscheide herab. Die Deckspelzen sind hautrandig gesäumt. Es besitzt keine Blüh- und Wachstumsperiodizität und kann auch im Winter blühen, wenn das Wetter milde ist.*

*Beim **Hain-Rispengras** (rechts) ist die Kahnspitze weniger deutlich als bei den anderen Arten der Gattung. Die Skispur ist nur in der unteren Blatthälfte deutlich sichtbar.*

22 (17). Grannen kurz, zwischen den Spelzen versteckt (Hüllspelzen wegbiegen) oder diese nur wenig überragend: →**45**

→ Granne aus den Spelzen herausragend: →**23**

23. Grannen kürzer als das 2–6 mm lange Ährchen: **Honiggras (Holcus)** →**4**

→ Grannen so lang oder länger als das 4–20 mm lange Ährchen: →**24**

24. Untere Blüte des zweiblütigen Ährchens männlich, ihre Deckspelze auf dem Rücken mit langer geknieter oder gedrehter Granne, zwittrige Blüte unbegrannt; Pflanze in lockeren Horsten; wichtigste Wiesenpflanze, oft kultiviert; VI–VII: **Glatthafer (Arrhenatherum elatius)**

50–180 ♃

Das Honiggras ist 2blütig. Meist befindet sich in den Ährchen eine zwittrige und eine männliche Blüte. Darum führen beide Wege (über 1 und 2) zu dieser Gattung.

*Die Rispe des **Wolligen Honiggrases** kann vor und nach der Blütezeit zusammengezogen sein und dann ein Ährenrispengras vortäuschen. Beim Abziehen der Rispenäste von der Hauptachse sind die Rispenäste deutlich zu sehen. Die Spelzen sind häufig rötlich überlaufen.*

→ Alle Blüten zwittrig; ihre Deckspelzen begrannt: →**25**

25. Dreiblütiges Ährchen größer als 1 cm: →**26**

→ Ährchen kleiner als 1 cm: →**27**

26. Ährchen hängend und lang gestielt; Hüllspelzen 7-11nervig mit breiten, durchsichtigen Rändern; Ackerunkraut, Schuttplätze; VI-VIII: **Wind-/Flug-Hafer (Avena fatua)**

60-120 ☉

→ Ährchen kürzer gestielt und aufrecht; Hüllspelzen 1-5nervig; Blattscheide und Spreite weichhaarig, mit „Ski-spur"; meist 3 Blüten mit je einer langen, purpurroten Granne; trockene Wiesen, lichte Wälder; V-VII: **Flaumiger Wiesenhafer (Helictrotrichon/ Avena pubescens)**

30-100 ♃

> *Der Blütenstand sieht dem Glatthafer sehr ähnlich, durch dessen gekniete Granne und die Anzahl der Blüten (durch die Anzahl der Grannen leicht zu erkennen) sind beide zu unter-scheiden.*

27. Ährchen 3-4blütig; Deckspelze zuge-spitzt, ihre Granne rückenständig; zahl-reiche goldgelbe und reich verzweig-te Ährchen; Wiesen und Weiden der Mittel- und Hochgebirge bis 2400 m; V-VI: **Wiesen-Goldhafer (Trisetum flavescens)**

30-70 ♃

→ Ährchen 2blütig; Deckspelzen ge-stutzt und fein gezähnt, Granne fast oder ganz grundständig: **Schmiele (Deschampsia)** →**28**

> *Eine grundständige Granne entspringt dicht an der Basis der Spelze und ist keine Verlängerung der Deckspelze*

28 (27 u. 46). Blätter stielrund und faden-förmig (sich ölig anfühlend), geschlän-gelte Rispenäste (Name!) abstehend und meist purpurn; trockene Nadelwäl-der, Heidewiesen; VI-VIII: **Geschlän-gelte Schmiele (Deschampsia fle-xuosa)**

30-60 ♃

Der **Wind-Hafer** ist die Stammform des Kulturhafers. Heute ist er ein Getreidewildkraut auf basenreichen Tonböden. Die Deckspelzen sind unten zottig behaart. Durch die gedrehten Grannen und die Haare drehen sich die Früchte in das Fell von Tieren oder in den Boden ein. Die Bewegung der Bohrfrüchte können Sie nach-empfinden, wenn Sie die Basis des Ährchens zwischen zwei nassen Fingern halten.

Die **Geschlängelte Schmiele** ist auf sonnigen Standorten rötlich überlaufen.

→ **Blätter** wellblechartig gerillt, um 5 mm breit, derb und sehr rau und schneidend; Ligula 6-8 mm lang und oft zerschlitzt; Granne meist in den Hüllspelzen versteckt; bildet Horste auf feuchten Wiesen und Flachmooren; VII-IX: **Rasen-Schmiele (Deschampsia cespitosa)**

30-150 ♃

Die Rasen-Schmiele wird wegen der sieben deutlichen Riefen der Blattspreite nach dem gestreiften, offiziellen Anzug von Gustav Stresemann auch „Stresemanngras" genannt. Die Spaltöffnungen liegen in den tieferliegenden Rinnen. Bei Trockenheit rollt sich das Blatt ein und vermindert dadurch die Verdunstung. Durch die verkieselten Zähne sind die Blätter rückwärts rau (Fraßschutz). Man merkt es am besten, wenn man ein Blatt zwischen den Fingern erst nach unten und dann nach oben durchzieht.

*Durch die derben Blätter ist die **Rasen-Schmiele** als Futtergras ungeeignet. Früher hat man es ähnlich wie Seegras als Füllmaterial für Polster benutzt. In der Lupe ist ein schematischer Blattquerschnitt abgebildet.*

*Das **Schilfrohr** (rechts) hat an Stelle des Blatthäutchens einen Haarkranz. An jungen Blättern ist er besonders deutlich zu sehen, zum Herbst sind sie oft nur noch sehr spärlich vorhanden und nur mit der Lupe zu erkennen.*

*In der Praxis ist es vor allem wichtig, das Schilf vom, ohne Blütenstand ähnlichen, **Rohrglanzgras** (links) zu unterscheiden, das durch die ausgeprägte Ligula sehr gut zu erkennen ist.*

29 (16). Blatthäutchen (Ligula) als Haarkranz: →**30**

→ Blatthäutchen (Ligula) nicht als Haarkranz: →**31**

30. Halm mit Knoten; Ährchenachse langhaarig, nur unter der unteren männlichen Blüte kahl; Haare etwa so lang wie die Spelzen, kahle Deckspelzen in feine, grannenartige Spitzen ausgezogen; Blätter bis 3 cm breit; Pflanze bis 2-4 m hoch und bis 10 m lange Ausläufer treibend; Ufer von Flüssen und Seen; VII-IX: **Schilfrohr (Phragmites australis)**

100-400 ♃

Knoten an der Basis des Stängels gehäuft; Ährchenachse kahl; Ährchen 2-5blütig; Blütenstand (Infloreszenz) 1-1,5 m hoch; oft bestandsbildend in „Pfeifengraswiesen" auf moorigen Böden (braucht aber Anschluss an den mineralischen Untergrund, daher „Störzeiger" degenerierter Moore); Moorwiesen, Heiden, Waldwiesen, kalkmeidend; VII-X: **Blaues Pfeifengras (Molinia caerulea)** Abb. S. 339

30-90 ♃

*Das **Schilfrohr** wurde vielfältig verwendet: Zum Decken der Reetdächer, Flechten von Zäunen („phragma" heißt auf griechisch Zaun), als Papierlieferant, Heiz- und Isolationsmaterial sowei als Dünger und Gemüse. Der Wurzelstock wurde als Kaffeeersatz geröstet.*

Heute spielt Schilf vor allem in biologischen Kläranlagen eine Rolle, wo es Schwebteilchen ausfiltert. Die jungen Triebe können ausgekocht als „Wildspargel" zubereitet werden.

31. Ährchen am Ende der Rispenäste knäuelig gehäuft, Blütenstand (Infloreszenz) daher gelappt und ausgebreitet oft über 10 cm breit, Ährchen 3-5blütig, stachelspitzige Granne 1-2 mm lang; horstbildende Pflanze graugrün; Wiesen, grasige Orte, Wegränder; V-VI: **Wiesen-Knäuelgras (Dactylis glomerata)**

50-120 ♃

→ Ährchen am Ende der Rispenäste nicht knäuelig gehäuft: **→32**

32. Ährchen im Umriss rundlich bis herzförmig, an dünnen Stielchen hängend, Ährchenstiele meist geschlängelt; Rispe locker ausgebreitet; trockene Wiesen, Halbtrockenrasen; V-IX: **Zittergras (Briza media)**

20-60 ♃

→ Ährchen im Umriss eiförmig, länglich oder lineal: **→33**

33. Deckspelzen lang begrannt: **→34**

→ Deckspelzen höchstens stachelspitzig: **→35**

34. Granne unterhalb des Endes der Deckspelze ansitzend, oft zwischen den beiden Zähnen der Deckspelze entspringend; Blattscheide meist geschlossen: **Trespe (Bromus) →42**

→ Deckspelze in Granne auslaufend; Blattscheide meist offen: **Schwingel (Festuca) →47**

Die offene oder geschlossene Blattscheide ist ein gutes Bestimmungsmerkmal. Sie können dies am besten feststellen, wenn Sie mit dem Fingernagel an der Blattscheide entlangfahren.

Die Gattung Schwingel hat außerdem meist 1-2 Rispenäste auf der untersten Stufe des Blütenstandes. Bei der Gattung Trespe sind es in der Regel 3 und mehr Rispenäste.

35. Deckspelzen am Rücken abgerundet, Hüllspelze gekielt oder abgerundet: **→37**

→ Deckspelzen ± gekielt, Hüllspelzen meist scharf gekielt, Ährchen daher ± seitlich zusammengedrückt: **→36**

Da schwer zu entscheiden ist, ob die Hüllspelze viel kürzer ist als das Ährchen oder nicht, führen bei 16 beide Wege zum Wiesen-Knäuelgras.

Das Zittergras hat ein im Umriss rundliches Ährchen.

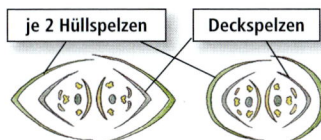

je 2 Hüllspelzen	Deckspelzen

Bei 35 sind die Deckspelzen das entscheidende Merkmal. Sie befinden sich in den Hüllspelzen vor jeder Blüte. Die meist 2 Hüllspelzen schliessen das gesamte Ährchen ein, sie dienen als „Hilfsmerkmal", da bei scharf gekielten Deckspelzen auch meist scharf gekielte Hüllspelzen vorhanden sind. Bei abgerundeten Deckspelzen wird bei 37 eine weitere Unterscheidung anhand der Hüllspelzen vorgenommen.

Da es sowohl bei der Gattung Schwingel als auch der Trespe begrannte und unbegrannte Arten gibt, führen mehrere Wege zu diesen beiden Gattungen.

36. Ährchen bis über 2 cm lang, Deckspelzen 1 cm lang; Blattscheide meist geschlossen: **Trespe (Bromus)** →42

→ Ährchen bis 1 cm lang, 1-8blütig; Blattscheide offen, Blätter mit „Skispur" und „Kahnspitze": **Rispengras (Poa)** →19

37 (35). Hüllspelzen nicht gekielt: →38

→ Hüllspelze scharf gekielt: →40

Die Hüllspelzen umschliessen das Ährchen mit den Einzelblüten. Durch gekielte Hüllspelzen wirkt daher das gesamte Ährchen seitlich zusammengedrückt.

38. Deckspelze kurz begrannt: **Schwingel (Festuca)** →47

→ Deckspelze an der Spitze abgerundet: **Schwaden (Glyceria):** →39

Die Gattung Schwaden sind ausdauernde Wassergräser mit Ausläuferbildung.

39. Rispe einseitswendig; Staubbeutel violett; Feuchtwiesen, Ufer stehender und langsam fließender Gewässer; VI-VIII: **Manna-Schwaden (Glyceria fluitans)**

40-100 ⚇   ▨

→ Rispe allseitswendig; Verlandungszone von Gewässern; Nährstoffzeiger; VII-VIII: **Großer Schwaden (Glyceria maxima)**

90-200 ⚇   ▨

40 (37). Ährchen über 15 mm; Blattscheiden meist geschlossen; Deckspelze meist kurz 2zähnig, Granne unterhalb der Spelzenspitze stehend: **Trespe (Bromus)** →42

→ Ährchen bis 14 mm; Blattscheiden meist offen: →41

41. Deckspelzen meist deutlich gekielt; im Querschnitt V-förmig; Ährchen unbegrannt und stumpflich bis abgerundet; Blätter mit „Skispur" und „Kahnspitze": **Rispengras (Poa)** →19

→ Deckspelzen nicht gekielt, im Querschnitt abgerundet: **Schwingel (Festuca):** →47

*Der **Manna-Schwaden** wächst entlang der Gewässerufer und kann Schwimmblätter ausbilden, die auf der Oberfläche des Wassers in Strömungsrichtung liegen. Von anderen flutenden Arten ist er ohne Blütenstand durch die abgeflachten Blätter und Stängel zu erkennen.*

Die Früchte schmecken süßlich und wurden schon seit der Steinzeit gegessen („glykeros" heißt auf griechisch süß).

*Der **Große Schwaden** wurde ähnlich wie das Schilfrohr als „Reet" zum Dachdecken verwendet.*

Gattung Trespe (Bromus)

42 (34, 36 u. 40). Äußere Hüllspelze 1nervig, innere 3nervig, beide ungleich lang, schmal-lanzettlich: **→43**

→ Äußere Hüllspelze 3-5, innere 5-9nervig, Rispe ziemlich dicht, Ährchen durch häutige Deckspelze auffällig genervt; Blattscheiden und Spreiten samthaarig; büschelige; Wiesen, Wegränder; V-VIII: **Weichhaarige Trespe (Bromus hordeaceus)**

5-80 ☉

43. Deckspelzen unbegrannt, stachelspitzig oder kurz begrannt, Blätter und Blattscheiden ± kahl, Blatthäutchen (Ligula) nur als schmaler Saum; Pflanze mit Ausläufern; Wegränder; VI-VII: **Unbegrannte Trespe (Bromus inermis)**

30-150 ♃

→ Deckspelzen deutlich begrannt: **→44**

44. Blätter deutlich geöhrt, Spreiten um 10 mm breit, Blatthäutchen (Ligula) 3-6 mm lang, in lockeren Horsten wachsende Pflanze, Wälder; VI-VIII: **Wald-Trespe (Bromus ramosus)**

60-150 ♃

→ Blätter nicht geöhrt, Spreiten um 10 mm breit, Blatthäutchen (Ligula) 2-4 mm lang, trockene Äcker, Ruderalstellen, Ödland; V-VI: **Taube Trespe (Bromus sterilis)**

30-60 ☉

45 (22). Granne in der Mitte mit behaartem Knoten, an der Spitze keulig verdickt; Ährchen weiß oder rot überlaufen; Blätter borstlich; Sandböden, Heiden, Kiefernwälder; VI-VIII: **Silbergras (Corynephorus canescens)**

15-30 ♃

→ Granne an der Spitze nicht keulig verdickt: **→46**

46. Halm an den Knoten weichhaarig; graugrüne Blätter flach ausgebreitet: **Honiggras (Holcus) →4**

→ Halm an den Knoten kahl: **Schmiele (Deschampsia) →28**

Bromus ist der griechische Name für Hafer und gibt einen Hinweis darauf, dass einige Arten aus dieser Gattung zu Speisezwecken verwendet wurden.

Weichhaarige Trespe

*Die **Wald-Trespe** wächst nur in Wäldern und ist an den Blattöhrchen und behaarten Scheiden auch ohne Blütenstand gut zu erkennen. Ähnlich sind auf entsprechenden Standorten auch der Riesen-Schwingel mit kahlen Blattscheiden und die Wald-Zwenke (Brachypodium sylvaticum) ohne Öhrchen.*

*Im Vergleich zu der früher als Getreide genutzten Roggen-Trespe (Bromus secalinus) sind die Früchte der **Tauben Trespe** sehr viel kleiner. Daher kommt der Name; fruchtbar sind sie aber auch.*

Gattung Schwingel (Festuca)

47 (34, 38 u. 41). Alle Blätter flach, 3-15 mm breit, auch die grundständigen: **→49**

→ Zumindest die grundständigen Blätter borstlich, höchstens 2 mm breit: **→48**

48. Blattscheiden der nichtblühenden Triebe an ihrem oberen Ende ohne seitliche Öhrchen; neben den grundständigen borstigen Blättern sind auch flache Blätter vorhanden; Ährchen oft rötlich überlaufen; locker rasenförmig wachsende Pflanze mit langen unterirdischen Ausläufern; Wiesen, lichte Wälder, Wege; VI-VIII: **Rot-Schwingel (Festuca rubra)**

30-100 ⚇

→ Blattscheiden der nichtblühenden Triebe an ihrem oberen Ende mit seitlichen, abgerundeten Öhrchen; alle Blätter borstlich; Ährchen grünlich, Blattspreiten im Querschnitt rundlich-oval oder V-förmig, Pflanze dichthorstig wachsend; Wiesen, Weiden, Wege; formenreiche Sammelart; V-VIII: **Schaf-Schwingel (Festuca ovina)**

20-70 ⚇

Schaf-Schwingel hat im Gegensatz zum Rot-Schwingel borstliche, nicht entrollbare Grundblätter.

49 (47). Blatthäutchen (Ligula) nur als schmaler Hautsaum ausgebildet, seitlich mit 2 kleinen Öhrchen, Deckspelzen breit hautrandig; Blütenstand (Infloreszenz) bis 20 cm; Pflanze mit meist kurz kriechender Grundachse; Wegränder, Wiesen (auch kultiviert), VI-VII: **Wiesen-Schwingel (Festuca pratensis)**

30-120 ⚇

→ Blatthäutchen (Ligula) bis 4 mm lang, fein gesägt und ohne seitliche Öhrchen, Deckspelzen zugespitzt aber unbegrannt; horstbildende Pflanze ohne Ausläufer; lichte Laub- und Bergwälder; VI-VIII: **Wald-Schwingel (Festuca altissima)**

60-130 ⚇

Die Gattung Schwingel hat offene Blattscheiden und meist 1-2 Rispenäste auf der untersten Stufe des Blütenstandes. Die Ährchen sind vielblütig und die Deckspelzen können begrannt oder unbegrannt sein. Im Bestimmungschlüssel führen viele Wege zu dieser Gattung, dies ist ein Zeichen für den Formenreichtum der Arten.

*Der **Rot-Schwingel** ist ebenso wie der ähnliche Schaf-Schwingel sehr formenreich und in zahlreiche Unterarten aufgegliedert, deren Bestimmung nur anhand von mikroskopischen Blattquerschnitten möglich ist. Innerhalb dieser Unterarten und auch zu anderen Arten gibt es zahlreiche Übergänge, die die Bestimmung erschweren.*

Die längere Abzweigung des unteren Rispenastes ist beim Rot-Schwingel mindestens halb so lang wie der gesamte Blütenstand während sie beim Schaf-Schwingel nur 1/3 der Länge des gesamten Blütenstandes erreicht.

*Der **Wiesen-Schwingel** ist ein sehr gutes Futtergras, das wegen seiner Unempfindlichkeit gegenüber Tritt und Beweidung häufig ausgesät wird.*

Literaturverzeichnis

AICHELE, D., SCHWEGLER, H.-W. (1981): Unsere Gräser; Franckh-Kosmos, Stuttgart

AICHELE, D., SCHWEGLER, H.-W. (1994): Die Blütenpflanzen Mitteleuropas, Band 1-5; Franckh-Kosmos, Stuttgart

BARTH, F. G. (1982): Biologie einer Begegnung, Die Partnerschaft der Insekten und Blumen; DVA, Stuttgart

BAUEREISS, E. (1995): Heimische Pflanzen der Götter, Handbuch für Hexen und Zauberer; Raymond Martin Verlag, Markt Erlbach

BAUMANN, H., MÜLLER, T. (1992): Farbatlas Geschützte und gefährdete Pflanzen; Verlag Eugen Ulmer, Stuttgart

BECKMANN, D. U. B. (1997): Das geheime Wissen der Kräuterhexen, Alltagswissen vergangener Zeiten; dtv, München

BELL, A. D. (1994): Illustrierte Morphologie der Blütenpflanzen; Verlag Eugen Ulmer, Stuttgart

BOERNER, F. (1989): Taschenwörterbuch der botanischen Pflanzennamen; Paul Parey Verlag, Berlin

BREMNESS, L. (1996): Das große Buch der Kräuter; AT-Verlag, Aarau/Schweiz

BROOKE, E. (1997): Von Salbei, Klee und Löwenzahn; Bauer, Freiburg

BROSSE, J. (2002): Magie der Pflanzen; Patmos Verlag, Düsseldorf

BÜHRING, U. (1993): Aus Freyaïs Zaubergarten, Pflanzenbücher 1-4; Edition Achillea, Freiburg

CARL, H. (1995): Die deutschen Pflanzen- und Tiernamen, Deutung und sprachliche Ordnung; Reprint von 1957, Quelle & Meyer, Wiesbaden

CHRISTIANSEN, M. S., HANCKE, V. (1980): Bestimmungsbuch Gräser; BLV, München, Wien, Zürich

CONERT, H. J. (2000): Pareys Gräserbuch; Die Gräser Deutschlands erkennen und bestimmen; Verlag Eugen Ulmer, Stuttgart

DAUNDERER, M. (1995): Lexikon der Pflanzen- und Tiergifte, Diagnostik und Therapie; ecomed, Landsberg

DENKOW, W. (2003): Gifte der Natur; Bechtermünz-Verlag, Augsburg

DOCZI, G. (1996): Die Kraft der Grenzen; Engel & Co

DÖRFLER, H.-P., ROSELT, G. (1997): Das große Hausbuch der Heilpflanzen; Signa, Berlin

DÜLL, R., KUTZELNIGG, H. (1992): Botanisch-ökologisches Exkursionstaschenbuch; Quelle & Meyer, Wiesbaden

ELLENBERG, H. (1979): Zeigerwerte der Gefäßpflanzen Mitteleuropas; Scripta Geobotanica 9, Goltzke Verlag, Göttingen

ELLENBERG, H. (1986): Vegetation Mitteleuropas mit den Alpen; Verlag Eugen Ulmer, Stuttgart

FISCHER, D. (1999): Wolle und Seide mit Naturstoffen färben; AT-Verlag, München

FISCHER-RIZZI, S. (1995): Medizin der Erde, Legenden, Mythen, Heilanwendung und Betrachtung unserer Heilpflanzen; Irisiana, München

FLEISCHHAUER, S. G. (2003): Enzyklopädie der essbaren Wildpflanzen; AT-Verlag, München

FROMMHERZ, A., GÜNTHER-BIEDERMANN, E. (1998): Kinderwerkstatt Zauberkräuter; AT-Verlag, Aarau/Schweiz

GUTHJAHR, M. (2001): Kräuterschätze zum Kochen und Kurieren; Landbuch-Verlag, Hannover

HALLER, B., PROBST, W. (1981): Botanische Exkursion, Band II; Gustav Fischer Verlag, Stuttgart

HEGI, G. (1987): Illustrierte Flora von Mitteleuropa, Band VI/4; Verlag Eugen Ulmer, Berlin, Stuttgart

349

Literaturverzeichnis

HENSEL, W. (1993): Pflanzen in Aktion; Spektrum Akademischer Verlag, Heidelberg

HESS, R. (1990): Die Blüte; Verlag Eugen Ulmer, Stuttgart

HINTERMEIER, H. u. M. (2002): Blütenpflanzen und ihre Gäste; Obst- und Gartenbauverlag, München

HOFFMANN, D. (1997): Die große Pflanzenapotheke; Mosaik Verlag, München

HUBBARD, C. E. (1985): Gräser; Verlag Eugen Ulmer, Stuttgart

JEDICKE, E. (1989): Boden; Entstehung, Ökologie, Schutz; Ravensburger Verlag, Ravensburg

KERNER, D. u. I. (1992): Der Ruf der Rose; Kiepenheuer & Witsch, Köln

KIRCHER, T., BRITTON, J. (1999): Heilkräuter; Benedikt Taschen Verlag, Köln

KLAPP, E., OPITZ VON BOBERFELD, W. (1995): Gräserbestimmungsschlüssel für die häufigsten Gründland- und Rasengräser; Verlag Eugen Ulmer, Berlin, Stuttgart

KLAPP, E., OPITZ VON BOBERFELD, W. (1995): Kräuterbestimmungsschlüssel für die häufigsten Grünland- und Rasenkräuter; Verlag Eugen Ulmer, Berlin, Stuttgart

KLAPP, E. (1978): Gräserbestimmungsschlüssel; Verlag Paul Parey, Berlin

KLAPP, E., OPITZ VON BOBERFELD, W. (1990): Taschenbuch der Gräser; Verlag Paul Parey, Berlin

KLEMME, B., HOLTERMANN, D. (1996): Un-Kräuter zum Genießen; Walter Rau Verlag, Düsseldorf

KLEMME, B., HOLTERMANN, D. (1997): Delikatessen am Wegesrand; Walter Rau Verlag, Düsseldorf

LAUX, H. u. H. E. (1997): Köstliches aus der Naturküche; Franckh-Kosmos, Stuttgart

LESTRIEUX, E., DE BELDER, J. (2000): Der Geschmack von Blumen und Blüten; DuMont, Köln

LICHT, W. (1995): Einführung in die Pflanzenbestimmung; Quelle & Meyer, Wiesbaden

LICHT, W. (1997): Taschenatlas zur Pflanzenbestimmung; Quelle & Meyer, Wiesbaden

MABEY, R. (1995): Das neue BLV Buch der Kräuter, Gesundheit, Ernährung, Schönheit; BLV, München

MACHATSCHEK, M. (1999): Nahrhafte Landschaft; Böhlau Verlag, Köln

MARTI, O. (1994): Winter in der Küche; Hallwag Verlag, Bern

MARTI, O. (1996): Herbst in der Küche; Hallwag Verlag, Bern

MARTI, O. (1999): Frühling in der Küche; Hallwag Verlag, Bern

MARTI, O. (2001): Sommer in der Küche; Hallwag Verlag, Bern

MARZELL, H. (2000): Wörterbuch der deutschen Pflanzennamen, 5 Bände; Nachdruck von 1943, Parkland Verlag, Köln

MCHOY, P., WESTLAND, P. (1998): Die Kräuterbibel; Könemann, Köln

MERTZ, P. (2002): Pflanzenwelt Mitteleuropas und der Alpen; Nikol Verlagsgesellschaft, Hamburg

MESSERLIS, K. (1997): Blütengeheimnisse; Werd Verlag, Zürich

NIKLAS, J. (1999): Wildgemüse; Mehr als eine gesunde Alternative; Trias-Verlag, Stuttgart

NULTSCH, W. (1986): Allgemeine Botanik; Thieme Verlag, Stuttgart

OBERDORFER, E. (1990): Pflanzensoziologische Exkursionsflora; Verlag Eugen Ulmer, Stuttgart

PAHLOW, M. (1996): Das große Buch der Heilpflanzen; Gräfe und Unzer, München

PELT, J.-M., MONOD, T., MAZOYER, M., GIRARDON, J. (2000): Die schönste Geschichte des Lebens; Gustav Lübbe Verlag, Bergisch Gladbach

ROTH, L., DAUNDERER, M., KORMANN, K. (1994): Giftpflanzen – Pflanzengifte; ecomed, Landsberg

ROTHMALER, W. (2000): Exkursionsflora von Deutschland; 5 Bände; Spektrum Akademischer Verlag, Heidelberg

RUNGE, F. (1969): Die Pflanzengesellschaften Deutschlands, Aschendorff, Münster

SCHAUER, TH., CASPARI, C. (2001): Der große BLV Pflanzenführer; München

SCHENK. A. (2000): Otto Schmeil, Leben und Werk; Palatina Verlag, Heidelberg

SCHERF, G. (2003): Wildfrüchte und Wildkräuter; BLV, München

SCHMEIL-FITSCHEN (2003): Flora von Deutschland und angrenzender Länder; Quelle & Meyer, Wiebelsheim

SEYBOLD, S. (2004): Schmeil-Fitschen, Die Flora von Deutschland, 2. Aufl., CD-ROM mit Begleitbroschüre; Quelle &Meyer, Wiebelsheim

SCHNEEBELI-GRAF, R. (2003): Botanisieren mit Jean-Jacques Rousseau; Die Lehrbriefe für Madeleine/Das Herbar für Julie; Ott Verlag, Thun

SCHUBERT R. et al. (2001): Bestimmungsbuch der Pflanzengesellschaften Deutschlands; Spektrum Akademischer Verlag, Heidelberg

SCHULTES, R. E., HOFFMANN, A. (1995): Pflanzen der Götter, Rauschkunde; AT-Verlag, Aarau/Schweiz

SCHWEPPE, H. (1993): Handbuch der Naturfarbstoffe; ecomed, Landsberg

SEYMOUR, J., GIRARDET, H. (1985): Fern vom Garten Eden – Die Geschichte des Bodens; S. Fischer Verlag, Frankfurt/M.

STÖCKLIN-MEINER, S. (2000): Naturspielzeug; Ravensburger Verlag, Ravensburg

STRASBURGER, E. (1991): Lehrbuch der Botanik; Gustav Fischer Verlag, Stuttgart

STÜTZEL, T. (2002): Botanische Bestimmungsübungen; Verlag Eugen Ulmer, Stuttgart

THUN, M. (1994): Erfahrungen für den Garten; Franckh-Kosmos, Stuttgart

VOGEL, S. (1999): Von Ölblumen und Parfümblumen. In: Blütenökologie, faszinierendes Miteinander von Pflanzen und Tieren, Kleine Senckenberg-Reihe Nr. 33, Palmengarten Sonderheft Nr. 31

WAGENER, A., STREY, G. (1981): Einführung in das Bestimmen der Pflanzen; Quelle & Meyer, Heidelberg

WESTERKAMP, C. (1999): Blüten und ihre Bestäuber. In: Blütenökologie, faszinierendes Miteinander von Pflanzen und Tieren, Kleine Senckenberg-Reihe Nr. 33, Palmengarten Sonderheft Nr. 31

WESTERKAMP, C. (1999): Blüten-Vielfalt braucht Bestäuber-Vielfalt. In: Blüten-ökologie, faszinierendes Miteinander von Pflanzen und Tieren, Kleine Senckenberg-Reihe Nr. 33, Palmengarten Sonderheft Nr. 31

ZIZKA, G. (1999): Fliegenblumen In: Blütenökologie, faszinierendes Miteinander von Pflanzen und Tieren, Kleine Senckenberg-Reihe Nr. 33, Palmengarten Sonderheft Nr. 31

Schlagwortverzeichnis

Die wissenschaftlichen Pflanzennamen sind *kursiv* gesetzt. Bei mehreren Seitenverweisen beziehen sich die **halbfetten** Seitenangaben auf das Kapitel, in dem der Begriff bzw. die Pflanzenart/-familie ausführlich abgehandelt wird.

Schlagwortverzeichnis

Schlagwortverzeichnis

Schlagwortverzeichnis

Schlagwortverzeichnis

Schlagwortverzeichnis

Schlagwortverzeichnis

Schlagwortverzeichnis

Schlagwortverzeichnis

Blüte (s. S. 24-26)

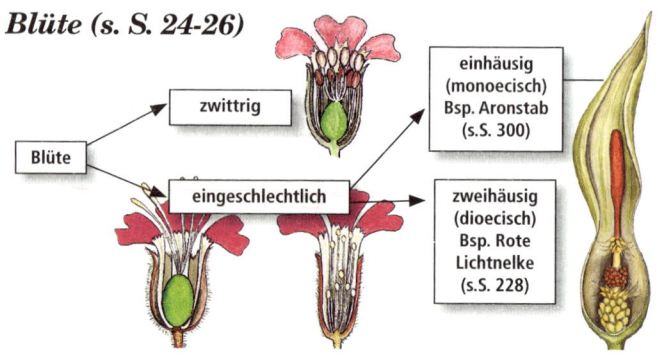

Blüte → zwittrig

Blüte → eingeschlechtlich → einhäusig (monoecisch) Bsp. Aronstab (s.S. 300)

eingeschlechtlich → zweihäusig (dioecisch) Bsp. Rote Lichtnelke (s.S. 228)

Blütendiagramm und Blütenformel (s. S. 29-31)

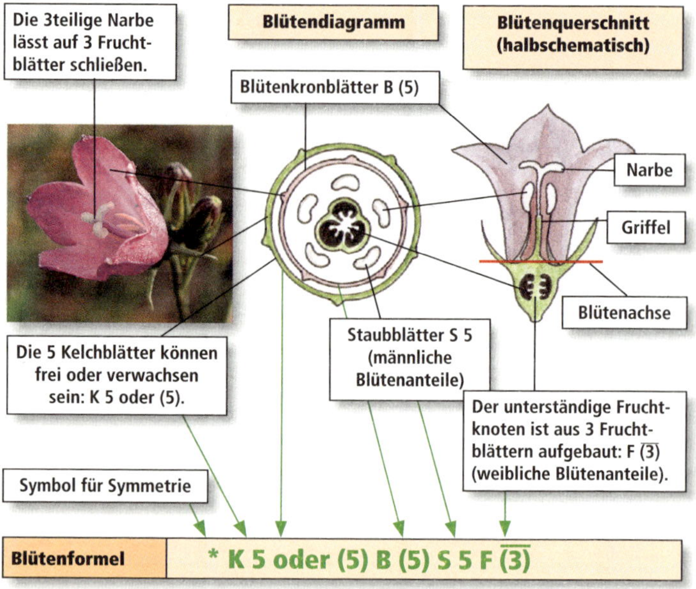

Die 3teilige Narbe lässt auf 3 Fruchtblätter schließen.

Blütendiagramm

Blütenkronblätter B (5)

Blütenquerschnitt (halbschematisch)

Narbe

Griffel

Blütenachse

Die 5 Kelchblätter können frei oder verwachsen sein: K 5 oder (5).

Staubblätter S 5 (männliche Blütenanteile)

Der unterständige Fruchtknoten ist aus 3 Fruchtblättern aufgebaut: F $\overline{(3)}$ (weibliche Blütenanteile).

Symbol für Symmetrie

Blütenformel	* K 5 oder (5) B (5) S 5 F $\overline{(3)}$

* Kelchblätter (5) Blütenkronblätter (5) Staubblätter 5 Fruchtblätter $\overline{(3)}$